应急救援实用知识手册

武警交通指挥部司令部　编著

人民交通出版社股份有限公司
China Communications Press Co.,Ltd.

内 容 提 要

本书着眼于应急救援行动现场需求，系统介绍了应急救援专业基础知识，内容包括灾害特征及预警、灾情侦察及评估、应急救援工程技术、应急救援安全知识、应急救援组织与管理等。

本书可作为各部门和单位实施抢险救灾的指导手册和培训教材。

图书在版编目(CIP)数据

应急救援实用知识手册 / 武警交通指挥部司令部编著. — 北京 ：人民交通出版社股份有限公司，2017.8

ISBN 978-7-114-14133-1

Ⅰ. ①应… Ⅱ. ①武… Ⅲ. ①公路运输—突发事件—救援—手册 Ⅳ. ①X951-62

中国版本图书馆 CIP 数据核字(2017)第 213751 号

书　　名： 应急救援实用知识手册
著 作 者： 武警交通指挥部司令部
责任编辑： 李　农　王景景　张江成
出版发行： 人民交通出版社股份有限公司
地　　址： (100011)北京市朝阳区安定门外外馆斜街 3 号
网　　址： http://www.ccpress.com.cn
销售电话： (010)59757973
总 经 销： 人民交通出版社股份有限公司发行部
经　　销： 各地新华书店
印　　刷： 北京鑫正大印刷有限公司
开　　本： 787×1092　1/16
印　　张： 18.75
字　　数： 470 千
版　　次： 2017 年 8 月　第 1 版
印　　次： 2017 年 8 月　第 1 次印刷
书　　号： ISBN 978-7-114-14133-1
定　　价： 80.00 元

《应急救援实用知识手册》编写委员会

总　策　划　傅　凌　许世宏

主　　　编　高　强　张金美

副　主　编　王亚辉

编写人员　丁　涛　张满儒　祁　鹏　赵　杰

李　文　段华卫　刘志宏　夏孝畲

徐　岩　李兵枝　折　欣

统　　　稿　段华卫　张满儒

前　言

武警交通部队作为应急救援国家队，在遂行抗震救灾、抗洪抢险、生化防护等各种应急救援任务中，以强烈的责任担当履行职责使命，出色地完成了各项抢险救灾任务，维护了社会稳定和人民生命财产安全。为进一步提升应急救援综合能力，武警交通指挥部司令部根据应急救援任务拓展需要，组织编写了《应急救援实用知识手册》(以下简称《手册》)。本《手册》是武警交通部队近年来遂行任务的经验总结，可作为各部门和单位抢险救灾的指导手册和培训教材。

《手册》着眼于应急救援行动现场需求，系统地整合了应急救援专业基础知识，内容包括灾害特征及预警、灾情侦察及评估、应急救援工程技术、应急救援安全知识、应急救援组织与管理等。第一章介绍了常见灾害类型及特征、灾害发生机理、灾害监测预警；第二章介绍了灾情侦察的基本方法、无人机移动侦察及数据快速处理、地质灾害的调查评估、灾情整体评估、应急救援能力评估等；第三章介绍了道路、桥梁、隧道、机场道面、港口码头、堤防工程等抢通抢建抢修技术，堰塞湖综合处治技术；第四章介绍了长途机动运输、野外宿营地建设、应急救援作业安全控制、紧急避险、爆破安全；第五章介绍了应急救援的响应机制、群众工作、宣传工作、心理工作，应急救援装备管理，以及应急急救常识等。

《手册》编写过程中，参考了有关专家和科研人员的著作，得到了武警交通应急救援工程技术研究所，以及武警警种学院交通系的大力支持和帮助，在此一并表示诚挚的感谢！

由于时间仓促，加之编者水平有限，难免存在诸多不足之处，恳请广大技术和管理人员提出宝贵意见和建议，以便《手册》修改和完善。

作　者

二〇一七年八月

前言

目　　录

第一章　灾害特征及预警 ………………………………………… 1
第一节　灾害类型及特征 ………………………………………… 1
第二节　灾害发生机理 ………………………………………… 16
第三节　灾害监测预警 ………………………………………… 23
第二章　灾情侦察及评估 ………………………………………… 28
第一节　灾情侦察的基本方法 ………………………………………… 28
第二节　无人机移动侦察及数据快速处理 ………………………………………… 32
第三节　地质灾害的调查评估 ………………………………………… 42
第四节　灾情整体评估 ………………………………………… 53
第五节　应急救援能力评估 ………………………………………… 55
第三章　应急救援工程技术 ………………………………………… 58
第一节　道路抢通抢建 ………………………………………… 58
第二节　桥梁抢通抢建 ………………………………………… 66
第三节　隧道抢通抢修 ………………………………………… 75
第四节　机场道面快速修复 ………………………………………… 79
第五节　港口码头抢修抢建 ………………………………………… 81
第六节　堤防工程抢建抢修 ………………………………………… 85
第七节　堰塞湖综合处治技术 ………………………………………… 136
第四章　应急救援安全知识 ………………………………………… 141
第一节　长途机动运输 ………………………………………… 141
第二节　野外宿营地建设 ………………………………………… 163
第三节　应急救援作业安全控制 ………………………………………… 176
第四节　紧急避险 ………………………………………… 195
第五节　爆破安全 ………………………………………… 209
第五章　应急救援组织与管理 ………………………………………… 225
第一节　应急救援的相应机制 ………………………………………… 225
第二节　应急救援群众工作 ………………………………………… 241
第三节　应急救援宣传 ………………………………………… 244
第四节　应急救援心理工作 ………………………………………… 246
第五节　应急救援装备管理 ………………………………………… 255
第六节　应急急救常识 ………………………………………… 262
参考文献 ………………………………………… 288

第一章　灾害特征及预警

作为世界上自然灾害最为严重的国家之一，我国灾害种类多、分布地域广、发生频率高、造成损失重。洪涝、干旱、台风、风雹、沙尘暴、地震、地质灾害等灾害在我国经常发生。20 世纪 80 年代以来，我国自然灾害时空分布特点呈现新的变化，随着人类工程活动越来越强，各种灾害日趋严重，规模、数量和分布范围呈增加趋势，特别是崩塌、滑坡和泥石流等突发性地质灾害发生频度和造成的损失不断加大。近几年比较典型的自然灾害有 2008 年四川汶川大地震、2010 年甘肃舟曲泥石流、2013 年四川芦山地震及西藏墨竹工卡县山体滑坡灾害、2014 年云南鲁甸地震、2015 年浙江丽水滑坡灾害、2016 年长江中下游地区暴雨洪涝灾害等。

这些灾害已经成为严重制约我国经济发展的重要因素之一。为采取有效的减灾、防灾、救灾措施，需对灾害的损毁类型、发生机理、监测预警等有基本的认识。本章重点分类介绍常见的地震、滑坡、崩塌、泥石流等灾害特征及监测预警技术。

第一节　灾害类型及特征

一、地震分布及特征

地震，又称地动、地震动，是地球上经常发生的一种自然现象。地壳运动引起地球表层快速振动，地壳快速释放能量过程中造成振动，期间会产生地震波，是地壳运动的一种特殊表现形式。

大地震动是地震最直观、最普遍的表现。在海底或滨海地区发生的强烈地震，能引起巨大的波浪，称为海啸。地震是极其频繁的，绝大多数太小或太远以至于人们感觉不到，真正能对人类造成严重危害的地震每年大约有一二十次。地震释放的能量决定地震的震级，释放的能量越大，震级越大。地震相差一级，能量相差约 30 倍。地震常常造成严重人员伤亡，能引起火灾、水灾、有毒气体泄漏、细菌及放射性物质扩散，还可能造成海啸、滑坡、崩塌、地裂缝等次生灾害。

（一）地震分布

我国受欧亚地震带和环太平洋地震带控制，地震活动频繁而又强烈，是世界上大陆地震最活跃、地震灾害最严重的国家之一。中国地震带可划分为：

(1)东南沿海及台湾地震带。

(2)华北地震带，主要为燕山南麓、华北平原两侧与太行山东麓、山西中部盆地和渭河盆地地震带。

(3)南北地震带，为贺兰山、六盘山，向南横越秦岭，至滇东地区地震带。

(4)喜马拉雅—滇西地区地震带，是地中海—南亚地震带经过中国的部分。

(5)青藏高原地震带。

(6)西北地震带，为新疆帕米尔至天山地区。

其中青藏高原地震带、华北地震带、东南沿海地震带和南北地震带为中国四大地震带，如图 1-1 所示。

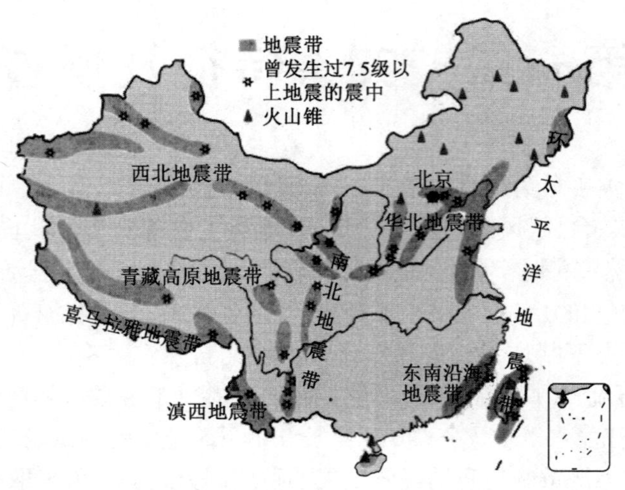

图 1-1　中国地震带分布

(二)灾害特征

地震导致的公路交通基础设施损毁，将影响整个生命线系统功能的发挥和震后救灾工作的展开，其对公路的破坏有以下四个方面的特征。

1. 影响范围广

地震所引起的公路网系统灾害，不仅仅表现在关键基础设施或某条路段的损坏，当地震灾害发生烈度及震源深度较大时，这种破坏覆盖至整个地震范围内的所有公路，包含路基、桥梁、隧道等(表 1-1)。

公路地震灾害破坏形式　　表 1-1

震害分类	震害结构	破坏形式
公路路基	路基	沉陷、开裂、坍塌、错台、隆起、掩埋、滑移
	挡土墙	墙体垮塌，墙身剪断、倾斜、变形开裂，墙体掩埋
公路桥梁	结构破坏	全桥垮塌，梁式桥主梁移位、支座移位、变形、主梁开裂、主梁落梁、桥墩受损，拱式桥主拱圈受损、横向连接系受损、拱上建筑震害等
	次生破坏	山体垮塌、滑坡砸毁或掩埋桥梁，泥石流冲毁桥梁，堰塞湖淹没桥梁等；砂土液化和岸坡滑移等
公路隧道	隧道拱部	衬砌开裂、错台，混凝土剥落、掉块，施工缝开裂，衬砌渗水、垮塌
	隧道底部	路面开裂，仰拱隆起、错台，路面渗水
	洞外结构	边仰坡崩塌、护坡开裂、端墙砸坏、洞口堵塞、明洞洞顶砸坏

2. 破坏程度深

与其他自然灾害相比，由震害所造成公路网系统的破坏程度较深，如路基、桥梁、隧道的各种结构性损害(图 1-2)，导致公路网系统的修复难度较大。

3. 次生灾害类型多

地震常常引发滑坡、塌方、泥石流等次生灾害，从而导致公路出现路基路面塌陷、下沉，山体滑坡掩埋路面，易燃易爆物的引燃造成火灾爆炸等，加重震害对公路网系统的影响及破坏。

a）路基全毁

b）桥梁损毁

c）隧道受损

d）形成堰塞湖

图 1-2　地震破坏

4. 损失巨大

根据国内外城市或地区在地震灾害中的财产损失分析，当地区（特别是人口密度和社会财富密度大的城市和地区）遭遇高烈度的地震袭击时，其人员伤亡以及经济损失都非常巨大。如汶川地震造成人员死亡近 7 万人，直接经济损失 8 452 亿元，地震、滑坡、泥石流等导致的受损公路达 31 412km，公路网和其他城市基础设施的损失占到总损失的 21.9%。

公路交通作为现代交通运输体系的重要组成部分，具有覆盖范围广、通达程度深、机动灵活等优点，使之成为震后灾区救援和恢复重建的大动脉。因此，受地震影响而被破坏和损毁的公路网的抢通保畅和重建工作，对于应急交通运输保障及整个抗震救灾工作的顺利开展具有极其重要的意义。

二、滑坡、泥石流灾害分布及破坏特征

（一）滑坡、泥石流等地质灾害分布

滑坡和泥石流是我国两种最常见的地质灾害类型。滑坡是指斜坡上的土体或者岩体，受河流冲刷、地下水活动、雨水浸泡、地震及人工切坡等因素影响，在重力作用下，沿着一定的软弱面或者软弱带，整体地或者分散地顺坡向下滑动的自然现象。泥石流是指在山区或者其他沟谷深壑、地形险峻的地区，因为暴雨、暴雪或其他自然灾害引发的山体滑坡并携带有大量泥沙以及石

块的自然现象。西藏墨竹工卡县特大山体滑坡和甘肃舟曲泥石流是较为典型的地质灾害。

我国幅员广阔，南北气候迥异，东西地势悬殊，有着各种不同的气候类型、地质条件、地貌单元、土质类型，区域性地分布着各类滑坡、泥石流。西南地区由于板块交界、降雨丰富，加上地形起伏大，所以滑坡、泥石流多发，主要有川西高原、藏东南山地、鄂西山地等地区；西北地区主要分布在天山、昆仑山区；而南方和东北山区由于降雨丰富、地形起伏大，滑坡、泥石流也多发。

(二)滑坡、泥石流等地质灾害破坏特征

为了更加全面地反映各种地质灾害的破坏特征，在此列举了各种地质灾害可能造成的损害，见表1-2。

公路地质灾害类型及破坏模式 表1-2

序　号	灾害类别	可能造成的损害
1	滑坡	掩埋、防护和排水结构损毁
2	泥石流	坍塌、掩埋、防护和排水结构损毁
3	崩塌	阻断、掩埋
4	沉陷与塌陷	沉陷、错台、断通
5	堰塞湖	掩埋、冲蚀、浸泡
6	堤坝溃决	冲毁、掩埋、浸泡

1.滑坡

滑坡主要发生在不良地质的高挖方边坡处，是公路作业和运营期间遇到的重要问题，是山区公路的主要灾害之一。其破坏特征如下：

(1)坍塌

公路上边坡变形滑动，导致交通中断，破坏路基、路面(图1-3)。

图1-3　损毁道路

(2)冲毁

由于滑坡的产生，使公路的桥梁、涵洞、挡土墙等构造物失去功效(图1-4、图1-5)。

(3)阻塞

在山区公路沿溪线，由于滑坡的产生，引发河道阻塞，使河流改道，冲毁公路。

图 1-4　滑坡掩埋桥梁

图 1-5　滑坡冲毁桥梁

2.泥石流

泥石流主要发生在地质不良、地形陡峻的山区或山前区，具有突发性以及流速快、流量大和破坏力强等特点。泥石流常常会冲毁公路、铁路等交通设施甚至村镇等，造成巨大损失。在小流域内，滑坡和泥石流通常相伴而生、互为因果，具有强烈的冲击、破坏作用(图 1-6)。

图 1-6　泥石流破坏

泥石流对公路的危害主要表现在：

(1)冲毁。泥石流冲刷路基、路面，掏空桥涵基础，导致桥涵局部沉陷变形，甚至损毁。

(2)堵塞。泥石流携带的大量堆积物堵塞河道和排水设施，造成排水不畅；甚至发生泥石流漫溢改道，迫使必须改建或新建桥涵工程。

(3)淤埋。淤埋线路及沿线设施，导致公路中断，功能丧失，抢通困难，严重者致使整段公路改线。

在复杂地质环境区域进行公路建设，沿线地质灾害和公路灾害的发生将更为频繁和复杂。要对公路交通突发事件进行有效预防和高效处置，必须对灾害分布和破坏特征有深入的了解和清醒的认识，加强监测预警工作，才能把损失降低到最小程度。

三、台风、洪水等灾害分布与特征

(一)台风灾害分布及特征

1.基本概念

根据《热带气旋等级》(GB/T 19201—2006)，我国将热带气旋分为热带低压、热带风暴、强热带风暴、台风、强台风和超强台风六个等级。热带气旋是指生成于热带或副热带海洋上伴随有狂风暴雨的大气旋涡，在北半球沿逆时针方向旋转，在南半球沿顺时针方向旋转，在围绕自己中心旋转的同时不断移动。在气象学上，热带气旋中心持续风速达到12级(即32.7m/s或其以上)称为台风。在我国，为便于公众理解和行业应用，我们通常把热带风暴及以上等级的热带气旋统称为台风。

2.时空分布特征

(1)影响我国的热带气旋路径

热带气旋在运动过程中，由于受到复杂大气环境等因素的影响，路径多种多样。台风路径如图1-7所示。在西北太平洋和南海生成且对我国有影响的热带气旋主要有三条路径，具体见表1-3。此外，当海上有多个热带气旋相互影响时，热带气旋的移动路径会比较复杂，难以准确预测预报。

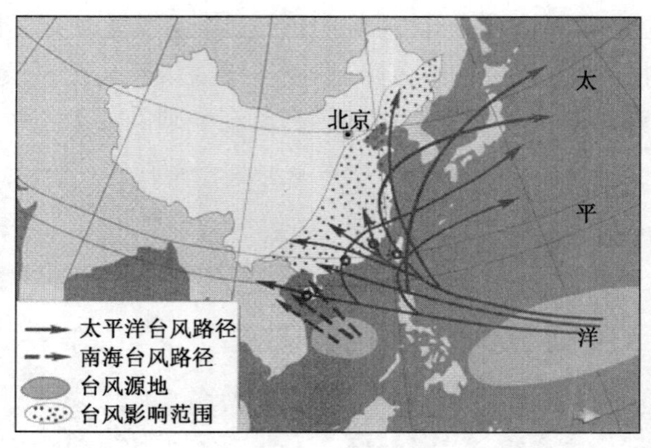

图1-7　台风路径图

(2)登陆我国的热带气旋变化特征

热带气旋在我国登陆地点大多集中在东南沿海、台湾或海南，其中在广东登陆的热带气旋最多，平均每年达3.1个，其次是台湾和海南，平均每年分别为1.8个和1.5个。在我国，受热带气旋影响的频数由南向北，由沿海向内陆呈现逐渐减少的特征。

我国热带气旋路径　　表1-3

路　径	特　征	影响区域	发生季节
西移路径	受高空副热带高压影响，深厚的偏东气流会引导热带气旋向偏西方向移动	对海南、广东、广西沿海地区影响最大	常发生在春、秋季
西北移路径	热带气旋在菲律宾东部海域生成后，会遭遇一股轴线呈西北东南向的南风，热带气旋在这股深厚气流的引导下，从菲律宾以东洋面向西北方向移动	对台湾、广东东部和福建影响最大	多见于7月下半月到9月上半月
转向路径	转向热带气旋可分为三类：东转向、中转向、西转向，其中西转向热带气旋在我国沿海地区登陆后，又转向东北移去，路径呈抛物线状，是最常见的路径	对东部沿海地区影响最大	多发生在夏、秋季节

根据气象部门对热带气旋影响统计，1961—2000年，在我国登陆的热带气旋平均每年有7个，是全球登陆热带气旋最多的国家；年登陆个数最多达12个(1971年)，最少为3个(1982年、1997年和1998年)。总体上看，近50年来登陆个数变化趋势不明显。就月变化而言，热

带气旋登陆我国主要集中在7～9月，占全年总数的79.3%，且以7月最多，平均达2个。台风及以上强度的热带气旋平均每年有2.8个登陆我国，最多年达9个(1961年)。

(3)危害及影响

热带气旋所引发的狂风、暴雨、风暴潮，常常给沿海地区造成巨大人员伤亡和经济损失(图1-8)。

图1-8 热带气旋灾害破坏

每年热带气旋灾害都会给我国造成重大损失。据有关数据统计，1982—2010年，平均每年因热带气旋造成直接经济损失220多亿元，其中1996年、2005年和2006年损失均在600亿元以上。就各省(自治区、直辖市)多年平均直接经济损失来看，浙江省因热带气旋造成的直接经济损失最多，广东省其次。其破坏力主要由强风、暴雨和风暴潮三个因素引起，见表1-4。

热带气旋的危害及破坏形式 表1-4

类　型	特　征	破坏形式
强风	热带风暴及以上的热带气旋风速在17.2m/s以上，最高风速甚至能达到60m/s	严重影响行车安全，损坏甚至摧毁桥梁等公路交通基础设施
暴雨	一次热带气旋登陆，降雨中心一天内降雨量可达100～300mm，甚至可达500～800mm	热带气旋带来的暴雨可诱发山洪、堤坝溃决、泥石流、滑坡、塌方等灾害，破坏性极大
风暴潮	当热带气旋移向陆地时，由于强风和低气压的作用，使海水向海岸方向堆积形成风暴潮，有时能使沿海水位上升5～6m	导致潮水漫溢，堤坝溃决，冲毁道路，淹没城镇和农田，造成人员伤亡和财产损失

(二)暴雨、洪涝灾害分布及特征

1.基本概念

暴雨是指降雨强度和降雨量均相当大的雨，是一种夏季常见的灾害性天气。根据气象部门规定，每小时降雨量 16mm 以上，或连续 12h 降雨量 30mm 以上、24h 降水量为 50mm 及其以上的雨称为“暴雨”。根据《降水量等级》(GB/T 28592—2012)对暴雨的规定，按其降水强度大小又分为三个等级：24h 降水量达 50～99.9mm 为暴雨，100～249.9mm 为大暴雨，250mm 及其以上为特大暴雨。

按照影响范围的大小，还可以将暴雨划分为局地暴雨、区域性暴雨、大范围暴雨、特大范围暴雨。此外，还可按流域将暴雨分为支流暴雨、干流暴雨和全流域暴雨等。

2.时空分布特征

(1)暴雨时空分布特征

我国暴雨具有季节性特征突出、降雨强度大、持续时间长、范围广等主要特征。

①季节性特征突出。我国的暴雨主要出现在夏季，其次是春秋季节，冬季出现暴雨的概率小。我国夏季受东亚夏季风的影响，形成 3 个具有区域特征的雨季，即华南前汛期雨季、江淮梅雨季和华北、东北雨季。另外，受热带气旋活动的影响，华南地区还形成后汛期雨季。上述各个雨季都是暴雨频发的集中时期。

②降雨强度大。据统计，我国最大日降水量分布，从辽东半岛，经燕山、太行山、伏牛山、巫山、武陵山、苗岭一线以东、以南的大部地区及四川盆地达 200～300mm，局部地区可超过 500mm。东北地区东部、西北地区东部、西南地区东部及山西等地达 100～200mm，局部地区超过 300mm。

③持续时间长。我国暴雨持续时间从几小时到几十天不等，主要时间长度是 2～7d。华北、长江流域和华南暴雨都有明显的持续性特征。

④范围广。我国大部分地区都有暴雨发生，东部尤其是东南部地区受季风影响而暴雨频发，尤其以梅雨期江淮暴雨区面积最大，西部地区的暴雨也较为常见。

(2)洪涝时空分布特征

我国的洪涝灾害多发生在江淮以南以及华南沿海地区，如图 1-9 所示。其中江南北部至长江中下游出现最多。黄淮海平原、长江中下游、东南沿海、松花江和辽河中下游是洪涝灾害的多发区。我国洪涝灾害主要发生在珠江、长江、淮河、黄河、海河、辽河流域及松花江中下游平原和四川、关中盆地等地区。

我国的洪涝具有以下几个特点：成因和种类多样、时空分布广但不均匀、洪灾具有突发性而涝灾具有延迟性特征。洪涝的成因总的来说可分为自然因素和人为因素两大类。自然因素包括自然地理环境、天气气候特征以及水系情况、暴雨的特点等，人为因素主要是人类活动对暴雨洪涝的影响。

我国大部分地区且各个季节都有洪涝发生，就空间分布而言，东部为暴雨洪涝的多发区，洪涝灾害频繁；西部地区暴雨发生频次较少，但有时也会引发洪涝，且融冰、融雪时常会造成洪涝灾害。

与暴雨季节性特征一样，洪涝也是在夏季比较集中，春秋季时有发生，冬季较少。相对于洪涝灾害,洪水具有很强的突发性,如泥石流洪水、山洪及风暴潮洪水等,其形成和发生的过程比较短,几分钟至几小时就能造成严重损失。

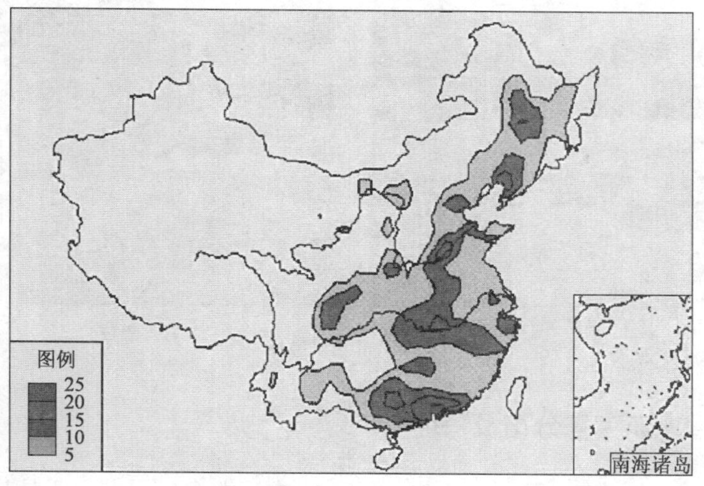

图 1-9　中国洪涝灾害频度分布图

(3)山洪时空分布特征

我国山洪主要分布在川滇、陇南、黄土高原南部、华北、西北山地等地区,此外在东北、华东、中南山地以及台湾、海南山地也有零星分布。

我国山洪灾害的一般特点有:分布广泛、数量大,以溪河洪水灾害尤为突出和普遍;突发性强,预测预防难度大;成灾快,破坏性强,频率高;季节性强,区域性明显,易发性强。

3. *危害及影响*

山洪的发生除了与地形地质条件有关外,暴雨是诱发的重要因素。特别是山地,山高坡陡、植被较差、土层较薄,在遇有暴雨或大暴雨时,最容易发生山洪灾害。一般来说,我国七大江河的上游干流及支流水系的山区,常常会因暴雨引发山洪并诱发滑坡、泥石流、崩塌等地质灾害(图 1-10)。其来势猛、破坏力强。

暴雨洪涝灾害影响范围广,常常淹没或冲毁公路,使路基沉陷、边坡垮塌,造成人员伤亡和经济损失。据不完全统计,近 5 年来,我国国省干线公路网平均每年因暴雨、洪涝、山洪泥石流等灾害造成公路水毁损失均超过 100 亿元,且近年来呈逐年上升趋势。

图　1-10

图 1-10　山洪破坏

四、低温雨雪冰冻灾害分布及特征

我国低温雨雪冰冻灾害主要包括雪灾、低温、冰冻等类型。雪灾主要是长时间大量降雪造成的积雪、风吹雪、雪崩等，低温、冰冻主要是冷空气及寒潮入侵造成的气温下降，由温度变化或雪灾引起的间接灾害。

(一)基本概念

低温雨雪冰冻灾害包括多种形态，具体如下：

(1)积雪。积雪是一种常见的雪灾。由于降雪量过大，公路积雪常常导致交通中断，影响人们出行。在积雪的山坡或高山上，当积雪受重力拉引向下滑动，引起大量雪体崩塌时，便形成雪崩现象。

(2)风吹雪。由于大量的雪被强风卷起并随风运动，水平能见度低，致使行人迷失方向，交通中断，对行车安全影响巨大，并有可能对人民生命、财产安全和社会生活造成灾难性后果。

(3)低温冰(凝)冻。当雨滴从空中落下来时，由于近地面的气温很低，在电线杆、树木、植被及公路表面冻结成薄冰，即我们通常所说的冻雨。

(二)低温雨雪冰冻灾害分布及特征

1.积雪时空分布

冬季降雪一般发生在 10 月到次年 4 月。冬季严寒且气候相对湿润的地区通常降雪较多。主要集中在东北大、小兴安岭地区及长白山区、新疆天山山脉以北地区及青藏高原东部，如阿尔泰山、天山和昆仑山等地。这些地区的年降雪日数都在 50～75d 以上。此外，山东半岛、华中、华东以及云南部分地区，冬季降雪也较多。

2.风吹雪时空分布

风吹雪灾害在我国分布较广，新疆、内蒙古、青藏高原、东北山区和平原、西北地区等省(区)，每年都有强大的风吹雪出现，冬、春季十分普遍。其中最严重的风吹雪灾害主要发生在天山、阿尔泰山、藏东南及滇北、川藏公路沿线、青藏公路唐古拉山一带以及大兴安岭西侧、燕山北麓等地。风吹雪出现的时间最早在 10～11 月，主要集中在 11 月和 12 月，终止时间主要集中在 2～4 月。

3.低温冰(凝)冻时空分布

我国低温冰冻天气主要出现在东北地区大部、黄淮、江淮、江汉、江南地区大部、西南地区东南部、西北地区东南部以及新疆大部、青海南部等地，其中东北地区中部、西南地区东南部以及新疆北部、甘肃南部、陕西中部、安徽南部等地年平均冰冻日数在10d以上。近年来，贵州境内冬季多发生冻雨天气。此外，山西北部、山东西部、安徽南部、重庆东部、湖北西部等地的低温凝冻灾害也频繁出现。

冰冻天气主要发生在11月到次年3月，1月发生冰冻天气的频数最大，12月次之。

4.冰冻天气危害及影响

从低温雨雪冰冻灾害的类型上看，不同的冰冻天气灾害对公路交通的影响有所不同。

(1)积雪掩埋公路。如东北、西北、华北等地的降雪，通常因降雪量较大、持续时间较长，形成雪灾；新疆、川藏部分地区的风吹雪等常常造成路面严重积雪，掩埋公路，如图1-11所示。

图1-11 积雪掩埋公路

(2)损毁公路、桥梁、机场等交通基础设施。新疆和青藏高原等山地多发雪崩，造成桥涵、防护设施等公路结构物损毁，交通中断。

(3)影响行车安全。冬季雨雪天气，由于温度较低，路面出现积雪、结冰，伴随低温冰冻天气的持续，路面的冰层会越来越厚，很容易致使车辆打滑发生交通事故，造成交通阻断，影响道路通行及行车安全(图1-12)。

(4)路网协调管理压力大。发生低温雨雪冰冻灾害，一旦造成交通中断或拥堵，容易导致区域路网大面积、大范围的拥堵，路网协调和调度将变得困难，且低温冰冻出现的时间往往与春运的时间段重合，因此保障春运期间的路网畅通，路网的协调管理面临着低温雨雪冰冻天气及客货流的双重压力。

图 1-12　雨雪冰冻灾害影响行车安全

五、战争、暴恐袭击、安全事故破坏特征

除自然灾害外，对道路产生破坏影响的还有战争、暴力、恐怖袭击和危险品运输中的爆炸事故等。

(一)战争对道路的破坏

战争中对道路的直接破坏最为常见，如飞机投弹或发射导弹炸垮险要地段路基，或炸断跨江、跨河大桥和机场跑道。

1. 飞机轰炸

在战争中，使用飞机直接在目标上空投掷炸弹，对道路、大桥及运输车辆等目标进行轰炸较为普遍。在抗美援朝战争中，美军凭借空中优势，成批出动机群对我军运输线进行轮番轰炸(图 1-13、图 1-14)，对朝鲜北部发动“空中封锁交通线战役”。由于缺乏现代化空军战力支援，志愿军在朝鲜战场上没有所谓的“前线”与“后勤”的区别，整个战线几乎全部暴露于美军的狂轰滥炸、猛烈空袭之下，只能利用夜间突击，并利用夜间以大量民工抢修道路与桥梁，随炸随修，随修又随炸。这样，前线军队进攻所需要的弹药、粮食、药品等物资只能战前储备，最多只能支撑一个星期，然后攻势必然停止，美国人称之为“礼拜攻势”。可见，美军的空中封锁，严重地制约志愿军的攻击力。

图 1-13　军机投弹

图 1-14　轰炸运输线

2. 远程轰炸

第二次世界大战后，随着武器的升级换代，除了飞机外，导弹、火箭或无人机使用较为频繁，并出现了专门的钻地弹、延时弹、子母弹等新型破坏武器。这些武器的投放精度越来越高、破坏性越来越大，因此常被用于摧毁道路、桥梁、机场等基础设施目标(图 1-15、图 1-16)。

图 1-15　发射巡航导弹

图 1-16　空袭

1999 年科索沃战争更是以大规模空袭为作战方式，以美国为首的北约凭借占绝对优势的空中力量和高技术武器，对南联盟的军事目标和基础设施进行了连续 78d 的轰炸，造成了大量人员伤亡和基础设施损毁，其中就有 12 条铁路被毁，50 座桥梁被炸(图 1-17a)。最终，北约在没有派遣出地面部队的情况下就取得了战争的胜利。

2006 年以色列军队炸毁贝鲁特桥梁，如图 1-17b)所示。

a)

b)

图 1-17　桥梁被炸

3. 气象武器使用

越南战争期间，美国曾利用东南亚地区西南季风盛行、季节多雨的有利条件，秘密在老挝、越南和柬埔寨的毗邻地区进行人工降雨，先后耗资 2 160 万美元，投入 1 400 多人，出动飞机 26 000 多架次，投掷催化弹 474 多万枚，造成局部地区洪水泛滥，桥断坝塌，村庄被毁，道路泥泞难行，“胡志明小道”的通行能力由原来每周能通行 9 000 多辆锐减到 900 多辆，严重地破坏了越军的运输线。据统计，美军人工降雨给越南带来的损失，比整个越战期间飞机轰炸造成的损失还大。

4. 破坏与重建

在战争中，一些"咽喉"地段就是地面部队推进的必经之路，桥梁通常是交通运输线的关键节点，因此，交战双方都极力进行抢夺。对这些节点的破坏与抢建也随战局交替变化，最为著名的是抗美援朝战争第二次战役中的"炸不断的水门桥"事件(图 1-18、图 1-19)。

图 1-18　美军架设制式钢桥

图 1-19　被炸断的水门桥

水门桥位于古土里以南 5. 6km，跨度 8. 8m，桥的两端是悬崖，周围没有任何可以绕行的道路。1950 年 12 月 1 日，志愿军第 60 师炸桥小分队很快穿插到水门桥附件，将水门桥炸毁。但是美军陆战 1 师第 1 工兵营迅速将其修复。12 月 4 日，志愿军小分队乘黑夜第二次又将美军架好的桥梁炸毁。美军陆军第 10 军第 73 工兵营又在原桥残留的桥根部架设了钢木桥梁，使其恢复通行。12 月 6 日，也就是第三次，志愿军炸桥小分队终于将美军新建的桥和原桥的根部全部炸掉。

但是，美军强大的后勤机构立即开动了，在日本三菱重工连夜制作了 8 套 M-2 型钢木标准桥梁，用 C-119 运输机在 7 日凌晨运往 1 000 多公里以外的朝鲜水门桥附件，9 时 30 分用巨型降落伞直接空投到美军阵地，经过一夜的紧张施工，陆战 1 师的工兵部队于 8 日 16 时终于架起了一座可以通过所有重型装备包括坦克在内的临时桥梁。另外，因为当晚气温骤降到零下 40℃，封锁桥梁附近高地的志愿军没有棉衣，全部被冻僵而不能战斗，因此，整晚桥上没有任何事故发生。当晚 18 时起，一千余辆车辆和坦克及大炮，以及所有剩余的士兵，通过了这座桥梁。过桥后，美军炸毁了桥梁，阻止了志愿军的追击。

(二)恐怖活动对道路的破坏

恐怖活动通常与战争是紧密联系在一起的,20 世纪前后美军先后进行了海湾战争、阿富汗战争、利比亚战争。虽然美军都对外声称取得了军事胜利,并很快占领了这些国家和地区,但却又长期面临新的恐怖袭击威胁。恐怖分子通常使用汽车炸弹、人体炸弹、遥控炸弹和地雷打击各种民用和军事目标,他们较为擅长进行各种针对占领军补给线的破坏活动,多次炸毁一些重要的桥梁,并袭击运输和巡逻车队(图 1-20、图 1-21),给美军的后勤补给造成严重影响。据统计,美军在占领时期的伤亡人数已远远超过了军事进攻阶段,其中许多人就是倒在巡逻的路上。

图 1-20　地雷伏击车队

图 1-21　破坏补给线

(三)危险品安全事故对道路的破坏

在日常路网运行中,危险品安全事故也会对道路、桥梁造成严重损害,比较典型的为烟花爆竹、有毒化学品等。

2012 年 6 月 22 日 8 时 20 分,一辆运载烟花爆竹的大型货车,行驶至福银高速公路汉口至十堰段 K1 171+200 处时,车辆突然发生爆炸,车上 3 人当场死亡,K1 171+150～K1 171+300 双向超车道及中央分隔带被炸出一个直径 5m、深 3m 多的大坑(图 1-22)。

图 1-22　爆炸破坏现场

2015 年 8 月 12 日 23:30 左右,位于天津市滨海新区天津港的瑞海公司危险品仓库发生火灾爆炸事故,造成 165 人遇难、8 人失踪,798 人受伤,304 幢建筑物、12 428 辆商品汽车、7 533个集装箱受损(图 1-23)。截至 2015 年 12 月 10 日,依据《企业职工伤亡事故经济损失统计标准》(GB 6712—1986)等标准和规定统计,已核定的直接经济损失 68.66 亿元。经国务院调查组认定,天津港“8·12”瑞海公司危险品仓库火灾爆炸事故是一起特别重大生产安全责任事故。

图 1-23 天津港爆炸现场

第二节 灾害发生机理

一、滑坡

(1)降雨是滑坡发生的重要因素。降雨对滑坡的影响很大,不少滑坡具有“大雨大滑、小雨小滑、无雨不滑”的特点。大气降雨渗入山体斜坡,导致斜坡岩土层饱和,增加坡体岩土重力,增大下滑力;水浸泡软化易滑地层,使岩土层的抗剪强度大幅度降低;水充满裂隙时形成静水压力,出现水头差时形成动水压力;干湿交替导致岩土体风化开裂,抗剪强度劣化,并使更多的水进入坡体导致斜坡失稳。

此外,人为造成地表水向斜坡大量下渗,水渠和水池的漫溢和渗漏,工业生产用水和废水的排放及农业灌溉等,均易使水流渗入坡体,从而促使或诱发滑坡的发生。

(2)沟谷、河流、湖泊、海洋水流冲刷岸坡,掏蚀坡脚,削弱坡脚支撑力,当下滑力大于抗滑力时,岸坡就会滑动。

(3)人类工程活动破坏坡体平衡作用。违反自然规律、破坏斜坡稳定条件的人类工程活动会诱发滑坡。例如:

①人为破坏斜坡的稳定，如开挖斜坡坡脚，在斜坡上部填土、弃土、兴建大型建筑物及不适当地加载等。修建铁路、公路，依山建房、建厂等工程，常因使坡体下部失去支撑而发生下滑。一些铁路、公路因修建时大量爆破、强行开挖，事后陆续在边坡上发生了滑坡，给道路施工、运营带来危害。厂矿废渣的不合理堆弃，常触发滑坡的发生。

②兴建水利工程，改变原地表水排泄条件。坡体因漏水和渗透作用而易产生滑动，水库的水位上下急剧变动，加大了坡体的动水压力，也可诱发斜坡和岸坡发生滑坡。

③工程大爆破及机械振动的松动作用也会引起斜坡滑动。

④在山坡上乱砍滥伐，使坡体失去保护，有利于雨水等水体的入渗从而诱发滑坡。

(4)地震的作用。地震的强烈作用使斜坡承受的惯性力发生改变，使斜坡岩土的内部结构发生破坏和变化，原有的结构面张裂、松弛，造成地表形变和裂隙增加，降低岩土的力学强度。地震可引起土层中水位及孔隙水压力变化，砂土液化，抗剪强度降低，动荷载增大，促使斜坡岩土体产生滑动。另外，一次强烈地震的发生往往伴随着许多余震，在地震力的反复震动冲击下，斜坡岩土体就更容易发生变形，最后就会发展成滑坡。

“5·12”汶川地震中出现的山体崩塌(滚石)、滑坡、泥石流、堰塞湖等地质灾害，是这次地震中最为严重的次生灾害，对灾区生命财产安全构成了严重的威胁。据不完全统计，汶川地震触发了15 000处滑坡、崩塌和泥石流，巨大滑坡、崩塌、泥石流造成了铁路、公路、电力、通信等大量基础设施被破坏，导致延误最佳的抢险救援时间。

此外，如果人类工程活动与不利的自然作用互相结合，则更容易促使滑坡的发生。

二、崩塌

(一)崩塌形成的内在条件

1. 地貌条件

崩塌多发生在坡度大于55°的高陡斜坡、孤立山嘴或凹形陡坡地形，以及河流强烈切割、地势高差较大、坡度陡峻的高山峡谷区、水库库岸，或发生于铁路、公路边坡、工程建筑边坡及其各类人工边坡等地段。

大量的天然斜坡和人工边坡的崩塌调查表明，陡峻的斜坡地形是形成崩塌的必不可少的条件之一。斜坡坡度越陡，越容易形成崩塌。

2. 地质条件

崩塌主要发生在对山坡体切割、分离的节理、裂隙面、岩层面、断面等地质构造面，特别是具垂直节理的坚硬、脆性块状结构的岩层上。如果这些坚硬岩层与软弱岩层交互，就更容易风化掏蚀，使坚硬岩层突悬发生崩塌。构造运动强烈、地层挤压破碎、地震频繁的地区亦容易发生崩塌现象。

(1)由坚硬、脆性的岩石(厚层石灰岩、花岗岩、石英岩、玄武岩等)构成较陡的斜坡，如其构造、卸荷节理发育，并存在深而陡的、平行于坡面的张裂隙时，有利于崩塌落石的发生，如图1-24a)所示。

(2)软硬岩互层(如砂岩与页岩互层、石灰岩与泥灰岩互层)构成的陡峻斜坡，由于抗风化能力的差异，常形成软岩凹、硬岩凸的斜坡，也容易形成崩塌落石，如图1-24b)所示。

(3)黄土垂直节理发育，形成的陡坡，极易产生崩塌。

（4）陡坡上部为坚硬岩石，下部为易溶岩或软岩（如煤系地层）时，或受河水冲蚀破坏，或受人为活动的变形影响，硬岩受张应力的作用，裂隙进一步向深部发展，当形成连续贯通的分离面时，便易形成崩塌。

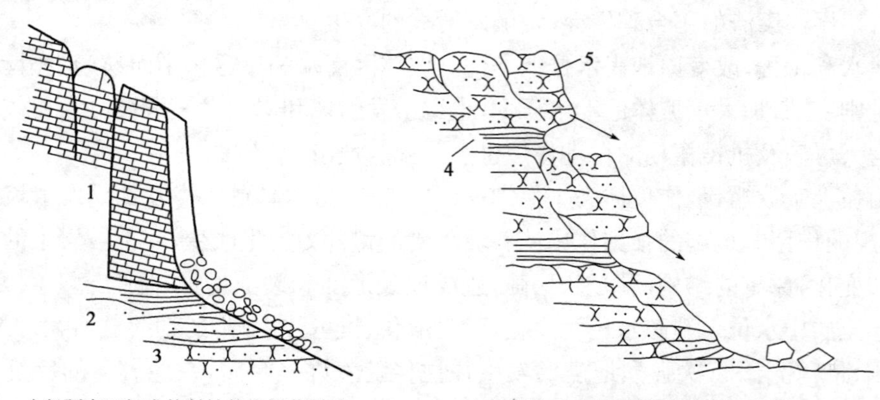

图 1-24 地质条件导致崩塌示意图

1-灰岩；2-砂页岩互层；3-石英岩；4-砂岩；5-页岩

（二）崩塌形成的外在条件

1. 气候条件

崩塌作用与强烈的物理风化作用密切相关。在日温差、年温差较大的干旱和半干旱区，冻-融交替的物理风化作用强烈。只要有陡崖、陡坎、陡坡的地方都可能出现崩塌。

2. 强烈震动

强烈的地震、大爆破、列车的反复震动，可促使或诱发崩塌落石的产生。一般烈度大于 7 度的地震都会诱发大量崩塌，在“5·12”汶川地震过程中较陡的山体大多产生大量的崩塌岩体。

3. 工程开挖边坡

人类工程活动中边坡开挖过高过陡，破坏了山体平衡，会促使崩塌的发生。道路线路走向与区域性构造线平行贴近，且采用深挖方时，崩塌落石灾害发育。

4. 水库蓄水、河流冲刷侵蚀

水是引起崩塌最活跃的因素之一，绝大多数崩塌都发生在雨季或暴雨之后。河（江）水的波浪淘刷作用以及雨水渗入岩土体，增加了重力，加大了静水压力，冲刷、溶解和软化了裂隙充填物形成的软弱结构面，都会引起崩塌的产生。

5. 矿产资源开采

矿产资源开采形成高陡边坡、采空区，在其他因素触发下易产生崩塌、落石，甚至大规模的灾难性的崩塌灾害。

三、泥石流

泥石流的形成过程与地形地貌、地质、水文、气象、植被、地震、人类活动等因素有关，但必须满足以下 3 个基本条件：即地质条件、地形条件和气象水文条件。

(一)地质条件(物源)

流域地质条件决定了松散体物质的来源、组成、结构、补给方式和速度等。泥石流强烈发育的山区,多是地质构造复杂、石风化破碎、新构造运动活跃、地震频发、崩塌滑坡灾害多发的地段。这样的地段,既为泥石流准备了丰富的固体物质来源,又因地形高耸陡峻、高差大,为泥石流活动提供了强大的动能优势。

就区域分布看,泥石流暴发区多位于新构造运动强烈的地震带或其附近。这是因为深大地震断裂带及其附近地段岩体破碎,崩塌滑坡发育,为泥石流的形成提供了物质基础。例如,南北向地震带是我国最强烈的地震带,也是我国泥石流最活跃的地带,其中像东川小江流域、西昌安宁河流域、武都白龙江流域和天水渭河流域,都是我国泥石流灾害严重的地带。受气候的影响,在此地震带上总的趋势是:南段泥石流较中段和北段更为发育。

风化作用也能为泥石流提供固体物质来源,尤其是在干旱、半干旱气候带的山区,植被不发育,岩石物理风化作用强烈,在山坡和沟谷中堆聚起大量的松散碎屑物质,便成为泥石流的补给源地。

(二)地形条件(势源、动力源)

泥石流大多发生于陡峻的山岳地区。这种陡峻地形条件为泥石流发生、发展提供了充足的位能,使泥石流蕴含一定的侵蚀、搬运和堆积能量。一般情况下,泥石流多沿纵坡降较大的狭窄沟谷活动。每一处泥石流自成一个流域,典型的泥石流流域可划出形成区、流通区和堆积区三个区段,包括分水岭脊线和泥石流活动范围内的面积,亦即汇流面积与堆积扇面积之和,如图 1-25 所示。

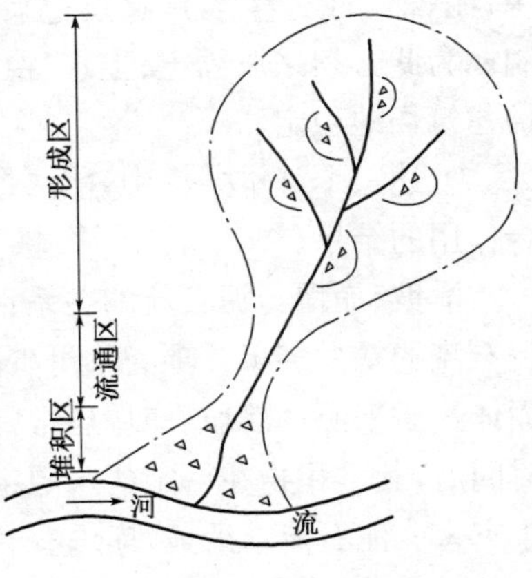

图 1-25　泥石流流域分区

1. 形成区

形成区多为三面环山、一面出口的宽阔地段,周围山坡陡峻,地形坡度多为 30°～60°,沟床纵坡可达 30°以上,面积有时可达几十甚至几百平方公里。坡体往往裸露破碎,无植被覆盖。周围斜坡常为冲沟切割,崩塌滑坡堆积物发育。这种地形有利于大量水流和固体物质迅速聚积,并形成具有强大冲刷能力的泥石流。

2. 流通区

流通区是泥石流搬运通过的地段,多系狭窄而深切的峡谷或冲沟,谷壁陡峻而纵坡降较大,且多陡坎和跌水。泥石流物质进入流通区后具极强的冲刷能力,将沟床和沟壁冲刷下来的土石携走。流通区纵坡的陡缓、曲直和长短,对泥石流的强度有很大影响。当纵坡陡而顺直时,泥石流流途通畅,可直泻下游,能量大;反之,则易堵塞停积或改道,削弱能量。流通区长短不一,甚至可缺失。

3. 堆积区

堆积区一般位于出山口或山间盆地边缘,地形坡度通常小于 5°。由于地形豁然开阔平坦,泥石流动能急剧降低,最终停积下来,形成扇形、锥形或带形堆积滩,典型的地貌形态为堆积扇。堆积扇地面往往垄岗起伏、坎坷不平,大小石块混杂。若泥石流物质能直泻入主河槽,而河水搬运能力又很强时,则堆积扇有可能缺失。由于扇顶侵蚀基准面的长期不断变化,前后多次泥石流活动,可使泥石流堆积范围不断前进或后退,形成所谓溯源侵蚀或溯源堆积。有时因泥石流频繁活动,可使堆积扇不断淤高扩展,一定程度上减弱了泥石流对下游的破坏作用。

由于泥石流流域具体地形地貌条件不同,在有些泥石流流域,上述三个区段不可能明显分开,甚至缺乏某个区段。此外,泥石流流域形态对流域内径流过程有明显影响,进而影响各种松散固体物质参与泥石流的形成和泥石流规模。

(三)气象水文条件(水源)

泥石流形成必须有强烈的地表径流,它为泥石流暴发提供动力。泥石流的地表径流来源于暴雨、冰雪强烈融化和水体溃决,由此可将它划分为暴雨型、冰雪融化型和水体溃决型等类型。暴雨型泥石流是我国最主要的泥石流类型。一般来说,暴雨型泥石流的发生与前期降水密切相关,只有前期降水积累到一定量值时,短历时暴雨的激发作用才显著。前期降水越多,土体中含水率越高,激发泥石流发生所需的短历时降雨强度就越小。

总之,水体来源是激发泥石流的决定性因素。除上述自然条件异常变化导致泥石流现象发生外,人类工程活动也不可忽略,它不但直接诱发泥石流灾害,还往往加重区域泥石流活动强度。人类工程活动对泥石流影响的消极因素很多,如毁林、开荒与陡坡耕种、放牧、水库溃决、渠水渗漏、工程和矿山弃渣不当等。这些有悖于环境保护的工程活动,往往导致大范围生态失衡、水土流失,并产生大面积山体崩塌滑坡现象,为泥石流发生提供了充足的固体物质来源;泥石流的发生、发展又反过来加剧环境恶化,从而形成一个负反馈增长的生态环境演化机制。为此必须采取固土、控水、稳流措施,抑制因人类不合理工程活动所诱发的泥石流灾害,保护建筑场地稳定。

上述三个基本条件中,前两个是内因,第三个是外因。泥石流的发生与发展是内、外因综合作用的结果。

滑坡、崩塌与泥石流的关系也十分密切,易发生滑坡、崩塌的区域也易发生泥石流,只不过泥石流的暴发多了一项必不可少的水源条件。再者,崩塌和滑坡的物质经常是泥石流的重要固体物质来源。滑坡、崩塌还常常在运动过程中直接转化为泥石流,或者滑坡、崩塌发生一段时间后,其堆积物在一定的水源条件下生成泥石流,形成灾害链,即泥石流是滑坡和崩塌的次生灾害。泥石流与滑坡、崩塌有着许多相同的促发因素。

四、地面塌陷

(一)地面塌陷的形成机制

地面塌陷是在特定地质条件下,因某种自然因素或人为因素触发而形成的地质灾害。由于不同地区地质相差很大,地下洞室拱顶失稳塌陷的主导因素不同,形成地面塌陷的原因很多。因此,对地面塌陷成因机制的认识存在多种观点。

1. 潜蚀机制

在地下水流作用下,岩溶洞穴和含盐土洞中的物质和上覆盖层沉积物产生潜蚀、冲刷和掏空作用,岩溶洞穴或溶蚀裂隙中的充填物被水流搬运带走,在上覆盖层底部的洞穴或裂隙开口处产生空洞。若地下水位下降,则渗透水压力在覆盖层产生垂向的渗透潜蚀作用,土洞不断向上扩展,最终导致地面塌陷。

岩溶洞穴或溶蚀裂隙的存在、上覆土层的不稳定是塌陷产生的物质基础,地下水对土层的侵蚀搬运作用是引起塌陷的动力条件。自然条件下,地下水对岩溶洞穴或裂隙充填物质和上覆土层的潜蚀作用很缓慢,规模一般不大。人为抽取地下水,使地下水的侵蚀搬运作用大大加强,促进了地面塌陷的发生和发展。此类塌陷的形成过程大体可分为以下四个阶段:

(1)在抽水、排水过程中,地下水位降低对上覆土层的浮托减小,水力坡度增大,水流速度加快,潜蚀作用加强。溶洞充填物在地下水的潜蚀、搬运作用下被带走,松散层底部土体下落、流失而出现拱形崩落,形成隐伏土洞。

(2)隐伏土洞在地下水持续的动水压力及上覆土体的自重作用下,崩落、迁移,洞体不断向上扩展,引起地面沉降。

(3)地下水不断侵蚀、搬运崩落体,隐伏土洞继续向上扩展。当上覆土体的自重压力逐渐接近洞体的极限抗剪强度时,地面沉降加剧,在张性压力作用下,地面开裂。

(4)当上覆土体自重压力超过洞体的极限强度时,地面产生塌陷。同时,在其周围伴有开裂现象。

潜蚀致塌论解释了某些岩溶地面塌陷事件的成因。按照该理论,岩溶上方覆盖层中若没有地下水或地面渗水以较大的动水压力向下渗透,就不会产生塌陷。但有时岩溶洞穴上方的松散覆盖层中完全没有渗透水流仍会产生塌陷,说明潜蚀作用还不足以说明岩溶塌陷的机制。

2. 真空吸蚀机制

根据气体体积与压力关系的玻依尔-马略特定律,在密封条件下,温度恒定时,随着气体的体积增大,气体压力不断减小。在相对密封的承压岩溶网络系统中,由于采矿排水、矿井突水或大流量开采地下水,地下水水位大幅度下降。水位降至较大洞穴覆盖层的底面以下时,空洞内的地下水面与上覆洞穴顶板脱开,出现无水充填的洞穴空腔。随着水位持续下降,空洞体积不断增大,空洞中的气体压力不断降低,从而导致空洞内形成负压。洞穴顶板覆盖层在自身重力及溶洞内真空负压的影响下向下剥落或塌陷,在地表形成塌陷坑或陷沟。

3. 其他地面塌陷形成机制

(1)重力致塌模式是指因自身重力作用使洞穴上覆盖层逐层剥落或者整体下陷而产生地面塌陷的过程和现象。它主要发生在地下水位埋藏深、溶洞及土洞发育的地区。

(2)冲爆致塌模式是指洞穴通道、空洞及洞中蓄存的高压气团和水头,随着地下水位上涨,压力不断增加;当其压强超过洞穴顶板的极限强度时,就会冲破岩土发生“爆破”并使岩土体破碎,破碎的岩土在自身重力和水流的作用下陷入岩溶洞穴,在地面则形成塌陷。冲爆致塌现象常发生于地下暗河的下游。

(3)振动致塌模式是指由于振动作用,岩土体发生破裂、位移和砂土液化等现象,降低了岩土体的机械强度,从而发生地面塌陷。在岩溶发育地区,地震、爆破或机械振动等经常引发地面塌陷,如辽宁省营口地震时,孤山乡第四纪松散沉积物覆盖型岩溶区,由于地震引起砂土液化,出现了200多个岩溶塌陷坑。

(4)荷载致塌模式是指溶洞或土洞的覆盖层人为荷载超过了洞顶盖层的强度,压塌洞顶而发生的塌陷过程和现象。若水库蓄水,尤其是高坝蓄水,可将库底岩溶洞穴的顶盖层压塌,造成库底塌陷,库水大量流失。

应当指出,地面塌陷实际上常常是在集中因素的共同作用下发生的。例如,洞顶的土层在受到潜蚀作用的同时,往往还受到自身的重力作用。

(二)地面塌陷的形成条件

1. 地质条件

(1)岩性条件

可溶性岩石的存在是岩溶地面塌陷形成的物质基础。中国发生岩溶地面塌陷的可溶岩主要是古生界岩石。中生界的石灰岩、白云岩、白云质灰岩等碳酸盐岩,部分地区的晚中生界、新生界富含膏盐芒硝或钙质砂泥岩、灰质砾岩及盐岩也发生过小规模的塌陷。大量岩溶地面塌陷事件表明,塌陷主要发生在覆盖型岩溶和裸露型岩溶分布区,部分发育在埋藏型岩溶分布区。

(2)岩溶发育条件

岩溶塌陷主要取决于溶洞的存在。幼年期岩溶在原始碳酸盐岩表面开始发育,有原始河系切入,以地表水岩溶作用为主,形成溶沟、石芽和少量漏斗,岩溶塌陷不发育。青年期岩溶地下水位附近形成溶洞,地表漏斗、落水洞、干谷、盲谷、溶蚀洼地发育,地表水大部分被吸入地下,洞顶坍塌,部分地下河只保留主河,岩溶塌陷最发育,通常有许多溶蚀洼地、坡立谷和峰林。老年期岩溶地下河全部转为地下河,地表流水发育,地表接近地下水水平径流带,有少数孤峰、溶丘地形,形成宽广的冲积平原,岩溶现象逐渐消失,岩溶塌陷不发育。可见,青、壮年期是岩溶强烈发育时期,岩溶塌陷发育,尤以壮年期为最。

(3)盖层条件

在其他条件相同的情况下,第四系盖层的厚度越大,成岩程度越高,塌陷越不易产生。相反,盖层薄且结构松散的地区,则易形成地面塌陷。如广东砂洋区疏干漏斗中心部位,盖层厚度40~130m,地面塌陷少而稀;而在漏斗中心的东南部和东部边缘地段,因盖层厚度较小(8~23m),地面塌陷多而密。调查统计结果显示,盖层厚度小于10m时,发生塌陷的概率最大,10~23m以上只有零星塌陷发生。缺乏盖层,岩溶发育强烈地区,岩溶塌陷也发育。

(4)地貌条件

岩溶塌陷多发生在河床两侧及地形低洼地段。在这些地区,地表水和地下水的水力联系密切,相互转化比较频繁,在自然条件下就可能发生潜蚀作用,形成土洞,造成地面塌陷。

地面塌陷只发生在新构造运动的上升区。由于地壳上升,地下水位相对下降,包气带加厚,地下洞穴扩大或处于潜水面以上,有利于地面塌陷的发生。

2. 气候条件

久旱无雨会造成地下水位下降,从而引发地面塌陷。某块农田发生地面岩溶塌陷,上面直径约6m,底部直径约2m,深度约5m,面积超过30m^2,周围有水。塌陷原因是久旱少雨引起地下水大幅度下降。

长时间暴雨,会造成伏流与暗河的下游产生冲爆致塌陷以及土洞和窑洞地面塌陷。

3. 人为因素

(1)矿坑突水,造成地下水位下降,引发地面塌陷。某村附近的煤矿在开采时发生突水,地下水位迅速下降,地下溶洞发生崩落,使地面出现裂缝和塌陷。全村23户人家的房屋都存在不同程度的开裂,其中不少房屋是刚建成不久的新房。同时,在村庄前方的水田里出现了6个塌陷大坑,这些塌陷坑小的有几平方米,大的超过20m^2,水深5~6m不等;而陷坑附近的农田里则表层出现龟裂,长约30m,深约80cm;宽1~20cm的弧形裂缝将山头分成两半。

(2)开采地下水引发岩溶塌陷。大量开采地下水而形成降落漏斗的地区,地下水运动强烈,促进了岩溶作用,加强了岩溶洞隙的发展,降低了地下水的浮托力,从而引发岩溶塌陷;越接近将来漏斗中心，地下水运动越强烈，岩溶塌陷越发育。某村寨被开辟为城市供水水源地，广泛分布寒武系-奥陶系石灰岩，突然大量开采岩溶水，造成地下水位骤然下降，导致多处发生岩溶塌陷。

第三节　灾害监测预警

公路灾害监测预警，是基于各种手段获取的信息，对公路的安全稳定状况进行预测，分析灾害的变化趋势，及时发现安全隐患，在严重灾害尚未形成之前，发出警告并采取相应措施的行动。其目的是掌握公路灾害的动态特征和发生发展过程，预报灾害可能发生的时间、地点、成灾范围和影响程度等，为公路灾害防治和抢险救援提供依据。监测预警日常主要针对一些灾害易发区的事前监测，如川藏公路、新藏公路地质脆弱地段，经济有效的监测预警能显著降低公路灾害的危害。对于应急抢险中的一些正在发展的地质灾害，如地震引起的滑坡、崩塌等地质灾害，采取一定的监测措施也非常必要。

一、监测预警基本知识

（一）监测预警依据

监测预警主要依据有：《中华人民共和国突发事件应对法》《国家突发公共事件总体应急预案》《地质灾害防治条例》《国家突发地质灾害应急预案》和交通运输部《公路交通突发事件应急预案》等相关法律法规。

（二）监测预警内容

1.监测预警分级

公路灾害属于公路突发事件之一，因各地区灾害的多样性和复杂性，各省级公路管理部门可根据本地区灾害类型、公路等级、路网影响、救灾能力等具体情况，参照交通运输部公路突发事件预警分级，规定本地区取值界限和灾害预警分级方法，其预警级别应遵从《交通运输突发事件应急管理规定》等规章制度。

2.监测预警原则

重大公路灾害的监测预警，除与国土、气象、地震等部门加强基础信息共享外，还必须加强临灾短时监测预警，并遵循以下原则：

(1)以人为本，安全第一。灾害发生前后应及时发布预报、警报信息，杜绝漏报、瞒报、迟报，避免造成重大人员伤亡和财产损失。在可能或已经发生危及行车和人员安全的路段，应设立警告标志或禁止通行标志，并及时上报。

(2)因地制宜，突出重点。各地区除了作好日常的监测预警工作外，还应加强汛期、雨季等特殊时期以及高边坡、沟谷等灾害易发重点路段的监测预警工作，以减少或防止崩塌、滑坡和泥石流等灾害造成重大损失。

(3)群专结合，实用为主。充分发动群众，高度关注现场变形及异常现象，将群防群治与监测预警结合起来，做到早发现、早监测、早预警。可将简易实用方法与专业监测相结合，以正确判断灾害发生的可能性、危害性等要素。

(4)规范建设，系统整合。按照国家有关应急救援的法律法规，借鉴发达国家先进经验，整合当前信息系统、管理系统、通信系统、数据库系统等，构建“统一指挥、资源共享、整体联动”的公路监测预警体系。

3. 监测预警主要内容

以公路地质灾害监测预警为例，公路地质灾害监测预警工作流程见图1-26。

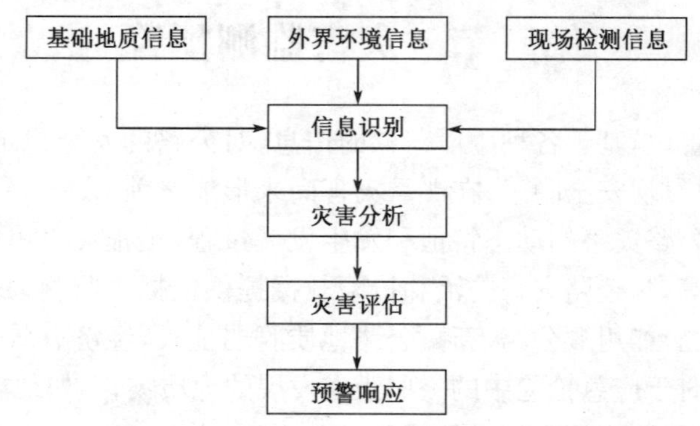

图1-26　监测预警工作流程图

公路地质灾害监测预警分为监测和预警两个阶段，主要内容有信息监测与收集、信息识别、灾害分析、灾害评估、预警响应等。

(1)监测阶段主要任务

①收集环境资料。及时收集气象、水文或预报等信息资料。地质灾害发生后，进一步掌握局部小范围、短时期的灾区动态信息。降雨量、降雨强度与公路地质灾害的发生具有显著的相关性，是影响公路路基和边坡稳定的主要因素之一。降雨预警表见表1-5。

降 雨 预 警 表

表1-5

预警标志	预警级别	降雨量	防范措施
暴雨 红 RAIN STORM	红色预警	3h降雨量将达100mm以上，或者已达100mm以上且降雨可能持续	1. 政府及相关部门按照职责做好防暴雨应急和抢险工作； 2. 停止聚会、停课、停业(特殊作业除外)； 3. 做好山洪、滑坡、泥石流等灾害的预防和抢险工作
暴雨 橙 RAIN STORM	橙色预警	3h降雨量将达50mm以上，或者已达50mm以上且降雨可能持续	1. 政府及相关部门按照职责做好防暴雨应急工作； 2. 切断有危险的室外电源，暂停户外作业； 3. 处于危险地带的单位应当停课、停业，采取专门措施保护已到校学生、幼儿和其他上班人员的安全； 4. 做好城市、农田的排涝，注意防范可能引发的山洪、滑坡、泥石流等灾害
暴雨 黄 RAIN STORM	黄色预警	6h降雨量将达50mm以上，或者已达50mm以上且降雨可能持续	1. 政府及相关部门按照职责做好防暴雨工作； 2. 根据路况在强降雨路段采取交通管制措施，在积水路段实行交通引导； 3. 切断低洼地带有危险的室外电源，暂停在空旷地带的户外作业，转移危险地带、危房人员到安全场所避雨； 4. 检查城市、农田、鱼塘排水系统，采取必要的排涝措施

续上表

预警标志	预警级别	降雨量	防范措施
暴雨 蓝 RAIN STORM	蓝色预警	12h 降雨量将达 100mm 以上，或者已达 100mm 以上且降雨可能持续	1. 政府及相关部门按照职责做好防暴雨准备工作； 2. 学校和幼儿园采取适当措施，保证学生和幼儿安全； 3. 驾驶人员应当注意道路积水和交通阻塞，确保安全； 4. 检查城市、农田、鱼塘排水系统，做好排涝准备

注：内容引自《气象灾害预警信号发布与传播办法》(2007 年中国气象局第 16 号令)。

②收集地质资料。收集掌握地质部门所划分区域性地质灾害主要类型、影响范围、灾害控制因素等情况，总结地质灾害对公路破坏的基本规律，初步确定重点隐患地段。例如地震烈度与公路边坡破坏存在一定的对应(表 1-6)，可结合这些资料提前做好一定的防范措施。

地震烈度与边坡破坏对应表 表 1-6

地震烈度	对边坡的损坏情况	地震烈度	对边坡的损坏情况
5 度	加速危坡的发育	9 度	滑坡塌方常见
6 度	陡坎滑坡	10 度	道路毁坏，山石大量崩塌
7 度	地表出现裂缝	11 度	路基堤岸大量崩毁，大量山体崩塌
8 度	少数路基塌方	12 度	一切建筑物普遍毁坏，地形剧烈变化

注：内容引自《公路地质灾害防治手册》。

③加强现场监测。重视现场监测，采用各种专业仪器、设备进行监测是灾害防控的基础。如前期经初步观测结合现场异常，可发现地质灾害宏观前兆，其监测内容见表 1-7。

地质灾害宏观前兆监测 表 1-7

类型	监测内容
宏观地形变监测	灾害体变形破坏前，常表现出地表裂缝和前缘岩土体局部坍塌、鼓胀、剪出，以及建筑物或农田、道路等的破坏，是灾害进一步发展的前兆
宏观地声监听	灾害体变形破坏前，常发出宏观地声。它标志着岩石被剪断或滑带附近碎块石与其下伏滑床之间的剧烈摩擦，是灾害体剧烈变形破坏的前兆。应监听发声地段，并立即做出预报
动物异常观察	灾害体变形破坏前，其上动物(鸡、狗、牛、羊、鼠、蛇等)常表现出异常活动现象。动物异常是低频前兆地声(可听声范围以外)和微振动信号引起的敏感反映，一般出现在灾害发生前数日或数小时
地表水和地下水宏观异常监测	灾害体地表水、地下水水位突变(上升或下降)或水量突变(增大或减小)，泉水突然消失、增大、变混或突然出现新泉等。它反映灾害体变形破坏了原地下水、地表水的运动状态，一般出现在剧烈破坏前数日或数小时

注：内容引自《崩塌·滑坡·泥石流监测规程》(DZ/T 0223—2004)。

(2)预警阶段主要任务

①灾害分析。根据已收集的有关资料特别是连续的现场监测数据,分析灾体破坏的临界外力以及灾变趋势,有条件的部门和单位可借助地质灾害预警模型及分析软件等诊断工具进行准确的定量分析。

②灾害评估。主要是对已发生或即将发生的灾害进行损失性评价,以明确灾害发生的影响或风险,详见第二章公路地质灾害评估相关内容。

③预警响应。在出现险情或地质灾害发生后,有关决策部门根据灾害分析及评估结果,对照已确定的临界值或本地区预警分级,决定是否进行应急响应。

二、地质灾害的预警预报

(一)地质灾害特点

地质灾害是指在自然或者人为因素的作用下形成的,对人类生命财产、环境造成破坏和损失的地质作用(现象)。常见的地质灾害主要指危害人民生命和财产安全的崩塌、滑坡、泥石流、地面塌陷、地裂缝、地面沉降六种与地质作用有关的灾害。

地质灾害是由地质作用产生的,包括内动力地质作用和外动力地质作用。随着人类活动规模的不断扩展,人类活动对地层表面形态和物质组成正在产生越来越大的影响。因此,在形成地质灾害的动力中,还包括人为活动对地球表层系统的作用,即人为地质作用。只有对人类生命财产和生存环境产生影响或破坏的地质事件才是地质灾害。如果某种地质过程仅仅是使地质环境恶化,并没有破坏人类生命财产或影响生产、生活环境,只能称之为灾变。例如,发生在荒无人烟地区的崩塌、滑坡、泥石流,不会造成人类生命财产的损毁,故这类地质事件属于灾变。我国幅员辽阔,山川纵横,地形地貌和气象水文复杂多变。当前,因地震、暴雨或重大事故导致的各种公路灾害日益频繁,公路交通受阻和中断对人民生活和社会经济发展的影响日渐突出,越来越成为人民群众关注的焦点。

(二)地质灾害分级

根据《地质灾害分类分级(试行)》(DZ 0238—2004)的地质灾害分级标准,以一次灾害事件造成的伤亡人数和直接经济损失两项指标把地质灾害灾度等级划分为特大灾害、大灾害、中灾害、小灾害4级,见表1-8。

地质灾害灾度等级分级 表1-8

指标		特大灾害(Ⅰ级灾害)	大灾害(Ⅱ级灾害)	中灾害(Ⅲ级灾害)	小灾害(Ⅳ级灾害)
伤亡人数	死亡(人)	>100	10～100	1～10	0
	重伤(人)	>150	20～150	5～20	<5
直接经济损失	(万元)	>1 000	5000～1 00	50～500	<50
间接威胁人数	(人)	>500	100～500	10～100	<10
灾害期望损失(万元/a)		>5 000	1 000～5 000	100～1 000	<100

注:经济损失值为1990年不变价格。

地质灾害与地震、洪水等成灾等级划分对比按表1-9确定。

常见地质灾害灾变等级分级按表1-10确定。

地质灾害与地震、洪水等成灾等级划分对比 表 1-9

灾害种类	成灾等级划分						
地质灾害	灾度等级		特大灾害	大灾害	中灾害	小灾害	
	划分指标	死亡	>100 人	10～100 人	1～10 人	0 人	
		损失	1 000 万元以上	500 万～1 000 万元	50 万～500 万元	<50 万元	
地震灾害	灾度等级		特大破坏性地震	严重破坏性地震	中等破坏性地震	一般破坏性地震	
	划分指标	死亡	万人以上	数百到数千人	数十到数百人	数人到数十人	
		损失	30 亿元以上	5 亿～30 亿元	1 亿～5 亿元	1 亿元以下	
洪水灾害	成灾等级		巨灾	重灾	中灾	轻灾	弱灾
	划分指标	死亡	>1 万人	0.1 万～1 万人	100～1 000 人	10～100 人	<10 人
		损失	>10 亿元	1 亿～10 亿元	1 000 万～1 亿元	100 万～1 000 万元	<100 万元
风暴潮灾害	成灾等级		特大潮灾	较大潮灾	一般潮灾	轻度潮灾	
	划分指标	死亡	千人以上	数百人	数十人	少量	
		损失	数亿元	0.2 亿～1 亿元	千万元	数百万以下	
森林火灾	灾度等级		Ⅳ级	Ⅲ级	Ⅱ级	Ⅰ级	
	划分指标	损失	100 万元以上	50 万～100 万元	10 万～50 万元	10 万元以下	

常见地质灾害灾变等级分级 表 1-10

指标		特大型	大型	中型	小型
崩塌(危岩)	体积($10^4 m^3$)	>100	10～100	1～10	<1
滑坡	体积($10^4 m^3$)	>1 000	100～1 000	10～100	<10
泥石流	堆积物体积($10^4 m^3$)	>100	10～100	1～10	<1
岩溶塌陷	影响范围(km^2)	>20	10～20	1～10	<1
地裂缝	影响范围(km^2)	>10	5～10	1～5	<1
地面沉降	沉降面积(km^2)	>500	100～500	10～100	<10
	最大累计沉降量(m)	1.0～2.0	0.5～1.0	0.1～0.5	<0.1

第二章　灾情侦察及评估

灾害发生后，通常第一时间应掌握灾情基本情况，如规模、大小、受灾程序、影响范围等，以便后续采取正确的抢险救灾措施。灾情侦察是救援行动前期主要工作之一。灾情侦察的主要目的是通过各种监测手段，掌握灾害活动的演化过程和危害程度，确定灾害发展的阶段、预警的级别、处治的措施，为快速救援和防灾减灾决策提供服务。

第一节　灾情侦察的基本方法

20 世纪末期以来，灾情侦察的理论和技术方法有长足发展，常规技术方法趋于成熟，设备精度、设备性能已具较高水平，并开发了部分高精度(微米级位移识别率)、自计、遥测、自动传输的侦测设施。未来，将充分综合运用光学、电学、信息学、计算机和通信等技术[诸如光纤传感技术(BOTDR)、时域反射技术(TDR)、激光扫描技术、核磁共振技术(NUMIS)、全球定位系统技术(GPS)、合成孔径雷达干涉测量技术(INSAR)及互联网通信技术等]，进一步开发经济实用、有效可行的地质灾害监测新技术，提高精度、准确性和及时性，最大限度地减少地质灾害造成的损失。

一、灾情监测的基本原则

地质灾害监测的主要任务为监测地质灾害时空域演变信息(包括形变、地球物理场、化学场)、诱发因素等。最大程度获取连续的空间变形数据，应用于地质灾害的稳定性评价、预测预报和防治工程效果评估。地质灾害监测是集地质灾害形成机理、监测仪器、时空技术和预测预报技术为一体的综合技术。地质灾害的形成机理是开展地质灾害监测工作的基础；监测仪器是开展工作的手段；更为重要的是只有充分利用时空技术，才能有效发挥地质监测的作用；预测预报是开展地质灾害监测的最终目的。崩塌、滑坡、泥石流等突发性地质灾害，具有暴发周期短、威胁性及破坏性显著、成因复杂等特点，因此，当前地质灾害的监测技术方法的研究和应用多是围绕突发性地质灾害进行的。

灾情侦察应突出重点、兼顾一般。重点对稳定性差、危害性大或演变随机性强的地段进行侦察。重点部位宜采用两种以上的监测手段，布置 1～3 个观测断面，每个断面布置 1～3 条测线，并加大监测频率。一般部位则指稳定性较好、危害性小、不易发生次生灾害的地段。监测频率和测线布设可根据地段重要性和危害程度确定。

监测仪器的选型原则是可靠、快速、经济。监测仪器除了必须具有防风、防雨、防潮、防雷、防腐蚀等与环境相适应的性能之外，还应具备稳定性好、可靠性高、操作简便、快速准确等显著特点。

二、常规监测方法

(一)宏观简易地质监测

该方法主要对灾害发生后的地表裂缝、建筑变形、地面鼓胀、沉降、崩塌、坡面陡斜、破碎、地下水变异、动植物异样等宏观变形迹象和与其有关的各种异常现象进行定期监测、记录，随时掌握灾害发展趋势和动态。该方法的优点是获取的信息直观可靠、可信度高，监测方法简单经济、实用性强。缺点是监测内容单一，监测精度较低，人员劳动强度大。

（二）大地测量变形监测

大地测量变形监测是从测绘技术方法移植而来的，一般采用三角交会法、距离交会法监测灾害体变形的二维水平（x、y）位移，用几何水准法、精密三角高程测量法监测灾害体的垂直（z）位移，用小角法、测距法、视准线法监测滑坡的水平单向位移。该方法的主要特点有：监控面积大，不仅能够对重点部位进行定点监测，而且能够有效确定灾害发生范围及变形状态；量程不受限制；能够直观测定绝对位移量，掌握灾害体整体变形状态；技术成熟，精度较高。因此，大地测量变形监控适用于不同变形阶段的灾害体位移长期监测，它也在现代地质灾害处治过程监测中占主导地位。

（三）传感器监测

主要包括以测量位移形变信息为主的监测方法，如地表相对位移监测、地表绝对位移监测（大地测量、GPS测量等）、深部位移监测。该类技术目前较为成熟，精度较高，常作为常规监测技术用于地质灾害监测。由于获得的是灾害体位移形变的直观信息，特别是位移形变信息，往往成为预测预报的主要依据之一。

三、GPS监测

GPS系统由三部分组成：空间部分、地面监控部分和用户接收设备部分。GPS卫星星座由24颗高约2.02万km的卫星群组成，其中21颗工作卫星和3颗备用卫星，均匀分布在6个地心轨道平面内，每个轨道4颗卫星，利用导航卫星进行测角、测距，以构成全球定位系统。GPS是现代大地测量的一种技术手段，能够实现大地的三维测量，作业简单方便，所具备的优点包括：测站间无须通视，可以同时测定点的三维位移，不受气候条件的限制，容易实现全系统的自动化，能够消除或减小系统误差和可以直接用大地高进行垂直形变测量。

（一）GPS点位的布设原则

1. 崩滑体选择

选择崩滑体稳定性较差，危害严重，危岩体体积大于100万m^3，滑坡体面积大于500万m^2；位于城镇新址或其附近，受水位变化影响而易滑、易崩的斜坡。

2. 基准网点选择

一般选在距崩滑体50～1 000m的稳定岩体上，每个崩滑体应有两个基准点，最好位于该崩滑体的两侧。邻近崩滑体可共用同一基准点。

3. 监测网点选择

监测网点即为每个崩滑体的监测点，应根据崩滑体的形态特征、变形特征、动力因素及监测预报等具体要素（变形方位，变形量，变形速率，时空动态，发展趋势等）确定点位，且这些点位能真实地反映灾害地质体变形敏感部位；每一崩滑体监测点数一般为3～8个，且能构成1～2条监测剖面。

4. GPS观测墩

在每一基准点和监测点上都建GPS观测墩，安装强制对中装置，其要求同GPS测量规范。

5. GPS 接收机

根据 GPS 网的等级、精度要求，对于二、三等 GPS 网的观测，应采用双频接收机，其标称精度不低于 5mm±2mm/km，同步观测的接收机不少于 3 台；对于四等 GPS 网的观测，可采用精度不低于 10mm±2mm/km 的单频接收机，同步观测的接收机数量不少于 2 台。

(二)GPS 选点

GPS 网点的点位应选在便于安置 GPS 接收机设备、视野开阔的地方，被测卫星的地平高角度应大于 15°，应远离大功率无线电发射源（如电视台、微波站等），其距离不得小于 200m，并应远离高压电线，其距离不得小于 50m。

GPS 网按照相邻点的平均距离和精度划分为二、三、四等，在布网时可以逐级布设或布设同级全面网。各等级 GPS 网相邻点间弦长精度的计算公式为：

$$\sigma = \pm\sqrt{a^2 + (bD)^2} \tag{2-1}$$

式中：σ——标准差（mm）；

a——固定误差（mm）；

b——比例误差（mm/km）；

D——相邻点间距离（km）。

相邻点最小距离可为平均距离的 1/3～1/2，最大距离可为平均距离的 2～3 倍。

四、时域反射法遥感监测

TDR（时域反射法）是一种远程遥感测试技术。同轴电缆中 TDR 与雷达技术的工作原理基本一样，区别是传播介质不一样。在 TDR 测试过程中，采用同轴电缆作为传输具有一定能量的瞬时脉冲传播介质，电脉冲信号在同轴电缆中传播的同时也能反映同轴电缆的阻抗特性。电缆发生变形时，它的特性阻抗就会发生变化。测试脉冲遇到电缆的特性阻抗发生变化时，会产生反射波。对反射波信号的传播时间进行测量，就能够推算电缆的确定传播时间和速度，因此能够推算出同轴电缆特性阻抗发生变化的位置；对反射信号振幅进行分析，就可以进一步推算出电缆的状态等。所以，同轴电缆 TDR 技术又被称为“闭路雷达”。

TDR 对地质灾害体稳定性进行监测时，先在待监测的岩土体中钻孔，把同轴电缆放入钻孔中，顶端与 TDR 测试仪相连，并用砂浆填充钻孔的空隙，目的是保证同轴电缆可以与沿途体同步变形。岩土体的变形和位移会使埋置于其中的电缆发生剪切、拉伸、变形，从而导致局部的特性阻抗发生变化，电磁波将会在这些阻抗变化区域发生反射和透射，并反映于 TDR 波形中。对波形进行分析，结合室内标定试验建立起的剪切和拉伸与 TDR 波形的量化关系，就可掌握岩土体的变形和位移情况。

一套 TDR 设备可以同时监测几百个点，与传统的测斜仪相比，TDR 信号的可信度高，测试过程快速方便，耗电量低。若与 GIS 结合，可以利用通信网络远距离传输监测数据和信号，大大提高了监测的安全性。

五、分布式光纤传感技术

分布式光纤传感技术原理：通过对光纤内传输光的参数（强度、相位、频率、偏振态等）变化的测量，来实现对环境参数的测量。分布式光纤传感技术因为其可重复用、分布式、长距离传输的优点被称为光纤传感技术中最有前途的技术之一，是光纤传感监测的发展趋势。其中，光纤布拉格光栅传感技术(FBG)与布里渊光时域反射传感技术(BOTDR)是最具代表性的两种分布式光纤传感技术。

滑坡监测中,最为重要的是光纤的选择。因为滑坡的应变比较大,适当的光纤可以提高监测的寿命。目前最常用的监测光纤有裸纤和紧套型光纤两种。裸纤测量比较灵敏,但量程小,容易折断,适应于小应变测量;紧套型光纤由纤芯、包层、涂敷层和护套组成,具有耐腐蚀性强、防水性能好的优点,比裸纤更能抵抗应力作用,量程略大,并且不易断电,便于使用。选用紧套型光纤可提高监测的寿命,所以滑坡监测用光纤常选择紧套型光纤。

光纤的网络布置一般有两种形式:一维网络形式,光纤沿着灾害体自下而上地连续做蛇形布设,这种方式适合于监测一个方向的位移变化情况;二维网络形式,在上个形式的基础上再连续地沿着水平方向从左至右做蛇形布设,这种方式适合于监测两个方向的位移变化情况。

在监测的实际工程应用中,光纤铺设有两种方法,全面接触式铺设和定点接触式铺设。全面接触式铺设的特点是可以全面监测地质灾害体的变形情况,监测对象为整个滑坡体。定点接触式铺设的特点是重点监测变形缝、应力集中区等潜在变形处的变形情况,监测对象为滑坡变形缝等潜在变形处。

FBG 与 BOTDR 两种光纤传感技术各有优缺点:FBG 传感器灵敏度高,能够非常准确地测量应变,虽然多个 FBG 串联组成的 FBG 传感网络能实现准分布测量,但其用于响应外部被测量的敏感单元是预先设置的传感阵列,因此要对这些离散分布的传感点进行测量,灵活性较低;BOTDR 传感元件为光纤,可实现分布式、长距离、不间断测量,受其技术本身的限制,测量的空间分辨率最高只能达 1m。如果将两者联合起来监测滑坡,在整个滑坡体上铺设监测光纤,利用 BOTDR 技术就能获得整个滑坡体的概要信息;在滑坡体变形的关键部位安装 FBG 传感器,利用其灵敏度高的特点,获得滑坡体关键部位的应变值。这样,将 FBG 与 BOTDR 两种技术结合起来监测滑坡,不但克服 BOTDR 监测分辨率不高的缺点,又弥补 FBG 只能实现离散点测量的不足。

六、合成孔径雷达干涉测量技术

合成孔径雷达干涉测量技术,简称 INSAR 技术,是近十年发展起来的一项新的空间对地观测技术,它与 GPS、VLBI(甚长基线干涉测量)和 SLR(侧视雷达)等空间技术一起构成空间测地技术的主体。INSAR 技术成功地综合了合成孔径雷达(SAR)成像原理和干涉测量技术,是目前空间遥感获取地表面某一点三维空间信息及其微小变化的最佳技术,是研究非常活跃的领域。地震、火山爆发、滑坡等地质灾害在发生之前通常在空间位置上有一个微小的几何量变化,如何快速准确地获得形变信息为灾害发生进行预报是大地测量工作者的任务之一。传统的监测方法如常规的大地测量、GPS 测量和摄影测量等技术,都是基于点的测量,具有较低的时间分辨率和空间分辨率。INSAR 技术,是一项具有潜力的形变监测技术,能高分辨率地测量大范围地形高度的细微变化,这就可能测出地震或火山爆发之前地面的膨胀,为灾害的发生提供预警信息。INSAR 是迄今为止独一无二的基于面观测的形变监测手段,有较高的时空分辨率。特别是以 INSAR 为基础发展的差分雷达干涉测量(D-INSAR)对于高程的变化具有高度的灵敏性,这意味着可以利用这一新型的对地观测技术精确地测定许多地球物理现象(如断层运动、地震区形变、火山爆发前隆起和滑坡前的形变等),为地质灾害的预报提供及时准确的数据。

七、基于无线传感器网络的监测预警系统

监测预警系统的总体结构监控预警系统在大范围监控、预警的基础上,以局域网为平台,

致力于数据采集和发送的有效性及处理上的精确性。监测预警系统的总体结构可分为两部分:上层的监控中心和下层的监控基站。监控基站和监控中心通过以太网连接起来,管理人员也可通过自定义网络访问监控基站。监控基站和众多的无线传感器节点一起组成无线传感器网络。无线传感器网络具有很好的扩展性,随意增减节点,对网络的拓扑结构和组网模式没有太大的影响,因而可以方便地根据实际情况增加或减少监控节点的数量。

适用于山体地质灾害监测的无线传感器网络,由众多具有感知和路由功能的无线传感器节点组成,能够协作实时监测,感知并采集各种环境对象的信息,将其通过多跳转发送传回主机进行分析、处理。以这些工作节点为依托,通过无线通信组成网络拓扑结构。系统中大部分的节点是子节点。从组网通信上看,他们只是其功能的子集,被称为 RFD(精简功能设备),这种设备没有路由功能;另外,还有一些节点负责控制子节点的通信、数据的汇集和发布控制,或者起着通信路由的作用,称为 FFD(全功能设备或协调器)。在整个硬件平台的设计中,节点是一个重要因素,它决定着传感器网络的寿命。如果节点当前没有传感器任务而且不需要为其他节点转发数据时,可以通过关闭节点的无线通信模块、数据采集模块等来节省能耗。

第二节　无人机移动侦察及数据快速处理

无人机移动侦察是通过无人驾驶飞行器搭载传感设备,快速获取作业区域地物信息,并进行数据处理、信息提取与分析应用。涉及遥感传感器技术、遥感控制技术、通信技术、差分定位技术等;该侦察方法机动灵活,应用简便,有效地弥补了卫星遥感和传统侦察方法的不足,是近年来迅速兴起的侦察手段。

一、无人机分类

无人机的构成主要包括机体系统、测控系统、机载系统、发射与回收系统、飞控系统、数据链路系统、电源系统等。移动侦察目前可使用的无人机主要有三类:固定翼无人机、旋翼无人机(包括多旋翼无人机和无人直升机)和无人飞艇。

固定翼无人机的起飞方式主要有滑跑起飞和弹射起飞两种方式,如图 2-1 所示。滑跑起飞要求有一定距离较为平整的滑跑场地。弹射起飞则要求在有风的条件下,选择逆风安置起飞。着陆方式有伞降和滑跑降落、撞网回收等。固定翼无人机体积小巧、机动灵活,不需要专用跑道起降,受天气和空域管制的影响小,性价比高、运作方便,在越来越多的领域得到重要应用。

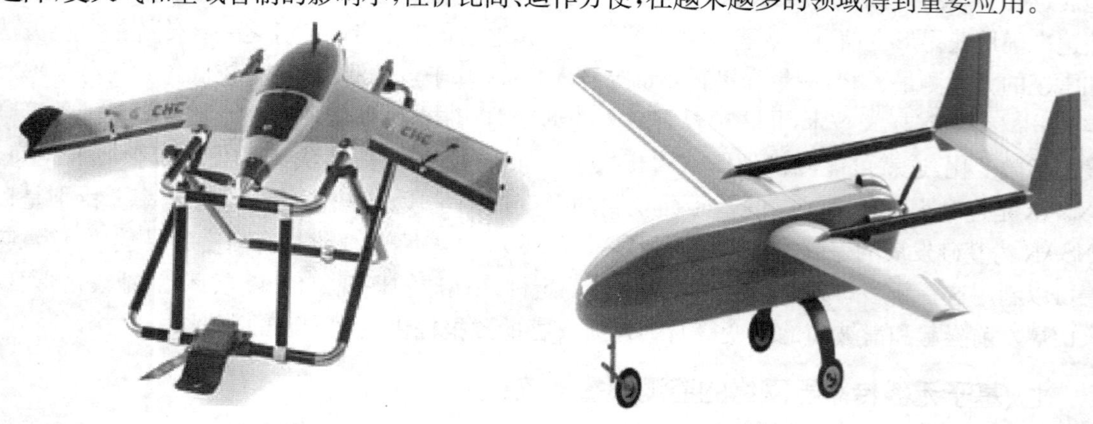

图 2-1　固定翼无人机

多旋翼无人机具有良好的飞行稳定性，如图 2-2 所示。对起飞场地要求不高，适用于起降空间狭小、任务环境复杂的场合，具备人工遥控、定点悬停、航线飞行多种飞行模式，在城市大型活动应急保障、灾害应急救援中具有明显的技术优势。比较有代表性的是自转多旋翼无人机和多旋翼倾转定翼无人机。

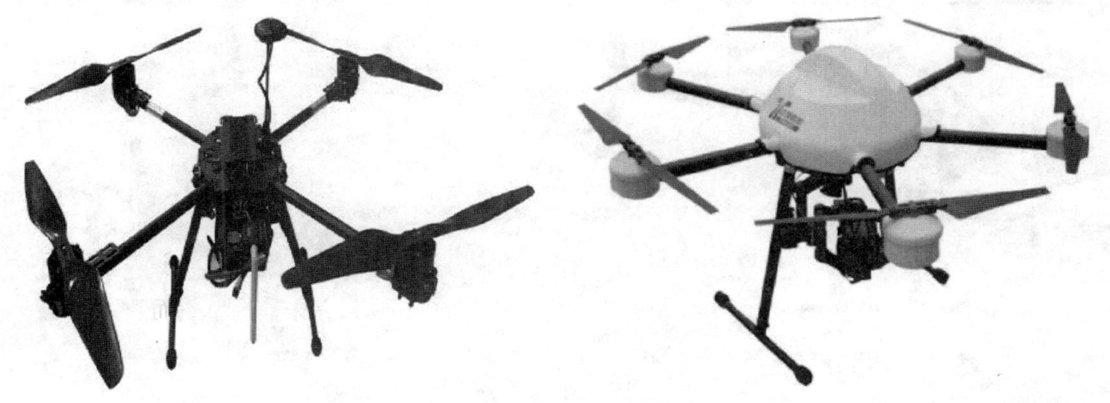

图 2-2　多旋翼无人机

自转多旋翼无人机是以旋翼自转提供升力，螺旋桨提供前进动力的旋翼类无人机。自转旋翼机在 20 世纪 20 年代问世，是旋翼升力技术的最早实际应用。自转旋翼机需要提供预旋，即起飞前通过传动装置将旋翼预先驱动，然后通过离合器切断传动链路后起飞。断开离合器后，旋翼机依靠前方来流吹动而使其处于自转状态。与直升机和固定翼无人机相比，自转旋翼机在发动机失控时，依然可以依靠自转而实现安全着陆。同时，自转旋翼机具有良好的低空、低速性和安全性，同时具有结构简单、造价较低、维护成本低、操纵简单等优点。

多旋翼倾转定翼无人机继承了倾转旋翼机的优点，结合了旋翼机及固定翼机两种飞行器的特长，同时也克服了倾转旋翼机的一部分缺点，采用了倾转定翼机构，最大化利用气动效率；改为多旋翼结构，巡航模式飞行时，即使其中一个电机发生故障，无人机也能继续飞行。

多旋翼无人机自主飞行控制系统较为复杂，一般需要设计 3 类控制器：位置控制器、速度控制器及姿态控制器。同时，还有姿态角推算、导航数据融合等算法。无人机的自主飞行涉及飞行器姿态、速度、位置这几个大方面的控制运算，因此对于控制器的运算能力有很高的要求。旋翼型无人机按旋翼的控制方式，还可分为可变轴距机制和固定轴距机制无人机。常见的无人多旋翼机有四旋翼、六旋翼、八旋翼等机型。

无人直升机，如图 2-3 所示，具备垂直起降、空中悬停和低速机动能力，能够在地形复杂的环境下进行起降和低空飞行，具有多旋翼和固定翼无人机不具备的优势，独特的飞行特点决定了它不可替代的优势。它起飞重量大，可以搭载激光雷达、红外传感器等大型传感设备。因为无人直升机是一个具有非线性、多变量、强耦合的复杂被控对象，其飞行控制技术更加复杂。

无人直升机的飞行控制方式有 3 种：遥控型、自动型和自主型。遥控型是指通过数据链由地面操作人员对无人直升机进行控制，属“人在回路”控制，要求地面操作人员具有比较专业的水平，因而无法满足工程化和实用化的需求，是实现自动型和自主型控制的过渡阶段。自动型是指根据任务不同，在起飞前规划好航线，设置好控制参数，使无人直升机按预定的航线飞行，完成相应的任务，同时具备简单的故障和应急处置模式。自主型是指无人直升机不依赖人的干涉，能够进行自主控制。飞行控制技术的突破是实现无人直升机真正工程化和实用化的关键。飞行控制技术水平决定了无人直升机的能力，技术水平越高，能力越强，所能承担的任务越多，适应复杂环境的能力越强，用途更加广泛。

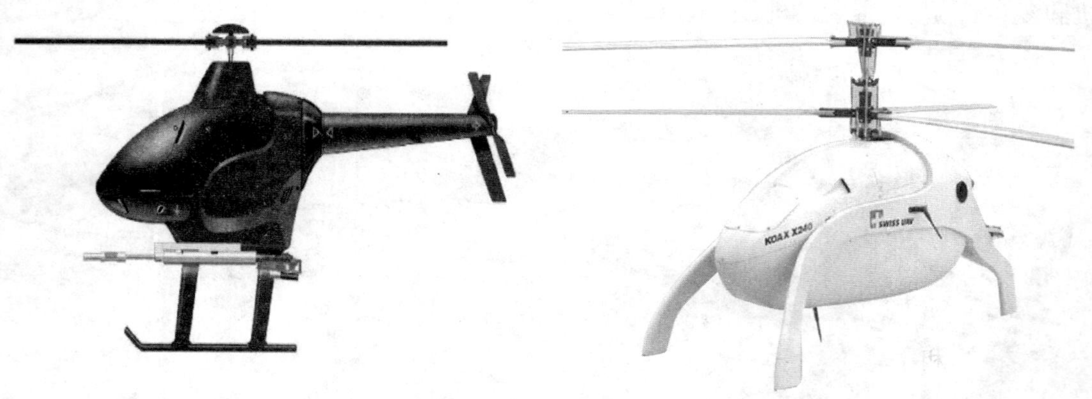

图 2-3　无人直升机

无人飞艇航测系统，如图 2-4 所示，是将航测技术和无人飞艇技术紧密结合的新型低空高分辨率遥感影像数据快速获取技术，系统具有高机动性、低成本、小型化、专用化、快速、实时对地观测等特点，可作为卫星遥感和常规航空遥感的重要补充手段。无人飞艇主要由主气囊、副气囊、吊舱、推进器和燃料箱、调压系统以及控制系统组成。根据气囊结构不同，飞艇可分为软式、半硬式和硬式 3 种类型。飞艇主气囊充填氦气，比空气轻而产生浮力，飞艇停留在空中时，只需很少的动力就可以使其在空中飞行。由于无人飞艇与其他飞行器相比，具备容积大，有效载荷大，续航能力强，可低空慢速获取高清目标图像，可靠性、安全性好等诸多优势，在农业、水利、电力、交通及应急救援等众多领域中，得到广泛运用。

图 2-4　无人飞艇

针对不同的应急需求，采用不同的飞行器。对于灾害灾情勘察，主要是为了勘察灾情现实性信息，获取灾区的应急影像图，通常使用固定翼无人机以及多旋翼无人机。对于森林火灾预警，由于灾区范围的不确定，需要飞机进行盘旋勘察，通常采用多旋翼无人机和无人直升机。对于大型活动的应急保障和群体事件监测，作业范围较小，但要求飞行器有悬停能力，通常采用无人直升机和无人飞艇。对于城市应急测绘，飞行作业时间相对较长，载荷较重，通常使用无人直升机。

二、无人机移动测量任务载荷

无人机移动测量任务载荷主要指搭载在无人机平台的各种移动测量中常用的传感器，包括光学传感器(非量测型相机、量测型相机等)、红外传感器、多镜头集成测斜摄影相机、机载激光雷达、视频摄像机等。目前现有高精度航测设备体积大、质量重，只有少数载荷大的大型无人机才能使用，因此在实际作业中，应根据侦察任务的不同和无人机的额定载荷量，准确配置任务载荷。

(一)航空测绘相机

大幅面的数字航空摄影传感器主要以两种方式发展：一种是基于三线阵的 CCD(电荷耦合元件)推扫式传感器，即在成像面安置前视、下视、后视 3 个 CCD 线阵，在摄影时构成三条航带实现摄影测量，AD S40/80 就是典型的三线阵航空数码相机；另一种是基于多镜头系统的面阵式传感器(例如 DMC、UCX、SWDC)，利用影像拼接镶嵌技术获取大幅面影像数据。与线阵式传感器相比，面阵式航空摄影传感器继承了传统胶片式航摄仪的成像方式和作业习惯，具体作业流程与传统航摄仪相比基本没有改变。数字航空摄影传感器的核心元件以光敏成像元件 CCD 为主。面阵式传感器中 CCD 以平面阵列的方式排列，成像方式与传统的胶片方式类似。由于受制造工艺和成本方面的限制，现有的大面阵数字航空摄影传感器一般是利用多个小面阵 CCD，采取影像拼接镶嵌技术获取大幅面影像数据，因此，它的几何关系要比常规的基于胶片的航空相机复杂。通常使用的航空测绘相机有非量测型和量测型两种。非量测型相机主要包括单反相机、微单相机，以及在普通民用数码相机基础上组合而成的组合宽角相机等，如图 2-5所示。其空间分辨率高、价格低、操作简单，在数字摄影测量领域得到广泛应用。主流量测型相机包括 SWDC 数字航空摄影仪、DMC 数字航摄仪等，如图 2-6 所示。

图 2-5 单反相机

图 2-6 数字航空摄影仪

此外，航测相机也存在一些缺点：①其像幅覆盖范围小于常规航空相机的覆盖范围，由此产生航空数码相机像对数增加、工作量增加；②由于航片的交会角小，接近于常规长焦摄像机，因此航空数码摄影测量还存在高程精度低的问题。

(二)红外传感器

红外传感系统是用红外线为介质的测量系统，按照工程分成5类，按探测机理可分为光子探测器和热探测器。红外传感系统是以红外线为介质的测量系统，按照功能能够分成5类：辐射计，用于辐射和光谱测量；搜索和跟踪系统，用于搜索和跟踪红外目标，确定其空间位置并对它的运动进行跟踪；热成像系统，可产生整个目标红外辐射的分布图像；红外测距和通信系统；混合系统。红外传感器是红外波段的光点成像设备，可将目标入射的空外辐射转换成对应像元的电子输出，最终形成目标的热辐射图像。红外传感器提高了无人机在夜间和恶劣环境条件下执行任务的能力。

以色列埃尔比特刚点系统公司是世界领先的集成无人机传感器装备提供商，其在"云雀"系列无人机上搭载超轻型热成像装置，利用万向架实现稳定工作，其上集成了高分辨率的前视红外非制冷测辐射热计摄像机，工作波段为8～12μm，在固定焦距下固定视场为23°，载荷重量为700～800g，在同等级别中重量最轻。该集成无人机传感器装备的成像质量非常高，并且能够实现超广域覆盖以及移动目标连续跟踪等功能。

(三)倾斜摄影技术

近年来，国际地理信息领域将传统航空摄影技术和数字地面采集技术结合起来，发展了一种称为机载多角度倾斜摄影的高新技术，简称倾斜摄影技术。通过在同一飞行平台上搭载多台或多种传感器，同时从多个角度采集地面影像，从而克服了传统航空摄影技术只能从垂直角度进行拍摄的局限性，能够更加真实地反映地物的实际情况，弥补了正射影像的不足。

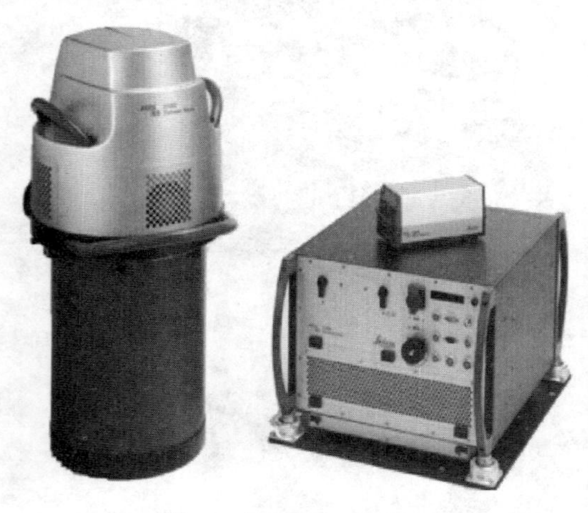

图2-7　AD S40/80相机系统

目前现有的倾斜摄影设备以线阵相机系统为主。三线阵AD S40/80相机系统(图2-7)可以获取高分辨率的影像，通过连续推扫式成像，其前视和后视相机可以提供同一航带上地物的倾斜影像。相机的前视倾角约为28°，后视倾角约为14°，获取的多视影像可以较为清晰地反映出地物的侧面纹理特征。

三线阵相机系统比如天宝AOS倾斜相机系统由三台大幅面数码相机组成，一台下视获取垂直影像，另外两台获取倾斜角度在30°～40°之间的倾斜影像。通过旋转型架构结构，实现前后左右倾斜和垂直五个方向的摄影。整个镜头在曝光一次后自动旋转90°，以此获取地物四个方向上的侧视影像。五相机系统SWDC-5倾斜摄影相机(图2-8)由五台哈苏H3D相机组成，中间一台垂直摄影，其余四台分别向四个方向进行倾斜摄影，其倾斜角在40°～45°之间，相机上方安置有IMU导航系统，同时集成GPS定位系统，可以在曝光瞬间准确获取相机倾角及外方位元素。Pictometry相机系统由五台数码相机组成，一台获取垂直影像，另外四台从前后左右四个方向同时获取地物的侧视影像。相机倾斜角度在40°～ 60°之间，可以较为完整地获取地物侧面的轮廓和纹理信息。

倾斜摄影技术的发展，将基于立体像对和点特征的静态传统摄影测量技术推向了一个新的高度，它颠覆了以往正射影像只能从垂直角度拍摄的局限，通过在同一飞行平台上搭载多台传感器，同时从一个垂直、多个倾斜角度采集影像，将用户引入了符合人眼视觉的真实直观世界。

图 2-8　SWDC-5 倾斜摄影相机

(四)机载激光雷达(LIDAR)

LIDAR 以激光为测量介质，基于计时测距机制的立体成像手段，可以直接联测地面物体的三维坐标，系统作业不依赖自然光，不受航高、阴影遮挡等限制，在地形测绘、气象测量、武器制导、飞行器着陆避障、林下伪装识别、灾害现场侦察等领域有着广泛的应用。LIDAR 通过测量飞行器的位置数据(经度、纬度、高程)和姿态数据(滚动、俯仰和偏流)，以及激光扫描仪到地面的距离和扫描角度，便可精确解算激光脉冲点的地面三维坐标。

激光系统是 LIDAR 系统的核心部分，它主要测量地物地貌的三维信息，由红外激光发射传感器、惯性测量系统、光电接收器、时间同步控制器、主控计算机、惯性测量计算机及激光发生器等几部分组成。激光系统每秒能产生高达 3 000 个激光脉冲，其摇摆角为左右各 20°，对于每个脉冲来说，如果当它在行进过程中遇到物体时，该系统能测量到同一脉冲的不同反射，并存储起来。同时，LIDAR 系统还能对每一脉冲的反射率(或反射光强度)进行测量并将结果存储起来。惯性测量系统主要测量飞机的飞行状态，包括飞机的摇摆、倾斜、航向等参数。航空激光扫描测量系统与飞机的飞行高度配合，相对应的单航带覆盖的宽度范围为 70～2 000m，对于受灾地区道路及山区地形侦察有着非常重要的意义。

机载激光雷达系统的优势：可全时全天候地发射受控激光束，扫描地面和地面上的目标，获取地面三维数据；激光脉冲信号能部分穿透植被，可同时测量地面和非地面层，有效侦察受灾区域真实地形；12h 可完成 100km^2 区域的地形数据采集，24h 内完成 DEM(数字高程模型)数据提取，获取数据速度快，作业周期短、时效强；可产生点阵间距为 1m 或更小的 DEM，数据绝对精度在 0.30m 以内，布点密度大，采集数据速度快、精度高，集成 GPS 技术后，可直接作为 GIS 数据源使用。

三、数据的快速处理

无人机移动侦察根据不同的任务需要，搭载不同的任务载荷，获取的数据包括影响数据、视频数据和激光雷达数据等。这些数据具有：分辨率高，信息丰富；数据变形大，后期拼接处理困难；数据格式、类型多样等特点。

(一)数据的传输与接收

无人机数据传输系统是无人机移动侦察系统的重要组成部分，由数据链和地面控制站组成，用于完成对无人机的遥控、遥测、跟踪定位和信息传输，实现对无人机的远距离操纵和载荷测量信息的实时获取，其性能和规模在很大程度上决定了整个无人机系统的性能和规模。无人机数据传输与接收功能的实现由地面车载终端和机载终端两部分构成，机载终端由飞控系统和任务载荷等组成。终端之间的通信通过无线通信链路实现，无线通信链路负责接收地面终端发送的控制命令、数据，与机载传感有关的无人机运动参数及GPS等信号，发送给机载飞控计算机处理；飞控计算机输出控制指令到各个执行结构及有关设备，以实现对无人机的各种飞行模态的控制和任务设备的管理。同时，飞控系统也把无人机的飞行状态数据及发动机、机载电源系统、任务设备等工作状态参数，通过下行链路实时传回地面控制终端，为地面控制人员提供无人机及任务设备的有关状态信息，引导无人机完成飞行计划。

无人机移动侦察数据传输的整体结构方案如图2-9所示。基本原理是：

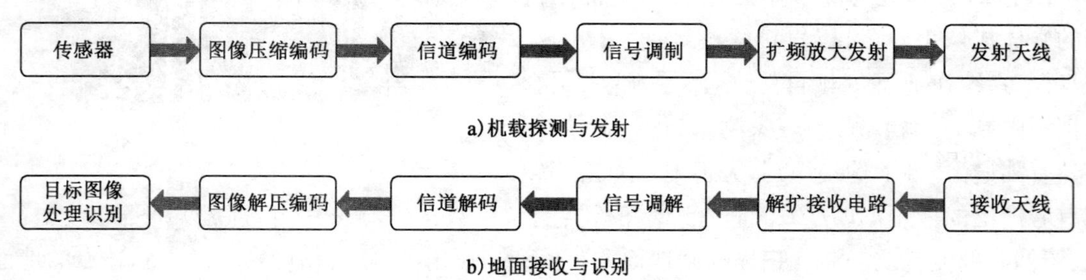

图2-9 无人机图像的传输与接收

(1)任务传感器输出其捕捉到的目标图像信息。由于图像数据量巨大，需要进行图像压缩编码以实现图像信息的完整、实时传输。

(2)对压缩后的信息码流进行传输。为了避免在恶劣的电磁环境传输中产生误码和码间干扰，需对压缩后的码流进行纠错编码，对编码后的信息采用数字调制方式，以便信号发射。

(3)通过基于扩频技术的高频信号发射电缆，将处理后的图像信息实时传回地面控制站，进行图像信息处理。

(4)将处理后有用控制信息远程无线传回机载设备，实现机载设备、地面控制中心不间断的信息交流和通信。

(二)应急救援中无人机数据采集的关键技术

应急救援中，无人机航摄系统要实现应急状态下的侦察数据获取，就必须有高精度的POS数据、高性能的数据压缩编码、稳定可靠的数据传输、高效的数据处理和实时的信息发布，涉及导航定位、数据压缩编码、地理位置注册、空间信息直播等关键技术。

1.导航定位

导航定位技术是获取无人机精确坐标和姿态信息的关键，而无人机精确的外方位元素，是后续航摄数据处理的基础。

导航定位系统与航摄传感器无缝连接，实时获取航摄传感器摄影瞬间的开启脉冲，在航摄传感器对地观测的同时，导航定位系统连续接收卫星信号，并精确记录曝光时刻。经过载波相位差分动态处理，获取航摄传感器在摄影时刻摄站的地心坐标，并通过成像模型转化为摄区坐标，引入航摄区域区域网平差中，采用数学模型精确确定地面目标点位和航摄数据的方位元素。

现有的常规无人机航摄系统，受成本限制，一般采用低精度的导航定位系统，多为GPS/INS组合导航定位系统，如果是仅仅获取灾后的应急影像信息，是能满足航摄需要的。但单卫星导航定位系统，导航定位精度与卫星信号强度密切相关，卫星信号受卫星过境时间限制，在不同的时段，信号强度差别较大，如果要进行应急目标的精确定位和执行随时的应急航摄任务，显然是不能满足需求的。应急无人机航摄系统的导航定位部分，要结合多种卫星导航定位系统，充分融合各导航系统优势，全天时提供高定位导航定位信息。受飞行器载荷、体积、功耗等多方面的条件限制，导航定位系统要具备集成化、紧耦合、轻小化的特点。

2. 数据压缩编码

高性能的数据压缩编码技术是确保航摄数据实时下传的前提，除了压缩算法的高效性和易实现外，还要求硬件处理实时性好、稳定性高。

无人机利用各种成像传感器获取数据，并通过数据链将数据实时传输给地面系统，随着无人机数量的增多以及任务数据量的增大，给通信带宽带来了很大的压力，有效的解决方法是利用压缩算法压缩数据信息的容量。无人机一般在高空、高速飞行的情况下对地面景物进行摄像，所得到的影像和一般的影像有很大的区别：影像内目标像素小且目标数量大，帧内相关性差；加上影像是满屏运动，帧间相关性差。因此，影像的压缩编码必须采用高分辨率，且具有运动补偿的算法，以满足较低比特率下高质量的影像压缩和传输。压缩工作可以选用软件或专用硬件来完成。专用编码压缩软件代码规模较大，设备要求高，且机载微处理器功能有限，使其应用受到限制，为保证系统最优功能状态，选用专用编码芯片对采集后得到的数字影像进行硬件编码压缩，生成压缩后的数据通过机载传感器平台控制板数据通道，经无人机上高速通信接口下传数据。

3. 地理位置注册

地理位置注册的目的是确定目标的精确位置，实现无人机在悬停和绕飞状态下的空间位置标注。

它是以同步测量的动态 POS 定位/定姿参数为基础，运用高效率的参数内插与瞬时赋值算法，将获取的序列影像与原有地理数据进行匹配，依照规则的元数据体系实现序列影像的地理空间实时注册，可实现特定区域目标的定点观测和动目标的精确测绘。常用的方法是通过使用主动轮廓模型及其改进模型提取影像序列特征，与原有地理数据库中的特征要素进行匹配，涉及形状的描述、相似性度量以及定向的估计等关键步骤。常用的特征有点特征（如建筑物角点）和线特征（如道路），点特征具有旋转不变性，但是数目多，匹配的计算量大；线特征计算量相对较小，但匹配过程中存在偏移。如何对影像形状特征形成有效的描述，如何实现多尺度下形状特征与已有地理数据库特征的匹配与优化，是值得研究的方向。

4. 空间信息直播

空间信息直播是把应急无人机航摄系统获取的各种灾情数据转化为空间信息进行发布，提供应急实时服务，高效的数据传输是空间信息直播的基础。

无人机搭载的任务载荷设备对地观测，将获取的地表信息以数字形式记录存储，机载测量平台控制主板通过 I/O 设备读取数据，利用 DSP 模块进行数据压缩处理，通过数据接口将压缩后的数据传至机载无线数据传输设备。在地面移动接收系统视距内，数据通过无线方式传给地面；在视距外，采用中继方式，将数据转发给地面移动接收系统。接收系统将获取的数据实时解压，传送至计算机，就可以进行显示等后续处理工作。在数据链信道综合程度方面，已普遍采用“四合一”综合信道体制；在数据链抗干扰技术方面，已普遍采用卷积、RS 和交织等抗干扰编码，以及直接序列扩频技术；在无人机超视距中继技术方面，已实现了空中中继和卫星中继；在一站多机数据链技术方面，采用了先进的相控阵天线和扩频技术，能同时对多架无人机进行跟踪定位、遥测、遥控和信息传输。对于应急无人机航摄系统，航摄数据下传量大，在多数情况下，工作环境复杂，数据传输干扰严重，要实现稳定、可靠传输，涉及无线信道纠错编码、信号扩频调制、抗干扰传输、超视距中继传输、一站多机数据链、跨空域切换、数据包调度、拥塞控制等关键技术。只有实现上述关键技术，才能获取稳定的原始航摄数据，进行地理位置注册等后续处理，接入因特网进行空间信息直播，提供实时的应急服务。

（三）侦察数据处理的技术流程

无人机移动侦察数据处理的对象通常是影像数据。在应急快速反应场合，可以利用机载传感器完成现场空间位置信息、动态影像信息的实时采集、高效处理，实现地理空间信息直播，达到动态测绘和移动目标精确测绘的目的。通过快速确定有效影像并准确进行外方位元素赋值，实现无人机在空中悬停或绕飞状态下序列视频成像的地理空间标注。以同步测量的状态POS参数为基础，采用高效率的参数内插与瞬时赋值算法，依照规则的元数据体系对序号视频图像的地理空间实时注册，达到对目标区抵近观测、凝视观测的定量化表达。

通常无人机影像的处理主要用于生成DOM（数字正射模型）、DEM（数字高程模型）、DRG（数字栅格地图）、DLG（数字线划地图）等，处理的技术流程（图2-10）步骤如下：

（1）准备无人机原始侦察影像、航摄信息、测区资料等。

（2）输入传感器参数信息，进行影像畸变差校正。

（3）利用POS数据和测区控制资料，进行空三加密，生成空三加密成果。

（4）在DEM的基础上，进行正射影像DOM制作，生成DOM成果。

无人机影像在应急救援中对绝对定位精度要求往往不是首要的，快速得到任务区内正射影像或准正射影像，不同受灾程度的区域面积，掌握受灾地点地形地貌细节等相关信息，才能通过侦察，为次生灾害预警、救灾方案制订及灾害整体评估提供准确的判据。因此，应急救援过程中，无人机影像处理流程（图2-11）步骤如下：

（1）获得无人机数据以后，首先对影像做旋转、主点修正、畸变差校正或格式转换等预处理。

（2）结合POS数据，进行自动相对定向、模型连接、航带间转点等，完成自动空中三角测量。

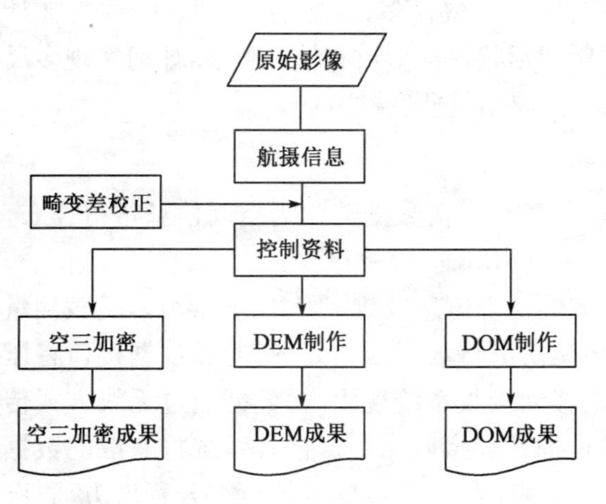

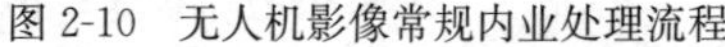
图2-10　无人机影像常规内业处理流程

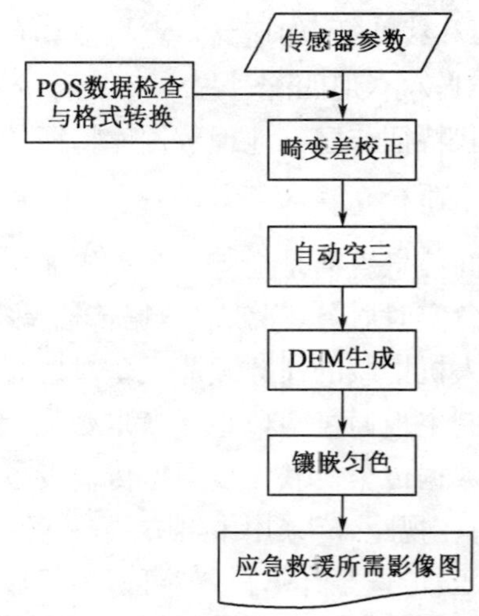

图2-11　无人机应急救援中影像内业处理流程

(3)利用特征提取技术从影像中提取数字表面模型 DSM,并经过滤波处理得到 DEM。

(4)再用生成的 DEM 对影像进行数字微分纠正,得到正射影像 DOM。

(5)对正射影像进行自动拼接和镶嵌匀色,得到最终数据图像。

(四)数据处理的基本方法

1. 畸变差校正

无人机航测在影像获取过程中未进行检校,其畸变差较大,无法直接用于后续的空三与测图处理。在进行空三加密之前,必须先进行畸变差校正。通常根据提供的相机鉴定报告,提取像主点的坐标、焦距、径向畸变系数、偏心畸变系数和 CCD 非正方形比例系数,然后利用影像畸变差校正模块进行影像畸变差校正。

2. 空三加密

无人机影像的 POS 数据仅用于无人机的飞行导航,精度低,无法采用 POS 辅助空三加密的方法。目前,无人机影像的空三加密,通常按照加密周边布点的传统航测加密方法,经过影像的内定向、相对定向与模型连接、自由网平差处理后,利用野外控制点,进行光束法区域网平差。

由于无人机影像的重叠度大,为避免大量同名点的自动匹配错误及减少计算量,通常航带内隔片抽取影像参与空三加密,并需人工合理选取航线间的初始偏移量。无人机影像的像幅覆盖范围小,重叠度大,影像数量多,可以通过分网加密的方法快速处理。为了减少测区内部的加密分区接边,分网处理达到要求后再进行合网加密处理。

3. 影像镶嵌匀色

选取摄影区具有代表性的影像作为标准模板,采用基于蚁群算法的最小二乘原理,并行计算摄影区所用影像,使摄影区所有影像与标准模板的影像色调一致,达到进行整体匀色的效果。数字微分纠正得到了每张纠正影像左下角的地面坐标,利用此信息,结合匀色后的单片纠正结果,自动完成正摄影像的镶嵌拼接和接边处理。

四、无人机低空侦察在应急救援中的应用

随着人们对环境理解的深入和无人机航摄系统的发展,无人机航摄与应急的关系变得更加紧密。无人机航摄不仅提供了更加高效的测绘方式,也拓宽了航空摄影的应用范围,它不仅在区域大范围静态地理信息获取方面有着明显优势,而且能满足动态测绘、应急测绘、动目标精确测绘的需求。我国是自然灾害多发国家,对于应急测绘有着巨大需求,主要体现在以下几个方面:

(一)地质灾害应急救灾

应用需求主要包括地震救援、滑坡监测、泥石流监测、火山爆发监测等。地震发生后,可以利用无人机航摄系统对灾区勘测,提供现场第一手资料,及时了解灾害发生情况、影响范围、受困人员、道路是否畅通等,提高灾害救助时效性和针对性。预测震后受威胁的对象与潜在次生灾害发生体,如对于滑坡、泥石流、塌方等形成的淤塞,结合降雨统计数据、河流流量信息等,预测蓄满溢流的可能性。利用无人机影像结合地面控制点,进行空三加密,提取 DEM,制作灾区三维景观图,直观反映灾区地形地貌景观。应急处置阶段,通过无人机影像了解安置点周边环境信息和空间分布,分析应急安置点布置的合理性。灾后恢复重建阶段,可以对重点地区进行

监测,用不同时段数据对比,分析重建进度。用无人机开展临近高等级公路、铁路、国道、省道等交通干道的易发生滑坡、泥石流塌方的区域重点监测,提升灾害预警能力。对于已发生泥石流、滑坡的区域,利用无人机影像和飞行控制数据进行灾场重建,实现灾害应急测量与灾情评估。开展火山爆发周围区域监测,及时了解灾害影响范围和人员财产伤亡情况,完成灾害监测和灾情评估任务,为灾害预防和救援方案制订提供科学依据。

(二)森林火灾救援预警

应用需求主要包括火情分析、火源确定、火势蔓延趋势预测、救援方案制订、火情预警等。利用无人机影像及实时获取的火场环境数据,结合林火模型,进行火势蔓延分析,监测火势大小,预测影响范围,为救援途径选择、救援设备及人员部署、火情预警提供决策依据。

(三)群体活动应急保障

应用需求主要包括大型活动安保、重大群体事件监测、防恐维稳等。利用无人机搭载动态位置姿态传感器、高分辨率成像传感器、序列成像传感器等多模式组合传感器,通过近实时快速测绘处理,对于目标区进行快速探测解算及地理重建,将视频信息转化为具有定量地理信息标志的动态地理影像,并可接入互联网,实现实时或者近实时地理信息发布和用户端直播服务,使主管部门能及时获取活动现场信息,掌控事件进展动态。

(四)城市应急测绘服务

城市应急测绘主要是指在发生台风、暴雨、洪灾、沙尘暴等自然灾害,以及火灾等危险事件时,提供应急测绘保障服务。利用无人机航摄手段,结合城市应急专题信息库(城市地形数据库、实时舆情数据库、河网水库数据库、气象资料等),进行洪水淹没区域、火情影响范围、台风影响范围等分析,以便合理安排人员撤离路线及救援路线,进行救援人员、物质调配等。在无人机上搭载视频传感器和导航定位设备,获取实时动态影像及灾区定位信息,在搜救工作中开展定位服务,弥补救灾人员救援漏洞,提高搜救效率。

第三节　地质灾害的调查评估

一、崩塌调查评估要点及技术方法

(一)崩塌调查评估要点

崩塌调查评估的目的是查明崩塌地质灾害,为灾害监测预报、减灾防灾、防治工程可行性研究等提供可靠的依据。除调查崩塌区内自然地理(气象、水文、植被特征等)、地质环境(地貌类型、岩土体特征、地质构造、新构造运动、水文地质条件等)和人类工程活动等外,重点要调查评估崩塌灾害体的形成、致灾及防灾要素等内容。

(1)崩塌体的空间特征:包括产出的位置、分布形态、高程范围、体积规模等内容,应在调查过程中客观准确地反映出来。

(2)崩塌区的地质特征:包括崩塌体的地层岩性、地形地貌、地质构造、岩土体结构等。岩土体结构应重点查明软弱层、断层、褶曲、裂隙、岩溶、采空区、临空区、侧边界、底界及其对崩塌的控制及影响。

(3)崩塌区的水文地质条件:包括地下水的补给、径流和赋存特征。

(4)崩塌变形发育史:进行变形监测,查明变形特征。

(5)非地质因素对崩塌形成的作用:要调查降雨、人工开挖、采掘等因素的强度、周期及其与崩塌灾害的关系。

(6)评估崩塌灾害的危险性和灾情:综合评估崩塌灾害的成因、致灾因素、变形破坏机制、变形破坏特征和稳定性,进行危险性分析和灾情评估,对防治工作的可能性和必要性进行论证,提出防治方案或思路。

(二)崩塌调查评估的技术方法

崩塌地质灾害的调查评估涉及很多技术方法,主要有遥感图像解译、工程地质测绘、地球物理勘探、钻探、山地工程、室内试验及现场试验、模型试验和模拟试验、动态监测等。

1. 遥感图像解译

(1)基本要求

遥感图像解译应在收集资料阶段完成,并编制工程地质解译图,为野外踏勘和设计编写服务。区域性解译采用 1∶67 000～1∶50 000 的航片,崩塌体部分选用大比例尺(1∶1 000～1∶10 000)航片。有条件时,宜采用多时相的彩红外、红外、彩色、黑白、侧视雷达等多种航片进行综合解译。

一般采用目视解译,尽可能对航片进行光学处理和数字处理,突出有效信息,提高解译水平和效果。建立不同航片的直接解译标志(形态、大小、阴影、灰阶、色调、花纹图形等)和间接解译标志(水系、植被、土壤、自然景观和人文景观等);进行室内解译,编制解译地质图和像片镶嵌图,规划调查工作和要解决的重点问题。

进行解译验证,建立准确的解译标志,同时建立健全解译卡片和验证卡片,以积累详细准确的地质资料。提交的成果为:解译灾害地质图;解译卡片;验证卡片;典型像片集;解译报告;调查所需的其他解译图件。

(2)解译内容

首先要划分地貌单元,确立地貌形态、成因类型、微地貌形态及发育特征;确定地貌与地质构造、地层岩性与工程地质条件之间的关系;确定发生崩塌体的地貌单元,分析判断崩塌与地貌的关系。其次,解译发生崩塌体的地层岩性特征,解译崩塌与构造的关系,确定主要构造形迹(褶皱、断层)的分布和规模,以及与崩塌形成的关系。再次,解译地表水、地下水对崩塌形成及其堆积物稳定性的作用及影响,判定大泉、泉群、地下水溢出带,确定洼地、漏斗、落水洞、天坑等岩溶现象的分布,圈定地表水体分布范围,了解水系发育特征。最后,解译崩塌体边界,推测其厚度和体积,判译其形成机制和类型。根据崩塌区地貌形态、植被情况及彩红外影像特征等,初步分析崩塌的形成时间和稳定状况,推断危岩体将来发生崩塌的体积、范围、方位、位移距离,圈定成灾范围,分析派生灾害,初步进行灾情评估。

2. 工程地质测绘

(1)基本要求

比例尺的确定:综合区域工程地质测绘为 1∶50 000～1∶25 000;崩塌灾害环境地质测绘初步调查为 1∶10 000～1∶1 000,可行性研究阶段测绘为 1∶2 000～1∶500。

测绘范围:外围环境地质调查,以查明与崩塌体生成有关的地质环境和小区域内崩塌发育规律为准;崩塌体的测绘范围应为其初步判断长宽的 1.5～3 倍,并应包含其可能造成危害及派生灾害成灾的范围。

使用的地形图必须是符合精度要求的同等或大于测绘比例尺的地形图。实测地质体的最小尺寸一般为相应图上的 2mm。特别重要的，不足 2mm 可扩大表示，但须注明实际数据。地质点位与地质界线的误差不应超过图上的 2mm。

测绘方法采用穿越和追索相结合的方法。重要边界要追索，覆盖地段应采取人工揭露。观测点布置应目的明确、密度合理，崩塌边界、地质构造、裂缝等要有足够的点控制。观测点的类型分为岩性点、地貌点、地质构造点、裂隙统计点、水文地质点、外动力地质现象点、裂缝调查点、崩塌壁调查点、崩塌体调查点、崩塌变形点、灾情调查统计点、人类工程活动调查点、采样点、试验点、长观点、监测点等。

观测点的测量要求：测绘比例尺小于 1∶5 000 时，采用目测和罗盘交会法定位，高程可根据地形图和气压计估算。测绘比例尺大于 1∶5 000 时，必须用仪器测量。重要的观测点、勘探点、监测点，不管比例尺多大，均须用仪器测量。

野外记录要求：采用专门的卡片记录观测点，分类系统编号，卡片编号与地点号一致；记录须与野外草图相符；描述应全面又突出重点；进行点与点之间的路线描述和记录。测绘工作结束，应提出以下原始成果：实际材料图；野外地质草图；实测地层柱状图；实测地层剖面图；观测点记录卡片；山地工程记录表及素描图；长观记录和监测记录；沿途、水样试验成果一览表；照片册；文字总结；数据资料。

(2)测绘内容

岩体工程地质测绘：查明岩体的地质时代、成因类型、岩性、接触关系等。

土体工程地质测绘：查明土的粒度成分、矿物成分、密实度或稠度、空隙性、土体结构、成因类型及地质年代等。

地貌和斜坡结构调查：以微地貌调查为主，包括分水岭、山脊、斜坡、谷肩、坡脚、悬崖、沟谷、河谷、河漫滩、阶地、剥蚀面、岩溶微地貌、塌陷地貌和人工地貌等。调查描述各地貌单元的形态特征(面积、长度、宽度、高程、高差、深度、坡度、形体特征及其变化情况)、微地貌的组合特征、过渡关系及相对时代。重点调查崩塌体产生的地貌单元，侧重于沟谷地貌和斜坡地貌的调查，查明斜坡的结构类型与坡面特征。分析岩溶地貌、流水地貌与崩塌的关系。调查人工地貌(采场、水库大坝、道路、人工边坡等)与崩塌的关系。

地质结构调查：理清调查的构造轮廓、构造形迹特点，调查褶曲、断层、节理裂隙的位置、产状、规模、力学性质及其与崩塌的关系。

新构造运动和地震调研：以收集资料为主。

水文地质调查：调查地表水体的位置、范围、动态与地下水的关系，地下水的补、径、排条件，地下水露头的位置、出流特征、动态变化等。在此基础上，综合分析地表水、地下水对崩塌的作用。

人类活动调查：调查人类工程活动的现状与规划、人类活动诱发的不良地质现象或地质灾害。

3. 钻探

(1)基本要求

要编制钻孔设计书，包括钻孔的目的、类型、深度、结构、钻探工艺等。钻孔深度应穿过崩塌体底界，进入稳定岩(土)体 3m(土体)至 5m(岩体)。孔径应满足取芯及测试要求。

岩芯的描述：坚硬岩层，应描述岩石名称、颜色、成分、结构、构造、节理裂隙、风化及破碎程度、岩芯长度和完整性等；卵、砾层，应描述其名称、颜色、岩性、成分、大小、形状、充填物含量及胶结情况；砂类土层，应描述其名称、颜色、成分、粒度、干湿状态、夹杂物等；黏性土，应描述其名称、颜色、成分、结构特征、可塑性、稠度等。

节理裂隙描述：确定节理裂隙类型、成因、连续性、张开程度、充填物、裂隙率。

断层描述：断层性质、破碎带宽度（深度）、擦痕、构造岩、岩芯完整性、漏水和涌水情况等。要重视岩溶、裂缝、滑带及软弱夹层的描述和地质编录，水文地质观测记录和钻进异常记录，取样记录。

钻孔终孔后，要及时整理并提交钻探成果，包括钻孔设计书、钻孔柱状图、岩芯素描图、岩芯照片、简易水文地质观测记录、钻孔报告书等。钻孔柱状图的比例尺一般为 1∶200～1∶100，以能清楚地表示主要地质现象为准。

（2）钻探方法解决的主要问题

查明崩塌体的岩性、地质构造、岩土体结构、风化带、岩溶、边界条件和崩塌体的形态特征、规模。查明崩塌区的水文地质条件，采取地下水样。探测隐伏裂隙、地表裂隙的深度、发育特征、充填情况、充水情况和连通情况。采取岩土体物理力学室内试验样品，进行水文地质野外试验（压水、抽水、注水、扩散试验等）和长期观测，确定水文地质参数，查证崩滑带位置和特征。进行物探综合测井和跨孔测井，扩展探测范围。进行崩塌变形长期监测和施工期变形监测。

4. 动态监测

（1）动态监测的目的和任务

动态监测的目的：评估地质灾害的活动性及稳定性；通过监测崩滑变形块体变形的分布、规模、位移方式、方向和速率等，为分析崩塌体的变形特征、变形机制，进行稳定性评估服务，同时为防治工程设计提供重要依据；为勘察施工安全提供预警预报；为今后建站进行长期监测奠定良好的基础。

动态监测的任务：查明崩塌体正在变形破坏的主要块体、主要部位、主要破坏方式、主要变形方向和变形速率；进一步认识崩滑体的形体特征，分析其变形规律、发展趋势、形成机制，分析评估崩塌体的稳定性和论证防治工程设计；监测崩塌相关成灾因素（如降雨、地表水、地下水和人类活动等）及其强度，分析评估它们对崩塌体稳定性的影响。

（2）动态监测的内容和方法

绝对位移监测内容：崩塌体测点的三维坐标监测，得出测点的三维变形位移量、位移方法与位移速率。监测方法：大地测量法、GPS 测量法、近景摄影测量法、激光全息摄影法和激光散斑法。

相对位移监测内容：相对位移监测是设点量测崩滑体重点变形部位点与点之间相对位移变化（张开、闭合、下沉、抬升和错动等）的一种常用变形监测方法。主要用于裂缝、崩滑带和采空区顶底板等部位的监测，是崩塌监测的主要内容。其监测方法：简易监测法（作标记或埋桩，用钢尺等定期直接测量）、机测法（采用机械式仪表对裂缝、滑带和顶底板进行位移或沉降监测）、电测法（常用电感调频式位移计监测）。

地面倾斜监测内容：崩滑体地面倾斜方向和倾角变化。监测仪器：盘式倾斜仪、杆式倾斜仪和 T 字形倾斜仪。深部倾斜监测，利用钻孔倾斜仪测量崩滑体内钻孔倾斜变形反求各孔段水平位移。

声发射监测内容：检测岩体破裂时产生的声发射信号，用以判断岩体变形及稳定状况，并进行预测预报。监测方法：采用进口或国产的声发射仪、地音仪等进行监测。

地应力监测内容：测量崩滑体内地应力的变化情况，分辨拉力区、压力区及压力变化，用来推断岩体变形。监测方法：常用 WL-60 型应力计、YJ-73 型三向压磁应力计等仪器进行监测。

地下水监测内容：对测区内的地下水露头进行系统的水位、水量、水温和水质等项目的长期监测。掌握区内地下水变化规律，分析地下水与地表水及大气降水的关系，进行地下水的动态特征与崩塌体变形的相关分析，为稳定性评估和防治工程设计提供水文地质资料。监测方法：利用监测盅、水位自动记录仪、孔隙水压计、钻孔渗压计、测流仪、水温计、测流堰和取样等，监测泉、井、坑、钻孔、平斜洞与竖井等地下水露头。适用范围：当崩塌变形破坏与地下水具有相关性，在雨季或地表水位抬升时崩塌体内具有地下水，应予以监测。

地表水监测内容：监测与崩塌相关的沟、溪、河的水位、流速、流量，分析其与地下水和降雨量的联系。监测方法：利用水位标尺、水位自动记录仪、测流堰等进行监测。

常规气象监测一般利用温度计、雨量计、蒸发仪等对降雨量等进行监测，一般情况下均要进行崩塌体地区气象监测。

地震监测内容：地震力是作用于崩塌体上的特殊荷载之一，对崩塌体的稳定性起着重要作用，应采用综合监测手段，如应变计、应力计等监测地震对崩塌体的变化，准确评估地震作用对崩塌体稳定性的影响。

二、滑坡调查评估要点及技术方法

（一）滑坡的识别特征

滑坡的识别特征及滑坡的发育规律对成功预报滑坡、减轻和防止人类生命财产的损失起着至关重要的作用。要了解滑坡的识别特征，必须熟知滑坡要素和滑坡所产生的微地貌。

1. 滑坡要素

滑坡主要由滑坡体、滑床、滑动面三部分构成，称滑坡三要素。

滑坡中向下滑动的块体称滑坡体，平面呈舌状，体积大小不一，大者可达几立方米。支撑滑坡体的地质体称滑床。滑坡体在滑床之间的界面称为滑动面（带），绝大部分呈弧形。在滑动面上可看到磨光面的擦痕；在滑动面附近的滑坡体滑床上还可以看到拖曳现象，滑坡体下滑时往往各段下滑速度差异很大，在滑坡体内形成次一级的滑动面，称为分支滑动面。这时滑坡体与滑床之间的滑动面称为主滑动面。

2. 滑坡微地貌

滑坡微地貌主要有滑坡壁、滑坡阶地、滑坡鼓丘、滑坡洼地、滑坡湖等。

滑坡壁：滑坡体下滑时留下的陡壁，平面呈弧形，与滑坡体的高差代表滑动距离。滑坡阶地：有分支滑动面存在时，滑坡体形成的阶梯状地形。阶地面倾斜方向与滑动方向相反。滑坡鼓丘：滑坡体滑动过程中前缘受阻而鼓起的小丘，内部可见小型挤压褶皱和逆冲断层。滑坡洼地与滑坡湖：滑坡洼地形成于滑坡鼓丘后缘、滑坡阶地之间和滑坡阶地与滑坡壁之间，可集水成湖——滑坡湖。滑坡切穿潜水面则形成滑坡泉，泉水流入滑坡洼地形成滑坡湖。

3. 滑坡裂缝系统

滑坡裂缝是滑坡过程中最常见、最具代表性的构造形迹，而且不同部位形成不同类型的裂缝，构成一个较复杂的系统。如果将滑坡的发展过程分为蠕动、微滑、剧滑和固结四个阶段，则在一、二阶段滑体上分布的裂缝绝大部分属于张裂缝，这是因为岩土都具有一定的抗压和抗剪强度，而抗拉强度最小。因此，当应力超过材料的抗拉强度时，首先产生垂直拉应力方向的张裂缝。据此，对于应力状态较简单的滑坡，可根据裂缝的展布确定滑坡的滑动方向。而且，根据裂缝的走向与主滑方向的关系，又可将张裂缝分为横张裂缝、纵张裂缝和雁列式张裂缝三类。横张裂缝垂直主滑方向,两侧雁列式张裂缝与滑动方向成一定交角(一般小于45°),而中下部及前缘的纵张裂缝与主滑方向基本平行。但当滑体各部位的位移速率不一致时,则可能出现较复杂的构造形迹,如有时在滑体中部出现纵张裂缝或剪裂缝。环状拉张裂缝分布在滑坡壁后缘,其出现是滑坡的先兆。

平行剪切裂隙:滑坡体滑动时,由于不同部位的滑动速度不同,形成一些与滑动方向一致的剪切裂隙分布在滑坡体的中部和两侧。羽状裂隙:由剪切派生一些平行的拉张裂缝或挤压裂隙,形如羽毛。滑坡鼓丘张裂隙和挤压裂隙:鼓丘隆起时,顶部拉张裂隙,下滑前缘受阻,形成挤压裂隙。它们与滑动方向垂直。滑坡前段放射状裂隙:在滑动结束时,滑坡体向四周扩散形成的放射状张性、张剪性裂隙。

总之,滑坡裂缝按力学分类,可分为张裂缝和剪裂缝两类。而张裂缝又可分为横张、纵张和雁列式三类,各类张裂缝的共同特点是:裂面粗糙,无擦痕。其中横张裂缝比较顺直,常成梭形,延伸不远;雁列式张裂缝分布于滑体两侧,成雁式平行排列,短而平直。剪裂缝的主要特点是:裂面光滑,有明显擦痕,裂缝和擦痕走向与滑坡的滑动方向基本一致。值得提出的是:虽然裂缝是滑坡的主要标志,但是注意与采空区塌陷和地基沉陷等所产生的各种裂缝相区别,后者一般以垂直位移为主。

4.滑坡的识别特征

滑坡的识别要注意观察滑坡体、滑面、滑床上的微地貌、裂缝发育特征及地形地物、水文地质等标志。新形成或正在活动的滑坡,滑坡形态要素清晰,后缘有滑坡壁,滑坡体上有滑坡阶地,阶面反倾,易积水形成滑坡湖,滑坡裂缝明显可见。两种冲沟和前缘剪出口可以看到滑带、擦痕、镜面、碾细的滑带土、侧向剪裂隙、滑坡舌岩层的反翘现象和挤压裂隙。对于不活动的滑坡,滑坡要素已不清晰,但有一些特别地形特征,可以帮助识别滑坡,如圈椅状洼地、“双沟同源”与“凹岸凸出”、串珠状黄土陷穴等。

(二)滑坡调查评估要点

1.一般规定

滑坡调查应以充分收集分析滑坡区地质资料、地面调查为主,适当结合测绘与勘察手段,初步查明滑坡的分布范围、规范、结构特征、影响及诱发因素和勘察工作条件等,对滑坡稳定性和危险性进行初步评估。

2.区域环境地质调查要点

以收集资料为手段,了解掌握滑坡区的地形地貌条件、地质构造条件、岩土体工程地质条件、水文地质条件、环境地质条件与人类经济活动。

3.滑坡地面调查要点

初步查清滑坡区地形地貌特征、地质构造特征。查清滑坡边界特征、表部特征、内部特征与变形活动特征。查清滑坡周边地区人类工程经济活动。基本了解滑坡类型、形态与规模、运动形式、形成年代和稳定程度。基本了解地下水性质、入渗情况及产流条件。对滑坡影响范围、承灾体的易损性及滑坡的危险性进行初步评估。

4.滑坡勘探与测试要点

初步查明滑坡体的地质结构、滑动面的位置、展布形状、数目和滑带岩土性质,查明地下水情况,可采用主—辅剖面法,不少于一条纵、横剖面布置勘探线。勘探线应由钻探、井探、槽探及物探等勘探点构成。纵向勘探线布置宜结合滑坡分区进行,不同滑坡单元均应由主勘探线控制,其两侧可布置辅助勘探线。横向勘探线宜布置在滑坡中部至前缘剪出口之间。

勘探点距应根据滑坡结构复杂程度和规模确定。主勘探线与辅助勘探线间距40～100m。主勘探线勘探点一般不少于3个,勘探点间距40～80m。辅助勘探线勘探点间距一般为40～160m。滑动面平直时间距可大些,反之应密些。一般前后缘勘探点应密些,中部可稀些。少量钻孔可布置在滑坡体外,以便进行地层对比。在预计设置排水和支挡构筑物的地段,应有一定数量的勘探点。勘探点之间用物探方法进行验证连接。滑坡与崩塌勘察地质条件复杂程度划分为简单和复杂两类,如表2-1所示。

滑坡与崩塌勘察地质条件复杂程度分类 表2-1

勘察地质条件类型	特　征
简单	单斜岩层,产状平缓,岩性岩相变化不大,地质界线清楚,围岩露头良好,岩体工程地质质量好;地形起伏小,地貌类型、第四纪沉积相单一,阶地结构好;重力地质作用弱,风化卸荷裂隙不发育,风化层薄
复杂	褶皱和断裂发育,岩性岩相变化大,地质界线不清楚;围岩露头较差,岩体工程地质质量差;地形起伏大,地貌类型多变;卸荷裂隙发育,风化层厚,植被发育;堆积层厚度巨大;水文地质条件变化大

勘探方法采用钻探、井探或槽探相结合,并用物探沿剖面线进行探测验证。勘探孔的深度,应穿过最下一层的滑动面,并进入滑床3～5m,布设抗滑桩或锚索部位的控制性钻孔进入滑床的深度宜大于滑坡体厚度的1/2,且不小于5m。对结构复杂的大型滑坡体,可采用探洞进行勘探,并绘制大比例尺的展示图,进行照相(录像)。选择合理的掘进和支护方式,严禁对滑坡产生过大扰动。

初步查明地下水基本特征,包括地下水的类型、含水层厚度、分布、类型、富水性、渗透性、地下水位变化趋势、地下水流向、流速、流量及其承压性质,主要隔水层的岩性、厚度和分布,地下水化学特征,泉点、地下溢出带、斜坡潮湿带、斜墟两湿带等分布及动态情况。应布设专门性钻孔,或利用其他钻孔进行上述水文地质测试,必要时应设置地下水长期观测孔。应结合钻孔和探井进行地下水位动态观测,并分析地下水的流向、径流和排泄条件、地下水渗透性等。

5.滑坡的监测要点

监测内容宜以地面变形和位错为主,并包括建筑物变形与开裂。对于明确受地下水动态控制的滑坡,应开展地下水位监测,同时进行地表水监测。

可根据工程地质条件,沿滑坡纵横轴线分别布置一条监测断面,每条断面监测点不少于3个。在勘察区内存在两处以上滑坡情况下,可联合布置监测网。

监测网布置应结合勘察情况,监测点应充分配合钻探、井探、槽探布设,对危害等级为一级且地面变形明显的滑坡,应沿主滑方向布置不少于一条的深部位移监测剖面,并与主勘探剖面方向重合。

检测周期可为3～15d,滑坡变形加剧时,必须加密监测,测次及周期视具体情况而定。监测报告应包括工作概况、监测方法及布网、监测资料分析、结论及建议。

(三)滑坡勘察评估的主要方法

确定滑动面是滑坡勘探的最主要任务,但因滑动带一般很薄(一般为2～10m),在钻孔探测中不易察觉。因此,在钻探过程中要仔细地观察各有关特征的变化,随时分析比较。一般可根据以下几个方面分析鉴定。

1. 滑动面预测

根据不同类型的滑坡，预测滑动面的可能位置，以便做到心中有数。如堆积土滑坡，其滑动面大都位于堆积物和基岩的分界面上；破碎岩石滑坡，其滑动面大多位于破碎岩体与完整基岩的交界面上；太焦线的破碎岩石滑坡，其滑动面常位于一层已软化成黏土状的紫红色页岩（称软层）与厚层砂岩的分界面上，以砂岩为滑床；某些河湖相地层中的黏土滑坡，常沿某一黏土层滑动，如太焦线的杂色土中的灰绿色黏土，常形成滑动面，尤其是当灰绿色黏土与砂层互层时，黏土常被泥化成软弱夹层，易于形成滑动面。除此之外，某些渗透性明显不同的界面，如黄土层中的古土壤层面、黄土与其他黏土的交界面等，均易构成滑动面，钻探过程中，对上述地段应仔细观察是否有滑动面存在。

2. 滑动面鉴定

滑动面的主要特征是滑动擦痕和滑动带，并常有地下水和过湿带。擦痕所指的方向（走向）即滑坡的滑动方向；滑动带一般不厚，常由紫红色、红色或灰绿色软黏土组成；滑动带附近常有地下水或含水量逐渐增大、又逐渐变小的过湿带，含水量最大处一般就是滑动面位置。一般可根据这些特征判断滑动面的位置，但要特别注意以下两方面的问题：

(1)区分滑坡擦痕和构造擦痕。一般认为找到擦痕就是滑坡滑动面的明显证据，这对土质滑坡多数是对的，而对岩石滑坡和破碎岩石滑坡，则要慎重区别是滑坡擦痕还是构造擦痕。前者擦痕面新鲜，条痕松软，倾角较缓；后者倾角较陡（多数大于 30°）。条痕坚硬，已石化，并常附有铁锈色薄膜。

(2)区分滑动带或软弱夹层。滑坡的滑动带是软层，但软层不一定就是滑动带，两者肉眼不易区分。尤其是越松软的滑动带，擦痕越不易找到。因此，野外要根据预测的滑动面位置和相邻钻探资料进行综合分析。

3. 在试坑、探槽或基坑中鉴定滑动面

在试坑或基坑中鉴定滑动面，能取得精确的滑动面位置、滑动方向和滑动面产状，但鉴定过程要注意以下问题：

在试坑、探槽和基坑中找到滑动擦痕才能确定出滑动面准确位置。但当滑动面位于松软土层中时，擦痕不易保存，这时可先找到湿度最大的部位，用小刀扒开，仔细观察。有时滑动面上可看到两组擦痕相互交叉。此时就应注意区分新、老滑动擦痕，一般新擦痕不胶结，老擦痕微胶结。新擦痕压在老擦痕之上比较明显，代表新近滑动擦痕，近期滑动方向应以新擦痕为准。在探坑中量测擦痕的上方向和滑动面深度时，应同时量测探坑的四角或四壁，取平均值。

注意区分滑动面与滑带中的张裂面。当滑动带较厚时，由于滑动带上下受到力的作用，而使滑动带产生一组甚发育的张裂面。其特征为坡度陡于滑动面，夹角小于 45°，张裂面表面平滑无擦痕。探坑中遇到此类结构面时，表示已接近滑动面，但不是主滑动面。只有见到有明显滑坡擦痕的面，才是真正的滑动面。

三、泥石流调查评估要点及技术方法

（一）泥石流活动性，险情、灾情调查

1. 泥石流特征调查

通过查阅历史资料和现场访问，调查泥石流暴发的时间、次数、持续过程、有无阵险、堵溃、

龙头高度、流体组成、石块大小、泥痕位置、响声大小等特征。

2.泥石流引发因素调查

调查发生泥石流前的降雨时间、雨量大小、冰雪大小、冰雪崩塌、地震、崩塌滑坡、水渠渗水、冰湖和水库溃决等引发因素。

3.泥石流堆积扇调查

调查泥石流堆积扇的分布、形态、规模、扇面坡度、物质组成、植被、新老扇的组合及与主河(主沟)的关系,堆积扇的变化,扇上沟道排泄能力及沟道变迁,主河堵溃后上下游的水毁灾害。

4.既有防治工程调查

调查既有泥石流防治工程的类型、规模、结构、使用效果、损毁情况及损毁原因。

5.泥石流危害性调查

调查泥石流侵蚀(冲击、冲刷)的部位、方式、范围和强度,泥石流淤埋部位、规模、范围和速率,泥石流淤堵主沟的原因、部位、断流和溃决情况,泥石流完全堵塞或部分堵塞主河的原因、现状、历史情况及溃决洪水对下游的水毁灾害。泥石流活动危险区域划分参见表2-2。

泥石流活动危险区域划分

表2-2

危险分区	辨别特征
极危险区	1.泥石流、洪水能直接到达的地区,历史最高泥位或水位线及泛滥线以下区域; 2.河沟两岸已知的及预测可能发生坍塌、滑坡的地区;有变形迹象的崩塌、滑坡区域内和滑坡前缘可能到达的区域; 3.泥石流堆积扇挤压大河和大河被堵塞或诱发的大河上下游的可能受灾地区
危险区	1.最高泥位或水位线以上加堵塞后的壅高水位以下的淹没区,溃坝后泥石流可能到达的地区; 2.河沟两岸崩塌、滑坡后缘裂缝以上50~100m范围内,按实地地形确定; 3.大河因泥石流堵江后在极度区外的周边地区仍可能发生灾害的区域
影响区	高于危险区与危险区相邻的地区,不会直接与泥石流遭遇,但却有可能受到泥石流危害的牵连而发生某些级别灾害的地区
安全区	极危险区、危险区、影响区以外的地区

(二)泥石流灾情的评估方法

1.松散固体可能参与泥石流活动的动储量

松散固体物源总量主要包括:滑坡堆积固体物源、崩塌堆积固体物源、沟道堆积固体物源、坡面侵蚀固体物源等。可能参与泥石流活动的动储量是分析评估松散固体物源量比较关键的问题,也是比较复杂的问题之一,物源总量与总储量之间的转换过程非常复杂,主要从以下几个方面分析与评估:

固体物源本身的稳定性分析与评估;坡体的坡度角与坡体物质结构及沟道的纵坡降分析与评估;暴雨强度与洪水冲刷能力的分析与评估。

2.泥石流流体重度值的确定

对已发生过泥石流的泥石流沟尽可能采用现场配浆法计算确定;对未发生过泥石流的泥石流沟采用颗分法及查表法,最后综合考虑取值;最终根据现场实际情况综合取值。

3. 泥石流特征值

泥石流特征值包括：流速、峰值流量、一次过流总量、一次固体物质冲出总量、泥石流冲击力、超高和最大冲起高度、弯道超高等。主要计算方法包括：历史上发生过泥石流且泥痕、泥位清晰可见，建议以"形态调查法"为主，辅以"雨洪法"进行计算；历史上未发生过泥石流，即使发生过，由于时间太久，且泥痕、泥位均无法确认，建议以"雨洪法"为主，"形态调查法"作为参考值。支沟和主沟要分别计算，主沟及支沟的沟口、典型断面、拟设工程部位断面等要分别计算。计算时应考虑不同频率时的系列参数，并列表进行分析评估。

4. 泥石流的判识

对泥石流的判识一般分为三步进行：

(1)分区判识，从泥石流发育的地形、地质、水动力等宏观条件，做好泥石流发育程度的区分。

(2)沟谷类型判识，逐一确定线路通过的沟谷是属一般洪水沟，还是泥石流沟。

(3)属性判识，即分别从流域形态、固体物质成分、流体性质、规模大小、发育阶段、危害程度等内容做好泥石流沟谷的属性判识。

四、堰塞湖调查评估要点及技术方法

(一)堰塞湖的调查

堰塞湖的调查工作可分为初步调查与详细调查。初步调查包括对堰塞湖灾害发生现场地形、地质、水文、土地利用、交通等基础资料的收集，对地形、地表水文地质的现场勘察，对保护对象及避险路线的调查，以及空中遥测影像图片的收集等，如图 2-12 所示。详细调查是在初步调查的基础上，采用多种调查方法，对现场水文地质进行更加详细和客观的调查，如图 2-13 所示。

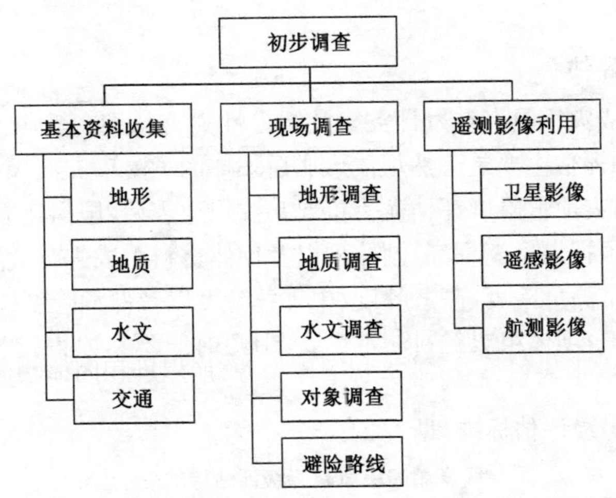

图 2-12　堰塞湖初步调查

地震堰塞湖险情勘察的主要内容包括：滑坡类型、坝体组成及结构性状；集雨面积、蓄水量、溢流和渗水情况；库区和坝区特点及岸坡稳定性；下游河道行洪能力，包括河道阻塞物、已建水工建筑物及其性状等；交通、电力、通信和场地条件。此外，还应了解流域水情、行洪区保护对象及其分布情况。

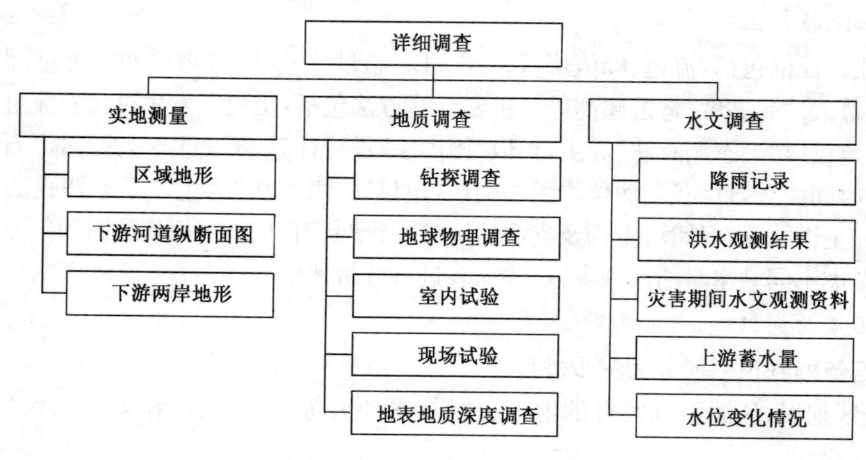

图 2-13 堰塞湖详细调查

(二)堰塞湖勘察方式

堰塞湖险情勘察方式主要有巡航检查、现场勘察、访问调查等。

1. 巡航检查

巡航检查主要通过航摄,了解堰塞体等河道阻塞物、滑坡与泥石流等山地灾害的总体情况以及道路交通情况,为现场勘察计划的制订提供指导。

2. 现场勘察

现场勘察是灾情勘察的主要方式,需制订较为详细的勘察计划,配备相关专业的人员,配置必需的仪器设备和物品,勘察报告应对现场情况提出客观、全面、准确的描述。

3. 访问调查

访问调查是现场勘察的必要补充,特别是通过滑坡原貌及性状的了解,对险情评估具有重要的参考意义。

(三)堰塞湖险情评估

堰塞湖溃决所造成灾害具有突发性灾害及缓慢性灾害特性。其中,突发性灾害活动阶段相当短暂,这类灾害的评估主要是天然坝体形成后坝体的危险度和溃坝后的对下游的危害度,以防灾减灾工作角度,灾前危险度评估尤为重要。汶川地震后,国内建立了一套评估堰塞湖危险度的方法。该方法根据堰塞湖坝高、湖体积以及坝体材料组成进行危险度评估,根据这一方法可将堰塞湖分为非常高危险度、高危险度、中等危险度以及低危险度四级。无法将天然坝破坏可能性高低纳入考虑;坝体组成材料非常重要,但短时间不易取得;溃坝的危害未直接纳入考量。

堰塞湖溃决风险等级评估标准,见表 2-3。

堰塞湖溃决风险等级评估标准表 表 2-3

影响因素	危险级别			
	极高危险	高危险	中危险	低危险
威胁下游人口数量(万人)	>100	50～100	10～50	<10
堰塞体结构特性	以土质为主,结构松散	土含大块石,结构较松散	大块石含土结构,较密	以大块石为主,有孔隙

续上表

影 响 因 素	危 险 级 别			
	极高危险	高危险	中危险	低危险
最大可能库容（万 m^3）	10^4	$10^3 \sim 10^4$	$10^2 \sim 10^3$	$<10^2$
堰塞体集雨面积（km^2）	>1 000	100～1 000	50～100	<50
堰体高度（m）	>100	50～100	25～50	<25

注:5 个影响因素中满足其中 3 条即为相应等级。

在堰塞湖险情评估中还应重点关注以下几个方面:

(1)堰塞体近期、长期稳定安全性。

(2)下游河道安全度汛能力。

(3)上下游泥石流、滑坡等次生山地灾害风险。

(4)河段堰塞湖连串溃决风险。

(5)上游淹没情况与下游保护对象及分布状况。

第四节　灾情整体评估

灾情整体评估又称灾情整体评价,它是在灾害预测或灾情调查的基础上,采用一定的方法对将要发生或已经发生的灾害情况进行综合性或专门性评价,为全面系统地掌握灾情,合理部署和实施减灾工作提供重要依据。灾害整体评估是灾害学研究的重要内容,是灾害的预测、防治乃至灾害补偿研究的基础。目前,国内外对灾害整体评估的研究已取得了很大进展,但由于灾害涉及的内容广泛,并需要多学科间的综合研究,灾害整体评估的研究尚待进一步充实和完善。

一、灾害整体评估的分类

灾情整体评估有多种类型,根据灾害过程可分为三种:①灾前评估,对将要发生或可能发生的灾害的强度及破坏方式、危害程度进行评估,为防灾提供依据;②灾中评估或灾期评估,灾害发展过程中,对灾害强度、破坏损失情况以及发展变化态势进行评估,为抗灾、救灾提供依据;③灾后评估,灾害事件结束后,对灾情进行综合评估或专项评估,为救灾和灾后重建提供依据。根据灾种分为多灾种的综合评估和单灾种的专门评估。根据不同的研究角度和评估目的,灾害整体评估也可概括为灾害风险评估、灾害损失评估、灾害生态环境评估和防灾工程的减灾效益评估等。灾害风险评估是从灾害致灾因子和孕灾环境角度,通过分析导致灾害发生的自然现象的频度和强度,建立和保存历史灾害记录,对各种自然灾害绘制危险性区划图,对易损性及潜在影响进行估计;灾害损失评估是对灾害造成的人员伤亡、直接经济损失以及间接经济损失进行评估;灾害生态环境评估主要针对灾害发生对生态环境的影响进行评价;减灾效益评估的目的在于对减灾工程和措施在减轻自然灾害方面的作用进行合理评价。

二、灾害的风险评估

灾害风险,是指事件发生的影响因素状态超过(或小于)某一临界状态,而形成灾害事件的可能性。鉴于不同承灾体对灾害的抗灾性能和易损程度不同，基于超越概率理论，灾害风险可以表述为：

$$R = HV \tag{2-2}$$

式中：R——灾害风险；

H——致灾因子发生的概率（超越概率）；

V——承灾体的易损度。

灾害发生的超越概率又被称为致灾因子的危险性。由于灾害的连锁反应机制，不同灾害常互为因果或同源发生，形成灾害链和灾害网，因此，灾害风险也具有连锁效应，不同灾害风险事件之间可以构成灾害风险链，进而形成灾害风险体系。假设一条灾害风险链的各风险事件的风险度分别为 $R_1, R_2, \cdots, R_n$，则整条风险链的风险度（R）可以表示为：

$$R = 1-(1-R_1)(1-R_2)\cdots(1-R_n) \tag{2-3}$$

可见，风险体系层次上的风险度，是各灾害风险事件风险程度的综合反映。灾害风险评价是对灾害风险区遭受不同强度灾害的可能性及其可能造成的后果进行的定量分析和评估。主要包括两个层次，一是对灾害风险区内的某种灾害进行风险评价；二是对灾害风险区内一定时段内可能发生的各种自然灾害之和，即综合灾害进行评价。

灾害风险评价主要包括以下内容和过程，如图 2-14 所示。

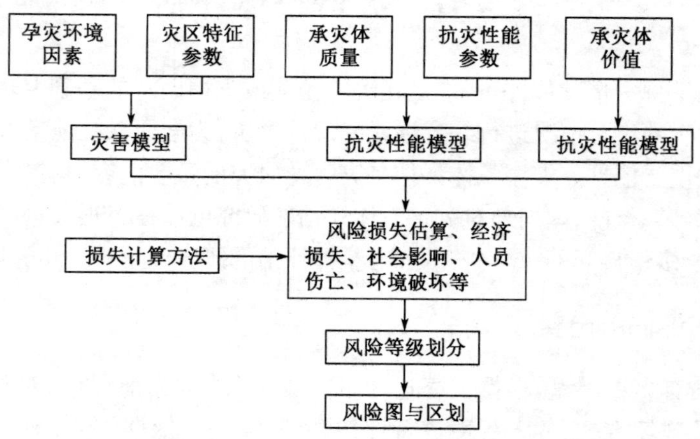

图 2-14　灾害风险评价流程图

（1）灾害模型。灾害模型是指确定相关区域一定时段内特定强度的灾害事件的发生概率或重现期，获取灾害发生的超越概率，并建立灾害强度-频率关系。

（2）抗灾性能模型。抗灾性能模型是指确定遭受灾害影响的可能区域，以及其内部的主要建筑、固定设备、内部财产以及人口数量、分布、经济发展水平等。根据灾害风险区内不同承灾体的抗灾性能和易损程度，以及灾害风险区的灾前预防预报措施、灾期的抗灾救灾能力、灾后的自救恢复能力和保险措施等因素，建立承灾体易损矩阵。

（3）灾害风险区价值模型与风险损失估算。价值模型是指确定风险区内不同承灾体的价值，以及价值的计算方法。通过建立灾害风险区的价值模型，结合灾害模型以及不同承灾体抗灾性能，可以估算灾害风险区可能遭受的直接、间接损失以及人员伤亡状况。

（4）风险等级划分。根据灾害风险区风险损失的大小，划分风险等级，并在此基础上确定不同风险等级的空间分布状况，绘制风险图。

随着灾害研究的不断深入以及各种新技术(计算机、遥感、GIS等)的不断应用,灾害风险评价的方法不断增加并由定性分析逐步走向定量评价。

表2-4对主要的灾害风险评价方法进行了概括。

主要灾害风险评价方法　表2-4

评价方法	描　述
资料分析法	包括自然界记载的资料和历史文献记载的资料两大类,主要采用数理统计法
实验模拟法	在一定灾害研究基础之上通过实验一元方程模拟灾害的发生和演变规律,可以净化致灾因子,排除混杂因素的干扰,深刻揭示灾害形成机制,为灾害风险预测、区划提供依据
数学模拟法	利用适当的数学模型对灾害风险进行评价,如:模糊数学、神经网络、概率模型、灰色系统模型、动力学模型等
遥感GIS法	遥感技术主要用于灾害的调查和灾害的动态监测,GIS主要用于数据的管理和模型的预测

三、灾害的损失评估

灾害损失评估是指通过建立适当的灾害评估模型,对灾害的破坏程度和造成的损失进行科学的评价。灾害损失包括经济损失和非经济损失。灾害损失评价则包括两个方面:一是建立灾害损失评估的指标体系,二是给出灾害损失评估的定量方法。

灾害评估的指标主要根据灾害损失的构成加以确定。损失评估的指标体系可以从属性指标和货币指标两个方面建立,属性指标包括人员伤亡和灾害持续时间等指标;货币指标包括财产损失、救灾费用和灾害所引起的效益损失等经济损失指标。

灾害损失评估的定量方法,是以受灾人口数、死亡人口数、受灾面积数、成灾面积数和直接经济损失值5个指标为灾害损失定量评估的绝对指标,以受灾人口占总人口的比值、受灾面积占总面积的比值和直接经济损失占工农业生产总值的比值3个指标为灾害损失定量评估的相对指标,给出了灾害损失等级划分的定量标准,将灾害损失划分为较轻灾害、较重灾害、重灾害、重大灾害、特大灾害。民政部利用类似指标将灾害灾情划分为特大灾、大灾、中灾和小灾等。

第五节　应急救援能力评估

一、应急救援能力影响因素分析

通过对影响应急救援能力建设的因素进行分析,找出其主要影响因素,然后进行能力评估,并针对评估的结果采取相应的措施,是提高救援队伍的专业救援能力的有效手段。工程质量管理中常用4M1E法来定性分析影响工程质量的诸因素,这些因素可以概括为以下几个方面:

人(Man):人员的素质、专业技能、责任心、身体情况等。

机(Machine):机械的生产效率、故障率等。

材料(Material):施工材料的质量、配合比等。

方法(Method):施工工艺、施工顺序、操作规程、救援技法战法等。

环境(Environment):既包括组织结构、人员分工等社会环境,又包括温度、气候、地形等自然环境。

虽然上述方法主要用来分析工程项目质量管理,但其分析问题的思路清晰,与救援队救援能力评价具有一定的类似。所以,本节将借鉴上述方法对工程机械队伍应急救援能力进行探讨分析。

(一)人——救援人员

任何一项社会活动都离不开人的参与,应急救援活动中会涉及指挥决策人员、专业救援人员以及应急专家队伍等多个类型的人群。所以救援人员对救援能力的影响因素也是多方面的,常见的影响因素包括:指挥人员的指挥协调能力,专业救援人员的数量、结构组成、培训情况、资格认证,应急专家的知识水平等。

(二)机——救援装备

工程机械应急救援力量是一支拥有大量先进救援装备的专业化应急队伍,工程机械救援装备成了他们拯救生命的法宝。所以救援装备直接影响着救援能力的强弱。救援装备对救援能力的影响因素包括:装备的数量,装备的配置,机动能力,救援效率,环境适应能力,可靠性程度,信息化程度,附属作业能力等。

(三)法——技术支撑

技术支撑是应急救援的辅助力量,它能为救援方案的制订与优化提高科学的数据和坚强的物资保障。技术支撑对救援能力的影响因素包括:辅助决策系统的完备程度,通讯水平,协调能力以及后勤保障等。

(四)环——建设环境

建设环境是指支撑工程机械应急救援队伍应急能力建设的各种外部因素。影响救援能力的因素包括:资金支持,应急预案,法律保障,日常培训演练,规范性文件的制定等;后勤保障以及相应决策系统、专家库、指挥平台等技术支撑。

二、评估指标体系的构建原则

工程机械应急救援队伍救援能力评估涉及人员、装备、环境等多个方面的内容,这些内容既有量化的成分,也有只能定性描述的内容,这无疑增加了评估体系的构建难度,所以,在构建指标体系时应遵循以下几个原则:

(一)代表性原则

虽然影响救援能力的因素涉及多方面的内容,但在评估指标的选取上应在保证评估体系能全面反映综合救援能力的前提下减少指标个数,突出主要指标,以免造成评估体系过于庞大,给以后评估工作造成困难。

(二)可操作性原则

评估的目的是为应急救援能力建设的发展提供指导,为救援实践活动提供理论支撑。因此在指标的选取上要以可操作性为前提,以量化指标为主,定性指标为辅,指标体系要易于理解,有统计基础,数据资料收集方便,计算简单。同时评价指标要避免交叉,具有独立性,以方便后续权重的确认。

（三）动态性原则

应急救援能力的评价切不可单纯以救援机械与人员的多少来衡量，还应结合当地人口、经济等社会环境对救援需求的影响，制订适合当地实际需求的评价指标，同时工程机械应急救援力量的不断发展也对评价指标提出了动态性要求。

三、能力指标体系评估的方法

影响工程机械应急救援队应急救援能力的因素复杂多样，评价指标涉及被评价对象的多个方面，且量纲可能不会一致，是一个典型的多指标综合评价问题，在评估时需要将多项不同量纲的描述指标加以整理汇总得到一个综合指标，进而全面反映救援队的整体救援能力。

目前，常用的多指标评价方法包括德尔菲法、层次分析法、主成分分析法、人工神经网络评价法、模糊综合评判法等，其中有定性的和定量的，还有两者结合的，在评价实践中必须根据不同的目的和对象，分别选择不同的方法。

第三章　应急救援工程技术

第一节　道路抢通抢建

战争和灾情发生后，道路交通通常会遭到破坏，最终导致交通中断。快速抢修抢建受损道路，及时打通交通运输线，对抢险救援工作的顺利展开，减少人员伤亡和财产损失将起到决定性的作用。本节主要介绍道路因战争、自然灾害等各种因素导致的道路路基坍塌、沉陷、掩埋、毁坏等破坏情况下的抢通技术与方法。

一、道路抢通原则

道路抢通应本着“能过则过、能绕则绕”的思路，依据安全至上、多头作业、快速推进、以通为主的原则，在确保人员安全的前提下，尽快抢通道路。

(1)抢通前，应对抢通现场安全状况和灾害的危险性进行评估，做好必要的安全防护措施，保证抢险人员和装备的安全。

(2)贯彻因地制宜、就地取材、利旧利废和灵活配用的原则，合理配备人员和施工机械，优先配备现场经验丰富的工程技术人员，配置操作适应性强、功能多样的机械，积极稳妥地采用新材料、新技术、新工艺，加快抢通速度。

(3)道路抢通时，要尊重客观规律，讲究科学抢通，在保证通行的前提下，控制好工程规模，不可一味追求高标准，同时注意保护好生态和自然环境，避免造成新的灾害。

(4)抢通过程中，派专人负责安全警戒，严密监视次生灾害的发展动向，设置安全警示标志，加强交通管制。

二、道路破坏类型

1.路基沉陷

路基沉陷是指路基在土体自重、荷载和各种自然因素的作用下，导致路基表面产生较大的竖向位移，一般为不均匀沉陷，同时出现路基开裂，见图3-1。

图3-1　路基沉陷开裂路段

2. 路基坍塌

路基坍塌是指路基受到地震、水流、降雨等外力的作用，边坡失稳及支挡结构物损坏，导致路基在垂直方向产生严重下沉、坍塌，与原路基顶面形成巨大高差，见图 3-2。

图 3-2　路基坍塌

3. 道路掩埋阻塞

道路掩埋阻塞是指由于地震、泥石流、滑坡、崩塌、雪崩等灾害引起的大量松散土石、巨石、雪或者泥沙，堆积、汇聚于道路上，造成交通中断的状况，见图 3-3。

图 3-3　道路掩埋阻塞

三、道路抢通技术

(一)路基沉陷处治

根据路基沉陷对路基及边坡稳定性影响的严重程度,应急情况下可采取以下处理方案:

1. 机械回填

机械回填适用于沉陷对路基整体稳定性影响相对较轻的路段。通常采用路基土石方机械对沉陷路段进行回填、整平、压实;安装限速警示标识牌,采取交通管制措施。

2. 路基拓宽

路基拓宽适用于半填半挖路基纵向沉陷开裂,沉陷部分稳定性不足的路段;采用路基土石方机械挖除部分上边坡,对路基进行拓宽;安装限速警示标识牌,采取交通管制措施。

(二)路基坍塌处治

路基坍塌根据坍塌程度及规模、现场条件可采取以下处治措施。通车后应监测路基稳定性,随时采取放缓边坡或坡面稳定加固措施。

1. 直接填筑法

当坍塌体工程量不大、取土方便时,按原状修复,填土分层摊铺整平压实,紧急情况下可缩小路基宽度、加陡边坡。当坍塌体工程量大或取土困难时,可使用各种就便材料或备置砂袋、片石、石笼、桩板等材料拦边构筑路基边坡,同时在其内填土,缩减路基宽度、加大边坡坡度,以减少回填土石方数量,争取抢通时间。

2. 降坡填土法

如坍塌部分段落较长,且取土修复困难时,可先将未坍塌路段的路基高程逐渐降低至坍塌部分,以凹形竖曲线的形式衔接,再对新的路基进行整平压实完成修复。在爬坡路段采取撒铺碎石、加铺捆扎圆木等措施,以提高地面承载力和抗滑能力,改善通行条件。

3. 挖填结合法

挖填结合法适用于时间紧,滑坡崩塌地段和傍山地段内侧堑坡及其防护加固工程严重破坏,滑移侵入限界,有相应的拨道位置等情况,即向路基内侧(或靠山侧)改移路线,达到单车通行宽度。

4. 半边桥法

半边桥法适用于路基填方一侧坍塌,且坍塌面积大(路面宽度一半以上坍塌),不能满足单车通行的情况,常见于半填半挖路基。此时因坍塌部分位于陡峭横坡上不易填筑,可采用半边桥法。具体方法是:沿坍塌段落长度方向密排工字钢,其上再铺设钢板构成临时路面。

5. "321"轻型钢桥法

"321"轻型钢桥法适用于坍塌段较短(30m 以内)的情况,可架设"321"轻型钢桥一跨通过。

(三)道路掩埋阻塞抢通

(1)机械清除:当阻塞物工程量不大,且清挖后不会导致滑塌物进一步下滑时,可采用工程机械全部清除土石方。

(2)爆破清除:当半填半挖路基上边坡为稳固的石质边坡,且下边坡允许爆破飞石时,可采取抛掷爆破将阻塞物抛掷到路基下边坡一侧,配合机械清理,达到通车目的。

(3)爬坡通行:当阻塞物方量巨大且滑坍体清挖后会引起上边坡进一步垮塌时,应对上边坡进行加固处理,然后采取机械清挖整平、路基处治等措施,使机械、车辆从阻塞物上通过。

(4)改线绕行:当路基大面积滑坡、泥石流、崩塌,或者桥梁、隧道坍塌,难以在短时间内抢通时,可改线绕行。道路选线应充分利用原有道路,尽量减少桥涵数,避免高填深挖,便于就地取材筑路,尽量少占用耕地,避开重要建筑物。

(四)涉水路段抢通

涉水路段的抢通应"以疏为主,疏堵结合"。按水流流速、流水面高程的不同,可采取的抢通措施包括防护加固法、疏导法、透水路堤法、桥梁法。

1.防护加固法

涉水路段抢通时,抛石、石笼防护可设置于进水侧桥台锥坡位置,防止泥石流、水流等冲刷破坏路基。通常可直接抛石进行防护,缺乏大石块时,也可把混凝土预制块作为抛投材料,采用卡车和推土机由陆上直接抛填。当水流较急、水深较大时可直接现场焊制钢筋笼填装石块,机械配合进行抛填。

2.疏导法

涉水路段抢通,当采用桥梁或管涵跨越时,可在泥石流或水流上游适当位置设置若干简易导流坝,控制流动方向,迫使其从桥孔下通过。简易导流坝可采用木排桩或钢筋石笼导流坝等形式。简易导流坝设置如图 3-4 所示。同时,在进水侧桥台锥坡位置采取冲刷防护(草袋、石笼等);当制式桥梁数量不足必须采用多孔进行跨越时,应采取防撞措施对临时墩或基础进行保护(石笼、捆绑圆木等)。

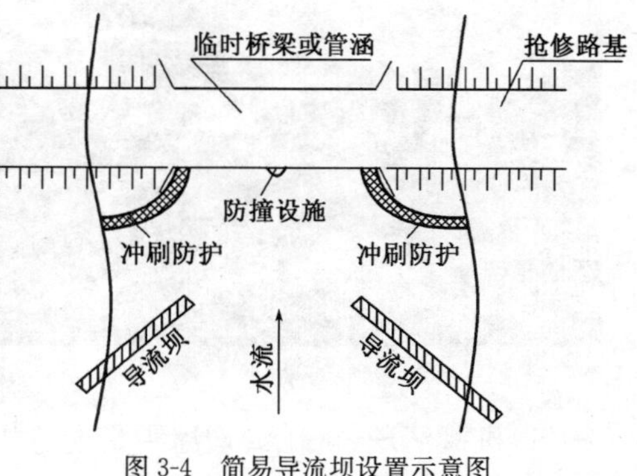

图 3-4　简易导流坝设置示意图

3.透水路堤法

透水路堤法:直接采用条石、块石等大体积材料填筑透水路堤(包括新建透水路堤及在原路基上加铺透水路堤层),并在透水路堤两侧安装醒目标志。为加快透水,通常在路基坍塌缺口处埋设圆管。

4.桥梁法

采用桥梁法,架设桥梁通过(图 3-5)。具体架设条件、方法及要求参考桥梁抢通相关内容。

(五)沙害、冰雪灾害中的道路抢通

1.沙害

沙漠地区风沙对公路的危害有两种,即路基风蚀和沙埋。风蚀侵蚀路基较为缓慢,在应急抢通中不予考虑。沙埋即风沙掩埋道路(图 3-6)。沙埋路段的应急抢通分为机械清沙、铺设机械化路面两种方法:机械清沙适用于积沙量大的堆状积沙,可采用清沙车、推土机、装载机、平地机等机械直接清除;当埋沙层较厚,机械清理较为困难时,可采用机械化路面作为应急救援车辆的临时道路。

2.冰雪灾害

冰、雪导致道路断通的情况一般由冻雨或雪灾引起(图 3-7)。应急抢通中一般采用机械清理、化学法清理或人工清理。

图 3-5 桥梁法抢通路基

图 3-6 道路沙埋

图 3-7 冰雪灾害导致的道路断通

(1)机械清理:机械清理冰雪是通过机械装置对道路积冰和压实雪直接作用,去除冰雪危害的一种方法。清除冰雪方式有多种,可采用推土机、平地机、小型除雪车、装载机、推雪机、装雪机、融雪车、冰层处理车、雪帽处理车、扫雪车、压雪车、手扶式除雪车,适用于积雪路段长、人工除雪不能满足要求的情况。

(2)化学法清理:化学法去除道路冰雪主要是用化学药剂来降低冰雪的融点,并配合防滑物的撒布,以达到车辆安全通行的目的。其不仅使用方便,而且能防冻,但化学法易对路面造成侵蚀,所以在机械可以使用的情况下,应避免使用化学法。

应急抢通中通常将散播器安装在卡车上作为撒布设备。散播器是一种散播盐水、固体盐和混合料的融雪装置。紧急情况下,也可采用洒水车喷洒盐溶液消除路面积雪。

(3)人工清理:当积雪厚度小、段落短并且人力充足时,可采取人工清除积雪的方法进行应急抢通,并配合扫帚、木刮板、镐铲、破冰锥等除雪工具。人工清理冰雪工作效率低,一般在机械不足或不易清理的情况下采用。

(六)路基加固与防护

应急抢通中路基抢修加固与防护措施分为:挡土墙加固、新建挡土墙、边坡防护等。

1. 挡土墙加固

挡土墙的抢修主要分为三个方面:对墙体进行加固处理,防止挡土墙变形继续发展导致垮塌;对挡土墙缺口处进行修补,避免土体通过缺口流动;对基础严重脱空的路段采取片块石嵌补、混凝土支撑墩等处理措施。挡土墙加固的具体措施,见表 3-1。

挡土墙加固措施 表 3-1

序号	措施	图示	适用条件及要求
1	钢或木笼挡土墙	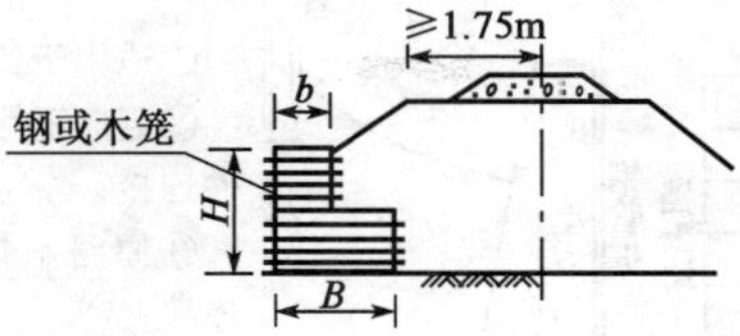 ≥1.75m；b；钢或木笼；H；B	①H≤2m时，用单级，b≥1.0m； ②H为2～4m时，应分为两级，下级宽度B不小于$2b$，可将木笼横放，或双排并放
2	石笼挡土墙	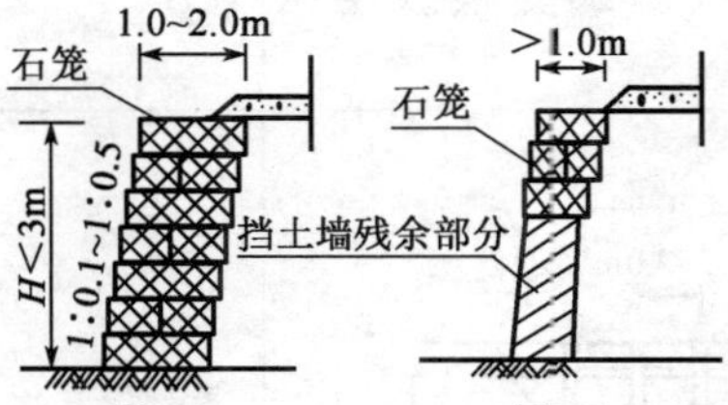 1.0~2.0m；石笼；H<3m；1:0.1~1:0.5；图 1 >1.0m；石笼；挡土墙残余部分；图 2	①既有挡土墙全部或局部破坏； ②石笼长度应不小于墙顶宽，最上一层长边应垂直于路线； ③既有挡土墙残余部分必须完整无裂缝，方可用石笼接高(图 2)
3	袋装砂石挡土墙	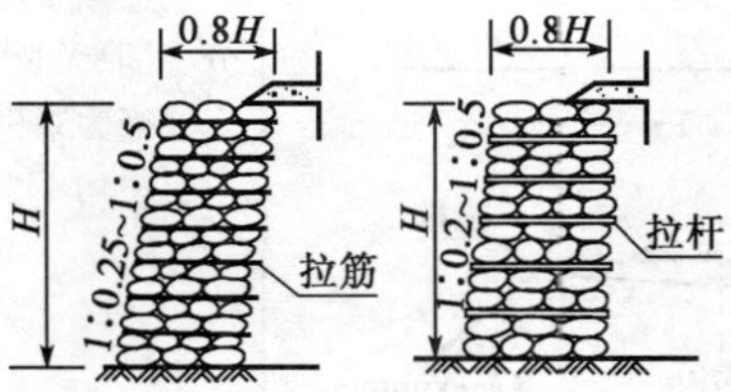 0.8H；H；1:0.25~1:0.5；拉筋 0.8H；H；1:0.2~1:0.5；拉杆	①适用于挡土墙较高，面坡较陡情况； ②拉筋可采用土工网格、土工编织布等，每1～2层袋装砂石压铺一层； ③拉杆布置，竖向每两层一根，横向0.6～0.7m一根，互相交错布置； ④拉杆可采用枕木、圆木等，头部探出10～20cm
4	扶壁	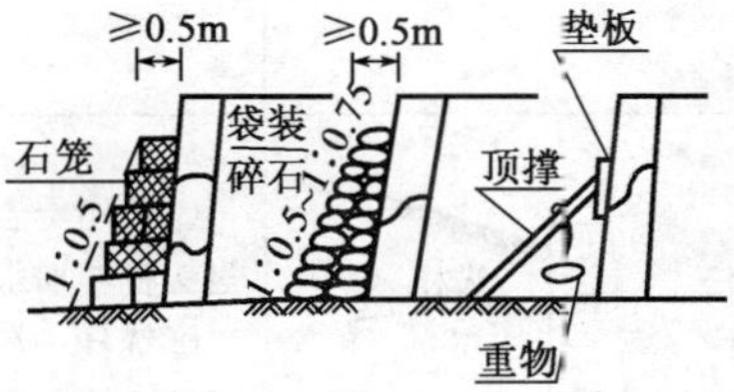 ≥0.5m；石笼；1:0.5；图 1 ≥0.5m；袋装碎石；1:0.5~1:0.75；图 2 垫板；顶撑；重物；图 3	①适用于挡土墙裂缝、外倾，尚有一定的支承力的情况； ②石笼及袋装碎石(土)应丁顺间铺，袋间孔隙用碎石填平； ③扶壁厚不小于0.5m，间距3～5 m，视裂缝情况而定； ④图3中重物可用袋装碎石(土)
5	桩锚挡土墙	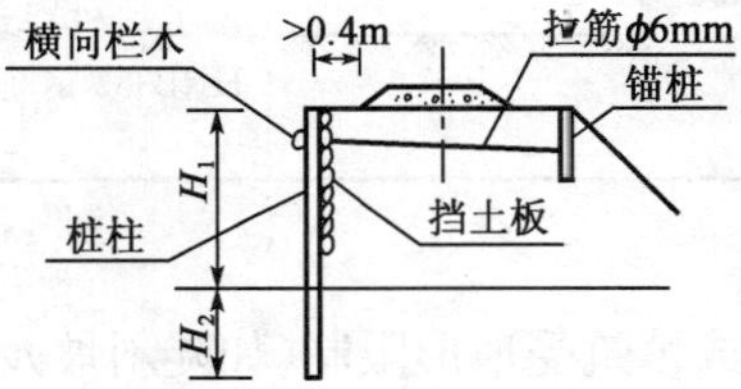 横向栏木；>0.4m；拉筋φ6mm；锚桩；H_1；挡土板；桩柱；H_2	①桩柱间距0.5～1.0m，视挡土板及桩柱的强度而定； ②挡土板可用木板、细圆木、枝条束、枕木等； ③锚桩可用打入桩； ④桩柱入土深度H_2视H_1及土质而定
6	插板挡土墙	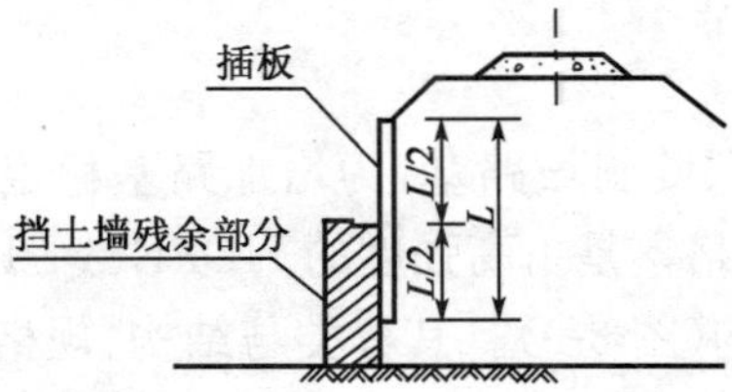 插板；挡土墙残余部分；L/2；L/2；L	①适用于既有挡土墙下部残余部分完整、无裂缝的情况； ②插板密排，可用木板或枕木； ③当插板外露高度较大时，可用桩锚挡土墙，将桩柱打入墙背

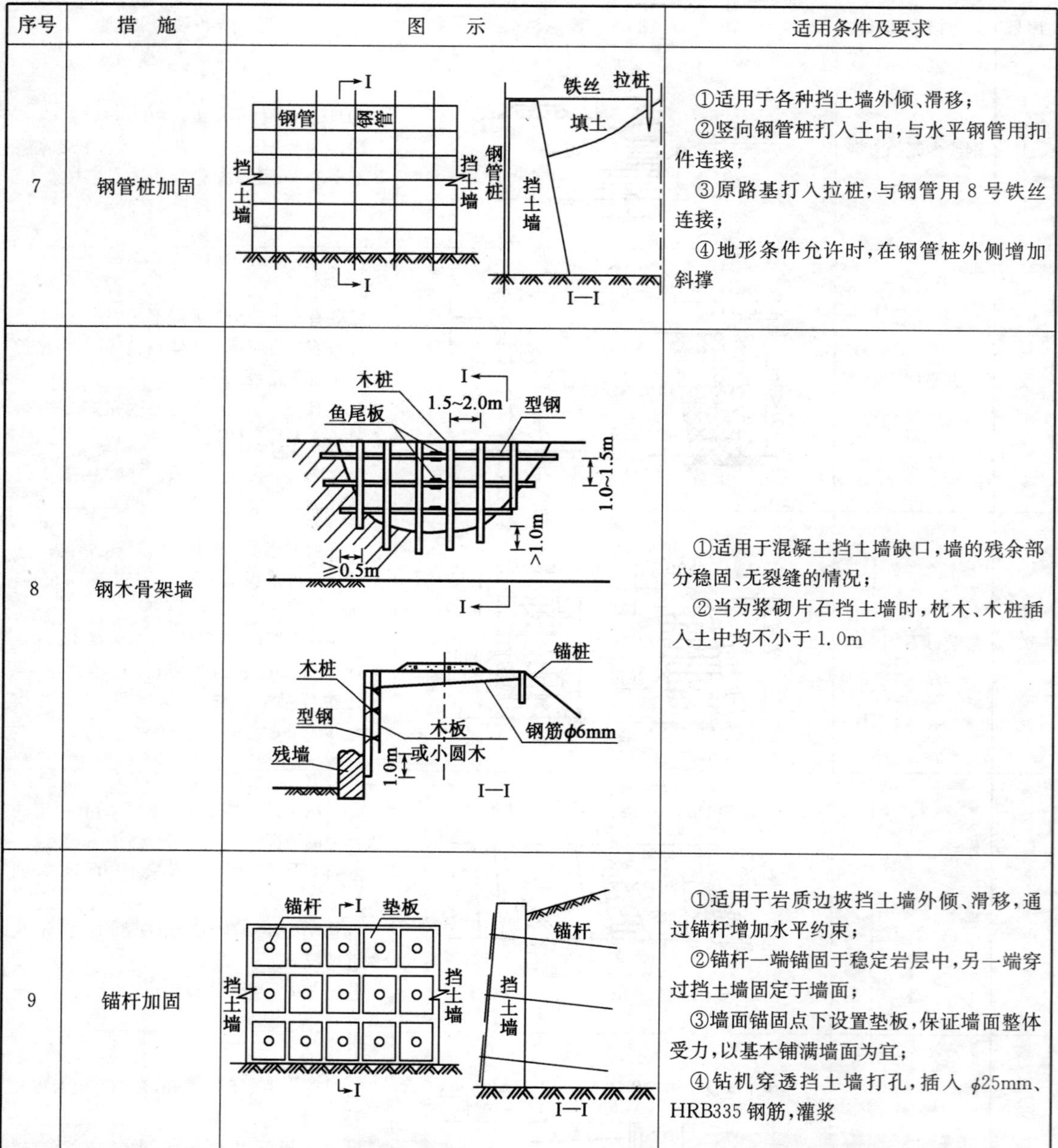

续上表

序号	措　施	图　　示	适用条件及要求
7	钢管桩加固	I 钢管 钢管 挡土墙 挡土墙 I 铁丝 拉桩 填土 钢管桩 挡土墙 I—I	①适用于各种挡土墙外倾、滑移； ②竖向钢管桩打入土中，与水平钢管用扣件连接； ③原路基打入拉桩，与钢管用 8 号铁丝连接； ④地形条件允许时，在钢管桩外侧增加斜撑
8	钢木骨架墙	木桩 I 1.5~2.0m 鱼尾板 型钢 1.0~1.5m >1.0m ≥0.5m I 木桩 锚桩 型钢 木板 或小圆木 钢筋φ6mm 残墙 1.0m I—I	①适用于混凝土挡土墙缺口，墙的残余部分稳固、无裂缝的情况； ②当为浆砌片石挡土墙时，枕木、木桩插入土中均不小于 1.0m
9	锚杆加固	锚杆 I 垫板 挡土墙 挡土墙 I 锚杆 挡土墙 I—I	①适用于岩质边坡挡土墙外倾、滑移，通过锚杆增加水平约束； ②锚杆一端锚固于稳定岩层中，另一端穿过挡土墙固定于墙面； ③墙面锚固点下设置垫板，保证墙面整体受力，以基本铺满墙面为宜； ④钻机穿透挡土墙打孔，插入 ϕ25mm、HRB335 钢筋，灌浆

2. 新建挡土墙

如路基原有挡土墙垮塌不易修复，或填筑受地形限制（如陡斜坡）不能放坡，或为节省填土时间，可以考虑新建挡土墙。在应急抢险中，简易桩板墙应用较多，简易桩板墙由打入桩、挡土板、拉桩等构成，具体结构如图 3-8 所示。

3. 路基加固

当需填筑坍塌路基时，特别是高填、陡斜坡路基，为增加路基稳定性，减轻路基变形和沉降，填土时可采取土工格室加固。土工格室是由高强度的 HDPE 或 PP 共聚料宽带，经过强力焊接或铆接而形成的一片网状格室结构（图 3-9）。其分类与结构、规格系列等见《公路工程土工合成材料》（JT/T 516—2004）。

为提高持续的通行能力，在时间和作业环境允许的条件下，可对一些交通控制段的受损路基进行注浆法加固。

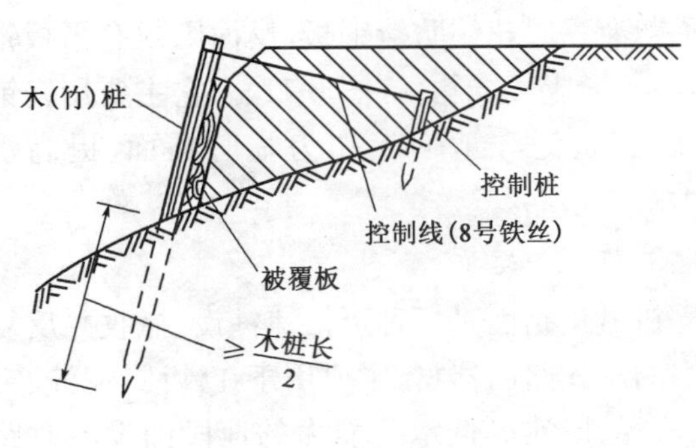

图 3-8 简易桩板墙拦边

图 3-9 土工格室

4. *边坡防护*

边坡防护在应急抢险中应用较多的有简易边坡防护，即使用各种就便材料构造简易边坡防护，缺点是防护能力较低，适合小块落石防护。边坡防护主要有主动防护和被动防护两种形式。其中，主动防护使用各种化纤或金属编织网作为防护网，直接用锚杆固定于边坡上作为主动防护；被动防护也是由立柱和防护面构成，但设置在边坡坡脚附近，主要用于拦阻从边坡上下滑的石块或土体。

另外，常规防护技术，如 SNS 柔性防护网(主动和被动)和喷射混凝土也可以作为后期跟进加固方法。

(七)路面抢修

路面断通一般与路基断通同时出现，形成断通的主要因素与路基断通基本一致。根据路面抢通过程采用的方法不同，主要对简易路面、钢板路基箱和机械化路面进行介绍。

1. *简易路面*

简易路面：就地取材进行土路改善，如直接在路基顶部撒布碎石、碎砖瓦、炉渣等就便材料，或人工摆铺石块等方法提高承载力(图 3-10)。另外，在克服松软、泥泞及水稻田等不良地段时，可采用束柴、圆木、木板、车辙等材料进行临时铺装。

图 3-10 人工摆铺石块路面

图 3-11 钢板路基箱

2. 钢板路基箱

钢板路基箱主要由骨架体组成，骨架体由纵向主筋（如槽钢）骨架和横向骨架构成。骨架体的表面封有一层花纹防滑钢板，反面则封有平板钢板，整体形成一个箱体（图 3-11）。它主要用来铺设在松软、泥泞地面上作为临时路面，提高承载力。

3. 机械化路面

机械化路面是一种可快速铺设、撤收并反复使用的制式路面器材，主要用于在沙滩、泥泞、雪地、沼泽、岸滩等低承载能力的地段铺设临时路面，保障轮式或履带式装备顺利通过。机械化路面铺设车及其铺设过程如图 3-12 所示。

a）机械化路面铺设车

b）机械化路面铺设

c）机械化路面撤收

图 3-12 机械化路面铺设车及其铺设过程

第二节 桥梁抢通抢建

桥梁是道路交通网络中的关键性节点，战争和突发事件对桥梁结构的破坏，将直接影响战争胜负、应急救援和灾后重建。对受损桥梁进行快速检测、评估及应急抢修、保通是交通应急保障和交通战备工作的重要内容和关键环节。

一、常见破坏类型

1. 上部结构的破坏

在落梁破坏中，顺桥向的落梁占绝大多数。梁在顺桥向发生坠落时，梁端撞击下部结构常常使桥墩受到很大的破坏。图 3-13 所示为桥梁上部结构破坏。

a）整桥垮塌

b）落梁

图 3-13　桥梁上部结构的破坏

2. 支承连接部位的破坏

桥梁支座、伸缩缝等支承连接件在桥梁工程造价中所占比重很小，往往未能引起工程技术人员的足够重视。桥梁支座、伸缩缝、锚栓和防震挡块等是桥梁结构中的薄弱环节，往往在地震中破坏较为普遍，如图 3-14 所示。

a）支座脱落

b）伸缩缝破坏

图 3-14　支承连接部位的破坏

3. 基础的破坏

扩大基础的破坏主要原因有地质条件不良而出现沉降、滑移和倾斜等；桩基础的破坏现象时有发生，而且不易及早发现，如图 3-15 所示。

4. 下部结构的破坏

对于钢筋混凝土桥台或桥墩，破坏现象包括混凝土保护层剥落、墩台身开裂和纵向钢筋屈曲等。严重的破坏现象还包括墩台的严重倾斜、剪断（折断）、倒塌等。钢结构的桥墩及受压构件(柱),可能会发生严重的屈曲而失稳,从而丧失承载能力。图 3-16 所示为桥梁下部结构破坏。

图 3-15　基础的破坏

a)桥墩破坏

b)连接系梁破坏

图 3-16　桥梁下部结构的破坏

二、桥梁抢修、抢建基本方法

从抢修抢建的角度,将桥梁遭受的破坏分为两类:第一类为虽遭受破坏但尚未发生“落梁”,此类称作“破损桥梁”;第二类为已发生“落梁”破坏的桥梁,此类称作“垮塌桥梁”。

桥梁应急抢修技术突出“短期安全性”和“快速通过性”,与正常状态下的设计方法、标准、原则、设备、加固材料都有所不同,应遵循以下原则:就地取材、因地制宜的原则;施工工艺快捷,减少湿作业的原则;施工机具简单,便于运输、移动的原则;采用组装、装配式的轻便的、安装迅速的临时桥梁、便道系统;机具和临时桥梁系统应具有一定的地震安全性,具有能够抵御余震的能力。

(一)破损桥梁检测与评估

桥梁快速检测评估的原则、标准与一般的检测评估不同。安全评估以短期内满足桥梁基本通行为前提,桥梁快速检测评估注重“短期安全性”。借鉴《震后交通基础设施重建技术系列指南之四——公路桥梁抗震性能评价及抗震加固技术指南》的基本构架,在汶川地震救援工作中,初步形成了“可行性”与“可靠性”的两级评估体系,其基本流程如图 3-17 所示。

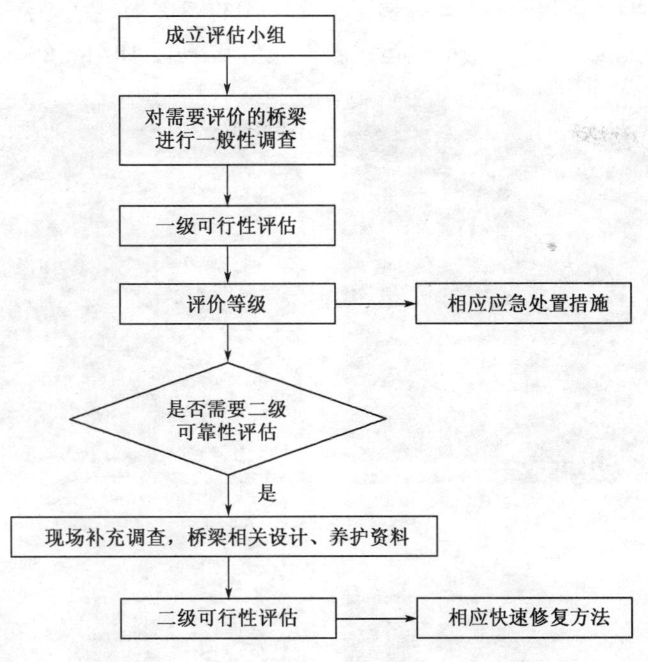

图 3-17 “可行性”与“可靠性”的两级评估基本流程

(二)破损桥梁快速抢通

本阶段必须派出有经验的桥梁工程师开展现场调查，正确评估桥梁的损毁程度，及时判断桥梁能否通行、限载通行，及时提出抢通措施和加固方案。该阶段一般不动用检测仪器和设备，也不用大型装备，以目测和简单丈量为主。针对不同程度损伤可利用的桥梁，抢通技术措施可归纳为如下几类：

1. 降低标准、半幅限行

对于个别或部分部件不能满足设计建造的技术指标，结构的安全性和使用性能受到影响，在降低通行标准或应急修复加固后其结构安全性和使用性能很难恢复原有技术标准的桥梁，可降低通行标准后通行。

当上部梁体发生严重移位，难于保证全幅通行安全时，可采用隔离措施单车道半幅通行，并可起限载作用。极重灾区许多受损桥梁初期采用这种方式处理。

2. 便道绕避

桥梁完全垮塌，或严重损毁，短时间内无法加固，当有条件能在桥侧另辟便道时，一般采用便道绕避法。该通道一般还要满足后期的保通和灾后恢复重建阶段的通行。桥下临时抢险通道如图 3-18 所示。

3. 桥上架桥

当上部梁体发生严重纵向移位，但未落梁，而桥墩基本完好，偏移小，有足够承载能力时，一般可用公路战备钢桥跨越严重移位的桥跨，在梁底附着桥墩设临时支撑，防止通行车辆振动，导致落梁发生，如图 3-19 所示。

4. 设置槽渡

跨越水库的桥梁被震毁，或崩塌山体堵塞河道形成堰塞湖、淹没公路，一般临时设置槽渡，供抢险人员和车辆通行。如国道 213 线映秀至汶川段的老虎嘴堰塞湖淹没公路，在两岸选择合理位置，开辟临时简易码头，采用槽渡运送救援人员和车辆，如图 3-20 所示。

图 3-18　桥下临时抢险通道

图 3-19　桥上架桥法

图 3-20　临时槽渡

(三)破损桥梁抢修与加固

本阶段应利用仪器设备对桥梁进行全面检测评估，提出的加固方案尽可能兼顾后期的恢复重建。

1. 常见加固措施

常见加固措施适用于时间和条件允许的情况下，具体加固方法见表3-2。

桥梁加固措施表　　表3-2

序号	加固技术	适用范围或单元	损坏形式
1	表面修补法	适合主梁、桥面板、横隔梁、帽梁、桥墩柱、基础构造、支撑、防落装置、桥台等小断面的修复	裂缝、混凝土剥落、钢筋外露
2	压力灌浆法	适合主梁、桥面板、横隔梁、帽梁、桥墩柱、基础构造、支撑、防落装置、桥台、伸缩缝等裂缝的修复	裂缝、破裂、混凝土剥落、钢筋外露
3	重新浇筑法	将主梁、桥面板、横隔梁、帽梁、基础构造、桥台等构件重新浇筑混凝土或针对混凝土构件局部剥落而修复	裂缝、破裂、变形、压碎
4	防落装置设置法	用于主梁位移有落桥的可能、帽梁支撑处破损产生高低差	倾斜、位移、沉陷、隆起
5	钢板表面粘贴修补法	用于主梁、桥面板、横隔梁、帽梁、桥墩柱、桥台，修补裂缝、增加结构物强度与刚度	裂缝、破裂、混凝土剥落、钢筋外露
6	千斤顶及临时支撑法	用于主梁、桥面板、横隔梁、帽梁、桥墩柱、基础构造、支撑、防落装置、桥台等单元结构损伤变形	裂缝、变形、压碎、倾斜、位移、混凝土剥落
7	铺设临时覆盖板法	桥面板发生高低差、伸缩缝开口时	裂缝、破裂、变形、沉陷隆起
8	置换伸缩缝法	用于伸缩缝有错位或变形时	破裂、变形、沉陷隆起
9	置换/修补支撑法	用于支撑有裂纹或变形时	裂缝、破裂、变形、压碎、位移、脱落

2. 整桥改变结构体系的修复加固技术措施

改变结构体系加固旧桥通常是指增设附加构件和进行技术改造，使桥梁的受力体系和受力状况发生改变，从而起到减小承重构件的应力，改善桥梁性能，达到提高承载能力的目的。常用的方法有：简支梁改造为连续体系，增加辅助墩法，八字支撑法，将梁式桥转换为梁拱组合体系，改桥为涵洞加固，钢索斜拉加固。

(1)简支梁改造为连续体系

该方法适用于桥面铺装破损较严重，且伸缩缝处不平整的简支梁桥。将桥面改造为连续体系可以提高行车的舒适性和减少桥面不平整时车辆荷载对桥梁的冲击影响，也可使荷载横向分布趋于合理，如图3-21所示。

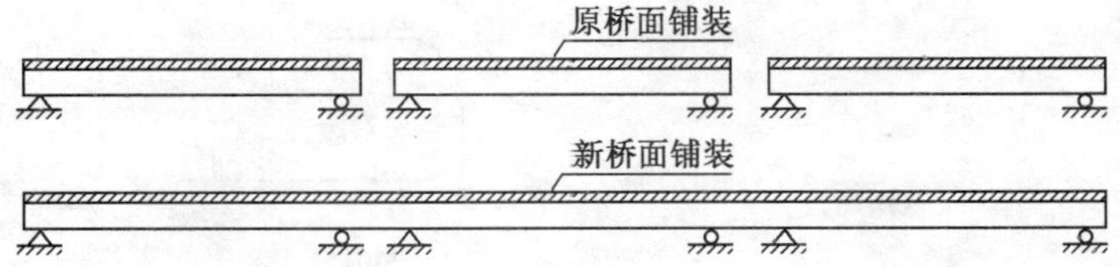

图3-21　简支梁桥改造为连续梁桥示意图

图 3-22　增加辅助墩改变桥梁体系

(2)增加辅助墩法

增设支点后,改变了结构体系,减小梁的跨径及荷载作用下跨中的弯矩,可较大幅度地提高承载能力,并能减小和限制梁板的挠曲变形。该方法适用于梁(板)挠度过大,承载能力明显不足的钢筋混凝土梁桥或要求通行重载而需加固的桥,此加固方案同时可减轻下部结构及基础的受力。但要求不受桥下净空及排洪影响,若桥下净空较大或常年流水,则此方法不经济也不可行,如图 3-22 所示。

(3)八字支撑法

在简支梁桥孔增设八字支撑,为原桥上部结构提供两个弹性支撑,从而使原来的一跨简支梁变为三跨连续梁。结构体系的这一改变使结构受力状况得到改善,减小梁的跨径及荷载作用下跨中的弯矩,从而提高承载能力,如图 3-23 所示。

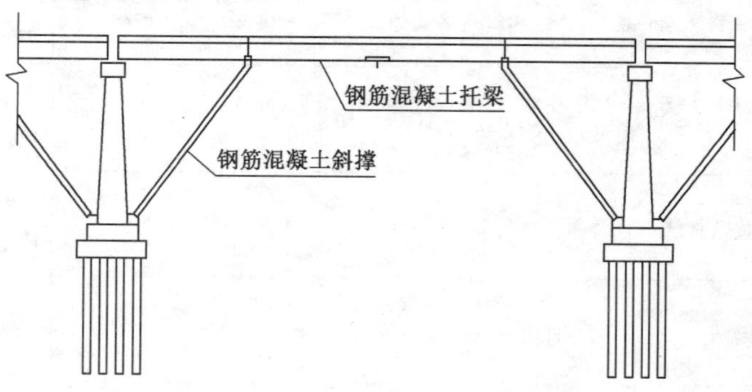

图 3-23　八字支撑法加固示意图

(4)斜拉加固法

依靠原桥墩在桥墩两侧修筑矮塔,支柱(支柱用钢筋混凝土钢管或预制混凝土柱)顶面布置刚性或柔性拉索,拉吊起桥底已布置的钢梁或加强后的梁横隔板,为原桥上部结构提供一个或几个弹性支撑,使原简支梁变为连续梁。结构体系的这一改变使结构受力状况得到改善,从而提高结构承载能力,如图 3-24 所示。

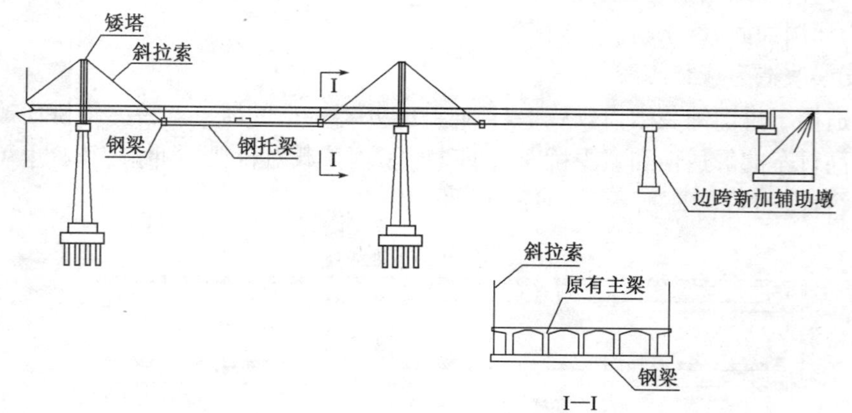

图 3-24　斜拉加固法示意图

三、垮塌桥梁抢建

当桥梁遭到破坏，无其他桥渡可迂回通车，且应急抢建便桥、架设浮桥或开设轮渡的条件及时间均不允许时，应贯彻先通后畅的原则，先以低标准、临时结构抢通桥梁。

下面将从桥梁基础、桥梁墩台和桥梁上部结构等方面分别介绍垮塌桥梁抢建的各种技术措施，并对就地采用木材架设桥梁进行阐述。

(一)桥梁基础的抢建

桥梁基础抢修有原桥基础的加固、抢修和新基础的抢建两类，桥梁损毁后经常、大量的抢修工作是桥梁新基础的抢建。通常采用临时性基础，常用的方法有：卧木基础、片石基础、钢筋笼基础及桩基础等(图 3-25)，这些方法具有结构简单，施工方便，便于就地取材等特点，适合于基础的快速抢修；对深水基础，还可采用钢管桩基础、水下混凝土基础、钢板桩管柱基础等。

a)钢筋笼基础

b)钢筋桩基础

图 3-25　基础抢建

(二)桥墩、桥台的抢建

在应急交通工程中，通常可将公路钢桥纵横向叠放拼装，用作临时墩台，也可采用相应设备专门搭设墩台，如木排架墩台、木笼桥台、钢笼桥台、装配式公路钢桥桥墩和八三式铁路轻型军用墩等(图 3-26)。

a)木笼桥台

b)装配式公路钢桥桥墩

图 3-26　墩台抢建

(三)梁的搭设

公路应急交通抢建过程中,常用梁主要有木梁、工字钢梁、321 装配式公路钢桥(梁)、ZB200 型装配式公路钢桥(梁)等(图 3-27)。

a)钢便桥中断工字钢梁

b)装配式公路钢桥

图 3-27 梁的搭设

(四)制式装备架设便桥

制式桥梁具有机动能力强,结构形式简单,作业简便,架设时间短,修复容易,可重复利用等特点,适用范围见表 3-3。

车载制式桥梁对比 表 3-3

序号	名 称	图 示	适 用 范 围
1	机械模块化桥		全套器材由 5 辆桥车组成,单跨桥长 15m,适用于跨越宽 75m、深 5.5m 以内的江河、沟渠等障碍
2	应急轻型机械化桥		适用于跨越宽度 20.5m 以内的江河、沟渠等障碍
3	大跨度应急桥		跨度大、荷载大

第三节　隧道抢通抢修

隧道作为交通运输的重要设施，无论是在平时运营还是现代化立体战争中，都经常会是恐怖袭击和打击破坏的重点。这种因突发情况导致的隧道破坏，会大大降低其使用功能，严重威胁道路安全运营，给国防安全和国民经济发展带来巨大挑战和损失。区别于普通隧道病害，突发情况导致的隧道破坏形式大致可以分为洞口段破坏和洞身破坏两种。

受隧道功能及抢修条件限制，抢通抢修任务相对艰巨，因此要根据现场条件，合理选择组合技法。

图 3-28　洞口段坍塌

一、洞口段破坏类型

洞口由于暴露于地表，目标较为明显，易于遭受攻击，常常是战时铁路隧道安全问题中最薄弱的环节。另外，受次生灾害如塌方、滑坡等不良地质影响，隧道洞口段也是最容易出现事故的地点。洞口段破坏主要包括洞口段边仰坡垮塌、洞门全部或者部分被埋等，如图 3-28 所示。

二、洞身段破坏类型

一般情况下，山岭隧道洞身埋深大，完全可以满足抵抗常规武器攻击的要求。但在自然灾害、暴恐袭击、战争、事故燃爆等突发事件作用下，隧道围岩及衬砌结构所处地形、地貌、地质、水文情况发生较大改变，加之建造过程中，对隐蔽风险考虑不足、处治不当，可能造成隧道发生坍塌、涌水、断裂、冻害等损毁，导致隧道结构因破损毁坏而失去部分或全部使用功能。

图 3-29　洞身段坍塌

（一）洞身段坍塌

在洞内，由于自然灾害、暴恐袭击、战争、事故燃爆等突发事件作用，隧道围岩自稳状态受到外力破坏，或内部节理和层理松弛剥落，随应力释放而发生变形或下沉，导致围岩拱圈过载破坏，发生坍塌。洞身结构及围岩坍塌如图 3-29 所示。

（二）隧道涌水

当隧道遭受洞内暴恐袭击、洞外战争袭击时，含水层结构发生破坏，水动力条件和围岩力学平衡状态发生急剧改变，会造成地下水体所储存能量以流体高速运移形式瞬间释放，进而引发隧道涌水（图 3-30）。

图 3-30　隧道涌水灾害

(三)衬砌裂缝

隧道衬砌除了在外力作用或变形沉降的影响下,产生局部张拉或挤压,造成衬砌结构出现不同程度的开裂,引发隧道漏水、结构失稳以外,还可能因为建造工艺不满足要求,造成混凝土硬化过程中产生裂缝。

(四)隧道冻害

隧道冻害指寒冷地区和严寒地区隧道内衬砌和围岩积水冻结,引起隧道拱部挂冰、边墙结冰、衬砌胀裂等(图 3-31)。

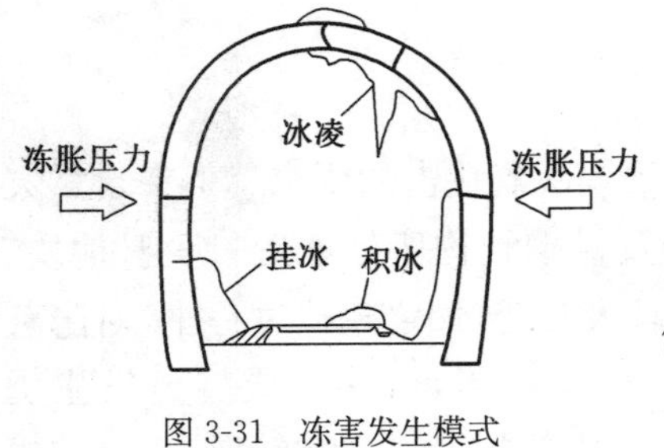

图 3-31　冻害发生模式

三、隧道破坏程度

隧道破坏程度可分为:

①轻度破坏:隧道进出口洞门拱圈、洞门及边仰坡遭到自然灾害或战争等造成损坏,破坏程度较轻,经过短时间抢修可恢复通车。

②中度破坏:隧道洞口覆盖层、拱顶地段被炸穿造成损坏,破坏程度中等,经过采取措施抢修可保证车辆通过。

③严重破坏:隧道洞内严重受损,短时期无法抢修恢复。

四、隧道抢通抢修技术

(一)运营隧道洞口抢通技术

在自然灾害、战争等突发性事件影响下,隧道洞口遭到破坏的情况较为常见,因此对隧道洞口段抢通是保障隧道应急通行的首要任务。

对遭到破坏的洞口,主要是通过清土并辅以支护进行抢通。在清土前,应准确判断岩体的稳定程度、已坍塌或可能坍塌的范围,清理顶部的松动石头、土块,对不稳定的土石必须先支撑后清除,确保作业安全;尽量缩小刷方范围,减少扰动,确保边坡稳定,避免诱发新的更大坍塌;洞口段的路面宽度一般不应小于原有宽度,紧急情况下可适当缩小;洞口段边仰坡必要时可采取边坡防护措施加固坡面,如喷射混凝土、插打锚杆、挂设钢筋网、挡土墙支挡等;洞口两侧一般不得抛甩、堆放弃土,在紧急情况下临时堆放弃土时,内侧坡脚至稳定边坡路堑顶距离不小于 2m,正常通车后应及时清理临时弃土,同时应加强防排水措施。

(二)隧道洞身段坍塌抢修技术

对坍塌范围顶部、侧壁上的危石及大裂缝,应先行清除或锚固,同时对坍塌范围前后原有的支护进行加固,以防止坍塌扩大。必要时,可在坍塌范围内架设支撑、加设锚杆并喷射混凝土,保证塌腔稳定,并对坍塌两端应尽快做好局部衬砌,以保证坍塌不再扩大。

1.坍塌处理基本措施

(1)如坍塌体积较小,且坍塌范围内已进行喷锚,或已架设好较为牢固的构件支撑,可由两端或一端先上后下地逐步清除坍渣,随挖随喷射混凝土,随架设临时构件支撑支顶。

(2)如坍塌体积较大,或地表已下沉,或因坍体堵塞,无法进入坍塌范围进行支护时,则可注浆加固坍体,然后用"穿"的办法在坍体内进行开挖、衬砌。

(3)处理坍塌的同时,应加强排水,即"治坍先治水"。

2.坍体回填基本措施(图 3-32)

(1)清除坍渣后,拱背应先以浆砌片石回填 2~3m 厚,其上再用干砌片石回填,回填高度应尽量填满坍方范围,坍体内木支撑应尽量拆除。

(2)在坍体的护拱与拱圈间应全部回填密实,坍体护拱以上回填厚度可根据具体情况而定,但不应小于 2m。

(3)如坍塌范围高大,在坍塌穴内进行回填操作不便时,可选择适当位置另行开凿专供回填用的坑道。

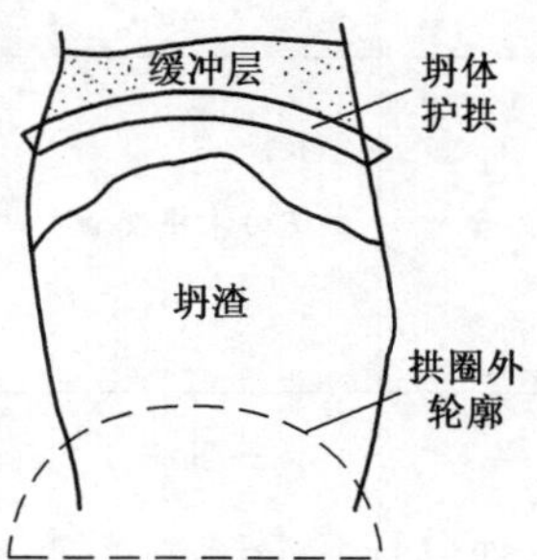

图 3-32 坍体护拱

(4)如坍塌直达地表,除按规定做好拱部回填外,另用一般土石回填夯实至距地表 1~2m,再用黏土回填至略高于地表并向四周倾斜,周围做好排水沟。

(三)隧道涌水抢修技术

常见的隧道涌水处理方法有:超前钻孔排水,超前小导管预注浆法堵水、止水,超前围岩预注浆堵水,井点降水及深井降水等方法。采用超前钻孔排水时,钻孔孔位(孔底)应在水流的上方,并且孔口应有保护装置,以防突水造成人身及机械事故,采取必要的抽排水措施保证钻孔排出的水能迅速排出洞外。

采取超前围岩预注浆堵水技术时,注浆段的长度应根据地质条件、涌水量、机具设备能力等因素确定,一般宜在 30~50m 之间;隧道埋深在 50m 以内可用地面预注浆;钻孔及注浆顺序,应由外圈向内圈进行,同一圈钻孔应间隔施工。

(四)临时支护

在隧道抢通抢修及生命救援过程中,通常会对隧道进行临时支护以确保行车安全。隧道坍塌抢修常用临时支护技术措施见表 3-4。

隧道坍塌抢修常用临时支护技术措施 表 3-4

编号	技术措施	作用	技术要求
1	长孔注浆	加固坍体,防止涌水	从坍体表面或工作面向隧道开挖轮廓线周围一定范围内注浆,注浆孔直径 75~110mm,孔底间距 1.0~1.5m,浆液配合比:水泥浆水灰比为 1∶1~1.5∶1,水泥水玻璃双液浆体积比为 1∶1~1∶0.6(水玻璃模数 n=2.2~2.8,波美度 30~40Be)。注浆压力、注浆量等现场决定

续上表

编号	技术措施	作　　用	技术要求
2	小导管周边预注浆	加固洞周岩体超前支护	立钢架，喷混凝土10～15cm厚封堵开挖工作面，沿隧道开挖轮廓线打入直径32～50mm注浆导管，长2.5～4.0m，管壁每隔10～15cm交错钻孔，孔径6～8mm，导管环向间距20～50cm，外插角10°～25°，导管纵向搭接长度不小于1m，注浆压力0.2～0.6MPa
3	架设钢架	提高初期支护的强度和刚度，作为超前锚杆或小导管的支撑构件	钢架可选用钢轨、型钢、钢筋格栅制造。格栅钢架主筋直径不宜小于20mm，材料选用20MnSi钢筋，钢架的间距不大于1m，两榀钢架之间应设置直径18～20mm的钢拉杆，间距1.0～1.5m。钢架立柱埋入地板深度不应小于15cm，钢拱架拱脚处加设锁脚锚杆(管)、支撑垫板或注浆加固。钢架必须安设在隧道中线的竖直面上
4	架设木排架	作为支撑构件	木排架可用直径不小于20cm的圆木或截面不小于20cm×20cm的方木制作，用扒钉连接。木排架间距不宜大于1m，排架之间应设横撑和斜撑，木排架必须安设在隧道中线的竖直面上
5	施作长管棚	超前支护拱顶松散坍体	钢管水平方向架设在钢拱架上，钢管中心间距30～50cm，采用厚壁钢管，直径108～250mm，长8～20m(将4～6m长钢管用丝扣分段连接而成)。钢管内可灌注水泥砂浆、混凝土，或内置钢筋笼并灌注水泥砂浆，纵向两组管棚间应有不小于1.5m的水平搭接长度
6	施作其他棚架	超前支护拱顶松散坍体	钢拱架或木排架上插入钢轨、型钢、钢板或木板、半圆木等
7	打入超前锚杆、钢管或钢轨	超前支护拱顶松散坍体	采用直径32mm早强砂浆锚杆、直径32mm钢管或钢轨，长2.5～4.0m，环向间距30～50cm，外插角5°～20°，两排之间纵向水平搭接长度不得小于1m
8	锚杆加固	增加围岩和衬砌的稳定性	根据坍塌岩块或衬砌破坏情况，设置系统锚杆或局部锚杆
9	增加喷射混凝土厚度	增加支护的强度和刚度	采用早强喷射混凝土，喷混凝土厚度20～30cm，分层喷至设计厚度
10	钢筋网喷射混凝土	提高支护强度，抑制围岩坍塌，减少喷层开裂	钢筋直径6～10mm，间距15～30cm，必要时可设双层钢筋网。钢筋网必须与锚杆、钢架连接牢固。网喷混凝土厚度15～20cm
11	增设临时仰拱或卡口梁	与初期支护形成封闭环，控制变形	临时仰拱构造与拱部边墙钢架一致，喷混凝土或灌混凝土均可。卡口梁可用钢筋混凝土、型钢或木料制作

第四节　机场道面快速修复

一、常见破坏类型

机场道面的破坏主要由各种自然灾害、恐怖袭击、战时遭火力打击等造成。自然灾害造成的损毁的修复参见本书其他章节，这里重点讲述恐怖袭击或战时遭火力打击形成的炸弹坑的快速修复。机场道面在战争中，被反跑道炸弹或其他武器攻击后，损毁形式多样，通常有明坑、暗坑、坑洞三种(图 3-33)。

a)导弹留下的明坑

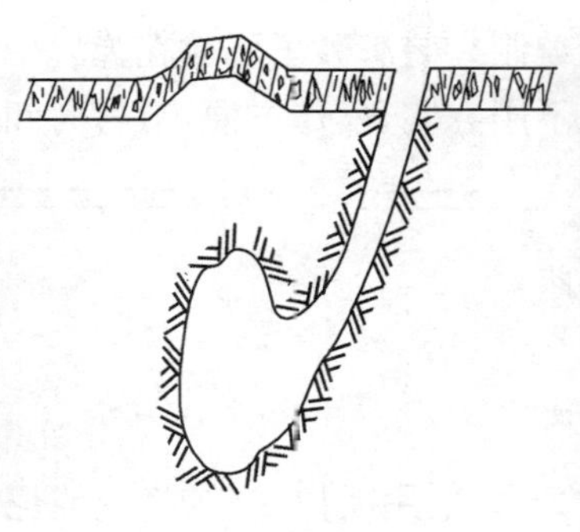

b)暗坑

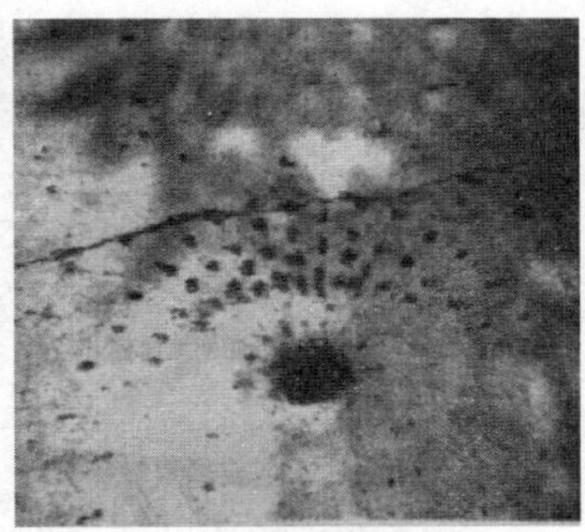

c)集束炸弹形成的坑洞

图 3-33　机场道面破坏形式

二、机场场道抢修内容

快速清理损毁物、填补和修复道面是机场道面抢修的重点。在最短的时间内修复损毁的机场道面，确保飞机滑跑、起飞、着陆时的安全，要求修复后的道面必须有足够的承载强度，良好的平整度和粗糙度。由于抢修时间紧迫，道百修复不能按平时的施工工序施作，可以不清除坑内松散物，甚至还可填大粒径的坚硬物体，填塞空隙并简单压实，也可通过无机聚合物混凝土、速凝混凝土等进行修复，保证短期内不发生沉陷，确保飞机临时快速起降。

(一)损毁道面及坑槽清理

损毁道面及坑槽快速清理，主要采用切割、破拆、装运等机械设备，对遭到损毁的道面展开清理，完成道面破损范围确定、切割道面板、破拆、土石方清理、装运卸等清理作业(图 3-34)。

a)切割作业

b)破碎作业

图 3-34　清理道面

(二)坑槽回填处理

坑槽回填处理，主要是使用推土机、装载机、压路机或强制夯实机等机械设备，对坑槽进行分层填筑、整平、碾压，适用于道面破坏较大的情况。紧急情况下，中、小型坑槽可采用填砂袋或采用特殊材料回填，并要求采用分层填筑作业法，主要包括填筑作业、整平作业和碾压作业。

在机场道面抢修中，坑槽填补的质量和完成的时间对整个抢修至关重要。除正常的分层填筑法外，还有以下几种快速填筑方法：

(1)碎石法。即将弹坑周围的飞散土回填，通常使用直径小于300mm的碎石块和砂石料分层回填。在距顶层600mm范围内，再铺筑级配良好的碎石，然后用振动压路机反复碾压，见图3-35。

(2)砂袋法或湿砂法。即用编制袋装满砂子码放在弹坑中，或用砂子回填，边回填，边洒适量的水，砂呈饱和状态。优点是不用夯实，操作方便，节省时间，见图3-36、图3-37。

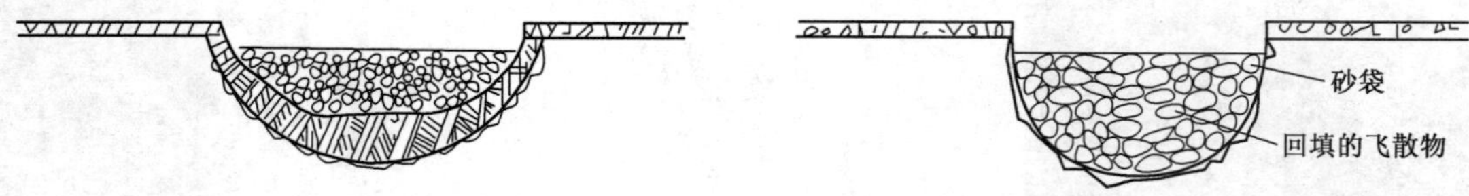

图3-35　碎石法回填示意图

图3-36　砂袋法回填坑槽示意图

(3)薄膜法。在坑槽内铺设2～3层用凯拉夫尔、涤纶或尼龙制成的纤维薄膜，用以支撑和分散飞机机轮的荷载。坑槽底部用废料回填，随后铺上一层薄膜，紧接着每铺一层30cm厚的级配材料就再铺一层薄膜，在级配材料与薄膜之间应使用快凝无机黏结料黏合。坑槽表面封层用同样的快凝无机黏结料与骨料拌和在一起的混合料铺筑，见图3-38。

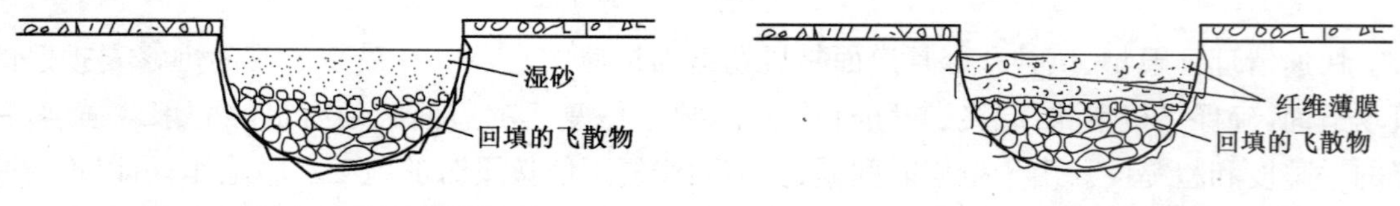

图3-37　湿砂法回填坑槽示意图

图3-38　薄膜法回填坑槽示意图

(4)膨胀材料法。即把膨胀性聚苯乙烯球状体与快凝水泥经气动搅拌，使之形成有孔隙(含泡沫)的黏结料，用以修复坑槽，见图3-39。具体修复步骤：坑槽底部用废料回填，接着用泡沫含量较大的黏结料回填，上部则使用泡沫含量较小的黏结料。坑槽表面封层用快凝水泥和级配材料铺筑。优点是工程造价低，施工简便，材料储存期较长，适于修复各种坑槽。

(5)泡沫法。即利用有机材料聚氨基甲酸酯，在现场制成泡沫材料，填充弹坑。这种泡沫材料的膨胀比很容易控制，弹坑底部用废料回填，一直填至距弹坑表面90～120cm处为止。然后在回填料上喷洒聚氨基甲酸酯和发泡剂，使泡沫材料膨胀，占据结合料中所有空隙，而且这种泡沫材料能与许多不同种类的结合材料黏结在一起。在距弹坑表面90～120cm的地方，常使用密度较低的泡沫材料，而在45～60cm深的表层内则使用密度较大、强度较高的泡沫材料。泡沫材料的密度，可通过调整原材料和发泡剂的比例来控制，见图3-40。

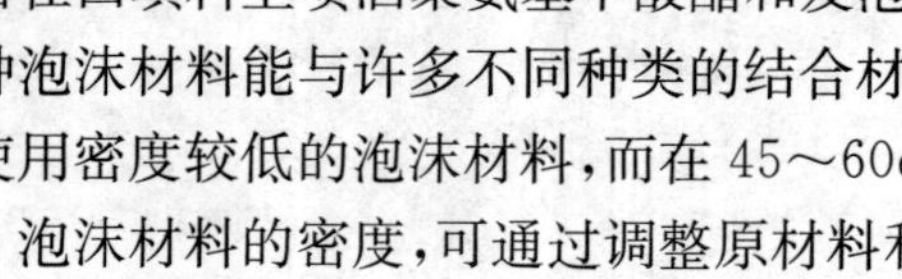

图3-39　膨胀材料法回填坑槽示意图

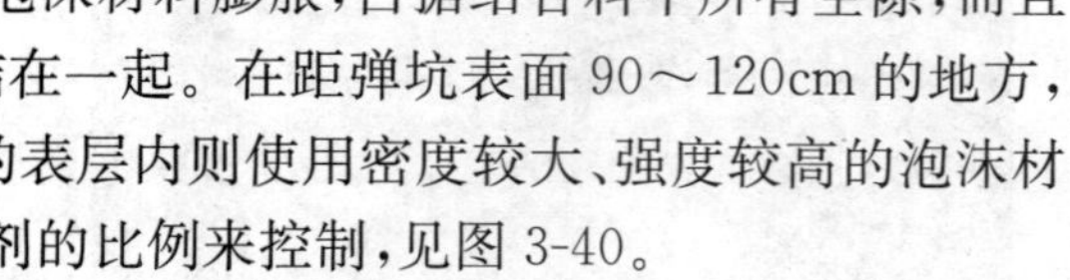

图3-40　泡沫法回填坑槽示意图

(三)道面基层恢复

机场道面基层与公路路面基层相似,施工内容主要包括拌和运输作业、整平碾压作业、清场检测等。

(四)道面快速抢修

道面快速抢修是指使用折叠式玻璃钢道面板、钢筋混凝土预制板、快凝水泥砂浆、碾压混凝土等材料进行快速抢修损毁道面作业。

1. 拼装式道面板

拼装式道面板是预先制备好的各种道面板材,通常成批成套。常用的有水泥混凝土道面板、钢道面板、铝合金道面板,以及用硬质聚氨基甲酸酯泡沫或铝箔制蜂窝状材料填芯的纤维增强聚酯夹层板等。目前,使用水泥混凝土道面板快速抢修是机场道面抢修中最常用的方法之一。

2. 铺筑快硬水泥砂浆

快硬水泥砂浆适用于小的坑槽修补,主要依靠砂浆的流动性,将砂浆灌入大孔隙的碎石中,砂浆凝固后与碎石黏结在一起,形成承载面,满足战时飞机应急起降使用。此方法,用材普遍,成本较低,工艺简单,便于组织。

3. 碾压贫混凝土

贫混凝土是一种小水灰比的混合料,属于硬性混凝土,经摊铺碾压后,可快速提高混凝土强度,使修复道面具备承载能力。此方法,取材方便,操作简便,抢修速度快,在快速抢修道面时具有明显的时间优势。

第五节　港口码头抢修抢建

港口作为物资和信息交换的重要载体,在我国社会经济发展中起着举足轻重的作用。随着港口功能的不断拓展,港口水运工程建设规模不断扩大,进驻港口的企业不断增加,进出港口水域的船舶逐年增加,加之近年来自然灾害(地震、台风等)和生产安全事故时有发生,对港口的正常运行与发展造成严重威胁。

港口的损坏主要有码头水工结构损坏(码头、防波堤、造修船水工结构物、导航设施、护岸建筑物等)、道路堆场铺面破坏、装卸靠泊机械损坏、交通后勤系统瘫痪等。本节主要介绍灾害发生后,如何对受损的港口进行快速修复抢建的技术与方法。

一、港口损坏类型

(一)港口损坏因素

导致港口损坏的因素很多,归纳起来主要分自然因素和人为因素两类。自然因素主要为地震、海啸、台风、雷电、高低温、大雾等;人为因素有战争、操作失误、使用问题、设计缺陷、施工问题等。以上因素都会对港口的正常运行造成影响,甚至导致整个港口瘫痪(图 3-41)。

(二)港口损坏区域

港口区域可能出现的损害,见表 3-5。

二、港口码头抢修抢建技术

(一)港口抢修抢建原则

港口码头抢修技术复杂,特别是水工设施抢修难度大,需要动用的人力、材料和机械设备多,且作业环境恶劣，时间紧，即使动用多种应急抢修力量联合处置，也不可能使所有遭受毁伤的港口设施都能得到充分的抢修恢复。因此，港口抢修应遵循“目标明确、重点突出、恢复功能、作业简便、简化程序、缩短时间”的原则，快速修复港口关键设施、主要功能，使其具备基本使用要求。

a)损毁的护岸

b)倒塌的装卸机械

c)操作不当油轮爆炸

d)港区爆炸事故

图 3-41 港口破坏

港口区域可能的损害 表 3-5

序号	港口区域	可能的损害
1	港池、航道	船舶偏离港池航道搁浅；船舶错失乘潮水位而搁浅
		船舶溢油泄漏、着火、爆炸
2	码头	船舶靠离泊速度偏大撞击码头；周边锚地船舶走锚撞击码头
		水流、波浪超出允许值，船舶撞击码头或断缆
		装卸过程泄漏、着火、爆炸
		水位变化区域结构腐蚀
		台风、地震、海啸、雷电、风暴潮等自然灾害损害码头构件
3	护岸、防波堤	台风、地震引起垮塌
4	机械、设备	台风引起倾覆；雷电损害电气设备
5	陆域场地	地基沉降不均匀引起面层断裂、塌陷
		地震引起结构面层断裂、塌陷、位移
		罐区、仓库、堆场等货物泄漏、着火、爆炸
6	辅建单体	后方辅助单体着火、坍塌

(1)优先对制约港口运行的关键设施设备(如装卸码头、起重机)展开抢修抢建,尽快恢复港口机能。

(2)抢修时,不能按平时标准,只需要恢复设施保障功能即可,不需要也不可能在短时间内恢复保障设施的原貌。

(3)抢修中要控制好工程规模,充分利用现有设施设备,尽可能地缩短抢修工期,同时兼顾新旧建筑物的连接和对将来发展的影响。在抢修过程中,新旧结构物要注重合理布局,最大限度地减小对港口未来规划发展的制约。

(4)科学抢修,针对不同的结构形式和破坏情况,采用适用、灵活的工程修复加固方案,以提高工作效率。

(5)抢修中应尽可能采用简便的作业方法,动用尽量少的抢修设备,采用事先储备好的构件和制式器材、速凝早强的建筑材料,使抢修时间尽可能缩短。

(二)进出港道路快速抢修

1.堆积物快速清理

堆积物主要是指因灾害发生,大量损坏物、倒塌物在道路上形成的不规则堆积体,形成障碍,使道路无法正常通行。抢修时,通常根据堆积物的体积、类型及现场地形特点,采取不同的方法抢通。

2.道路快速修复

因灾害因素,导致道路出现局部破损、坑槽或中断。抢修时,应根据道路损坏情况,采用不同的抢修技术。详见本章第一节中"道路抢通技术"相关方法。

3.桥梁快速抢修

损伤桥梁主要是指因灾害影响,出现桥面、墩台局部损伤,无法正常通行的桥梁。抢修时,应根据损伤部位、损伤程度,采取不同方法,快速修复损伤桥梁。

(三)重力式码头快速修复

地震、台风、爆炸、战争等发生后,会导致重力式码头整体滑动,下沉、倾斜,填筑土体下陷等,造成码头出现坑槽、局部坍塌、垮塌中断等损坏,使码头丧失功能。

重力式码头快速修复,首先要判定毁伤程度,排除险情后,采取人工与机械相结合的方式对坍塌处松散物进行清理、夯实,并对周边混凝土进行处理;然后抛填大粒径块片石,分层碾压夯实,具体作业时可视坍塌尺寸大小,使用挖掘机、自卸车、推土机或装载机等相互配合进行推填;最后进行混凝土浇筑和铺装封顶。

(四)高桩码头结构修复

1.混凝土裂缝修复

混凝土裂缝修复方法主要有砂浆修复法、表面封闭法、压力灌浆法。

砂浆修复法是采用聚合物水泥砂浆对混凝土进行补强修复的一种方法,其与混凝土相容性好,修补较为稳妥,且经济可靠;表面封闭法经济、简单,为提高封闭的密度和耐水性,采用环氧树脂结构胶是较好的选择;压力灌浆法是将化学灌浆材料通过压力灌浆设备注入裂缝深处,以恢复结构整体性、防水性及耐久性。

2.梁板补强加固

(1)传统结构加固法:通常是指拆除码头原有不符合较大承载要求的陈旧的上部结构,利用原有桩基或者适当补桩加固，并新浇筑上部混凝土结构。采用现浇横梁、预制纵梁和面板，通过现浇面层形成整体。

(2)增大截面加固法：通过增大原梁的截面面积，即在梁受拉区增厚混凝土并增设钢筋来提高梁的承载力。

(3)结构黏钢技术：用特制的结构胶黏剂，将钢板粘贴在钢筋混凝土结构的表面，使钢板与混凝土构件共同工作，达到加固及增强原结构强度和刚度的目的。

(4)碳纤维(CFRP)加固混凝土技术：CFRP加固技术材料有两种，即碳纤维和基体用树脂。它是利用树脂类黏结材料将碳纤维布贴贴于混凝土构件的表面，利用碳纤维材料良好的抗拉性能达到增强构件承载能力的目的。

3. 基桩加固

(1)补桩：原桩不利用，在该损坏桩周围对称布置两根桩，共同承担上部结构荷载。有时也可以采用“缺一补一”的方式。补桩后，一般应现浇扩大桩帽或横梁，使得补桩、原横梁或原桩帽等连成一个整体。

(2)接桩：对于桩顶附近缺陷的修复加固。凿除桩顶及对应横梁等底部混凝土，采用加大桩帽或局部加大桩帽的方式对其进行加固处理。

(3)修桩(混凝土桩)：对于桩基产生裂缝的情况，可以酌情采取外包碳纤维布的方法。桩身补强后，恢复桩的承载力和稳定性，同时增强对水流冲刷、侵蚀的抵抗能力。

(4)钢管桩修复：

①原包覆层脱落或损坏引起钢管桩锈蚀，可采用玻璃钢进行修复。

②对于阳极块脱落的情况应及时更换；阴极保护应按实际情况进行修复。

③对于受腐面积大(坑点多)，壁厚损失率达30%以上，且有小面积穿孔的钢管桩，可采用碳纤维布进行加固。

④钢管桩水下破裂时，可通过浇筑桩芯混凝土进行加固。

⑤钢管桩断裂时，应视断裂位置，采取补焊、补桩等方法。

(五)港口堆场快速抢修

港口堆场是指用于堆存和保管待运货物的仓库和露天场地，通常与港区道路、生产辅助区、码头相连接。地震、台风、爆炸、战争等发生后，会导致堆放的货物和机械设备移位，发生撞击扭曲变形，或倾覆、倒塌，或叠加挤堆在一块；还会导致堆场凹陷、下沉、铺面损毁等，严重影响港区交通通行和生产作业。

1. 堆场清理

(1)集中力量优先清理连接道路与码头处堆场的堆积物，快速打通港区与码头的道路交通和清空码头堆场，随着码头设施的修复，恢复码头的装卸生产功能。

(2)堆场其他地方的堆积货物，应根据货物种类、损坏程度以及货物的可利用程度、危险程度等，分门别类地进行整理、清理，最终完成堆场的清理工作。

2. 堆场铺面破损修复

港口堆场铺面通常有连锁块铺面、独立块铺面和水泥混凝土铺面三种类型。

按以下步骤进行抢修：

(1)基底处理。采取人工与机械相结合的方式对损坏处进行清理、夯实，并对周边铺面进行处理。

(2)回填。填筑透水性好、承载力强的砂砾料，并分层碾压夯实，直至预定高度。砂砾料宜采用颗粒级配良好、质地坚硬的中砂、粗砂、砾砂、卵石和碎石等。

(3)碾压。首先使用压路机对砂砾类铺筑层进行1～2遍初压，形成较稳定、较平整的承载层，然后再连续碾压5～8遍，使铺筑层达到规定的压实度。

碾压过程中，通常通过增加压路机的配重或调节压路机的气压、振频和振幅，充分发挥压路机的压实功能，提高压实效果。若坑槽较小，压路机无法展开作业时，可使用液压高速夯实机或挖掘机配以振动平板夯进行压实。

(4)铺砌铺面。根据原有铺面类型，选择对应的铺砌铺面；若暂时不铺砌铺面时，应加强对回填料的碾压作业，提高压实度，确保强度满足需求。

(六)其他水工建筑物快速抢修

护岸墙、防浪堤、防波堤等其他水工建筑物因凹陷、坍塌需要抢修抢建时，可参照本节中“重力式码头快速修复”的处置方法。

第六节　堤防工程抢建抢修

一、险情类别

堤防工程线长量大，长期受风吹日晒、水冲雨淋、虫兽危害，极易发生破坏，防洪强度降低，在洪水作用下可能会出现各类险情，给防洪安全带来严重威胁。堤防工程常见险情主要有漫溢、渗水、管涌、滑坡、漏洞、风浪淘刷、裂缝、坍塌和陷坑等。

(一)漫溢险情

漫溢险情是指实际洪水位超过现有堤顶高程，或风浪翻过堤顶，导致洪水从堤防顶部溢出的险情。一旦发生漫溢险情，就会很快引起堤防溃决。堤防因漫溢决口称为漫决。

(二)渗水险情

渗水险情是堤防工程在较高水位及较长历时偎水渗压作用下，背水坡面、坡脚及附近地面出现湿润或渗出纤细明流的险象，又称散浸或堤脚洇水。若发展严重，超出安全渗流限度，可能导致土体发生渗透变形，形成管涌、流土、滑坡、漏洞等险情。

(三)管涌险情

管涌险情是堤防背水坡脚附近或穿堤涵闸出口周围，在渗透水流的渗压作用下，堤身非黏性土体中的渗流比降超过其安全比降时，发生冒水冒沙的一种险情，又称地泉或翻沙鼓水。若自出水口向内逐渐逆行发展，管涌可继续扩大，甚至可能发展成贯通临背水的漏洞。

(四)滑坡险情

滑坡险情也称脱坡险情，是堤防由于土质构造、渗水压力等原因，使堤身土体内部潜在的薄弱层抗剪强度难以平衡重力作用而发生堤身边坡土体向下滑坠变形的险情。滑坡险情多发生在高水位情况下的背水坡面，也可发生在落水情况下的临水坡面。滑坡一般是由弧形缝发展而成的。滑坡严重削弱堤防断面抗洪能力，破坏堤防整体稳定。

(五)漏洞险情

漏洞险情是堤防由于内部有裂缝、洞穴、虚土层、冻土带、穿堤建筑物接茬不良等隐患在高水位下因渗水或漏水集中，堤身被穿透贯通形成临背水漏水通道，极易造成堤身溃决，是堤防最严重险情之一。

（六）风浪淘刷险情

风浪淘刷险情是由于风力直接作用水面形成的强制性波浪动力，往复拍击堤防临水坡面而产生的堤身土体冲击破坏。风浪轻者造成堤坡坍塌险情，重者严重破坏堤身，以致决口成灾。

（七）裂缝险情

裂缝险情是堤防由于不均匀沉陷、滑坡、震动、干缩、冻融等原因，在堤防顶部、边坡或堤身内部出现的开裂缝隙。具体的开裂缝隙形式：平行堤防轴线方向的纵缝、垂直堤防轴线方向的横缝、走向呈斜线状的斜缝、两端低中间高的弧形缝及不规则分布的龟裂缝等。

（八）坍塌险情

坍塌险情是由于近堤水流顶冲淘刷或高水位骤降时因堤身渗水反向排出，导致堤身作用力失衡而发生堤身土体或石方砌护体失稳破坏。

（九）陷坑险情

陷坑险情也称跌窝险情，是在高水位或雨水浸注作用下，堤身、戗台及堤脚附近发生的局部凹陷的现象。陷坑发生的原因主要是堤身或临水坡面下存在隐患，土体浸水后松软沉陷，或堤内涵管漏水导致土壤局部冲失发生沉陷，有时伴随漏洞发生。察看堤坡等处有无沉陷，若发现低洼陷落处，其周围又有松落迹象，上有浮土，即可确定为陷坑。

二、堤防工程常见险情抢护

堤防工程是防御洪水的主要屏障。当堤防工程出险后，要立即查看出险情况，分析出险原因，按照抢早抢小、因地制宜、就近取材的原则，有针对性地采取有效措施，及时进行抢护，以防止险情扩大，保证工程安全。

（一）防漫溢抢险

1.险情说明

漫溢是洪水漫过堤、坝顶的现象。堤防工程多为土体填筑，抗冲刷能力差，一旦溢流，冲塌速度很快，如果抢护不及时，会造成决口。当遭遇超标准洪水、台风等，根据洪水预报，洪水位（含风浪高）有可能超越堤顶时，为防止漫溢溃决，应迅速进行加高抢护。

2.原因分析

造成堤防工程漫溢的一般原因是：

（1）由于发生降雨集中、强度大、历时长的大暴雨，河道宣泄不及时，实际发生的洪水超过了堤防的设计标准，洪水位高于堤顶。

（2）设计时，对波浪的计算与实际不符，发生大风大浪时最高水位超过堤顶。

（3）堤顶未达设计高程，或因地基有软弱层，填土碾压不实，产生过大的沉陷量，使堤顶高程低于设计值。

（4）河道内存在阻水障碍物，如未按规定在河道内修建闸坝、桥涵、渡槽以及盲目围垦、种植片林和高秆作物等，形成阻水障碍，降低了河道的泄洪能力，使水位壅高而超过堤顶。

（5）河道发生严重淤积，过水断面缩小，抬高了水位。

(6)主流坐湾,风浪过大,以及风暴潮、地震等壅高水位。

3.漫溢险情的预测

对已达防洪标准的堤防工程,当水位已接近设防水位时或尚未达到防洪标准的堤防工程洪水位已接近堤顶时,应及时根据水文预报和气象预报,分析判断更大洪水到来的可能性以及水位可能上涨的程度。为防止洪水可能的漫溢溃决,应在更大洪峰到来之前抓紧在堤顶临水侧部位抢筑子堰。一般根据上游水文站的水文预报,通过洪水演进计算的洪水位准确度较高。没有水文站的流域,可通过上游雨量站网的降雨资料,进行汇流计算和洪水演进计算,作洪峰和汇流时间的预报。目前气象预报已具有比较高的准确程度,能够估计洪水发展的趋势,从宏观上提供加筑子堰的决策依据。大江大河平原地区行洪需历经一定时段,这为决策和抢筑子堰提供了宝贵的时间,而山区性河流汇流时间短得多,抢护更为困难。

4.抢护原则

险情的抢护原则是"预防为主,水涨堤高"。当洪水位有可能超过堤(坝)顶时,为了防止洪水漫溢,应迅速果断地抓紧在堤坝顶部,充分利用人力、机械,因地制宜,就地取材,抢筑子堤(埝),力争在洪水到来之前完成。

5.抢护方法

防漫溢抢护,常采用的方法是:运用上游水库进行调蓄,削减洪峰,加高加固堤防工程,加强防守,增大河道宣泄能力,或利用分洪、滞洪和行洪措施,减轻堤防工程压力;对河道内的阻水建筑物或急弯壅水处,应采取果断措施拆除清障,以保证河道畅通,扩大排洪能力。

(1)纯土子堤(埝)

纯土子堤应修在堤顶靠临水堤肩一边,其临水坡脚一般距堤肩 0.5～1.0m,顶宽 1.0m,边坡坡度不陡于 1∶1,子堤顶应超出推算最高水位 0.5～1.0m。在抢筑前,沿子堤轴线先开挖一条结合槽,槽深 0.2m,底宽约 0.3m,边坡坡度 1∶1。清除子堤底宽范围内原堤顶面的草皮、硬化路面及杂物,并把表层刨松或犁成小沟,以利新老土结合。在条件允许时,应在背河堤脚 50m 以外取土,以维护堤坝的安全。如遇紧急情况可用汛前堤上储备的土料——土牛修筑,在万不得已时也可临时借用背河堤肩浸润线以上部分土料修筑。土料宜选用黏性土,不要用砂土或有植物根叶的腐殖土及含有盐碱等易溶于水的物质的土料。填筑时要分层填土夯实,确保质量(图 3-42)。此法可就地取材,修筑快,费用省,汛后可加高培厚成正式堤防工程,适用于堤顶宽阔、取土容易、风浪不大、洪峰历时不长的堤段。

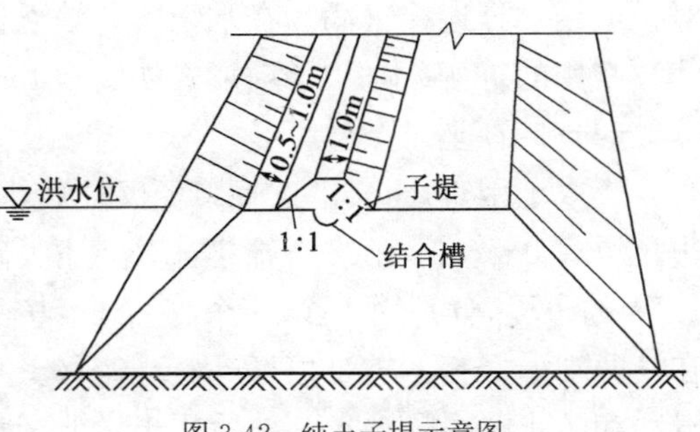

图 3-42 纯土子堤示意图

(2)土袋子堤

土袋子堤适用于堤顶较窄、风浪较大、取土较困难、土袋供应充足的堤段。一般用草袋、麻袋或土工编织袋,装土七八成满后,将袋口缝严,不要用绳扎口,以利铺砌。一般用黏质土,也可使用颗粒较粗或掺有砾石的土料。土袋主要起防冲作用,要避免使用稀软、易溶和易于被风浪冲刷析出的土料。土袋子堤距临水堤肩 0.5～1.0m,袋口朝向背水,排砌紧密,袋缝上下层错开,上层和下层要交错掩压,并向后一些,使土袋临水形成坡度 1∶0.5、最陡坡度 1∶0.3 的边坡。不足 1.0m 高的子堤,临水叠砌一排土袋,或一丁一顺。对较高的子堤,底层可酌情加宽为两排或更宽。土袋后面修土戗，随砌土袋，随分层铺土夯实，土袋内侧缝隙可在铺砌时分层用砂土填垫密实，外露缝隙用麦秸、稻草塞严，以免土料被风浪抽吸出来，背水坡以不陡于1∶1坡度为宜。土袋子堤顶高程应超过推算的最高水位，并保持一定超高(图3-43)。

在个别堤段，如即将漫溢，来不及从远处取土时，在堤顶较宽的情况下，可临时在背水堤肩取土筑子堤(图3-44)。这是一种不得已抢堵漫溢的措施，不可轻易采用，待险情缓和后，抓紧时间，将所挖堤肩土加以修复。土袋子堤的优点是用土少而坚实，耐水流风浪冲刷，在1958年黄河下游抗洪抢险和1954年、1998年长江防汛抢险中均广泛应用。

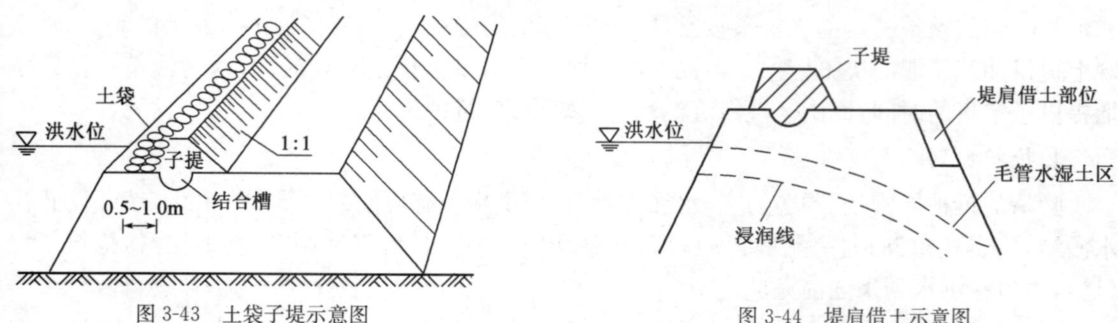

图3-43　土袋子堤示意图

图3-44　堤肩借土示意图

(3)桩柳(木板)子堤

当土质较差，取土困难，又缺乏土袋时，可就地取材，采用桩柳(木板)子堤。它的具体做法是：在临水堤肩0.5～1.0m处先打木桩一排，桩长可根据子堤高而定，梢径5～10cm，木桩入土深度为桩长的1/3～1/2，桩距0.5～1.0m。将柳枝、秸料或芦苇等捆成长2～3m，直径约20cm的柳把，用铁丝或麻绳绑扎于木桩后(亦可用散柳捆绑)，自下而上紧靠木桩逐层叠放。在放置第一层柳把时，先在堤顶上挖深约0.1m的沟槽，将柳把放置于沟内。在柳把后面散放秸料一层，厚约20cm，然后分层铺土夯实，做成土戗。土戗顶宽1.0m，边坡坡度不陡于1∶1，具体做法与纯土子堤相同。此外，若堤顶较窄，也可用双排桩柳子堤。排桩的净排距1.0～1.5m，相对绑上柳把、散柳，然后在两排柳把间填土夯实。两排桩的桩顶可用16～20号铁丝对拉或用木杆连接牢固。在水情紧急缺乏柳料时，也可用木板、门板、秸箔等代替柳把，后筑土戗。常用的桩柳(木板)子堤形式如图3-45所示。

(4)柳石(土)枕子堤

当取土困难，土袋缺乏而柳源又比较丰富时，适用此法。具体做法是：一般在堤顶临水一边距堤肩0.5～1.0m处，根据子堤高度，确定使用柳石枕的数量。如高度为0.5m、1.0m、1.5m的子堤，分别用1个、3个、6个枕，按品字形堆放。第一个枕距临水堤肩0.5～1.0m，并在其两端最好打木桩1根，以固定柳石(土)枕，防止滚动，或在枕下挖深0.1m的沟槽，以免枕滑动和防止顺堤顶渗水。枕后用土做戗，戗下开挖结合槽，刨松表层土，并清除草皮杂物，以利结合。然后在枕后分层铺土夯实，直至戗顶。戗顶宽一般不小于1.0m，边坡坡度不陡于1∶1，如土质较差，应适当放缓坡度(图3-46)。

(5)防洪(浪)墙防漫溢子堤

当城市人口稠密缺乏修筑土堤的条件时，常沿江河岸修筑防洪墙；当有涵闸等水工建筑物时，一般都设置浆砌石或钢筋混凝土防洪(浪)墙。当遭遇超标准洪水位时，可利用防洪(浪)墙作为子堤的迎水面，在墙后利用土袋加固加高挡水。土袋应紧靠防洪(浪)墙背后叠砌，宽度、高度均应满足防洪和稳定的要求，其做法与土袋子堤相同(图3-47)。

要注意防止原防洪(浪)墙倾倒，可在防洪(浪)墙前抛投土袋或块石。

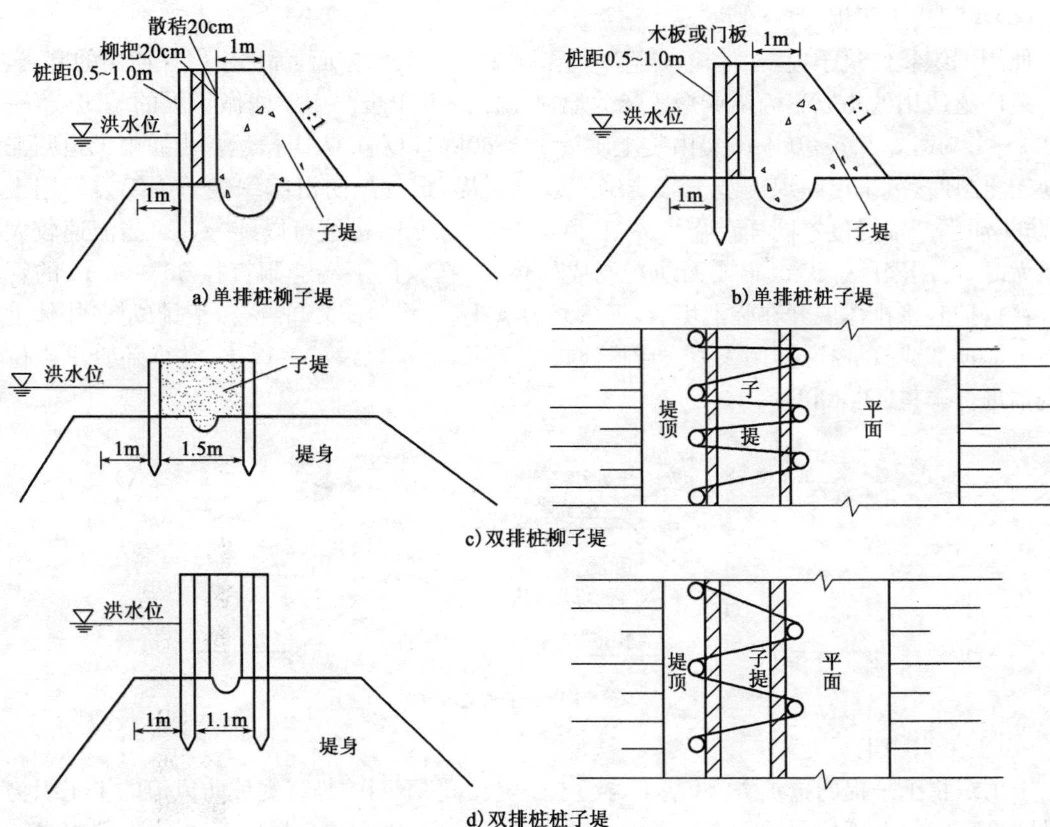

图 3-45 桩柳(木板)子堤示意图

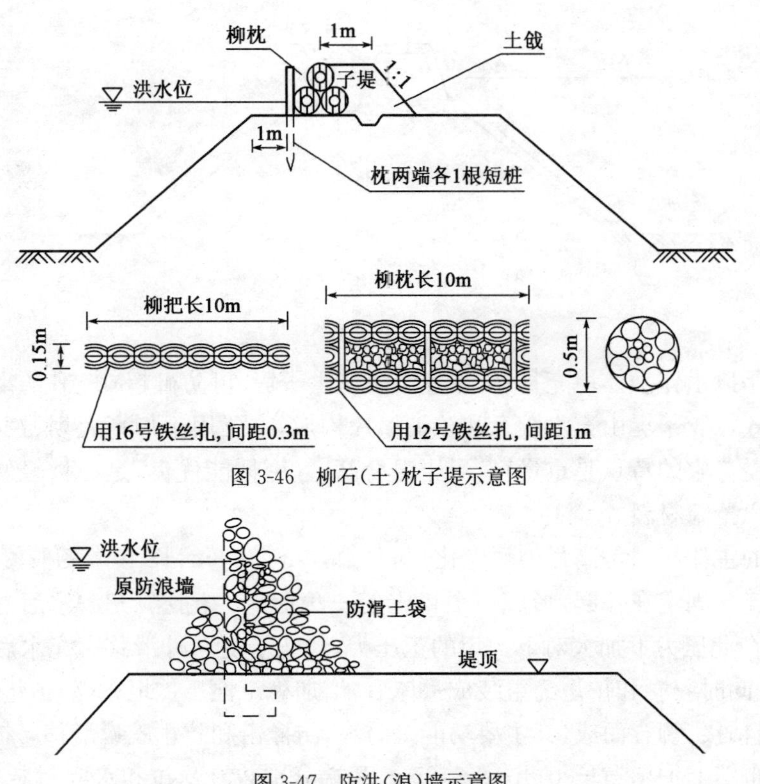

图 3-46 柳石(土)枕子堤示意图

图 3-47 防洪(浪)墙示意图

(6)编织袋土子堤

使用编织袋修筑子堤，在运输、储存、费用，尤其是耐久性方面，都优于以往使用的麻袋、草袋。最广泛使用的是以聚丙烯或聚乙烯为原料制成的编织袋。用于修做子堤的编织袋，一般长0.9～1.0m，宽0.5～0.6m，袋内装土质量40～60kg，以利于人工搬运。当遇雨天道路泥泞又缺乏土料时，可采用编织袋装土修筑编织袋土子堤（最好用防滑编织袋），编织袋间用土填实，防止涌水。子堤位置同样在临河一侧，顶宽1.5～2.0m，边坡可以陡一些。当流速较大或风浪大时，可用聚丙烯编织布或无纺布制成软体排，在软体下端缝制直径30～50cm的管状袋。在抢护时将排体展开在临河堤肩，管状袋装满土后，将两侧袋口缝合，滚排成捆，排体上端压在子堤顶部或打桩挂排，用人力一起推滚排体下沉，直至风浪波谷以下，并可随着洪水位升降变幅进行调整（图3-48）。

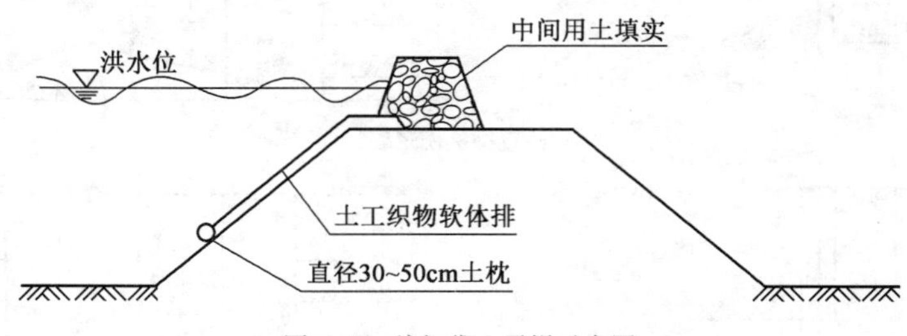

图3-48 编织袋土子堤示意图

(7)土工织物土子堤

土工织物土子提的抢护方法，基本与纯土子堤相同，不同的是将堤坡防风浪的土工织物软体排铺设高度向上延伸覆盖至子堤顶部，使堤坡防风浪淘刷和堤顶防漫溢的软体排构成一个整体，收到更好效果（图3-49）。

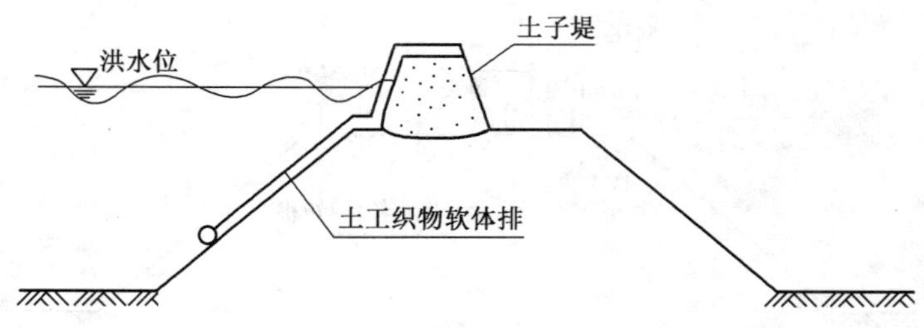

图3-49 土工织物土子堤示意图

(8)橡胶子堤

橡胶子堤是以水作坝体填充材料，快速组成防洪子堤，可防御超0.8m的洪水，抵御0.3m的风浪。充水式橡胶子堤由充水胶囊和防护垫片构成，主要用于加高堤坝、拦截洪水、做成围堰阻滞洪水漫溢。它的特点是重量轻、耐压强度高、气密性能优良，是一种轻便、灵活、可反复使用的新型防汛抢险材料。

充水胶囊的主体材料是高强力耐老化橡胶，由3个ϕ0.8m、长10m的胶囊组合而成，3个胶囊用6组三连环固定在一起，形成一个稳定的三角形。3个胶囊充满水后总容积为15m^3，总质量达15t，在此压力下加大对下护坦的正压力，防止子堤向外滑移。充水后高度达1.2m，可以支撑护坦，同时胶囊和护坦经组装成一体后，增加稳定性。护坦布（防护垫片）是以特制土工膜为基材，经粘接、铆合而成，其主要功能是防渗、防撞击和防止胶囊滑移。护坦布分为上护坦布和下护坦布。上护坦布长10m，宽3.85m，两端分别装有受拉和水密封装置（也称连接装置)，可根据长度要求任意连接，主要功能是连接护坦布长度，确保连接处的水密封性，保护胶囊不受损伤；下护坦布长 10.3m，宽 2.85m，与堤基接触，胶囊放置在下护坦布上，充满水后对下护坦布产生较大压力，增大护坦与地面之间的摩擦力。

护坦布的使用方法及注意事项如下：

①清除杂物，简单平整堤顶。

②开挖沟槽。在堤坝迎水面开一条 30cm×30cm 的沟槽，要求平直，转弯半径大。

③上护坦布的对接。根据防洪要求，将数块护坦布展开对齐，使护坦布之间的凸凹咬合不产生离缝。

④水密胶囊安装。上护坦布对接好以后，将凹凸槽上方已固定好的密封胶布展平，再将胶囊平直放在密封胶布上，充气嘴指向背水面，然后将尼龙搭扣拉平扣好，向胶囊内充入 5.3k～8.0kPa(40～60mmHg)压缩空气。

⑤护坦布的同定。把下护坦布末端埋入沟槽并夯实，埋入深度不少于 30cm。

⑥摆放子堤胶囊。在距下护坦布边缘 20cm 处摆放左右两个胶囊，水嘴指向背水面，白色“十”字标记指向上方，套上 6 组连环，与白色“十”字对齐，然后装上部胶囊。

⑦胶囊充水。每个胶囊上的水嘴均备有一条长 2m 的水龙带，将水龙带一端接在水嘴上，另一端接上水龙阀门，用喉箍拧紧，然后分别向下面的两个胶囊充水。在充水时将排气阀拧松 2～3 扣，使胶囊空气能够排出。当下面两个胶囊充满后，立即拧紧排气阀。然后向上部胶囊按同样程序充水。胶囊充水高度达 1.2m 即可。观察胶囊充水后是否平整，有无漏水点，一切正常即为充水完毕。

⑧搭盖护坦布。如一切正常，即可盖上护坦布并用尼龙绳将上下护坦布连接好。

6.注意事项

防漫溢抢险应注意以下事项：

(1)根据洪水预报估算洪水到来的时间和最高水位，做好抢修子堤的料物、机具、劳力、进度和取土地点、施工路线等安排。在抢护中要有周密的计划和统一的指挥，抓紧时间，务必抢在洪水到来之前完成子堤。

(2)抢筑子堤务必全线同步施工，突击进行，决不能做好一段，再加一段；决不允许留有缺口或存在部分堤段施工进度过慢的现象。

(3)为了争取时间，子堤断面开始可修得矮小些，然后随着水位的升高而逐渐加高培厚。

(4)抢筑子堤要保证质量，派专人监理，要经得起洪水期考验，绝不允许子堤溃决，造成更大的溃决灾害。

(5)临时抢筑的子堤一般质量较差，要派专人严密巡查，加强质量监督，加强防守，发现问题，及时抢护。

(6)子堤切忌靠近背河肩，否则，不仅缩短了渗径和抬高了浸润线，而且水流漫过原堤顶后，顶部湿滑，行人、运料及对继续加高培厚子堤的施工，都极为不利。

(7)子堤往往很长，一种材料难以满足。当各堤段使用不同材质时，应注意处理好相邻段的接头处，要有足够的衔接长度。

(二)渗水(散浸)抢险

1.险情说明

汛期高水位历时较长时，在渗压作用下，堤前的水向堤身内渗透，堤身形成上干下湿两部分，干湿部分的分界线，称为浸润线。如果堤防工程土料选择不当，施工质量不好，渗透到堤防工程内部的水分较多，浸润线也相应抬高，在背水坡出逸点以下，土体湿润或发软，有水渗出的现象，称为渗水（图 3-50）。渗水也称散浸或洇水，是堤防工程较常见的险情之一。即

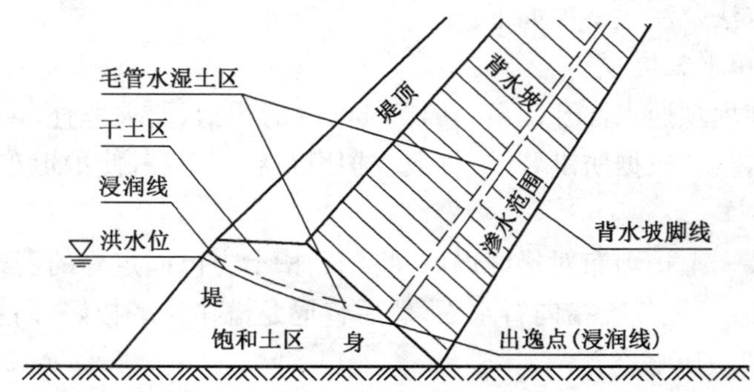

图 3-50　堤身渗水示意图

使渗水是清水，当出逸点偏高，浸润线抬高过多时，也要及时处理。若发展严重，超出安全渗流限度，即可能成为严重渗水，导致土体发生渗透变形，形成脱坡（或滑坡）、管涌、流土、陷坑甚至漏洞等险情。

2. 原因分析

堤防工程发生渗水的主要原因是：

(1)水位超过堤防工程设计标准或超警戒水位持续时间较长。

(2)堤防工程断面不足，浸润线在背水坡出逸点偏高。

(3)堤身土质多砂，尤其是成层填筑的砂土或粉砂土，透水性强，又无防渗斜墙或其他有效控制渗流的工程设施。

(4)堤防工程修筑时，土粒多杂质，有干土块或冻土块，碾压不实，施工分段接头处理不密实。

(5)堤身、堤基有隐患，如蚁穴、树根、鼠洞、暗沟等。

(6)堤防工程与涵闸等水工建筑物结合部填筑不密实。

(7)堤基土壤渗水性强，堤背排水反滤设施失效，浸润线抬高，渗水从坡面逸出等。

(8)堤防工程的历年培修，使堤内有明显的新老接合面缝隙存在。

3. 险情判别

渗水险情的严重程度可以从渗水量、出逸点高度和渗水的浑浊情况三个方面加以判别，目前常从以下几方面区分险情的严重程度：

(1)堤背水坡严重渗水或渗水已开始冲刷堤坡，使渗水变浑浊，有发生流土的可能，证明险情正在恶化，必须及时进行处理，防止险情的进一步扩大。

(2)渗水是清水，但如果出逸点较高（黏性土堤防工程不能高于堤坡的 1/3，对砂性土堤防工程，一般不允许堤身渗水）易引发堤背水坡滑坡、漏洞及陷坑等险情，也要及时处理。

(3)渗水为少量清水，出逸点位于堤脚附近，经观察并无发展，同时水情预报水位不再上涨或上涨不大时，可加强观察，注意险情的变化，暂不处理。

(4)其他原因引起的渗水，通常与险情无关，如堤背水坡河道水位以上，出现渗水，是由雨水、积水排出造成。

(5)许多渗水的恶化都与雨水的作用关系紧密，特别是填土不密实的堤段，在降雨过程中

应密切注意渗水的发展。该类渗水易引起堤身凹陷，从而使一般渗水险情转化为严重险情。

4.抢护原则

以"临水(河)截渗，背水(河)导渗"为原则，减小渗压和出逸流速，抑制土粒被带走，稳定堤身。即在临水坡用黏性土壤修筑前戗，也可用篷布、土工膜隔渗，以减少渗水入堤；在背水坡用透水性较强的砂子、石子、土工织物或柴草反滤，通过反滤，将已入渗的水，只让清水流走，不让土粒流失，从而降低浸润线，保持堤身稳定。切忌在背水坡面用黏性土压渗，这样会阻碍堤身内的渗流逸出，势必抬高浸润线，导致渗水范围扩大和险情加剧。在抢护渗水险情之前，还应首先查明发生渗水的原因和险情的程度，结合险情和水情，进行综合分析后，再决定是否采取及时抢护措施。如堤身因浸水时间较长，在背水坡出现散浸，但坡面仅呈现湿润发软状态，或渗出少量清水，经观察并无发展，同时水情预报水位不再上涨，或上涨不大时，可加强观察，注意险情变化，暂不作处理。若遇背水坡渗水很严重或已开始出现浑水，有发生流土的可能，则证明险情在恶化，应采取临河防渗、背河导渗的方法，及时进行处理，防止险情扩大。

5.抢护方法

(1)临河截渗

为增加阻水层，以减少向堤身的渗水量，降低浸润线，达到控制渗水险情发展和稳定堤身堤基的目的，可在临河截渗。一般根据临水的深度、流速，对风浪不大、取土较易的堤段，均可采用临河截渗法进行抢护。临河截渗有以下几种方法。

①黏土前戗截渗。当堤前水不太深，风浪不大，水流较缓，附近有黏性土料，且取土较易时，可采用此法。具体做法是：

根据渗水堤段的水深、渗水范围和渗水严重程度确定修筑尺寸。一般戗顶宽3～5m，长度至少超过渗水段两端各5m，前戗顶可视背水坡渗水最高出逸点的高度决定，高出水面约1m，戗底部以能掩盖堤脚为度。

填筑前应将边坡上的杂草、树木等杂物尽量清除，以免填筑不实，影响戗体截渗效果。

在临水堤肩准备好黏性土料，然后集中力量沿临水坡由上而下，由里向外，向水中缓慢推下，由于土料入水后的崩解、沉积和固结作用，即成截渗戗体(图3-51)。填土时切勿向水中猛倒，以免沉积不实，失去截渗作用。如临河流急，土料易被水冲失，可先在堤前水中抛投土袋作隔堤，然后在土袋与堤之间倾倒黏土，直至达到要求高度。

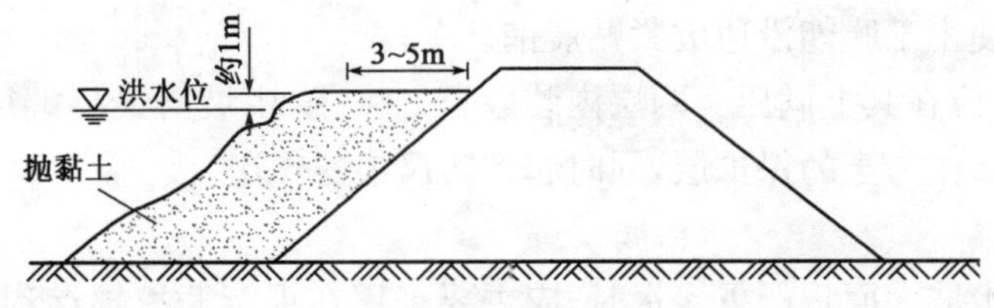

图3-51　抛黏土截渗示意图

②桩柳(土袋)前戗截渗。当临河水较浅有溜时，土料易被冲走，可采用桩柳(土袋)前戗截渗。具体做法如下：

在临河堤脚外用土袋筑一道防冲墙，其厚度及高度以能防止水流冲刷戗土为度，防冲墙和随其后的填土同时筑高。如临河水较深，因在水下用土袋筑防冲墙有难度，可做桩柳防冲墙，即在临水坡脚前1～2m处，打木桩或钢管桩一排，桩距1m，桩长根据水深和溜势决定。桩一般要打入土中1/3，桩顶高出水面约1m。

在已打好的木桩上，用柳枝或芦苇、秸料等梢料编成篱笆，或者用木杆、竹竿将桩连起来，上挂芦席或草帘、苇帘等。编织或上挂高度，以能防止水流冲刷戗土为度。木桩顶端用8号铁丝或麻绳与堤顶上的木桩拴牢。

在抛土前，应清理边坡并备足土料，然后在桩柳墙与堤坡之间填土筑戗。戗体尺寸和质量要求与上述抛填黏土前戗截渗相同，也可将抛筑前戗顶适当加宽，然后在截渗戗台迎水面抛铺土袋防冲(图3-52)。

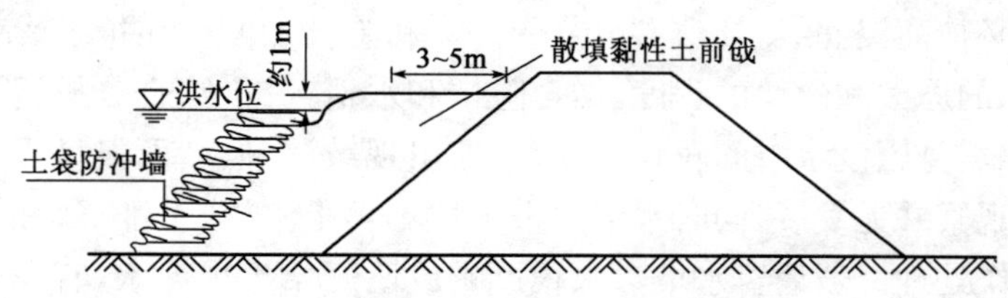

图3-52　土袋前戗截渗示意图

③土工膜截渗。当缺少黏性土料时，若水深较浅，可采用土工膜加保护层的办法，达到截渗的目的。防渗土工膜种类较多，可根据堤段渗水具体情况选用(图3-53)。具体做法是：

在铺设前，应清理铺设范围内的边坡和坡脚附近地面，以免造成土工膜的损坏。

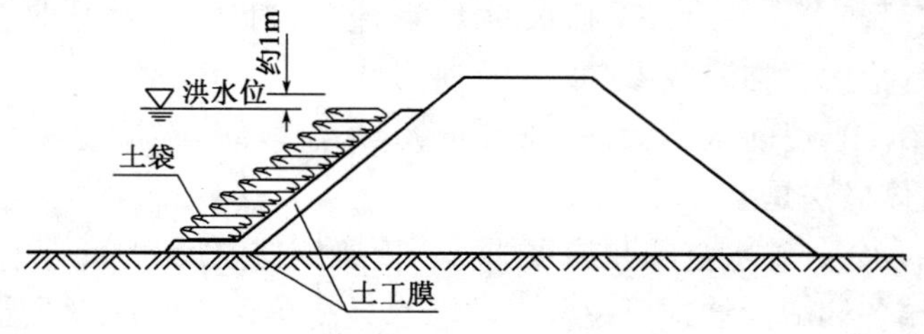

图3-53　土工膜截渗示意图

土工膜的宽度和沿边坡的长度可根据具体尺寸预先黏结或焊接(用脉冲热合接器)好，以满铺渗水段边坡并深入临水坡脚以外1m以上为宜。顺边坡宽度不足可以搭接，但搭接长应大于0.5m。

铺设前，一般在临水堤肩上将长8～10m的土工膜卷在滚筒上，在滚铺前，土工膜的下边折叠粘牢形成卷筒，并插入直径4～5cm的钢管加重(如无钢管可填充土料、石子等，并用长条形塑料袋装填)，以使土工膜能沿边坡紧贴展铺。

土工膜铺好后，应在其上满压一两层内装砂石的土袋，由坡脚最下端压起，逐层错缝向上平铺排压，不留空隙，作为土的保护层，同时起到防风浪的作用。

(2)反滤沟导渗

当堤防工程背水坡大面积严重渗水时，应主要采用在堤背开挖导渗沟、铺设反滤料、土工织物和加筑透水后戗等办法，引导渗水排出，降低浸润线，使险情趋于稳定。但必须起到避免水流带走土颗粒的作用，具体做法简述如下。

①砂石导渗沟。堤防工程背水坡导渗沟的形式，常用的有纵横沟、“Y”字形沟和“人”字形沟等，如图3-54所示。

沟的尺寸和间距应根据渗水程度和土壤性质而定。一般沟深0.5～1.0m，宽0.5～0.8m，顺堤坡的竖沟一般每隔6～10m开挖一条。在施工前，必须备足人力、工具和料物，以免停工待料。

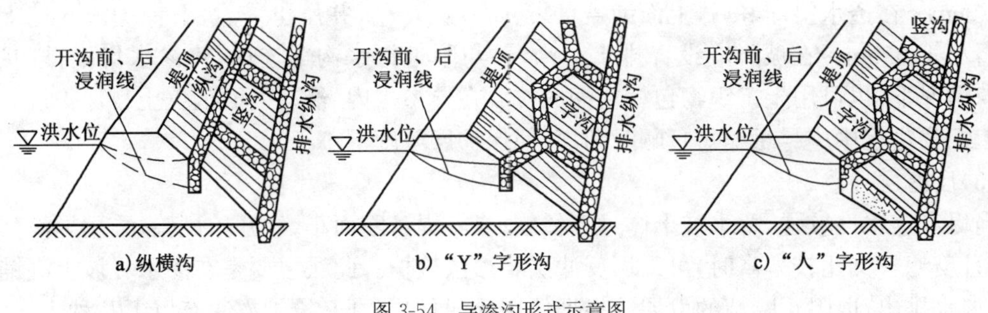

图 3-54　导渗沟形式示意图

施工时，应在堤脚稍外处沿开挖一条排水纵沟，填好反滤料。纵沟应与附近地面原有排水沟渠连通，将渗水排至远离堤脚外的地方。然后在边坡上开挖导渗竖沟，与排水纵沟相连，逐段开挖，逐段填充反滤料，一直挖填到边坡出现渗水的最高点稍上处。开挖时，严禁停工待料，导致险情恶化。导渗竖沟底坡一般与堤坡相同，边坡以能使土体稳定为宜，其沟底要求平整顺直。如开沟后排水仍不显著，可增加竖沟或加开斜沟，以改善排水效果。导渗沟内要按反滤层要求分层填放粗砂、小石子、卵石或碎石（一般粒径 0.5～2.0cm）、大石子（一般粒径 4～10cm），每层厚要大于 20cm。砂石料可用天然料或人工料，但务必洁净，否则会影响反滤效果。反滤料铺筑时，要严格掌握下细上粗，两边细中间粗，分层排列，两侧分层包住的要求，切忌粗料（石子）与导渗沟底、沟壁土壤接触，粗细不能掺和。为防止泥土掉入导渗沟内，阻塞渗水通道，可在导渗沟的砂石料上面铺盖草袋、席片或麦秸，然后压上土袋、块石加以保护。

②梢料导渗沟（又称芦柴导渗沟）。开沟方法与砂石导渗沟相同。沟内用稻糠、麦秸、稻草等细料与柳枝或芦苇、秫秸等粗料，按下细上粗、两侧细中间粗的原则铺放，严禁粗料与导渗沟底、沟壁土壤接触（图 3-55）。

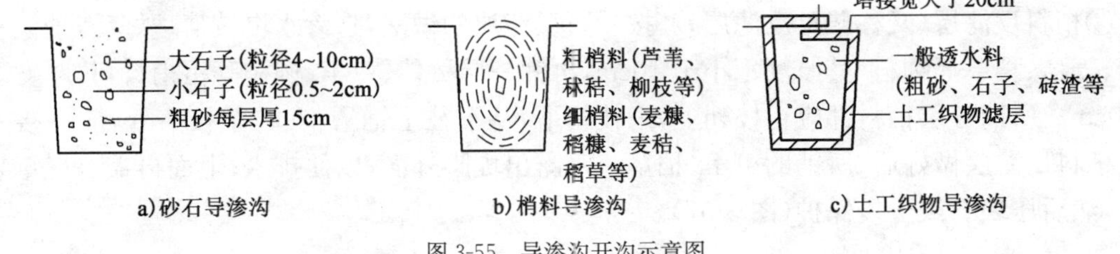

图 3-55　导渗沟开沟示意图

铺料方法有两种：一种先在沟底和两侧铺细梢料，中间铺粗梢料，每层厚大于 20cm，顶部如能再盖以厚度大于 20cm 的细梢料更好，然后上压块石、草袋或上铺席片、麦秸、稻草，顶部压土加以保护；另一种是先将芦苇、秫秸、柳枝等粗料扎成直径 30～40cm 的把子，外捆稻草或麦秸等细料厚约 10cm，以免粗料与提土直接接触，梢料铺放要粗枝朝上，梢向下，自沟下向上铺，粗细接头处要多搭一些。横（斜）沟下端滤料要与坡脚排水纵沟滤料相接，纵沟应与坡脚外排水沟渠相通。梢料导渗层做好后，上面应用草袋、席片、麦秸等铺盖，然后用块石或土袋压实。

③土工织物导渗沟。土工织物导渗沟的开挖方法与砂石导渗沟相同。土工织物是一种能够防止土粒被水流带出的导渗层。如当地缺乏合格的反滤砂石料，可选用符合反滤要求的土工织物，将其紧贴沟底和沟壁铺好，并在沟口边沿露出一定宽度，然后向沟内细心地填满一般透水料，如粗砂、石子、砖渣等，不必再分层。在填料时，要避免有棱角或尖头的料物直接与土工织物接触，以免刺破土工织物。土工织物长宽尺寸不足时，可采用搭接形式，其搭接宽度不

小于 20cm。在透水料铺好后，上面铺盖草袋、席片或麦秸，并压土袋、块石保护。开挖土层厚度不得小于 0.5m。在坡脚应设置排水纵沟，并与附近排水沟渠连通，将渗水集中排向远处。在紧急情况下，也可用土工织物包梢料捆成枕放在导渗沟内，然后上面铺盖土料保护层。在铺放土工织物过程中应尽量缩短日晒时间，并使保护层厚度不小于 0.5m。

(3)反滤层导渗

当堤身透水性较强，背水坡土体过于稀软；或者堤身断面小，经开挖试验，采用导渗沟确有困难，且反滤料又比较丰富时，可采用反滤层导渗法抢护。此法主要是在渗水堤坡上满铺反滤层，使渗水排出，以阻止险情的发展。根据使用反滤材料不同，抢护方法有以下几种。

①砂石反滤层。在抢护前，先将渗水边坡的软泥、草皮及杂物等清除，清除厚度 20～30cm。然后按反滤的要求均匀铺设一层厚 15～20cm 的粗砂，上盖一层厚 10～15cm 的细石，再盖一层厚 15～20cm、粒径 2cm 的碎石，最后压上块石厚约 30cm ，使渗水从块石缝隙中流出，排入堤脚下导渗沟(图 3-56)。反滤料的质量要求、铺填方法及保护措施与砂石导渗沟铺反滤料相同。

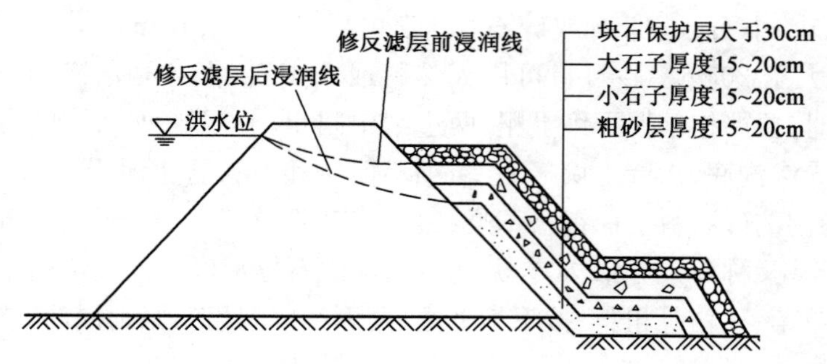

图 3-56　砂石反滤层示意图

②梢料反滤层(又称柴草反滤层)。按砂石反滤层的做法，将渗水堤坡清理好后，铺设一层稻糠、麦秸、稻草等细料，其厚度不小于 10cm，再铺一层秫秸、芦苇、柳枝等粗梢料，其厚度不小于 30cm。所铺各层梢料都应粗枝朝上，细枝朝下，从下往上铺置，在枝梢接头处，应搭接一部分。梢料反滤层做好后，所铺的芦苇、稻草一定露出堤脚外面，以便排水；上面再盖一层草袋或稻草，然后压块石或土袋保护(图 3-57)。

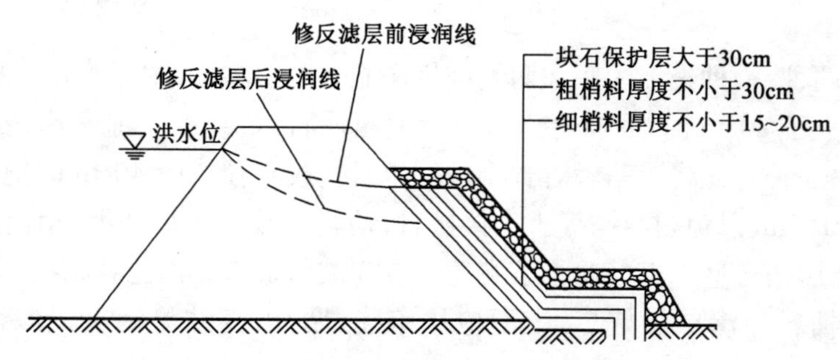

图 3-57　梢料反滤层示意图

③土工织物反滤导渗。当背水堤坡渗水比较严重，堤坡土质松软时，采用此法。具体做法是，按砂石反滤层的要求，清理好渗水堤坡坡面后，先满铺一层符合反滤层要求的土工织物。铺时应使搭接宽度不小于 30cm。它的下面是否还要满铺一般透水料，可根据情况而定，其上面要先满铺一般透水料，最后再压块石、碎石或土袋进行压载(图 3-58)。当背水堤坡出现渗

水时，可覆盖土工织物、压重导渗或做导渗沟(图 3-59)。

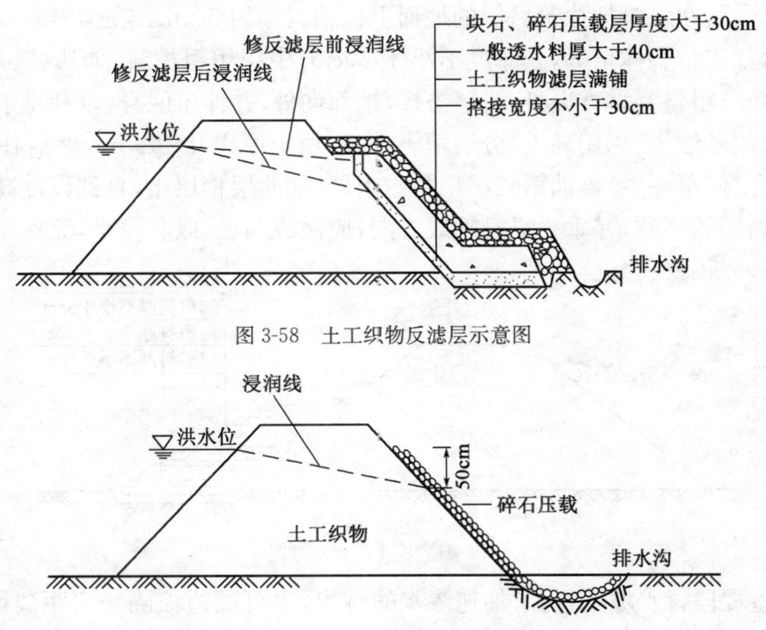

图 3-58　土工织物反滤层示意图

图 3-59　背水坡散浸压坡

在选用土工织物作滤层时，除要考虑土工织物本身的特性外，还要考虑被保护土壤及水流的特性。根据土工织物特性和大堤的土壤情况，常采用机织型和热黏非机织型透水土工织物，其厚度、孔隙率、孔眼大小及透水性不随压应力增减而改变。目前生产的土工织物有效孔径通常为 0.03～0.6mm。针刺型土工织物，随压力的增加有效孔径逐渐减小，为 0.05～0.15mm。对于被保护土壤的特性，常采用土壤细粒含量的多少或土壤特征粒径表示，如 d_{10}、d_{15}、d_{50}、d_{85}、d_{90}，发展到考虑土壤不均匀系数($C_u=d_{60}/d_{10}$。)或相对密度、水力坡降等因素，比较细致和完善地进行分析研究和计算。

(4)透水后戗(又称透水压渗台)

此法既能排出渗水，防止渗透破坏，又能加大堤身断面，达到稳定堤身的目的。一般适用于堤身断面单薄、渗水严重，滩地狭窄，背水堤坡较陡或背河堤脚有潭坑、池塘的堤段。当背水坡发生严重渗水时，应根据险情和使用材料的不同，修筑不同的透水后戗。

①砂土后戗。在抢护前，先将边坡渗水范围内的软泥、草皮及杂物等清除，开挖深度 10～20cm。然后在清理好的坡面上，采用比堤身透水性大的砂土填筑，并分层夯实。砂土后戗一般高出浸润线出逸点 0.5～1.0m，顶宽 2～4m，戗坡坡度 1∶3～1∶5，长度超过渗水提段两端至少 3m。采用透水性较大的粗砂、中砂修做后戗，断面可小些；相反，采用透水性较小的细砂、粉砂修做后戗，断面可大些(图 3-60)。

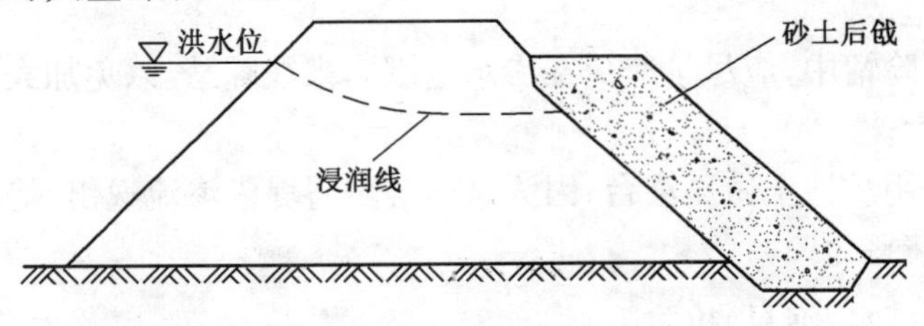

图 3-60　砂土后戗示意图

②梢土后戗。当附近沙土缺乏时，可采用此法，其外形尺寸以及清基要求与砂土后戗基本相同。地基清好后，在坡脚拟抢筑后戗的地面上铺梢料厚约 30cm。在铺料时，要分三层，上下层均用细梢料，如麦秸和秫秸等，其厚度不小于 20cm；中层用粗梢料，如柳枝、芦苇和秫秸等，其厚度 20～30cm；粗料要垂直堤身，头尾搭接，梢部向外，并伸出戗身，以利排水。在铺好的梢料透水层上，采用砂性土(忌用黏土)分层填土夯实，填土厚 1.0～1.5m，然后在此填土层上仍按地面铺梢料办法(第一层)再铺第二层梢料透水层，如此层梢层土，直到设计高度。多层梢料透水层要求梢料铺放平顺，并垂立堤身轴线方向，应做成顺坡，以利排水，免除滞水(图 3-61)。

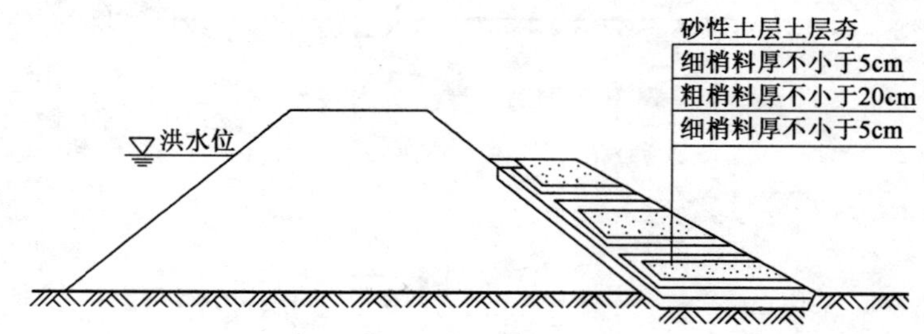

图 3-61　梢土后戗示意图

在渗水严重堤段背水坡上，为了加速渗水的排出，也可顺边坡隔一定距离铺设透水带，与梢土后戗同时施工。在边坡上铺放梢料透水带，粗料也要顺堤坡首尾相接，梢部向下，与梢土后戗内的分层梢料透水层接好，以利于坡面渗水排出，防止边坡土料带出和戗土进入梢料透水层，造成堵塞。

6. 注意事项

在渗水险情抢险中，应注意以下事项：

(1)对渗水险情的抢护，应遵守“临水截渗，背水导渗”的原则。但临水截渗，需在水下摸索进行，施工难度较大。为了避免贻误时机，应在临水截渗实施的同时，更加注意在背水面做反滤导渗。

(2)在渗水堤段坡脚附近，如有深潭、池塘，在抢护渗水险情的同时，应在堤背坡脚处抛填块石或土袋固基，以免因堤基变形而引起险情扩大。

(3)在土工织物、土工膜等合成材料的运输、存放和施工过程中，应尽量避免或缩短其直接受阳光暴晒的时间，完工后，其表面应覆盖一定厚度的保护层，尤其要注意准确选料。

(4)采用砂石料导渗，应严格按照反滤质量要求分层铺设，并尽量减少在已铺好的面上踩踏，以免造成反滤层的人为破坏。

(5)导渗沟开挖形式，从导渗效果看，斜沟(“Y”形与“人”形)比竖沟好，因为斜沟导渗面积比竖沟大。可结合实际，因地制宜选定沟的开挖形式，但背水坡面上一般不要开挖纵沟。

(6)使用梢料导渗，可以就地取材，施工简便，效果显著。但梢料容易腐烂，汛后须拆除，重新采取其他加固措施。

(7)在抢护渗水险情中，应尽量避免在渗水范围内来往踩踏，以免加大加深稀软范围，增加施工难度和险情扩大。

(8)切忌在背河用黏性土做压渗台，因为这样会阻碍堤内渗流逸出，势必抬高浸润线，导致渗水范围扩大和险情恶化。

(三)管涌(翻沙鼓水、泡泉)抢险

堤防工程挡水后，由于临水面与背水面的水位差较大而发生渗流，若渗流出逸点的渗透坡降大于允许坡降，则可能发生管涌或流土等渗流破坏，导致堤防工程溃决或沉陷等险情。

1. 险情说明

当汛期高水位时，在堤防工程下游坡脚附近或坡脚以外（包括潭坑、池塘或稻田中），可能发生翻沙鼓水现象。从工程地质特征和水力条件来看，有两种情况：一种是在一定的水力梯度的渗流作用下，土体（多半是砂砾土）中的细颗粒被渗流冲刷带至土体孔隙中发生移动，并被水流带出，流失的土粒逐渐增多，渗流流速增加，使较粗粒径颗粒亦逐渐流失，不断发展，形成贯穿的通道，称为管涌（又称泡泉等）；另一种是黏性土或非黏性土 、颗粒均匀的沙土，在一定的水力梯度的上升渗流作用下，所产生的渗透动水压力超过覆盖的有效压力时，则渗流通道出口局部土体表面被顶破、隆起或击穿发生"沙沸"，土粒随渗水流失，局部成洞穴、坑洼，这种现象称为流土。

在堤防工程险情中，把这种地基渗流破坏的管涌和流土现象统称为翻沙鼓水。翻沙鼓水一般发生在背水坡脚或较远的坑塘洼地，多呈孔状出水口冒水冒沙。出水口孔径小的如蚁穴，大的可达几十厘米。少则出现一两个，多则出现冒孔群（或称泡泉群），冒沙处形成沙环（又称土沸或沙沸）。有时也表现为地面土皮、土块降起（"牛皮包"）、膨胀、浮动和断裂等现象。如翻沙鼓水发生在坑塘，水面将出现翻沙鼓泡，水中带沙色浑。随着大河水位上升，高水位持续增长，挟带沙粒逐渐增多，沙粒不再沿出口停积成环，而是随渗水不断流失，相应孔口扩大。如不抢护，任其发展，就将把堤防工程地基下土层淘空，导致堤防工程骤然坍陷、蛰陷、裂缝、脱坡等险情，往往造成堤防工程溃决。因此，如有管涌发生，不论距大堤远近，不论是流土还是潜流，均应引起足够重视，严密监视。对堤防工程附近的管涌应组织力量，备足料物，迅速进行抢护。"牛皮包"常发生在黏土与草皮固结的地表土层，它是由于渗压水尚未顶破地表而形成的。发现"牛皮包"亦应抓紧处理，不能忽视。

2. 原因分析

堤防工程背河出现管涌的原因，一般是堤基下有强透水砂层，或地表虽有黏性土覆盖，但由于天然或人为的因素，土层被破坏。在汛期高水位时，渗透坡降变陡，渗流的流速和压力加大。当渗透坡降大于堤基表层弱透水层的允许渗透坡降时，即发生渗透破坏，形成管涌。或者在背水坡脚以外地面，因取土 、建闸、开渠、钻探、基坑开挖、挖水井、挖鱼塘等及历史溃口留下冲潭等，破坏表层覆盖，在较大的水力坡降作用下冲破土层，将下面地层中的粉细砂颗粒带出而发生管涌（图 3-62）。

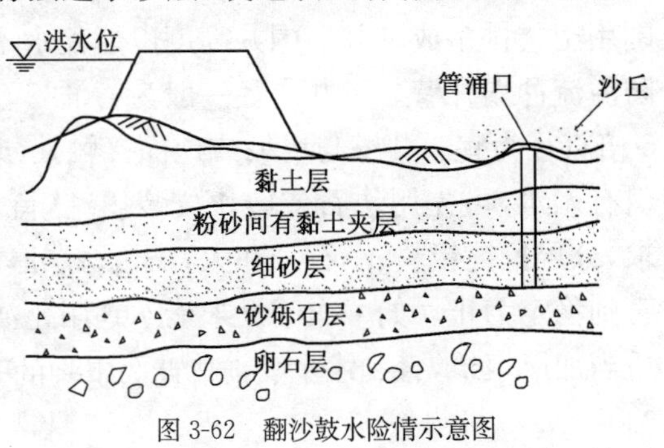

图 3-62　翻沙鼓水险情示意图

3. 险情判别

管涌险情的严重程度一般可以从以下几个方面加以判别，即管涌口离堤脚的距离、涌水浑浊度及带沙情况、管涌口直径、涌水量、洞口扩展情况、涌水水头等。由于抢险的特殊性，目前都是凭查险人员的经验来判断。具体操作时，管涌险情的危害程度可从以下几方面分析判别：

(1)管涌一般发生在背水脚附近地面或较远的坑塘洼地。距堤脚越近，其危害性就越大。一般以距堤脚 15 倍水位差范围内的管涌最危险，在此范围以外的次之。

(2)有的管涌点距堤脚虽远一点，但是管涌不断发展，即管涌口径不断扩大，管涌流量不断增大，带出的沙越来越粗，数量不断增大，这也属于严重险情，需要及时抢护。

(3)有的管涌发生在农田或洼地中，多是管涌群，管涌口内有沙粒跳动，似“煮稀饭”，涌出的水多为清水，险情稳定，可加强观测，暂不处理。

(4)管涌发生在坑塘中，水面会出现翻花鼓泡，水中带沙、色浑，有的由于水较深，水面只看到冒泡，可潜水探摸，是否有凉水涌出或在洞口是否形成沙环。

需要特别指出的是，由于管涌险情多数发生在坑塘中，管涌初期难以发现。因此，在荆江大堤加固设计中曾采用填平堤背水侧 200m 范围内水塘的办法，有效控制了管涌险情的发生。

(5)堤背水侧地面隆起(“牛皮包”、软包)、膨胀、浮动和断裂等现象也是产生管涌的前兆，只是目前水的压力不足以顶穿上覆土层。随着江河水位的上涨，有顶穿的可能性，因而对这种险情要高度重视并及时进行处理。

4. 抢护原则

堤防工程发生管涌，其渗流入渗点一般在堤防工程临水面深水下强透水层露头处，汛期水深流急，很难在临水面进行处理。所以，险情抢护一般在背水面，其抢护应以“反滤导渗，控制涌水带沙，留有渗水出路，防止渗透破坏”为原则。对于小的仅冒清水的管涌，可以加强观察，暂不处理；对于流出浑水的管涌，不论大小，均必须迅速抢护，决不可麻痹疏忽，贻误时机，造成溃口灾害。“牛皮包”在穿破表层后，应按管涌处理。有压渗水会在薄弱处重新发生管涌、渗水、散浸，对堤防工程安全极为不利，因此防汛抢险人员应特别注意。

5. 抢护方法

(1)反滤围井

在管涌出口处，抢筑反滤围井，制止涌水带沙，防止险情扩大。此法一般适用于背河地面或洼地坑塘出现数目不多和面积较小的管涌，以及数目虽多，但未连成大面积，可以分片处理的管涌群。对位于水下的管涌，当水深较浅时，也可采用此法。根据所用材料不同，具体做法有以下几种。

①砂石反滤围井。在抢筑时，先将拟建围井范围内杂物清除干净，并挖去软泥约 20cm，周围用土袋排垒成围井。围井高度以能使水不挟带泥沙从井口顺利冒出为度，并应设排水管，以防溢流冲塌井壁。围井内径一般为管涌口直径的 10 倍左右，多管涌时四周也应留出空地，以 5 倍直径为宜。井壁与堤坡或地面接触处，必须做到严密不漏水。井内如涌水过大，填筑反滤料有困难，可先用块石或砖块袋装填塞，待水势消杀后，在井内再做反滤导渗，即按反滤的要求，分层抢铺粗料、小石子和大石子，每层厚度 20～30cm，如发现填料下沉，可继续补充滤料，直到稳定为止。如一次铺设未能达到制止涌水带沙的效果，可以拆除上层填料，再按上述层次适当加厚填筑，直到渗水变清为止(图 3-63)。

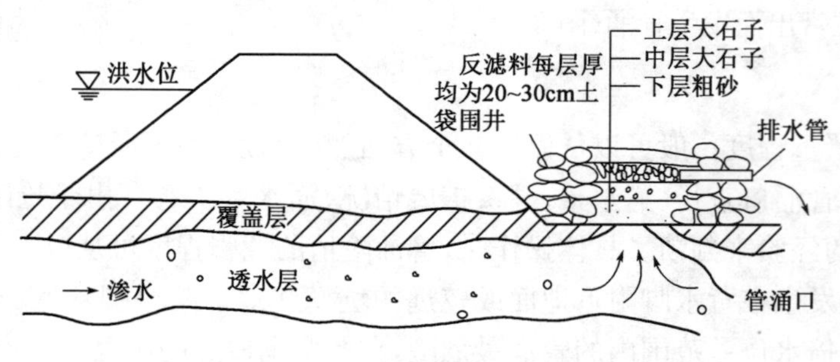

图 3-63　砂石反滤井示意图

对小的管涌或管涌群，也可用无底粮囤、筐篓，或无底水桶、汽油桶、大缸等套住出水口，在其中铺填砂石滤料，亦能起到反滤围井的作用。在易于发生管涌的堤段，有条件的可预先备好不同直径的反滤水桶（图 3-64）。在桶底、桶周凿好排水孔，也可用无底桶，但底部要用铁丝编织成网格，同时备好反滤料，当发生管涌时，立即套好并按规定分层装填滤料。这样抢堵速度快，能取得较好效果（反滤水桶只能作为参考，实践中无实例）。

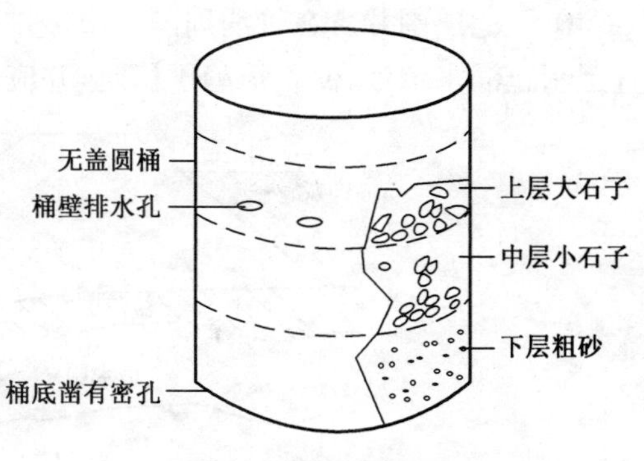

图 3-64　反滤水桶示意图

②梢料反滤围井。在缺少砂石的地方，抢护管涌可采用梢料代替砂石，修筑梢料反滤围井。细料可采用麦秸、稻草等，厚 20～30cm；粗料可采用柳枝、秫秸和芦苇等，厚 30～40cm；其他与砂石反滤围井相同。但在反滤梢料填好后，顶部要用块石或土袋压牢，以免漂浮冲失（图 3-65）。

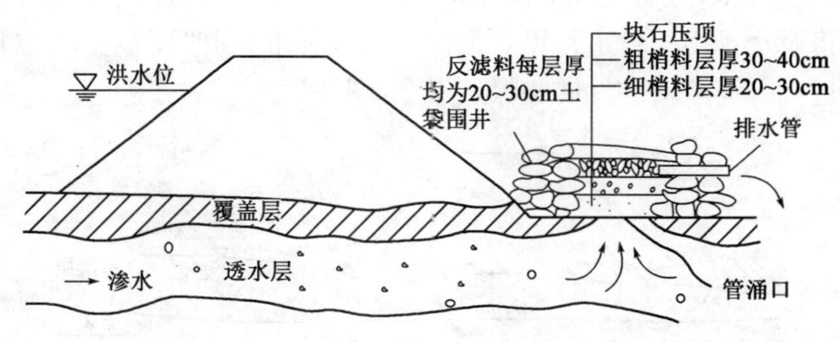

图 3-65　梢料反滤围井示意图

③土工织物反滤围井。土工织物反滤围井的抢护方法与砂石反滤围井基本相同，但在清理地面时，应把一切带有尖、棱的石块和杂物清除干净，并加以平整，先铺符合反滤要求的土工织物。铺设时块与块之间要互相搭接好，四周用人工踩住土工织物，使其嵌入土内，然后在其上面填筑 40～50cm 厚的一般砖、石透水料（图 3-66）。

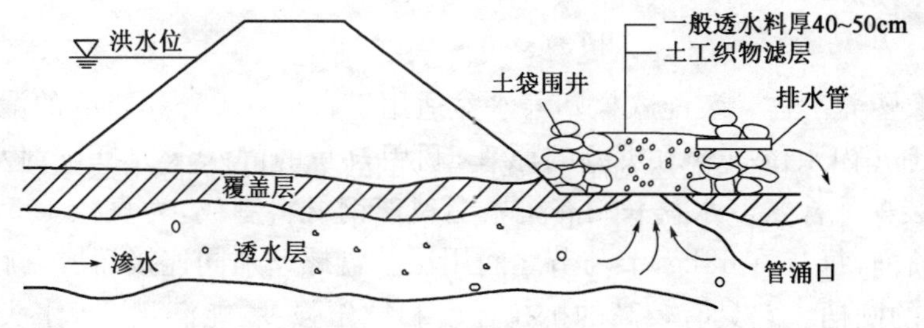

图 3-66　土工织物反滤围井示意图

（2）无滤减压围井（或称养水盆）

根据逐步抬高井内水位减小临背河水头差的原理，在大堤背水坡脚附近险情处抢筑围井，抬高井内水位，减小水头差，降低渗透压力，减小渗透坡降，制止渗透破坏，以稳定管涌险情。此法适用于当地缺乏反滤材料，临背水位差较小，高水位历时短，出现管涌险情范围小，管涌周围地表较坚实完整且未遭破坏，渗透系数较小的情况。具体做法有以下几种。

①无滤层围井。在管涌周围用土袋排垒无滤层围井，随着井内水位升高，逐渐加高加固，直至制止涌水带沙，使险情趋于稳定，并应设置排水管排水(图 3-67)。

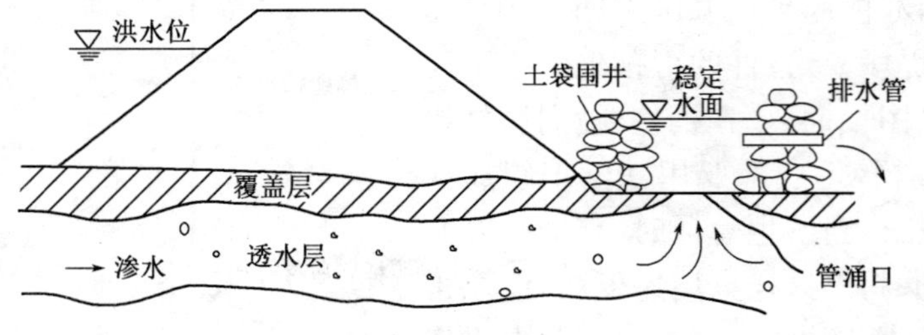

图 3-67　无滤层围井示意图

②无滤水桶。对个别或面积较小的管涌，可采用无底铁桶、木桶或无底的大缸，紧套在出水口的上面。四周用袋围筑加固，做成无底滤水桶，紧套在出水口，四周用土袋围筑加固，靠桶内水位升高，逐渐减小渗水压差，制止涌水带沙，使险情得到缓解。

③背水月堤(又称背水围堰)。当背水堤脚附近出现分布范围较大的管涌群险情时，可在堤背出险范围外抢筑月堤，截蓄涌水，抬高水位。月堤可随水位升高而加高，直到险情稳定。然后安设排水管将余水排出。背水月堤必须保证质量标准，同时要慎重考虑月堤填筑工作与完工时间是否能适应管涌险情的发展和保证安全(图 3-68)。

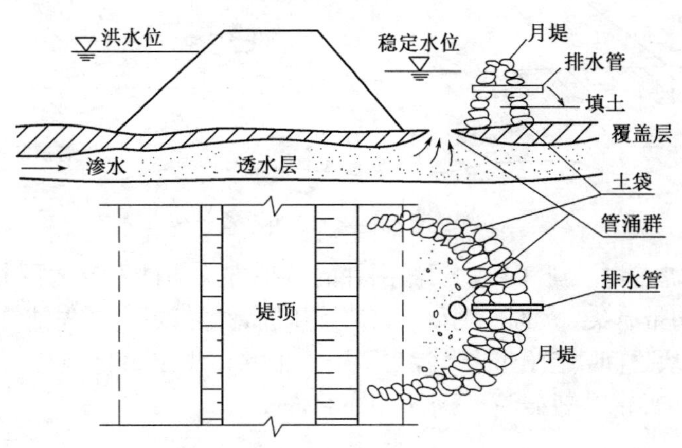

图 3-68　背水月堤示意图

④装配式橡塑养水盆。装配式橡塑养水盆适用于直径 0.05～0.1m 的漏洞、管涌险情，根据逐步壅高围井内水位减少水头差的原理，利用自身的静水压力抵抗河水的渗漏，使涌泉渗流稳定。装配式橡塑养水盆采用有机聚酯玻璃钢材料制成，为直径 1.5m、高 1.0m、壁厚 0.005m 的圆桶，每节重 68kg，节与节之间用法兰盘螺丝加同连接而成。底节分别做成 1∶2、1∶3 坡度的圆桶。它具有较高的抗拉强度和抗压强度，能满足 6m 水头压力不发生变形的要求。使用装配式橡塑养水盆具体方法是：先以背河出逸点为中心，以 0.75m 为半径，挖去表层土深 20cm，整平，底节分别做成 1∶2、1∶3 坡度的圆桶，迅速用粉质黏土沿桶内壁填筑 40cm，防止底部漏水。紧接着，用编织袋装土，根据水头差围筑外坡坡度为 1∶1 的土台，从而增强养水盆的稳定性。采用装配式橡塑养水盆的突出特点是速度快，坚固方便，可抢在险情发展前，使漏水稳定，达到防止险情扩大的目的(图 3-69)。如在底节铺设一层反滤布，则成为反滤围井。

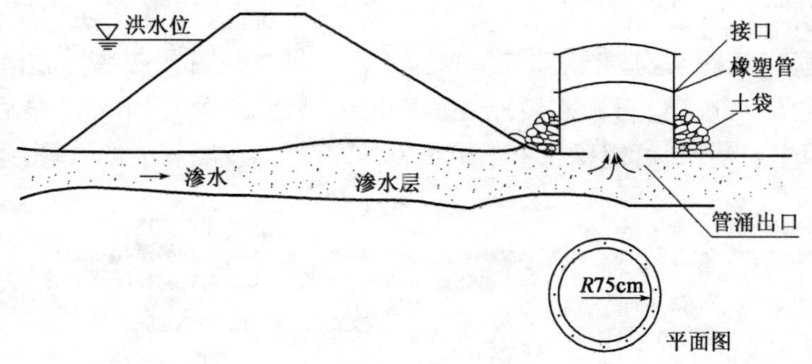

图 3-69　装配式橡塑养水盆示意图

(3)反滤压(铺)盖

在大堤背水坡脚附近险情处，抢修反滤压盖，可降低涌水流速，制止堤基泥沙流失，以稳定险情。此种方法，一般适用于管涌较多，面积较大，涌水带沙成片的堤段。对于表层为黏性土、洞口不易迅速扩大的情况，可不用围井。根据所用反滤材料不同，具体抢护方法有以下几种。

①砂石反滤压(铺)盖。砂石反滤压(铺)盖需要铺设反滤料面积较大，使用砂石料相对较多，在料源充足前提下，应优先选用。在抢筑前，先清理铺设范围内的软泥和杂物，对其中涌水带沙较严重的管涌出口，用块石或砖块抛填，以消杀水势。同时在已清理好的大片有管涌冒孔群的面积上，普遍盖压一层粗砂，厚约 20cm，其上再铺小石子和大石子各一层，厚度均约 20cm，最后压盖块石一层，予以保护(图 3-70)。

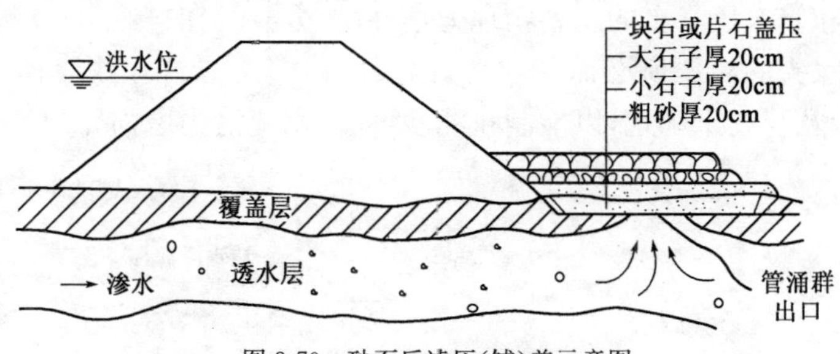

图 3-70　砂石反滤压(铺)盖示意图

②梢料反滤压(铺)盖。梢料反滤压(铺)盖的清基要求、消杀水势措施和表层盖压保护均与砂石反滤压盖相同。在铺设时，先铺细梢料，如麦秸、稻草等，厚 10～15cm 然后上铺席片、草垫等。这样层梢层席，视情况可只铺一层或连续数层，然后上面压盖块石或砂土袋，以免梢料漂浮。必要时再盖压透水性大的砂土，修成梢料透水平台。但梢层末端应露出平台脚外，以利渗水排出，总的厚度以能制止涌水挟带泥沙、浑水变清水、稳定险情为度(图 3-71)。

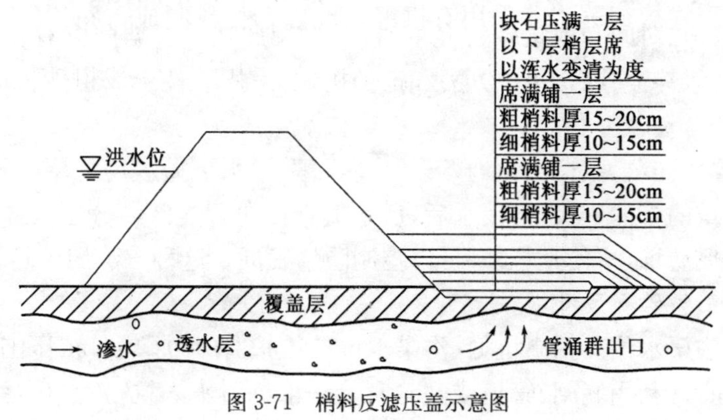

图 3-71　梢料反滤压盖示意图

③土工织物反滤压(铺)盖。抢筑土工织物反滤压(铺)盖的要求与砂石反滤压盖基本相同。在平整好地面、清除杂物,并视渗流流速大小采取抛投块石或砖块措施消杀水势后,先铺一层土工织物,再铺一般砖、石透水料厚 40～50cm,或铺砂厚 5～10cm,最后压盖块石一层(图 3-72)。在单个管涌口,可用反滤土工织物袋(或草袋)装粒料(如卵石等)排水导渗。

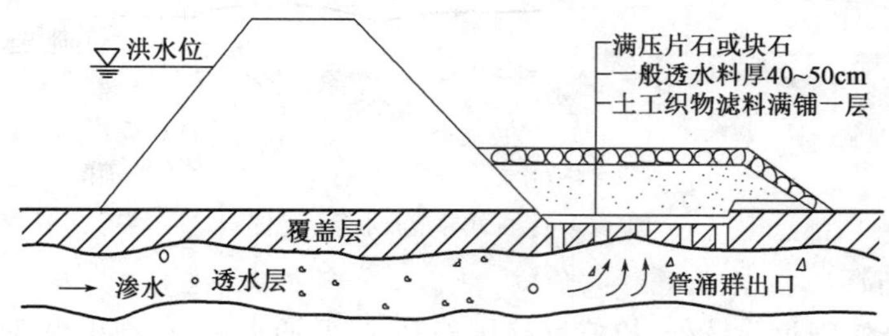

图 3-72　土工织物反滤压(盖)示意图

(4)透水压渗台

在河堤背水坡脚抢筑透水压渗台,可以平衡渗压,延长渗径,减小水力坡降,并能导渗滤水,防止土粒流失,使险情趋于稳定。此法适用于管涌险情较多、范围较大、反滤料缺乏,但砂土料丰富的堤段。具体做法是:先将抢筑范围内的软泥、杂物清除,对较严重的管涌或流土的出水口用砖、砂石填塞,待水势消杀后,用透水性大的砂土修筑平台,即为透水压渗台,其长、宽、高等尺寸视具体情况而定。透水压渗台的宽、高,应根据地基土质条件,分析弱透水层底部垂直向上渗压分布和修筑压渗台的土料物理力学性质,分析其在自然容重或浮容重情况下,平衡自下向上的承压水头的渗压所必需的厚度,以及因修筑压渗台导致渗径的延长,渗压的增大,最后所需要的台宽与高来确定,以能制止涌沙,使浑水变清为原则(图 3-73)。

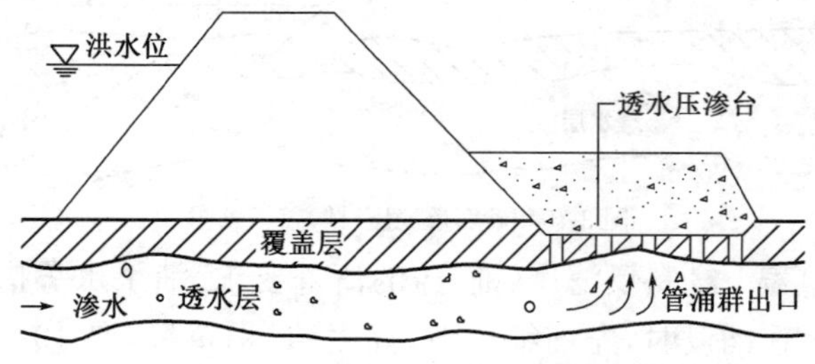

图 3-73　透水压台示意图

(5)水下管涌抢护

在潭坑、池塘、水沟、洼地等水下出现管涌时,可结合具体情况,采用以下方法。

①填塘。在人力、时间和取土条件允许时,可采用此法。填塘前应对较严重的管涌先抛石、砖块等填塞,待水势消减后,集中人力和抢护机械,采用砂性土或粗砂将坑塘填筑起来,以制止涌水带沙。

②水下反滤层。如坑塘过大,填塘贻误时间,可采用水下抛填反滤层的抢护方法:在抢筑时,应先填塞较严重的管涌,待水势消杀后,从水上直接向管涌区内分层按要求倾倒砂石反滤料,使管涌处形成反滤堆,不使土粒外流,以控制险情发展。这种方法用砂石较多,也可用土袋做成水下围井,以节省砂石反滤料。

③抬高坑塘、沟渠水位。抬高坑塘、沟渠水位的抢护、作用原理与减压围井(即养水盆)相似。为了争取时间,常利用涵闸、管道或临时安装抽水机引水入坑,抬高坑塘、沟渠水位,减少

临背水头差，制止管涌冒沙现象。

(6)“牛皮包”的处理

草根或其他胶结体把黏性土层凝结在一起组成地表土层，其下为透水层时，渗透水压未能顶破表土而形成的鼓包现象称为“牛皮包”险情，这实际上是流土现象，严重时可造成漏洞。抢护方法是：在隆起部位，铺青草、麦秸或稻草一层，厚10～20cm，其上再铺柳枝、麦秸或芦苇一层，厚20～30cm。厚度超过30cm时，可横竖分两层铺放，铺成后用锥戳破鼓包表层，使内部的水和空气排出，然后压土袋或块石进行处理。

6. 注意事项

(1)在堤防工程背水坡附近抢护管涌险情时，切忌使用不透水的材料强填硬塞，以免截断排水通路，造成渗透坡降加大，使险情恶化。各种抢护方法处理后排出的清水，应引至排水沟。

(2)堤防工程背水坡抢筑的压渗台，不能使用黏性土料，以免造成渗水无法排出。违反“背水导渗”的原则，必然会加剧险情。

(3)对无滤层减压围井的采用，必须具备减压围井中所提条件，同时由于井内水位高，压力大，井壁围堰要有足够的高度和强度，以免井壁被压垮，并应严密监视围堰周围地面是否有新的管涌出现。同时，还应注意不应在险区附近挖坑取土，否则会因井壁抢筑不及，或围堰倒塌，造成决堤的危险。

(4)对严重的管涌险情抢护，应以反滤围井为主，并优先选用砂石反滤围井和土工织物反滤围井，辅以其他措施。反滤盖层只能适用于渗水量较小、渗透流速较小的管涌，或普遍渗水的地区。

(5)应用土工合成材料抢护各种险情时，要正确掌握施工方法：

①土工织物铺设前应将铺设范围内地表尽力进行清理、平整，除去尖锐硬物，以防碎石棱角刺破土工织物。

②若土工织物铺设在粉粒、黏粒含量比较高的土壤上，最好先铺一层5～10cm的砂层，使土工织物与堤坡较好地接触，共同形成滤层，防止在土工织物(布)的表层形成泥布。

③尽可能将几幅土工织物缝制在一起，以减少搭接，土工织物铺设在地表不要拉得过紧，要有一定宽松度。

④土工织物铺设时，不得在其上随意走动或将块石、杂物重掷其上，以防人为损坏。

⑤当管涌处水压力比较大时，土工织物覆盖其上后，往往被水柱顶起来，原因是重压不足，应当继续加石子，也可以用编织袋或草袋装石子压重，直到压住为止。

⑥要准备一定数量的缝制、铺设器具。

(6)用梢料或柴排上压土袋处理管涌时，必须留有排水出口，不能在中途把土袋搬走，以免渗水大量涌出而加重险情。

(7)修筑反滤导渗的材料，如细砂、粗砂、碎石的颗粒级配要合理，既要保证渗流畅通排出，又不让下层细颗粒土料被带走，同时不能被堵塞。导滤的层次及厚度要根据反滤层的设计而定，此外，反滤的分层要严格掌握，不得混杂。

(四)滑坡(脱坡)抢险

堤坡(包括堤基)部分土体失稳滑落，同时出现趾部隆起外移的现象，称为滑坡。滑坡(亦称脱坡)有背河沿坡和临河滑坡两种，从性质上又可分为剪切破坏、塑性破坏和液化破坏，其中剪切破坏最为常见。

1. 险情说明

堤防工程出现滑坡，主要是边坡失稳下滑造成的。开始时，在堤顶或堤坡上发生裂缝或蛰裂，随着险情的发展，即形成滑坡。根据滑坡的范围，一般可分为堤身与基础一起滑动和堤身局部滑动两种。前者滑动面较深，呈圆弧形，滑动体较大，堤脚附近地面往往被推挤外移、隆起，或沿地基软弱层一起滑动；后者滑动范围较小，滑裂面较浅。虽危害较轻，也应及时恢复堤身完整，以免继续发展。滑坡严重者，可导致堤防工程溃口，须立即抢护。由于初始阶段滑坡与崩塌现象不易区分，应对滑坡的原因和判断条件认真分析，确定滑坡性质，以利采取抢护措施。

2. 原因分析

(1)高水位持续时间长，在渗透水压力的作用下，浸润线升高，土体抗剪强度降低，在渗水压力和土重增大的情况下，可能导致背水坡失稳，特别是边坡过陡时，更易引起滑坡。

(2)堤基处理不彻底，有松软夹层、淤泥层和液化土层，坡脚附近有渊潭和水塘等有时虽已填塘，但施工时未处理，或处理不彻底，或处理质量不符合要求，抗剪强度低。

(3)在堤防工程施工中，由于铺土太厚，碾压不实，或含水率不符合要求，干重度没有达到设计标准等，致使填筑土体的抗剪强度不能满足稳定要求。冬季施工时，土料中含有冻土块，形成冻土层，解冻后水浸入软弱夹层。

(4)堤身加高培厚时，新旧土体之间结合不好，在渗水饱和后，形成软弱层。

(5)高水位时，临水坡土体处于大部分饱和、抗剪强度低的状态下。当水位骤降时，临水坡失去外水压力支持，加之堤身的反向渗压力和土体自重大的作用，可能引起失稳滑动。

(6)堤身背水坡排水设施堵塞，浸润线抬高，土体抗剪强度降低。

(7)堤防工程本身稳定安全系数不足，加上持续大暴雨或地震、堤顶堤坡上堆放物等外力的作用，易引起土体失稳而造成滑坡。

(8)水中填土坝或水坠坝填筑进度过快，或排水设施不良，形成集中软弱层。

3. 险情判别

滑坡对堤防工程安全威胁很大，除经常进行检查外，当存在以下情况时，更应严加监视：一是高水位时期；二是水位骤降时期；三是持续特大暴雨时；四是春季解冻时期；五是发生较强地震后。发现堤防工程滑坡征兆后，应根据经常性的检查资料并结合观测资料，及时进行分析判断，一般应从以下几方面着手：

(1)从裂缝的形状判断。滑动性裂缝主要特征是，主裂缝两端有向边坡下部逐渐弯曲的趋势，两侧往往分布有与其平行的众多小缝或主缝上下错动。

(2)从裂缝的发展规律判断。滑动性裂缝初期发展缓慢，后期逐渐加快，而非滑动性裂缝的发展则随时间逐渐减慢。

(3)从位移观测的规律判断。堤在短时间内出现持续而显著的位移，特别是伴随着裂缝出现连续性的位移，而位移又逐渐加大，边坡下部的水平位移量大于边坡上部的水平位移量；边坡上部垂直位移向下，边坡下部垂直位移向上。

4. 抢护原则

造成滑坡的原因是滑动力超过了抗滑力，所以滑坡抢护的原则应该是设法减小滑动力和增加抗滑力。它的抢护原则和做法可以归纳为“清除上部附加荷载，视情况削坡，下部固脚压重”。对因渗流作用引起的滑动，必须采取“临截背导”，即临水帮戗，以减少堤身渗流的措施。

上部减载是在滑坡体上部削缓边坡，下部压重是抛石（或沙袋）固脚。如堤身单薄、质量差，为补救削坡后造成的堤身削弱，应采取加筑后戗的措施予以加固。如基础不好，或靠近背水坡脚有水塘，在采取同基或填塘措施后，再行还坡。必须指出，在抢护滑坡险情时，如果江河水位很高，则抢护临河坡的滑坡要比背水坡困难得多。为避免贻误时机、造成灾害，应临坡、背坡同时进行抢护。

5.抢护方法

(1)滤水土撑法

滤水土撑法又称滤水戗垛法。在背水坡发生滑坡时，可在滑坡范围内全面抢筑导渗沟，导出滑坡体渗水，以减小渗水压力，降低浸润线，消除产生进一步滑坡的条件，至于因滑坡造成堤身断面的削弱，可采取间隔抢筑透水土撑的方法加固，防止背水坡继续滑脱。此法适用于背水堤坡排渗不畅、滑坡严重、范围较大、取土又较困难的堤段。

具体做法是：先将滑坡体的松土清理掉，然后在滑坡体上顺坡挖沟至拟做土撑部位，沟内按反滤要求铺设土工织物滤层或分层铺填砂石、梢料等反滤材料，并在其上做好覆盖保护。顺滤沟向下游挖明沟，以利渗水排出。抢护方法同渗水抢险采用的导渗法。土撑可在导渗沟完成后抓紧抢修，其尺寸视险情和水情确定。一般每条土撑顺堤方向长 10m 左右，顶宽 5～8m，边坡坡度 1∶3～1∶5，间距 8～10m，撑顶应高出浸润线出逸点 0.5～2.0m。土撑采用透水性较大的土料，分层填筑夯实。如堤基不好，或背水坡脚靠近坑塘，或有渍水、软泥等，需先用块石、砂袋固基，用砂性土填塘，其高度应高出渍水面 0.5～1.0m。也可采用撑沟分段结合的方法，即在土撑之间，在滑坡堤顺坡做反滤沟，覆盖保护，在不破坏滤沟的前提下，撑沟可同时施工（图 3-74）。

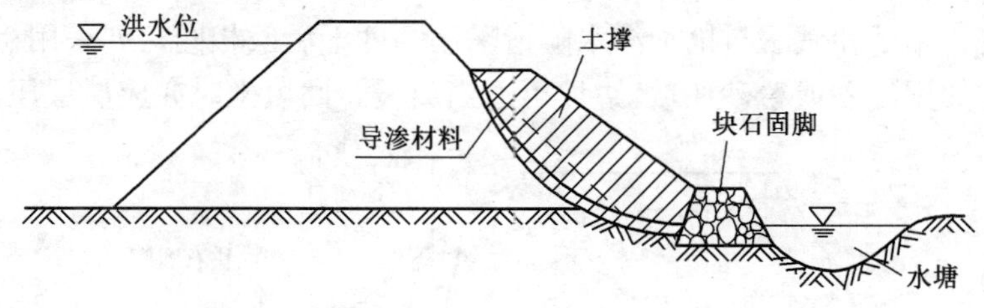

图 3-74　滤水土撑示意图

(2)滤水后戗法

当背水坡滑坡严重，且堤身单薄，边坡过陡，又有滤水材料和取土较易时，可在其范围内全面抢护导渗后戗。此法既能导出渗水，降低浸润线，又能加大堤身断面，可使险情趋于稳定。其体做法与上述滤水土撑法相同，它们的区别在于滤水土撑法的土撑是间隔抢筑，而滤水后戗法则是全面连续抢筑，其长度应超过滑坡堤段两端各 5～10m。当滑坡面土层过于稀软不易做滤沟时，常可用土工织物、砂石或梢料做反滤材料代替，具体做法见抢护渗水的反滤层法。

(3)滤水还坡法

凡采用反滤结构恢复堤防工程断面、抢护滑坡的措施，均称为滤水还坡。此法适用于背水坡，即适用于由于土料渗透系数偏小引起堤身浸润线升高，排水不畅，而形成的严重滑坡堤段。具体抢护方法如下。

①导渗沟滤水还坡法。先在背水坡滑坡范围内做好导渗沟，其做法与上述滤水土撑导渗沟的做法相同。在导渗沟完成后，将滑坡顶部陡立的土堤削成斜坡，并将导渗沟覆盖保护后，用砂性土层夯，做好还坡（图 3-75）。

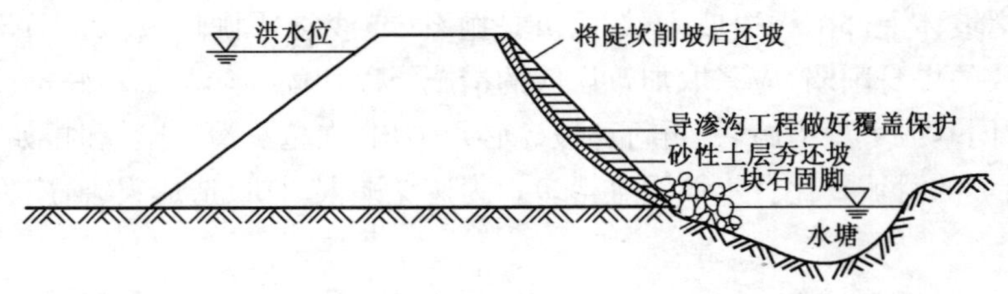

图 3-75　导渗沟滤水还坡示意图

②反滤层滤水还坡法。反滤层滤水还坡法与导渗沟滤水还坡法基本相同，仅将导渗沟改为反滤层，反滤层的做法与抢护渗水险情的反滤层做法相同(图 3-76)。

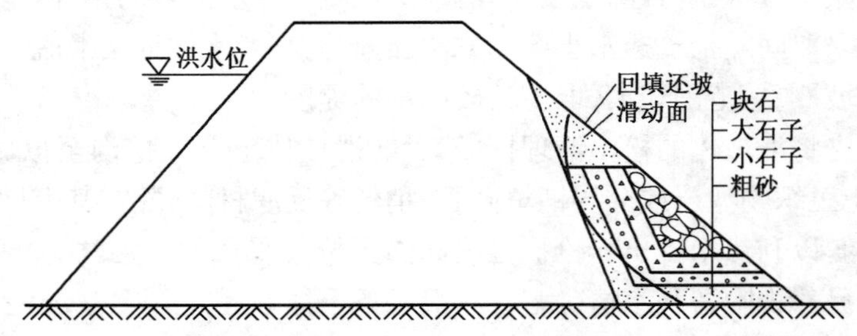

图 3-76　反滤层滤水还坡示意图

③透水体滤水还坡法。当堤背滑坡发生在堤腰以上，或堤肩下部发生蛰裂下挫时，应采用此法。它的做法与上述导渗沟和反滤做法基本相同。如基础不好，亦应先加固地基，然后对滑坡体的松土、软泥、草皮及杂物等进行清除，并将滑坡上部陡坎削成缓坡，然后按原坡度回填透水料。根据透水体材料不同，可分为以下两种方法：

a. 砂土还坡。作用和做法与抢护渗水险情采用的砂土后戗相同。如采用粗砂、中砂还坡，可恢复原断面。如用细砂或粉砂还坡，边坡可适当放缓。回填土时亦应层层压实(图 3-77)。

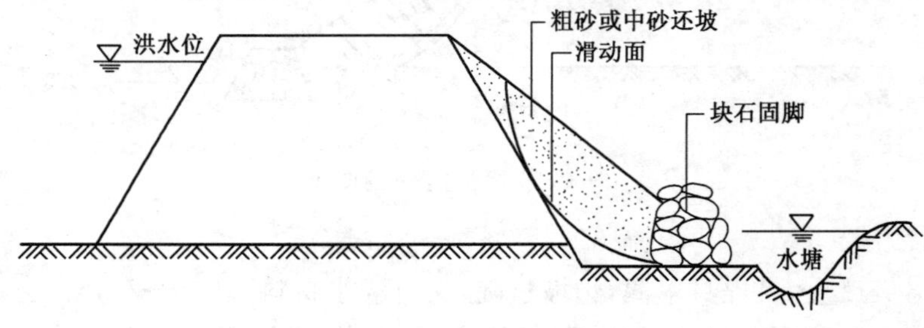

图 3-77　砂土还坡示意图

b. 梢土还坡。作用和具体做法与抢护渗水险情采用的梢土后戗及柴土帮戗基本相同，区别在于抢筑的断面是斜三角形，各坯稍土下宽上窄各不相等(图 3-78)。

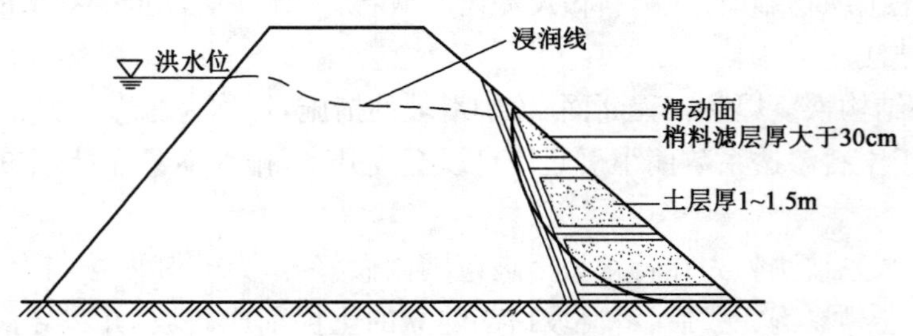

图 3-78　土工织物反滤布及土袋还坡示意图

(4)前戗截渗法

前戗截渗法(又称临水帮戗法)主要是在临河用黏性土修前戗截渗。当背水坡滑坡严重、范围较大,在背水坡抢筑滤水土撑、滤水后戗及滤水还坡等工程需要较长时间,一时难以奏效,而临水坡又有条件抢筑截渗土戗时,可采用此法。也可与抢护背水堤坡同时进行,其具体做法与抢护渗水险情采用的抛投黏性土方法相同。

(5)护脚阻滑法

护脚阻滑法在于增加抗滑力,减小滑动力,制止滑坡发展,以稳定险情。具体做法是:查清滑坡范围,将块石、土袋(或土工编织土袋)、铁丝石笼等重物抛投在滑坡体下部堤脚附近,使其能起到阻止继续下滑和固基的双重作用。护脚加重数量可由堤坡稳定计算确定。滑动面上部和堤顶,除有重物时要移走外,还要视情况削缓边坡,以减小滑动力。

(6)土工织物反滤布及土袋还坡法

在背水坡发生严重滑坡,又遇大风暴雨的情况下采用土工织物反滤布及土袋还坡法。即在滑坡提段范围内,全面用透水土工织物或无纺布铺盖滤水,以阻止土粒流失,此法亦称贴坡排水(图 3-79)。对大堤滑坡部位使用编织袋土叠砌还坡,以保持堤防工程抗洪的基本断面。

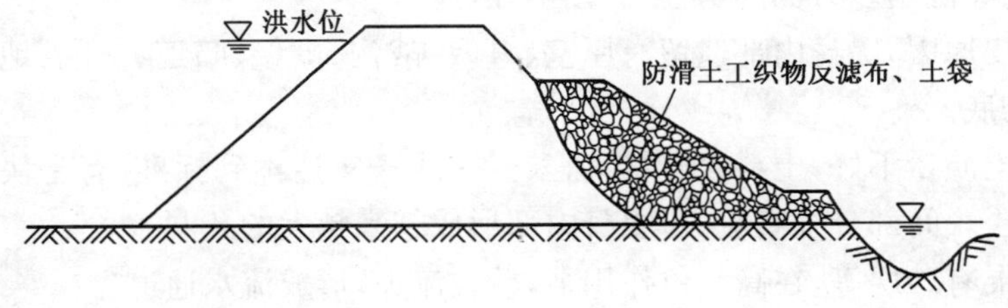

图 3-79 土工织物及土袋还坡示意图

6.注意事项

在滑坡抢护中,应注意以下事项:

(1)滑坡是堤防工程严重险情之一,一般发展较快,一旦出险,就要立即采取措施,在抢护时要抓紧时机,事前把料物准备好,一气呵成。在滑坡险情出现或抢护时,还可能伴随浑水漏洞、严重渗水以及再次滑坡等险情,在这种复杂紧急情况下,不要只采取单一措施,应研究选定多种适合险情的抢护方法,如抛石固脚、填塘同基、开沟导渗、透水土撑、滤水还坡、围井反滤等,在临、背水坡同时进行或采用多种方法抢护,以确保堤防工程安全。

(2)在渗水严重的滑坡体上,要尽量避免大量抢护人员践踏,造成险情扩大。如坡脚泥泞,人上不去,可铺些芦苇、秸料、草袋等,先上少数人工作。

(3)抛石固脚阻滑是抢护临水坡行之有效的方法,但一定要探清水下滑坡的位置,然后在滑坡体外缘进行抛石固脚,才能制止滑坡土体继续滑动。严禁在滑动土体的中上部抛石,这不但不能起到阻滑作用,反而加大了滑动力,会进一步促使土体滑动。

(4)在滑坡抢护中,也不能采用打桩的方法。因为桩的阻滑作用小,不能抵挡滑坡体的推动,而且打桩会使土体震动,抗剪强度进一步降低,特别是脱坡土体饱和或堤坡陡时,打桩不但不能阻挡滑脱土体,还会促使滑坡险情进一步恶化。只有当大堤有较坚实的基础、土压力不太大、桩能站稳时,才可打桩阻滑,桩要有足够的直径和长度。

(5)开挖导渗沟,应尽可能挖至滑裂面。如情况严重,时间紧迫,不能全部挖至滑裂面时,可将沟的上下两端挖至滑裂面,尽可能下端多挖,也能起到部分作用。导渗材料的顶部必须做好覆盖防护,防止滤层被堵塞,以利排水畅通。

(6)导渗沟开挖填料工作应从上到下分段进行，切勿全面同时开挖，并保护好开挖边坡，以免引起坍塌。在开挖中，对于松土和稀泥土都应予以清除。

(7)背水滑坡部分，土壤湿软，承载力不足，在填土还坡时，必须注意观察，上土不宜过急、过量，以免超载影响土坡稳定。

(五)漏洞抢险

1.险情说明

汛期在背水坡或背水坡脚附近出现横贯堤身或堤基的渗流孔洞，称为漏洞。漏洞又分为清水漏洞和浑水漏洞。如果漏洞口流出的是清水，则称为清水漏洞，往往是由堤身散浸集中形成，说明险情刚刚发生，还没有迅速扩展，如处理不及时或处理不当就可发展成浑水漏洞，因此应及时组织抢护。如果漏洞流出浑水，或由清变浑，或时清时浑，均表明漏洞正在迅速扩大，堤身有可能发生塌陷甚至溃决的危险。因此，无论是发生清水漏洞还是浑水漏洞，也无论漏洞大小，均属重大险情，必须慎重对待，全力以赴，迅速进行抢护。

2.原因分析

漏洞产生的原因是多方面的，一般有以下几点：

(1)由于历史原因，堤身内部遗留有屋基、墓穴、战沟、碉堡、暗道、灰隔、地窖等，筑堤时未清除或清除不彻底。

(2)堤身填土质量不好，土料含砂量大，未夯实或务实达不到标准，有土块或架空结构，在高水位作用下，土块间部分细料流失，堤身内部形成越来越大的孔洞。

(3)堤身中夹有砂层等，在高水位作用下，砂粒流失，形成流水通道。

(4)堤身内有白蚁、蛇、鼠、獾等动物洞穴，腐朽树根或裂缝，在汛期高水位作用下，淤塞物冲开，或因渗水沿裂缝隐患、松土串联而成漏洞。

(5)在持续高水位条件下，堤身浸泡时间长，土体变软，更易促成漏洞的生成，故有“久浸成漏”之说。

(6)位于老口门和老险工部位的堤段、筑堤时对原有抢险所用抢险木桩、柴料等腐朽物未清除或清除不彻底，形成漏水通道。

(7)复堤结合部位处理不好或产生过贯穿裂缝处理不彻底，一旦形成集中渗漏，即有可能转化为漏洞。

(8)沿堤修筑涵闸或泵站等建筑物时，建筑物与土堤结合部填筑质量差，在高水位时浸泡渗水，水流由小到大，冲走泥土，形成漏洞。

3.险情判别

从漏洞形成的原因及过程可以知道，漏洞是贯穿堤身的流水通道，漏洞的出口一般发生在背水坡或堤脚附近，其主要表现形式有：

(1)漏洞开始因漏水量小，堤土很少被冲动，所以漏水较清，也称清水漏洞。此情况的产生一般伴有渗水的发生，初期易被忽视。但只要查险仔细，就会发现漏洞周围渗水的水量较其他地方大，应引起特别重视。

(2)漏洞一旦形成后，出水量明显增加，且多为浑水，漏洞形成后，洞内形成一股集中水流，来势凶猛，漏洞扩大迅速。由于洞内土的逐步崩解、逐渐冲刷，出水水流时清时浑，时大时小。

(3)漏洞险情的另一个表现特征是漏洞进水口水深较浅无风浪时，水面上往往会形成漩涡，所以在背水侧查险发现渗水点时，应立即到临水侧查看是否有漩涡产生。如漩涡不明显，可在水面撒些麦麸、谷糠、碎草、纸屑等碎物；如果发现这些东西在水面打旋或集中一处，表明此处水下有进水口。

(4)漏洞与管涌的区别在于前者发生在背河堤坡上，后者发生在背河地面上；前者孔径大，后者孔径小；前者发展速度快，后者发展速度慢；前者有进口，后者无进口等。综合比较，不难判别。

4.漏洞查找方法

漏洞险情发生时，探摸洞口是关键，主要有以下方法：

(1)撒糠皮法。漏洞进水口附近的水流易发生漩涡，撒糠皮、锯末、泡沫塑料、碎草等漂浮物于水面，观测漂浮物是否在水面上打旋或集中于一处，可判断漩涡位置，并借以找到水下进水口，此法适用于漏洞处水不深而出水量较大的情况。

(2)竹竿吊球法。在水较深，且堤坡无树枝杂草阻碍时，可用竹竿吊球法探测洞口，其方法是：在一长竹竿上(视水深大小定长短)每间隔 0.5m 用细绳拴一网袋，袋内装一小球(皮球、木球、乒乓球等)，再在网袋下端用一细绳系一薄铁片或螺丝帽配重，铁片上系一布条。持竹竿探测时如遇洞口布条被水流吸到洞口附近，则小球将会被拉到水面以下。

(3)竹竿探测法。一人手持竹竿，一头插入水中探摸，如遇洞口竿头被吸至洞口附近，通过竹竿移动和手感来确定洞口。此法适用于水深不大的险情，如果水深较大，竹竿受水阻力较大，移动度过小，手感失灵，难以准确判断洞口位置。

(4)数人并排探摸。由熟悉水性的几个人排成横列(较高的人站在下边)立在水中堤坡上，手臂相挽，顺堤方向前进，用脚踩探，凭感觉找洞口。采用此法，事先要备好长竿或梯子、绳子等救生设备，必要时供下水人把扶，以确保安全。此法适用于浅水、风浪小且洞口不大的险情。

(5)潜水探摸。漏洞进水口处如水深溜急，在水面往往看不到漩涡，需人下水探摸。当前比较可行的方法是：一人站在临堤坡水边或水内，持 5～6m 长竹竿斜插入深水堤脚估计有进水口的部位，要用力插牢、持稳，另有熟悉水性的 1 人或 2 人沿竿探摸，一处不行再移动竹竿位置再进行探摸。因有竹竿凭借，潜、扶、摸比较得手，能较快地摸到进水口并堵准进水口，但下水人必须腰系安全绳，以确保安全，有条件时潜水员探摸更好。

(6)布幕、编织袋、席片查洞。将布幕或编织布等用绳拴好，并适当坠以重物，使其易于沉没水中，贴紧堤坡移动，如感到拉拖突然费劲，并辨明不是有石块或木桩树根等物阻挡，并且出水口出水减弱，就说明这里有漏洞。

(7)利用漂浮探漏自动报警器探准洞口。漂浮探漏自动报警器是利用水流在漏洞进口附近存在流速场，靠近洞口的物体能被吸引的原理设计的。漂浮探漏自动报警器分为探测系统和报警系统两部分，探测系统是核心，由探杆、细绳、浮漂、吸片和配重组成。报警系统于辅助装置，其作用是探测系统发现漏洞口时，发出报警，夜间也能发挥正常效用。

5.抢护原则

抢护漏洞的原则是“前堵后导，临背并举”。应首先在临水坡查找漏洞进水口，及时堵塞，截断漏水来源。同时在背水坡漏洞出水口采取反滤盖压，制止土料流失，使浑水变清水，防止险情扩大。切忌在背河出水口用不透水料物强塞硬堵，以免造成更大险情。切忌在堤脚附近打桩，防止因震动而进一步恶化险情。一般漏洞险情发展很快，特别是浑水漏洞，危及堤身安全，所以抢护漏洞险情要抢早抢小，一气呵成，决不可贻误时机。

6.抢护方法

常用的抢护方法有以下几种。

(1)临水堵截

当探摸到洞口较高，一般可用土工膜、篷布等隔水材料盖堵、软性材料堵塞，并盖压闭气；当洞口较大，堵塞不易时，可利用软帘、网兜、薄板等覆盖的办法进行堵截；当洞口较多、情况复杂时，洞口一时难以寻找，如水深较浅，可在临水修筑月堤，截断进水，也可以在临水坡面用黏性土帮坡，起到防渗防漏作用。

①塞堵法。当漏洞进水口较小，周围土质较硬时，可用棉衣棉被、草包或编织袋等料物塞堵，或用预制的软楔、草捆堵塞。这一方法适用于水浅且流速小，只有一个或少数洞口，人可以下水接近洞口的地方，具体做法如下。

软楔堵塞。用绳结成圆锥形网罩，网格约10cm×10cm，网内填麦秸、稻草等软料，为防止放到水里往上漂浮，软料里可以裹填一部分黏土。软楔大头直径一般为40～60cm，长度为1.0～1.5m。为抢护方便，可事先结成大小不同的网罩，在抢险时根据洞口大小选用网罩，并在罩内充填料物，用于堵塞。

草捆堵塞。把稻草或麦秸等软料用绳捆扎成圆锥体，粗头直径一般为40～60cm，长度为1.0～1.5m，一定捆扎牢固。同时要捆裹黏土，以防在水中漂浮。在抢堵时首先应把洞口的杂物清除，再用软楔或草捆以小头朝洞里塞入洞内。小洞可以用一个，大洞可以用多个，洞口用软楔或草捆堵塞后，要用篷布或土工膜铺盖，再用土袋压牢，最后用黏性土封堵闭气，达到完全断流为止。若洞口不只一个，堵塞时要注意不要顾此失彼，扩大险情。如主洞口没有探摸、处理，也容易延误抢险时间，导致洞口扩大，险情更趋严重。

②盖堵法。盖堵法就是用铁锅、软帘、网兜和薄木板等盖堵物盖住漏洞的进水口，然后在上面抛压黏土袋或抛填黏土盖压闭气，以截断洞口的水流，根据覆盖材料的不同，有以下几种抢护方法：

a.复合土工膜、篷布盖堵。当洞口较大或附近洞口较多时，可采用此法，先用5.0cm钢管将土工膜或篷布卷好，在抢堵时把上边两端用麻绳或铁丝系牢于堤顶木桩上，放好顺堤坡滚下，把洞口盖堵严密后再盖压土袋并抛填黏土闭气。

b.软帘盖堵法。此法适用于洞口附近流速较小、土质松软或周围已有许多裂缝的情况。一般可选用草席或棉絮等重叠数层作为软帘，也可就地取材，用柳枝、稻草或芦苇编扎成软帘。软帘的大小应视洞口的具体情况和需要盖堵的范围确定。软帘的上边可根据受力的大小用绳索或铁丝系牢于堤顶的木桩上，下边坠以重物，以利于软帘紧贴边坡并顺坡滚动。盖堵前先将软帘卷起，盖堵时用杆顶推，顺堤坡下滚，把洞口盖堵严密后，再盖压土袋，外抛填黏土，达到封堵闭气。

c.水布袋堵漏法。此种方法是利用透水与透水不透砂两种材料分别制成袋口上有金属环的布袋，将袋置于洞口附近，被水流冲进洞内，在水压力作用下充分膨胀，袋体紧密地压贴在洞口处，漏洞即被封堵。水布袋堵漏工具由水袋和辅件组成。水袋由袋口铁环和布袋制成，辅件由铝合金组合管、水袋牵线。水袋袋口有直径为0.3m、0.4m、0.5m三种规格，每种规格分别有长1.0m和2.0m两种型号。水袋堵漏操作方法有两种：一种是水袋堵漏杆放置法，当查出漏洞位置后(浅水漏洞)，两名堵漏操作人员一人手持上好水袋的操作杆，一人手持长杆戳着水袋袋底移至漏洞口潜入水流处，水袋会立即被吸入堵住洞口；另一种是布条吸入法，当查明漏洞口位置后(深水漏洞)，三名身穿救生衣的操作人员在漏洞以上水面处，一人拿着与水袋底连接着的布条，另一个人协助拿布条的人将布条准确放置于洞前入洞激流处，布条被吸入洞中，水袋即堵住漏洞。水袋堵漏的关键是准确地将水袋放置于洞口。水袋具有体积小、质量轻、便于携带、制作简单、价格便宜、便于存放、可多年使用、适应能力强等特点。

d. 软罩堵漏法。该法堵漏的主要特点是抢堵漏洞快、适应性强、软罩与洞口接触密实、操作简单、造价低、加工制作快、质量轻等。制作与使用方法：软罩直径 0.3～0.5m，阻圈可根据直径大小选材，一般用直径 16～22mm 的圆钢或扁铁焊制。软布可采用耐拉土工布或特别加工的软布织品，用料根据软罩直径而定。堵漏时用人或竹竿将软罩沿堤坡盖住洞口，然后及时用编织土袋加固，压盖闭气。"软罩堵漏法"具有外硬内软特性，此法与门板、铁锅堵漏相比，克服了门板堵漏的硬性、浮力大、密封闭气差和铁锅堵漏操作危险性大的缺点。

e. 机械吊兜抢险技术。它主要是利用吊车或挖掘机直接吊运网兜盖堵较大的漏洞口 。具有抢堵漏洞快、抗冲能力强、密封闭气好、省力省料、便于携带和运输等特点。制作使用方法：网兜用直径 2cm 的小麻绳编制，方形网眼 25～30cm，网高 1.0～1.5m，直径 2.0m，网绳用直径 3.0cm 的棕绳，网兜内装麻袋、塑料编织袋若干个，麻袋和编织袋要装松散的淤土和两合土，切忌用硬土块。堵漏时，装土 70%左右，一般网兜内装土 1.0～2.0m^3 吊兜做好后用吊车或挖掘机吊起网兜直接盖住洞口，然后抛土加固。

f. 电动式软帘抢堵漏洞。制作使用方法如下：在软帘滚筒的一端安装一个 5kW 的电机，由一个正、倒向开关控制，给软帘滚筒一个同轴心的转动力，迫使软帘滚筒向下推进。为了降低转速，加大扭矩，在电机一端设置变速箱。由人工控制能伸缩的操纵杆，保证电机和软帘滚筒的相对转动，准确掌握软帘推进的尺度，确保软帘覆盖到位。为封严软帘四周，防止漂浮、进水，解决软帘不能贴近坡面、易引发新漏洞的问题，把软帘滚筒做成两端粗（直径为 30cm）、中间细（直径为 15cm）的形状，可确保整个软帘拉平，贴近堤坡。操作时先在堤顶上固定两根 0.5m长的木桩或数根 30cm 长的铁桩，再把固定拉杆、拉绳拴于桩上，然后一人手持操纵杆，接通电源，展开软帘，依据漏洞位置，视覆盖到位情况，关闭电源。如果软帘没有盖住漏洞口，开关置于倒向把软帘卷上，调整位置重新展开软帘，直到盖住漏洞入水口为止。

g. 铺盖 PVC 软帘堵漏。每卷软帘宽 4.0m，厚 1.2mm，与坡同长。上端设直径 5.0cm 钢管，下端设直径 20cm 混凝土圆柱。PVC 卷材具有一定柔性，在漏洞水力吸引下能迅速将漏洞封堵。该材料又具有其他柔性材料没有的刚性，因此受水冲摆影响小，易入水。软帘入水靠配重沿提坡自然伸展开，软帘与堤坡的摩擦力及水流的冲浮力最小，入水角度最佳。

h. 铁锅盖堵。适用于洞口较小，水不太深，洞口周边土质坚硬的情况。一般用直径比洞口大的铁锅，正扣或反扣在漏洞口上，周围用胶泥封住，即可截断水流。

i. 网兜盖堵。在洞口较大的情况下，也可以用预制的方形网兜在漏洞进口盖堵。制作网兜一般采用直径 1.0cm 左右的麻绳，织成网眼 20cm×20cm 的网，周围再用直径 3.0cm 的麻绳作网框，网宽一般 2.0～3.0m，长度应为进水口至堤顶的边长 2 倍以上。在抢堵时，将网折起，两端一并系牢于堤顶的木桩上，网中间折叠处坠以重物，将网顺边坡沉下成网兜形，然后在网中抛以草泥或其他物料，以堵塞洞口。待洞口覆盖完成后，再压土袋，并抛填黏土，封闭洞口。

j. 黏土盖堵。堤坝临水坡漏洞较多较小，范围较大，漏洞口难以找准或找不全时，可采用抛填黏土，形成黏土贴坡，达到封堵洞口的目的。具体做法如下：①抛填黏土前戗。根据漏水堤段的临水深度和漏水严重程度，确定抛填前戗的尺寸。一般顶宽 2.0～3.0m，长度最少超过漏水堤段两端各 3.0m，戗顶高出水面约 1.0m，水下坡度应以边坡稳定为度。抢护时，在临水堤肩上准备好黏土，然后集中力量沿临水坡由上而下、由里向外向水中缓慢推下。由于土料入水后的崩解、沉积和固结作用，形成截漏戗体。抛土时切忌用车拉土向水中猛倒，以免沉积不实，降低截渗效果。在抛土前对已找到的洞口要用盖堵法封堵，然后倒土闭气。②临水修筑月堤。在漏洞较多、范围较大、不易寻找的情况下，当临河水不太深，取土较易时，可在临河抢筑月提，将出险提段圈护在内，再在堤身寻找洞口或用黏土进行封闭。

(2)背水导渗

背水导渗常用的方法有反滤围井法、反滤压盖法、无滤减压围井法和透水压渗台法等。

①反滤围井法。堤坡尚未软化，出口在坡脚附近的漏洞，可采用此法。堤坡已被水浸泡软化的不能采用。反滤围井抢筑前，应清基除草，以利围井砌筑。围井筑成后应注意观察防守，防止险情变化和围井漏水倒塌。根据围井所用材料的不同，具体做法有以下几种：

a.土工织物反滤围井。在抢筑围井时，应先将围井范围内一切带有尖棱的石块和杂物清除，表面加以平整后，先铺设符合反滤要求的土工织物，然后在其上填筑砂袋或砂砾石透水料物，周围用土袋垒砌做成围井。围井范围以能围住流土出口和利于土工织物铺设为度，周围高度使渗漏出的水不带泥砂为度，一般高度为1.0～1.5m。根据出水口数量多少和分布范围，可以布置单个围井或多个围井，一般单个洞口围井直径1.0～2.0m，也可以连片做成较大的围井。

b.砂石反滤围井。当现场砂石料比较丰富时，也可以采用此法。抢筑这种围井的施工方法与土工织物反滤围井基本相同，只是用砂石反滤料代替土工织物。按反滤要求，分层抢铺粗砂、小石子和大石子，每层厚度20～30cm。反滤围井完成后，如发现料物下沉，可继续补填滤料，直到稳定。砂石反滤围井筑好，当险情已稳定后，再在围井下端用竹管或钢管穿过并壁，将围井内的水位适当排降，以免井内水位过高，导致围井附近再次发生管涌、流土和井壁倒塌，造成更大的险情。

c.梢料反滤围井。在土工织物和砂石料缺少的地方，一时难以运到，又急需抢护，也可就地取材，采用梢料反滤围井。细梢料可采用麦秸、稻草等厚20～30cm；粗梢料可采用柳枝和秫秸等厚30～40cm。其填筑要求与砂石反滤围井相同。但在反滤梢料填好后，顶部要用砂袋或石块压牢，以免漂浮冲失。上述三种反滤围井仅是防止险情扩大的临时措施，并不能完全消除险情，围井筑成后应密切注意观察防守，防止险情变化和围井漏水倒塌。

②反滤压盖法。在大堤背水坡脚险情处，抢筑反滤压盖，制止堤基土沙流失，以稳定险情。一般适用于险情面积较大并连成片、险情比较严重的地方。根据所用反滤料物不同，具体抢筑方法有以下几种：

a.土工织物反滤压盖。此法适用于铺设反滤料物较大的情况。在清理地基时，应把一切带有尖棱的石块和杂物清除干净，并加以平整。先铺一层土工织物，其上铺砂石透水料，最后压石块或砂袋一层。

b.砂石反滤压盖。在砂石料充足的情况下，可以优先选用。先清理铺设范围内的杂物和软泥，对其中涌水涌沙较严重的出口用块石或砖块抛填，消杀水势。同时，在已清理好的大片有管涌和流土的面积上，普遍盖压粗砂一层，厚约20cm，最后压盖块石一层，予以保护。

c.梢料反滤压盖。在土工织物和砂石料缺少的地方，也可以采用梢料反滤压盖，清基要求、消杀水势与土工织物和砂石反滤压盖相同。在清理地基后，铺筑时先铺细梢料麦秸或稻草等厚10～15cm，再铺粗梢料柳枝或秫秸厚15～20cm，然后上铺席片或草垫等。这样层梢层席，视情况可只铺一层或连续数层，然后上面压盖石块或土袋，以免梢料漂浮。必要时再压盖透水性大的砂土，修成梢料透水平台。但梢料末端应露出平台脚外，以利渗水排除。总的厚度以能制止涌水带出细砂，浑水变清水，稳定险情为原则。

③无滤减压围井法。减压围井也称养水盆，在大堤背水坡脚险情处使用土袋抢筑围井，抬高井内水位以减少临背水头差，降低渗透压力，减少水力坡降，制止渗透破坏，稳定险情。此法适用于临背水头差较小，高水位持续时间短，出现险情周围地表坚实、完整、渗透性较小，未遭破坏，现场又缺少土工织物和砂石反滤料物的情况，可采取以下方法：

a. 无滤层围井。在出水口周围用土袋垒砌无滤层围井，随着井内水位升高，逐渐加高加固，直到制止涌水带沙，险情稳定。

b. 无滤层水桶。对个别或面积较小的出水口，可采用无底的水桶或油桶，紧套在出水口上，四周用土袋围筑加固，做成无滤层水桶，靠桶内水位升高，逐渐减小渗水压力，制止涌水带沙，使险情趋于稳定。

c. 背水月堤。当背水堤脚附近出现分布范围较大的出水险情时，可在背水坡脚附近抢筑月堤，截蓄涌水，抬高水位。月堤可随水位升高而加高，直至险情稳定，然后安设排水管将余水排出。对背水月提的实施，必须慎重考虑月堤的填筑质量、工作量以及完成时间，要保证能适应险情的发展和安全的需要。

④透水压渗台法。在背河坡脚抢筑透水压渗台，可以平衡渗压，延长渗径，减少水力坡降并能导出渗水，防止涌水带沙，使险情趋于稳定。此法适用于险情范围较大，现场缺乏反滤料物，但砂土料源比较丰富的地方。具体做法是：先将抢险范围内的淤泥和杂物清除干净，对较严重的涌水出水口用石块或砖块填塞，待水势消杀后，用透水性大的沙土修筑平台。透水压渗台的尺寸应根据地基土质条件，分析弱透水层底部垂直向上渗压分布情况和修筑压渗台的土料物理力学性能，分析其在自然容重或浮容重情况下，平衡自下而上的承压水头的渗压台所必需的厚度，以及因修筑渗压台导致渗径的延长、渗压的增大所需要的台宽与台高。

⑤水下漏水的抢护。如果漏洞出水口在背河池塘或沟渠内，可结合具体情况，采取以下方法：

a. 填塘。如坑塘不大，在人力、机械、时间和取土条件能够迅速完成任务的情况下，可采用此法。对严重的出水涌沙口在填塘前应先抛石或砖块塞堵，待水势消减后集中人力、机械采用沙土或粗砂将坑塘填筑起来，制止涌水带沙，稳定险情。

b. 水下反滤层。如坑塘过大，用沙土填坑贻误战机时，可采用水下抛填反滤层。在抢筑时，从水上直接向出水口内分层按要求倾倒砂石反滤料，形成反滤堆，制止涌水带沙，控制险情。

c. 抬高坑塘或沟渠水位。为了抢先争取时间，常利用管道引水入塘或临时安装抽水机引水入塘，抬高水位，减少临背水头差，制止涌水带沙，此法作用原理与减压围井类似。

7. 注意事项

(1)出现漏洞险情应按照抢险要求，将抢险人员分成临水洞口堵截和背水反滤填筑两大部分，紧张有序地进行抢险工作。

(2)在抢堵洞口时，切忌乱抛石料等块状料物，以免架空，使漏洞继续发展扩大。

(3)在背河堤脚附近抢护时，切忌使用不透水材料堵塞，以免截断排水出路，造成渗透坡降加大，使险情恶化。

(4)使用土工织物做反滤材料时，应注意不要被泥土淤塞，阻碍渗水流出。

(5)透水压渗台应有一定的高度，能够把透水压住。

(6)在背坡需做反滤围井时，井内水位上升较快，最重要的是基础处理好，与井壁结合紧密，严防漏水。

(六)风浪抢险

1. 险情说明

汛期来水后河道水面变得较为开阔,防止风浪对堤防的袭击,有时甚至成了抗洪胜利的关键。风浪对堤防的威胁,不仅因波浪连续冲击,使浸水时间较久的临水堤坡形成陡坎和浪窝,甚至产生坍塌和滑坡险情,也会因波浪壅高水位引起堤顶漫水,造成漫决险情。

2. 原因分析

风浪造成险情的主要原因是:

(1)堤身抗冲能力差。主要是堤身存在质量问题,如堤身土质砂性大,不符合要求。身碾压不密实,达不到要求等。

(2)风大浪高。堤前水深大,水面宽,风速大,形成浪高,冲击力强。

(3)风浪爬高大。由于风浪爬高,增加水面以上临水坡的饱和范围,减弱土壤的抗剪强度,造成坍塌破坏。

(4)堤顶高程不足。如果堤顶高程低于浪峰,波浪就会越顶冲刷,可能造成漫决险情。

3. 抢护原则

风浪抢护的原则:①削减风浪的冲击力,利用漂浮物防浪,可削减波浪的高度和冲击力,是一种行之有效的方法;②增强临水坡的抗冲能力,主要是利用防汛料物,经过加工铺压,保护临水坡,增强抗冲能力。

4. 抢护方法

(1)挂柳防浪

受水流冲击或风浪拍击,堤坡或堤脚开始被淘刷时,可用此法缓和溜势,减缓溜势,促淤防坍塌。具体做法是:

选柳。选择枝叶繁茂的大柳树,于树干的中部截断,一般要求干枝长 1.0m 以上,直径 0.1m 左右。如柳树头较小,可将数棵捆在一起使用。

签桩。在堤顶上预先打好木桩,桩径一般为 0.1～0.15m,长度 1.5～2.0m,可以打成单桩、双桩或梅花桩等,桩距一般 2.0～3.0m。

挂柳。用 8 号铁丝或绳缆将柳树头的根部系在堤顶打好的木桩上,然后将树梢向下,并用铁丝或麻绳将石或砂袋捆扎在树梢叉上,其数量以使树梢沉贴水下边坡不漂浮为止,推柳入水,顺坡挂于水中。如堤坡已发生坍塌,应从坍塌部位的下游开始,顺序压茬,逐棵挂向上游,棵间距离和悬挂深度应根据坍塌情况确定。如果水深,横向流急,已挂柳还不能全面起到掩护作用,可在已抛柳树头之间再错茬挂柳,使能达到防止风浪和横向水流冲刷为止。

坠压。柳枝沉水轻浮,若联系或坠压不牢,不但容易走失还不能紧贴堤坡,将影响掩护的效果。为此,在坠压数量上应以使其紧贴堤坡不漂浮为度。

(2)挂枕防浪

挂枕防浪一般分单枕防浪和连环枕防浪两种。具体做法是:

a. 单枕防浪。用柳枝、秸料或芦苇扎成直径 0.5～0.8m 的枕,长短根据坝长而定。枕的中心卷人两根 5～7m 的竹缆或 3～4m 麻绳作龙筋,枕的纵向每隔 0.6～1.0m 用 10～14 号铁丝捆扎。在堤顶距临水坡边 2.0～3.0m 外或在背水坡上打 1.5～2.0m 长的木桩,桩距 3.0～5.0m ,再用麻绳把枕拴牢于桩上,绳缆长度以能适应枕随水面涨落而移动,绳缆也以随之收紧或松开为度,使枕能够防御各种水位的风浪。

b. 连环枕防浪。当风力较大，风浪较高，一枕不足以防浪冲击时，可以挂用两个或多个枕，用绳缆或木杆、竹竿将多个枕联系在一起，形成连环枕，也称枕排，临水最前面枕的直径要大一些，容重要轻些，使其浮得最高，抨击风浪。枕的直径要依次减小，容重增加，以消除余浪。

(3)木排防浪

将直径 5～15cm 的圆木捆扎成排，将木排重叠 3～4 层，总厚 30～50cm，宽 1.5～2.5m，长 3.0～5.0m，连续锚离堤坡水边线外一定距离，可有效防止风浪袭击堤防。根据经验，同样波长，木排越长消浪效果越好。同时，木排的厚度为水深的 1/12～1/10 时最佳。木排圆木排列方向，应与波浪传播方向垂直。圆木间距应等于其直径的 1/2。木排与堤防岸坡的距离，以相当于波长的 2～3 倍时作用最大。木排锚链长度约等于水深时，木排最稳定，但此时锚链所受拉力最大，锚易被拔起，所以木排锚链长度一般应比水深大些。

(4)柳箔防浪

在风浪较大，堤坡土质较差的堤段，把柳、稻草或其他秸料捆扎并编织成排，固定在堤坡上，以防止风浪冲刷。具体做法是：用 18 号铁丝梱扎成直径约 0.1m、长约 2.0m 的柳把，再用麻绳或铁丝连成柳箔。在堤顶距临水堤肩 2.0～3.0m 处，打 1.0m 长木桩一排，间距约 3.0m。将柳箔上端用 8 号铁丝或绳缆系在木桩上，柳箔下面则适当坠以块石或砂袋。根据堤的迎水坡受冲范围，将柳箔置放于堤坡上，柳把方向与堤轴线垂直。出入水而的高度可按水位和风浪变化情况确定，一般上下可以有点富余。柳箔的位置除靠木桩和坠石固定外，必要时在柳箔面上再压块石或砂袋，以免漂浮和滑动。在风浪袭击处，需要保护的范围较大时，可用两排柳箔上下连接起来，以加大防护面积。

(5)土袋防浪

此法适用于土坡抗冲能力差，当地缺少秸料，风浪冲击又较严重的堤段。具体做法是：用土工编织袋、草袋或麻袋装土、砂、碎石或碎砖等，装至袋容积的 70%～80%后，用细麻绳捆住袋口，最好是用针缝住袋口，以利搭接，水上部分或水深较浅时，在土袋放置前，将堤的迎水坡适当削平，然后铺放土工织物。如无土工织物，可铺厚约 0.1m 的软草一层，以代替反滤层，防止风浪将土淘出。根据风浪冲击的范围摆放土袋，袋口向里，袋底向外，依次排列，互相叠压袋间叠压紧密，上下错缝，以保证防浪效果。一般土袋铺放需高出浪高。

(6)土工织物防浪

用土工织物展铺于堤坡迎浪面上，并用预制混凝土块或石袋压牢，也可抗御风浪袭击。土工织物的尺寸应视堤坡受风浪冲击的范围定，其宽度一般不小于 4.0m，较高的堤防可达 8.0～9.0m，宽度不足时，需预先黏结或焊接牢固。长度不足时可搭接，搭接长度不少于 10cm，铺放前应将堤坡杂草清除干净，织物上沿应高出水面 1.5～2.0m。也可将土工织物做成软体排顺堤坡滚抛。

(7)散厢护坡防浪

这种方法适用于堤脚已被风浪冲垮，且险情继续发展的情况。具体做法是：在临湖堤肩每隔 1.0m 打 2.0m 桩一根，然后将秸料用细绳捆在木桩上，随捆随填土(采取做好一段再做一段的办法，不要一层做起，防止风冲秸料)，一直做到出水 5cm 为止(如取土困难也可利用一部分碎秸料)。散厢护坡可以防止随机风波转为固定的水位风波，效果很好。

5. 注意事项

(1)抢护风浪险情需要在堤顶打桩时，桩距要大，尽量不破坏大堤的土体结构。

(2)抢护风浪险情应推广使用土工膜和土工织物，因其具有抢护速度快、效果好的优点，使用时一定要压牢。

(3)放风浪用料物较多,大水时在容易受风浪淘刷的堤段要备足料物。要坚持“以防为主、防重于抢”的原则,平时加强草皮、防浪林等生物养护。

(七)裂缝抢险

1.险情说明

堤坝裂缝是最常见的险情,有时也可能是其他险情的预兆。如裂缝能发展成渗透变形、滑坡险情,甚至发展为漏洞,应引起高度重视。裂缝按其出现的部位可分为表面裂缝和内部裂缝;按其走向可分为横向裂缝、纵向裂缝和龟纹裂缝;按其成因可分为不均匀沉陷裂缝、滑坡裂缝、干缩裂缝、冰冻裂缝和震动裂缝。其中,以横向裂缝和滑坡裂缝危害最大,应及早抢护,以免造成更严重的险情。

2.原因分析

产生裂缝险情的主要原因有:

(1)堤的地基地质情况不同,物理力学性质差异较大,地基地形变化,土壤承载能力不同,均可引起不均匀沉陷裂缝。

(2)堤身与刚性建筑物接触不良,由于渗水等原因造成不均匀沉陷,引起裂缝。

(3)在堤坝施工时,采取分段施工,工段之间进度差异大,接头处没处理好,容易造成不均匀沉陷裂缝。

(4)背水坡在高水位渗流作用下,堤体湿陷不均,抗剪强度降低,临水坡水位骤降均有可能引起滑坡性裂缝,特别是背水坡脚基础存在软弱夹层时,更易发生。

(5)施工时堤体土料含水量大,控制不严,容易引起干缩或冰冻裂缝。

(6)施工时有冻土 、淤泥土或硬土块造成碾压不实,或者新旧结合部未处理好,在渗流作用下容易引起各种裂缝。

(7)堤体本身存在隐患,如洞穴等,在渗流作用下也能引起局部裂缝。

(8)地震等自然灾害引起的裂缝。

总之,引起堤坝裂缝的原因很多,有时也不是单一的原因,要加以分析判断,针对不同的原因,采取相应有效的抢护措施。

3.险情判别

堤防发生裂缝现象普遍,需要鉴别的是险情裂缝与非险情裂缝。险情裂缝又分为纵向裂缝与横向裂缝、滑动裂缝与非滑动裂缝等。裂缝险情是堤防发生局部断裂破坏的现象。这里“断裂破坏”包括裂缝较深较长并有一定规律等内涵。由此可以断定位于堤表缝深较浅,或由于干旱、冰冻发生的龟纹裂缝等,就不属于裂缝险情。纵缝是顺堤裂缝,横缝是垂直堤防走向的裂缝,二者不难区别。问题在于二者之间还有斜向裂缝的归属问题。斜缝如发生在堤坡上,长度不大,深度较浅,与堤的走向夹角较小,可视为纵缝,反之应视为横缝。斜缝如贯穿堤顶,无论与堤的走向夹角大小,均应视为横缝。纵向裂缝若由土体滑动引起,称滑动性裂缝;若由基础沉陷等原因引起,称非滑动性裂缝。两者鉴别十分重要,但鉴别比较困难。基本方法是通过裂缝观测资料分析判断。在无资料时可按滑动裂缝特点判断。滑动裂缝的特点主要是:一是多发生在堤坡上,堤顶较少;二是缝长较短,两端成弧形;三是缝两边土体高差较大;四是次缝多集中在主缝外侧偏低土体上。滑动性裂缝危险较大,应予以足够重视。

4.抢护原则

裂缝险情抢护应遵循“判明原因,先急后缓,截断封堵”的原则。根据险情判断,如果是滑动或坍塌崩岸性裂缝，应先抢护滑坡、崩岸险情，待险情稳定后，再处理裂缝。对于最危险的横向裂缝，如已贯穿堤身，水流易于穿过，使裂缝冲刷扩大，甚至形成决口，因此必须迅速抢护；如裂缝部分横穿堤身，也会渗径缩短、浸润线抬高，导致渗水加重，引起堤身破坏。因此，对于横向裂缝，无论是否贯穿堤身，均应迅速处理。纵向裂缝，如较宽较深，也应及时处理；如裂缝较窄较浅或呈龟纹状，一般可暂不处理，但应注意观测其变化，堵塞裂缝，以免雨水进入，待洪水过后处理。对较宽较深的裂缝，可采用灌浆或汛后用水洇实等方法处理。作为汛期裂缝抢险必须密切注意天气和雨水情变化，备足抢险料物，抓住无雨天气，突击完成。

5. 抢护方法

裂缝险情的抢护方法，可概括为开挖回填、横墙隔断、封堵缝口等。

(1)开挖回填

采用开挖回填方法抢护裂缝险情比较彻底，适用于没有滑坡可能性，并经检查观测已经稳定的纵向裂缝。在开挖前，用经过滤的石灰水灌入裂缝内，便于了解裂缝的走向和深度，以指导开挖。在开挖时，一般采用梯形断面，深度挖至裂缝以下 0.3～0.5m，底宽至少 0.5m，边坡要满足稳定及新旧填土结合的要求，便于施工。开挖沟槽长度应超过裂缝端部 2m。开挖的土料不应堆放在坑边，以免影响边坡稳定。不同土料应分别堆放，在开挖后，应保护坑口，避免日晒、雨淋。回填土料应与原土料相同，并控制在适宜的含水率内。填筑前，应检查坑槽底和边壁原土体表层土壤含水率，如偏干，则应在表面洒水湿润。如表面过湿，应清除，然后再回填。填要分层夯实，每层厚度约 20cm，顶部应高出堤顶面 3～5cm，并做成拱形，以防雨水灌入。

(2)横墙隔断

横墙隔断适用于横向裂缝抢护，具体方法如下：

①横墙隔断。裂缝已经与临水相通的，在裂缝临水坡先做前戗；裂缝背水坡有漏水的，在背水坡做好反滤导渗；裂缝与临水尚未连通并趋稳定的，从背水面开始，分段开挖回填。除沿裂缝开挖沟槽，还宜增挖与裂缝垂直的横槽(回填后相当于横墙)，横槽间距 3.0～5.0m，墙体底边长度为 2.5～3.0m，墙体厚度以便利施工为宜，但不宜小于 0.5m。坑槽开挖时宜采取坑口保护措施，回填土分层夯实，夯实土料的干密度不小于堤身土料的干密度，确保坑槽边角处夯实质量和新老土结合。当漏水严重，险情紧急或者河水猛涨来不及全面开挖时，可先沿裂缝每隔 3.0～5.0m 挖竖井截堵，待险情缓和后再进行处理。

②土工膜盖堵。对洪水期堤防发生的横向裂缝，如深度大，又贯穿大堤断面，可采用此法。应用土工膜或复合土工膜，在临水堤坡全面铺设，并在其上用土帮坡或铺压土袋、砂袋等，使水与堤隔离，起截渗作用。同时在背水坡采用土工织物进行滤层导渗，保持堤身土粒稳定。必要时再抓紧时间采用横墙隔断法处理。

(3)封堵缝口

对宽度小于 3.0～4.0cm、深度小于 1.0m、不甚严重的纵向裂缝和不规则纵横交错的龟纹裂缝，经检查已经稳定时，可采用此法。具体做法是：①用干而细的砂壤土由缝口灌入，再用板条或竹片捣实；②灌塞后，沿裂缝筑宽 5.0～10cm、高 3.0～5.0cm 的拱形土埂，压住缝口，以防雨水浸入；③灌完后，如又有裂缝出现，证明裂缝仍在发展，应仔细判明原因，根据情况，另选适宜方法处理。对缝宽较大、深度较小的裂缝，可采用自流灌浆法处理，即在缝顶开宽、深各为 0.2m 的沟槽，先用清水灌下，再灌水土质量比为 1∶0.15 的稀泥浆，然后灌水土质量比为 1∶0.25的稠泥浆。泥浆土料为两合土，灌满后封堵沟槽。如缝深大，开挖困难，可采用压力灌浆法处理。灌浆时可将缝门逐段封死，将灌浆管直接插入缝内，也可将缝口全部封死，反复灌实。灌浆压力一般控制在0.12MPa左右，避免跑浆。压力灌浆方法对已稳定的纵缝都适用，但不能用于滑坡性裂缝，以免加速裂缝发展。

6. 注意事项

(1)对未堵或已堵的裂缝，均应注意观察、分析，研究其发展情况，以便及时采取必要措施。

(2)采取横墙隔断措施时是否需要做前戗、滤层导渗，或者只做前戗或滤层导渗而不做隔断墙，应当根据实际情况决定。

(3)当发现裂缝后，应尽快用土工膜、雨布等加以覆盖保护，不让雨水流入缝中，并加强观测。

(4)对伴随有滑坡和塌陷险情出现的裂缝时，应先抢护滑坡和塌陷险情，待脱险并趋于稳定后再抢护裂缝。

(5)在采用开挖回填、横墙隔断等方法抢护裂缝险情时，必须密切注意上游水情和雨情的预报，并备足料物，抓紧时间晴天施工，保证质量，突击完成。

(八)坍塌抢险

1. 险情说明

坍塌是堤防、坝岸临水面土体崩落的重要险情，堤岸坍塌主要有以下两种类型：

(1)崩塌。由于水流将堤岸坡脚淘刷冲深，岸坡上层土体失稳而崩塌，其岸壁陡立，每次崩塌土体多呈条形，其长度、宽度、体积比弧形坍塌小，简称条崩。当崩塌在平面上和横断面上均为弧形阶梯式土体崩塌时，其长度、宽度、体积远大于条崩，简称窝崩。

(2)滑脱。滑脱是堤岸一部分土体向水内滑动的现象。

这两种险情，以崩塌比较严重，具有发生突然、发展迅速、后果严重的特点。造成堤岸崩塌的原因是多方面的，故抢护的方法较多。

2. 原因分析

发生坍塌的主要原因：

(1)有环流强度和水流挟沙能力较大的洪水。

(2)坍塌部位靠近主流，直接冲刷。

(3)堤岸抗冲能力弱。因水流淘刷冲深堤岸坡脚，在河流的弯道，主流逼近凹岸，深泓紧逼堤防。在水流侵袭、冲刷和弯道环流的作用下，堤外滩地或堤防基础逐渐被淘刷，使岸坡变陡，上层土体内部的摩擦力和黏结力抵抗不住土体的自重和其他外力，使土体失去平衡而坍塌，危及堤防。

(4)横河、斜河的水流直冲堤防、岸坡，加之溜靠堤脚，且水位时涨时落，溜势上提下挫，在土质不佳时，容易引起堤防坍塌险情。

(5)水位陡涨骤降，变幅大，堤坡、坝岸失去稳定性。在高水位时，堤浸泡饱和，土体含水率增大，抗剪强度降低；当水位骤降时，土体失去了水的顶托力，高水位时渗入土内的水，又反向河内渗出，促使堤岸滑脱坍塌。

(6)堤岸土体长期经受风雨的剥蚀、冻融，黏性土壤干缩或筑堤时碾压质量不好，堤身内有隐患等，常使堤岸发生裂缝，破坏了土体整体性，加上雨水渗入，水流冲刷和风浪振荡的作用，促使堤岸发生坍塌。

(7)堤基为粉细砂土，不耐冲刷，常受溜势顶冲而被淘刷，或因震动使砂土地基液化，也将造成堤身坍塌。坍塌险情如不及时抢护，将会造成溃堤灾害。

3. 抢护原则

抢护坍塌险情要遵循"护基固脚，缓流挑流，恢复断面，防护抗冲"的原则。以固基、护脚、防冲为主，增强堤岸的抗冲能力，同时尽快恢复坍塌断面，维持尚未坍塌堤岸的稳定性，必要时修做坝垛工程挑流外移，制止险情继续扩大。在实地抢护时，应因地制宜，就地取材，抢小抢早。

4. 抢护方法

探测堤防、堤岸防护工程前沿或基础被冲深度，是判断险情轻重和决定抢护方法的首要工作。一般可用探水杆、铅鱼从测船上测量堤防、堤岸防护工程前沿水深，并判断河底土石情况。通过多点测量，即可绘出堤防、堤岸防护工程前沿的水下断面图，以大体判断堤防、堤岸防护工程基础被冲刷的情况及抛石等固基措施的防护效果。与全球定位仪(GPS)配套的超声波双频测深仪法是测量堤防、堤岸防护工程前沿水深和绘制水下断面地形图的先进方法。在条件许可的情况下，可优先选用。因为这一方法可迅速判断水下冲刷深度和范围，以赢得抢险时间。

(1)护脚固基防冲

当堤防受水流冲刷，堤脚或堤坡冲成陡坎时，针对堤岸前水流冲淘情况，可采用护脚固基防冲的方法，尽快护脚固基，抑制急溜继续淘刷。根据流速大小可采用土(砂)袋、块石、柳石枕、铁丝石笼、长土枕及土工编织软体排等防冲物体，加以防护，如图3-80～图3-83所示。

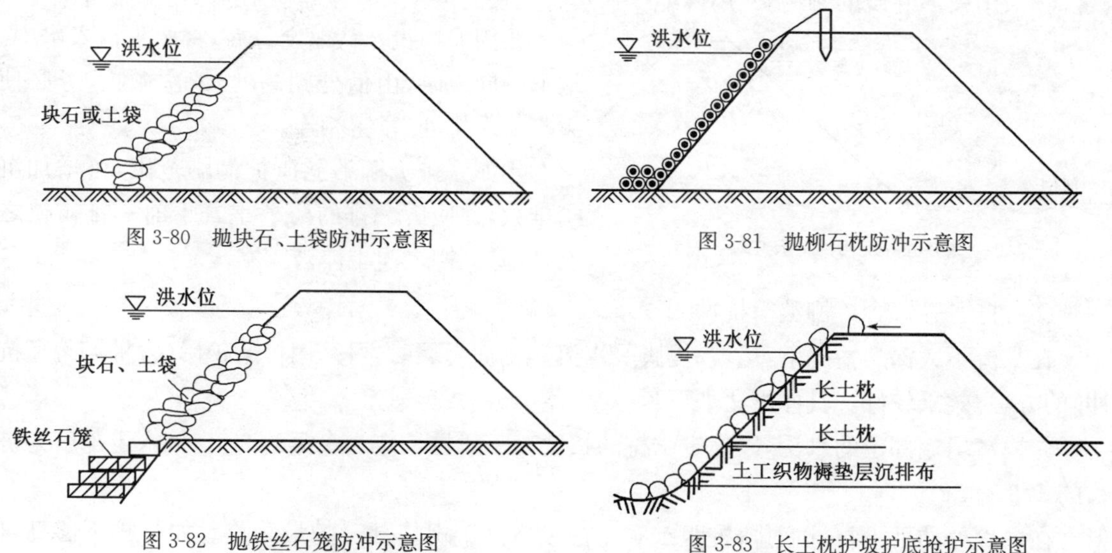

图3-80 抛块石、土袋防冲示意图

图3-81 抛柳石枕防冲示意图

图3-82 抛铁丝石笼防冲示意图

图3-83 长土枕护坡护底抢护示意图

因该法具有施工简单灵活、易备料、能适应河床变形的特点，因此使用最为广泛。具体做法如下：

①探摸。先摸清坍塌部分的长度、宽度和深度，以便估算所需劳力和料物。

②制作。

a. 柳石枕一般直径为1.0m，长10m(也可根据需要而定)，外围柳料厚0.2m，以柳(或苇)捆扎成小把，也可直接包裹柳料，石心直径约0.6m，再用铁丝或麻绳捆扎成枕。流急处应拴系龙筋绳和底钩绳，以增强抗冲力。操作程序是：打顶桩，放垫桩、腰绳，铺柳排石，置龙筋绳，铺顶柳，然后进行捆抛。柳排石的体积比一般掌握在1∶2～1∶2.5。铺放柳枝应在垫桩中部，底宽1.0m左右，压宽厚为15～20cm，分两层铺平放匀，并应先从上游开始，根部朝上游，要一铺压一铺，上下铺相互搭接在1/2以上。排石要中间宽，上下窄，枕的两端各留40～50cm不放石，以便捆扎枕头。排石至半高要加铺细柳一层，以利放置龙筋绳。捆枕方法现多采用绞杠法。

b.铁丝石笼制作，已由过去人工操作逐步推广使用了铁丝笼网片自动编织机，工效提高10倍左右。铁丝石笼装好后，使用抛笼架抛投。

c.长管袋(长土枕)采用反滤土工织物制作，管袋进行抽沙充填，直径一般为1m，长度据出险情况而定。在长土枕下面铺设褥垫沉排布并连接为整体，保护布下的床砂不被水流带走，填补凹坑或加强单薄堤身。

③抛护。在堤顶或船上沿坍塌部位抛投块石、土(砂)袋、柳石枕或铁丝笼。先从顶冲坍塌严重部位抛护，然后依次上下进行，抛至稳定坡度为止。水下抛填的坡度一般应缓于原堤坡。抛投的关键是实测或探摸险点位置准确，避免抛投体成堆压垮坡脚。水深流急之处，可抛铁丝石笼、土工布袋装石等。

(2)沉柳缓溜防冲

沉柳缓溜防冲法适用于堤防临水坡被淘刷范围较大的险情，对减缓近岸流速、抗御水流比较有效，如图3-84所示。

对含沙量大的河流，效果更为显著。具体做法如下：

①先摸清堤坡被淘刷的下沿位置、水深和范围，以确定沉柳的底部位置和数量。

②采用枝多叶茂的柳树头，用麻绳或铁丝将大块石或土(砂)袋捆扎在柳树头的树杈上。

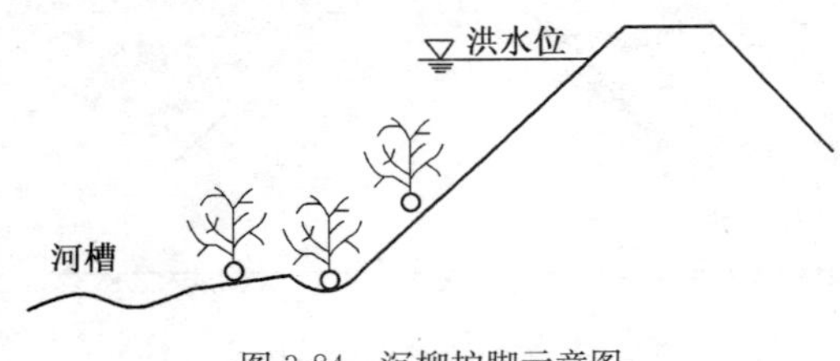

图3-84　沉柳护脚示意图

③用船抛投。待船定位后，将树头推入水中。从下游向上游，由低处到高处，依次抛投，务必使树头依次排列，紧密相连。

④如一排沉柳不能掩护淘刷范围，可增加沉柳排数，并使后一排的树梢重叠于前一排树杈之上，以防沉柳之间土体被淘刷。

(3)桩柴护岸(含桩柳编篱抗冲)

在水流不太深的情况下，堤坡、堤脚受水流淘刷而坍塌时，可采用桩柴护岸(含桩柳编篱抗冲)的方法，效果较好。具体做法如下：

先摸清坍塌部位的水深，以确定木桩的长度。一般桩长应为水深的2倍，桩入土深度为桩长的1/3～1/2。

在坍塌处的下沿打桩一排，桩距1.0m，桩顶略高于坍塌部分的最高点。如一排不够高可在第一级护岸基础上，再加为二级或三级护岸。

木桩后从下到顶单个排列密叠直径约0.1m的柳把(或秸把、苇把、散柳)一层。用14号铁丝或细麻绳捆扎成柳把，并与木桩拴牢，其后用散柳、散秸或其他软料铺填厚0.2m左右，软料背后再用黏土填实。

在坍塌部位的上部与前排桩交错另打0.5～0.6m的签桩一排，桩距仍为1.0m，略露桩顶。用麻绳或14号铁丝将前排桩拉紧，固定在签桩上，以免前排桩受压后倾斜。最后用0.2～0.3m厚黏性土封顶。此外，如遇串沟夺溜，顺堤行洪，水流较浅，还可横截水流，采取桩柳编篱防冲法，以达缓溜落淤防冲的目的。具体做法是：横截水流，打桩一排，桩距1.0m，桩长以能拦截水流为准，桩顶略高于水面。然后用已捆好的柳把在桩上编成透水篱笆，一道不行可打几道。如所打柳木桩成活，还可形成活柳桩篱，长时期起缓溜落淤作用。

(4)柳石软搂

在险情紧迫时，为抢时间常采用柳石软搂的方法，尤其在堤根行溜甚急，单纯抛乱石、土袋又难以稳定，抛铁丝石笼条件不具备时，采用此法较适宜，如图 3-85 所示。如溜势过大，在软搂完成后于根部抛柳石枕围护。具体做法如下：

打顶桩。在堤顶距临水堤肩 2～3 m 以外，根据软搂底钩绳数的需要打单排或双排顶桩（桩长 1.5～1.7m，入土 1.2～1.3m，梢径 12～14cm，顶径 14～16cm）。桩距一般 0.8～1.0m，排距 0.3～0.5m，前后排向下游错开 0.15m，以免破坏堤顶。

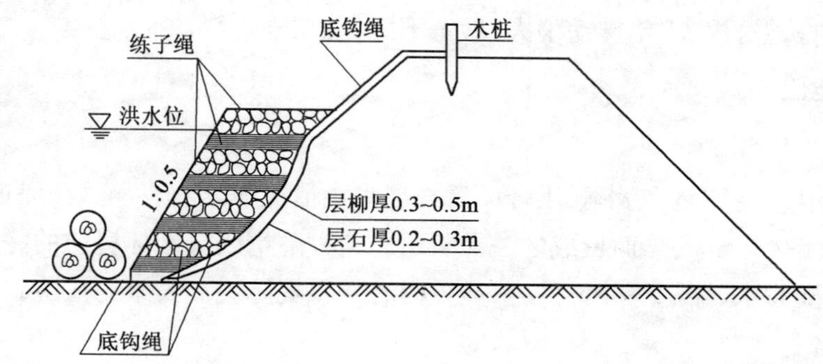

图 3-85　柳石软搂示意图

拴底钩绳。在前排顶桩上拴底钩绳，绳的另一端活扣于船的龙骨上。当无船时可先捆一个浮枕推入水中，在枕上插上杆，将另一端活扣架在木杆上。此项绳缆应根据水流深浅、溜势缓急，选用股麻绳（六丈、七丈、八丈或十丈绳，直径分别为 3～4cm，4～5cm，5～6cm）。

填料。在准备搂回的底钩绳和堤坡已放置的底钩绳之间，抛填层柳层石或层柳层淤、层柳层土袋（麻袋、草袋、编织袋），一般每层铺柳枝厚 0.3～0.5m，石淤或土袋厚 0.2～0.3 m，逐层下沉，追压到底，以出水面为度。每次加压柳石，均应适当后退，做成 1∶0.3～1∶0.5 的外坡坡度，并要利用搂回的底钩绳加拴扎柳石层的直径 2.5～3cm 的麻绳（核桃绳，又称捆扎柳石层用的练子绳）或 12 号铁丝一股，系在靠堤坡的底钩绳上，以免散柳被水冲失。最后，将搂回的底钩绳全部拴拉固定在顶桩上（双排时拴在第二排顶桩上）。

沉柳。若水流冲刷严重，也可在柳石软搂外再加抛沉柳，以缓和溜势。

柳石混杂（俗称风搅雪）。在险情过于紧迫时，个别情况下来不及实施与软搂有关的打顶桩和拴底钩绳、练子绳等措施，单纯采取层柳层石，甚至采取柳石混杂抢护的措施时，要严密注意观察溜势，必要时及时配合其他防护措施，加以补救。

5. 注意事项

在堤防坍塌抢险中，应注意以下事项：

(1)要从河势、水流势态及河床演变等方面分析坍塌发生的原因、严重程度及可能发展趋势。堤防坍塌一般随流量的大小而发生变化，特别是弯道顶点上下，主流上提下挫，坍塌位置也随之移动。汛期流量增大，水位升高，水面比降加大，主流沿河道中心曲率逐渐减小，主流靠岸位置移向下游；流量减小，水位降低，水面比降较小，主流沿弯曲河槽下泄，曲率逐渐加大，主流靠岸位置移向上游。凡属主流靠岸的部位，都可能发生堤岸坍塌，所以原来未发生坍塌的堤段，也可能出现坍塌。因此，在对原出险处进行抢护的同时，也应加强对未发生坍塌堤段的巡查，发现险情，及时采取合理抢护措施。

(2)在涨水的同时，不可忽视落水出险的可能。在大洪水、洪峰过后的落水期，特别是水位骤降时，堤岸失去高水时的平衡，有些堤段也很容易出现坍塌，切勿忽视。

(3)在涨水期，应特别注意迎溜顶冲造成坍塌的险情，稍一疏忽，会有溃堤之患。

(4)坍塌的前兆是裂缝，因此要细致检查堤、坝岸顶部和边坡裂缝的发生和发展情况，要根据裂缝分布、部位、形状以及土壤条件，分析是否会发生坍塌、可能发生坍塌的类型。

(5)对于发生裂缝的堤段，特别是产生弧形裂缝的堤段，切不可堆放抢险料物或其他荷载。对裂缝要加强观测和保护，防止雨水灌入。

(6)圆弧形滑塌最为危险，应采取护岸、削坡减载、护坡固脚等措施抢护，尽量避免在堤、坝岸上打桩，因为打桩对提、坝岸震动很大，做得不好，会加剧险情。

(九)跌窝抢险

1.险情说明

跌窝又称陷坑，一般是在大雨、洪峰前后或高水位情况下，经水浸泡，在堤顶、堤坡、戗台及坡脚附近，突然发生局部凹陷而形成的一种险情。这种险情既会破坏堤防的完整性，又常缩短渗径，有时还伴随渗水、漏洞等险情发生，严重时有导致堤防突然失事的危险。

2.原因分析

(1)施工质量差。施工质量差主要表现在：堤防分段施工，两工接头未处理好；土块架空；雨淋沟(水沟浪窝)回填质量差；堤身、堤基局部不密实；堤内埋设涵管漏水；土石、混凝土结合部夯实质量差等。施工质量差的堤段，在堤身内渗透水流作用或暴雨冲蚀下易形成跌窝。

(2)堤防本身有隐患。堤身、堤基内有獾、狐、鼠、蚁等动物洞穴，坟墓、地窖、防空洞、刨树坑夯填不实形成的洞穴，以及过去抢险抛投的土袋、木材、梢杂料等日久腐烂形成的空洞等。遇高水位浸透或遭暴雨冲蚀时，这些洞穴周围因土体湿软下陷或流失而形成跌窝。

(3)伴随渗水、管涌或漏洞形成。由于堤防渗水、管涌或漏洞等险情未能及时发现和处理，使堤身或堤基局部范围内的细土料被渗透水流带走、架空，最后土体支撑不住，发生塌陷而形成跌窝。

3.抢护原则

根据险情出现的部位及原因，采取不同的措施，以“抓紧翻筑抢护，防止险情扩大”为原则，在条件允许的情况下，可采用翻挖分层填土夯实的方法予以彻底处理。当条件不允许时，如水位很高、跌窝较深，可进行临时性的填筑处理，临河填筑防渗土料。如跌窝处伴有渗水、管涌或漏洞等险情，也可采用填筑导渗材料的方法处理。

4.抢护方法

(1)翻填夯实

凡是在条件许可，而又未伴随渗水、管涌或漏洞等险情的情况下，均可采用此法。具体做法是：先将跌窝内的松土翻出，然后分层填土夯实，直到填满跌窝，恢复堤防原状为止。如跌窝出现在水下且水不太深时，可修土袋围堰或桩柳围堰，将水抽干后，再行翻筑。如跌窝位于堤顶或临水坡，宜用防渗性能不小于原堤土的土料，以利防渗；如跌窝位于背水坡，宜用透水性能不小于原堤土的土料，以利排水。

(2)填塞封堵

当跌窝出现在水下时，可用草袋、麻袋或土工编织袋装黏性土或其他不透水材料直接在水下填实跌窝，待全部填满后再抛黏性土、散土加以封堵和帮宽，要封堵严密，防止在跌窝处形成渗水通道，见图 3-86。

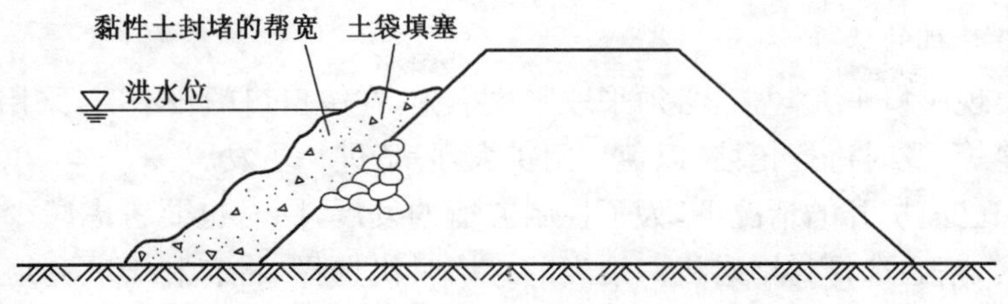

图 3-86　填塞封堵跌窝示意图

(3)填筑滤料

跌窝发生在堤防背水坡，伴随发生渗水或漏洞险情时，除尽快对堤防迎水坡渗漏通道进行截堵外，对不宜直接翻筑的背水跌窝，可采用填筑滤料法抢护。

具体做法是：先清除跌窝内松土或湿软土，然后用粗砂填实，如涌水水势严重，按背水导渗要求，加填石子、块石、砖块、梢料等透水材料，以消杀水势，再予填实。待跌窝填满后可按砂石滤层铺设方法抢护。图 3-87 表示了抢护前后的浸润线对比。

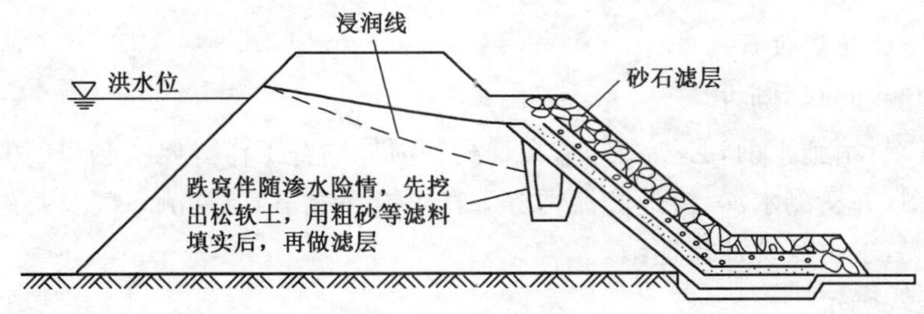

图 3-87　填筑滤料抢护跌窝示意图

5. 注意事项

(1)跌窝险情往往是一种表面现象，原因是内在的，抢护跌窝险情时，应先查明原因，针对不同情况，选用不同方法，备足料物，迅速抢护。

(2)在翻筑时，应根据土质情况留足坡度或用木料支撑，以免坍塌扩大，并要便于填筑；需筑围堰时，应适当留足施工场地，以利抢护工作和漏水时加固。

(3)在抢护过程中，必须密切注意上游水位涨落变化，以免发生安全事故。

三、堤防出现决口险情的抢险

江河、湖泊堤防在洪水的长期浸泡和冲击作用下，洪水超过提防的抗御能力，或者在汛期出险抢护不当或不及时，都会造成提防决口。堤防决口对地区社会经济的发展和人民生命财产的安全危是十分巨大的。

在条件允许的情况下，对一些重要堤防的决口采取力措施，迅速制止决口的继续发展，并尽快实现堵口复堤，对减小受灾面积和缩小灾害损失有着十分重要的意义。对一些河床高于两岸地面的悬河决口，及时堵口复堤，可以避免长期过水造成河流改道。

堤防决口抢险是指汛期高水位条件下，将通过堤防决口处的水流以各种方式拦截、封堵，使水流完全回归原河道。这种堵口抢险技术上难度较大，主要涉及以下几个方面：一是封堵施工的规划组织，包括封堵时机的选择；二是封堵抢险的实施，包括裹头、沉船和其他各种截流方式,防渗闭气措施等。

(一)封堵决口的施工组织设计

1.决口封堵时机的选择

堤防一旦出现决口重大险情,必须采取坚决措施,在决口口门较窄时,采用大体积料物,如篷布、石袋、石笼等,及时进行抢堵,以免口门扩大,险情进一步发展。

在溃口口门已经扩开的情况下,为了控制灾情的发展,同时也要考虑减少封堵施工困难,要根据各种因素,精心选择封堵时机。恰当的封堵时机选择,将有利于顺利地实现封堵复堤,减少封堵抢险的经费和减少决口灾害的损失。通常,要根据以下条件,综合考虑,做出封堵时机的决策。

(1)决口口门附近河道地形及土质情况,估计决口口门发展变化趋势。

(2)洪水流量、水位等水文预报情况,一段时间内的上游来水情况及天气情况。

(3)洪水淹没区的社会经济发展情况,特别是居住人口情况,铁路、公路等重要交通干线及重要工矿企业和设施的情况。

(4)决口封堵料物的准备情况,施工人员组织情况,施工场地和施工设备的情况。

(5)其他重要情况。

2.决口封堵的组织设计

(1)水文观测和河势勘查

在进行决口封堵施工前,必须做好水文观测和河势勘查工作。要实测口门的宽度,绘制简易的纵横断面图,并实测水深、流速和流量等。在可能情况下,要勘测口门及其附近水下地形,并勘查土质情况,了解其抗冲流速值。

(2)堵口堤线确定

为了减少封堵施工时对高流速水流拦截的困难,在河道宽阔并具有一定滩地的情况下,或堤防背一侧较为开阔且地势较高的情况下,可选择"月弧"形的堤线,以有效增大过流面积,从而降低流速,减少封堵施工的困难。

(3)堵口辅助工程的选择

为了降低堵口附近的水头差和减少流量、流速,在堵口 前可采用开挖引河和修筑挑水坝等辅助工程措施。要根据水力学原理,精心选择挑水坝和引河的位置,以引导水流偏离决口处,并能顺流下泄,以降低堵口施工的难度。

对于全河流夺流的堤防决口,要根据河道地形、地势选好引河、挑水坝的位置,从而使引河、堵口堤线和挑水坝三项工程有机结合,达到顺利堵口的目的。

(4)抢险施工准备

在实施封堵前,要根据决口处地形、水头差和流量做好封堵材料的准备工作。要考虑各种材料的来源、数量和可能的调集情况。封堵过程中不允许停工待料,特别不允许在合龙阶段出现间歇等待的情况。要考虑好施工场地的布置和组织,充分利用机械施工和现代化运输设备。传统的以人力为主,采用人工打桩、挑土上堤的方法,不仅施工组织困难,耗时长、花费大,而且失败的可能性也较大。因此,要力争采用现代化的施工方式,提高抢险施工的效率。

(二)决口抢险的实施

堤防溃口险情的发生,具有明显的突发性质。各地在抢险的组织准备、材料准备等方面都不可能很充分。因此,要针对这种紧急情况,采用适宜的堵口抢险应急措施。

为了实现溃口的封堵，通常可采取以下步骤。

1. 抢筑裹头

堤防决口后，为防止水流冲刷扩大口门，应对口门两端断开的堤头及时采取保护措施。及时、有效地抢筑裹头处，这样可以防止险情的进一步发展，减少此后封堵的难度。同时，抢筑坚固的裹头，也是堤防决口封堵的必要准备工作。因此，及时抢筑裹头，是堤防决口封堵的关键之一。

要根据不同决口处的水位差、流速及决口处的地形、地质条件，确定有效抢筑裹头的措施。这里重要的是选择抛投料的尺寸，以满足抗冲稳定性的要求；选择裹头形式，以满足施工要求。

通常，在水浅流缓、土质较好的地带，可在堤头周围打桩，桩后填柳枝或柴料防护或抛石裹护。在水深流急，土质较差的地带，可在堤头铺放土工布软体排或抛"柴石枕"、做"柴石搂厢"裹头、采用抗冲流速较大的石笼等进行裹护。

除了传统的打桩施工方法，可采用螺旋锚杆方法施工。螺旋锚杆其首部带有特殊的锚针，可以迅速下铺入土，并具有较大的垂直承载力和侧向抗冲力。首先在堤防迎水面安装两排一定根数的螺旋锚，抛下砂石袋后，挡住急流对堤防的正面冲刷，减缓堤头的崩溃速度；然后，由堤头处包裹向背水面安装两排螺旋锚，抛下砂石袋，挡住急流对堤头的激流冲刷和回流对堤背面的淘刷。亦有采用土工合成材料或橡胶布防护的施工方案，将土工合成材料或橡胶布铺展开，并在四周系重物使它下沉定位，同时采用抛石等方法予以压牢。待裹头初步稳定后，再实施打桩等方法进一步予以加固。

2. 沉船截流

根据堤防决口抢险的经验，沉船截流在封堵决口的施工中起到了关键的作用。沉船截流可以大大减小通过决口处的过流流量，从而为全面封堵决口创造条件。

在实现沉船截流时，最重要的是保证船只能准确定位。在横向水流的作用下，船只的定位较为困难，要精心确定最佳封堵位置，防止沉船不到位的情况发生。

采用沉船截流的措施，还应考虑由于沉船处底部的不平整，使船的底部很难与河滩底部紧密结合的情况。这时在决口处高水位差的作用下，沉船底部流速仍很大，淘刷严重，必须迅速即抛投大量料物，堵塞空隙。在条件允许的情况下，可考虑在沉船的迎水面打钢板桩等阻水。有人建议采用在港口工程中已广泛采用的底部开舱船只抛投料物。这种船只抛石集中，操作方便。在决口抢险时，利用这种特殊的抛石船只，在堵口的关键部位开舱抛石并将船舶下沉，这样可有效实现封堵，并减少决口河床冲刷。

3. 进占堵口

在实现沉船截流减少过流流量的步骤后，应迅速组织进占堵口，以确保顺利封堵决口。常用的进占堵口方法有立堵、平堵和混合堵三种。另外，还有一些其他的堵口方法。

(1)立堵法：立堵是从口门两端同时向中间进占，沿着拟定的堵口堤线向水中进占，逐渐缩窄口门，最后将所留缺口抢堵，实现合龙的方法。堤坝溃决后，先在决口两端堤坝做成裹头防护，再迅速抛石笼、块石、"柳捆"和土料向口门中间推进填筑。

采用立堵法，最困难的是如何实现合龙。随口门逐渐缩窄，上下游水头差增大，流速随之加大，将此口门称之为"龙口"。在立堵到一定程度后，高速水流使抛投物料难以到位。在这样的情况下，龙口必须改用抗冲能力更大的物料和快速的施工设备抢堵，要做好施工组织，采用机械运输巨型块石笼抛入龙口，以实现快速顺利合龙。在条件允许的情况下，可从口门的两端架设缆索，以加快抛投速率和降低抛投石笼的难度。

(2)平堵法：平堵法是指沿着选定的坝基线，自河底向上抛投料物，如柳石枕、石块、石枕、土袋等，逐层填高，直至高出水面，以堵截水流。平堵是由口门底部逐层填高封堵，堵口前先在口门两端直接抛石笼、块石进行抛护，也可打排桩、桩后挡柴排、排后填土做成裹头，然后在口门中间打排桩架桥后在桥上或船上进行平抛物料，沿口门底部逐层填高，直至堵口物料高出水面堵住水流。

这种方法需要的材料、施工附属施较多，费用较大，主要适用于水头较小、河床易受冲刷的情况。平堵有架桥和抛投船只两种抛投方式。

(3)混合堵法：混合堵法施工方便、就地取材、费用较少。传统上经常采用，堵口经验比较丰富。当立堵进占到一定程度时，口门缩窄，流速增大，加剧了对河床的冲刷，因此口门合龙好坏是堵口成败的关键。在采用立堵法和平堵法均无效时，可采用混合堵。混合堵是立堵和平堵相结合的堵口方式。

堵口时，根据口门的具体情况和立堵、平堵的不同特点，因地制宜，灵活采用。混合堵的基本方法是：采用立堵法堵口进占到龙口，龙口处水流湍急，继续采用立堵有困难时，先采用平堵法将龙口底部逐层垫高，使流量流速减少到一定程度后，再用立堵法合龙断流，抛土袋或填筑土台闭气。平堵与立堵相结合效果好、费用省，为一般堵口工程所采用。

(4)其他堵口方法：在河道堤防工程中，常用的其他堵口方法有“沉柳淤”法堵口、沉船法堵口和钢板与土坝结合堵口等，其中沉船堵口在我国南方地区采用较多。

沉船口的抢堵措施是：先在决口两侧滩地上用船打桩抛土袋进占，当口门缩窄到一定宽度时，下沉一条装满块石或土袋的船只，并在船的迎水面抛投土袋合龙断流；在土(袋)堰的迎水而铺放大帆布，然后抛土袋进行压重闭气，然后加固土堰。为确保土堰安全，最后在上游加筑一道草袋土堰在两道土堰之间，用土填实连成一个整体。

4. 防渗闭气

防渗闭气是整个堵口抢险的最后一道工序。因为实现封堵进占后，堤身仍然会向外漏水，要采取阻水断流的措施。若不及时防渗闭气，复堤结构仍有被淘刷冲毁的可能。通常，可用抛投黏土的方法，实现防渗闭气。亦可采用水盆法，修筑月牙堤蓄水以解决漏水。土工膜等新型材料，也可用以防止封堵的渗漏。

(三)堤防决口后的复堤

堵口时所筑成的截流坝，一般是临时抢修起来的，不仅坝体比较矮小，且质量不符合防洪堤坝的要求，达不到防御洪水的标准。因此在堵口截流工程完成后，紧接着要进行复堤工作，将决口处的截流坝修筑成原设计的坝体断面形式。堵口复堤断面示意如图 3-88 所示。

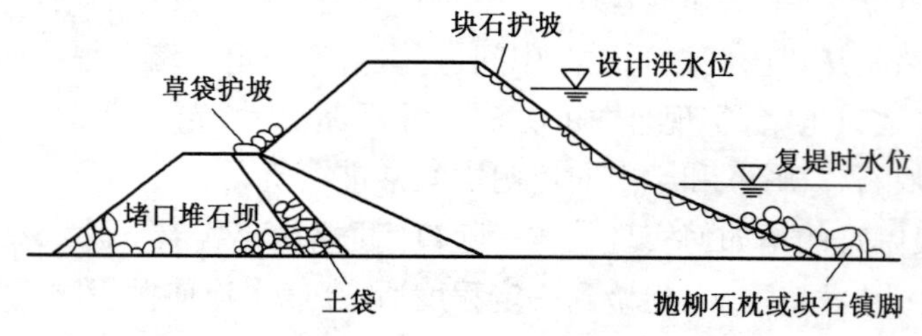

图 3-88　堵口复堤断面示意图

现将复堤工程的设计标准、断面、施工方法及防冲措施等简述如下。

(1)复堤轴线和堤防高程。由于堵口断面存在堤身薄弱、堤基易透水、填上的土体混杂、背水有冲深潭坑等弱点,复堤轴线应当离开堵口轴线,堵口的土体不能作为新复堤的有效断面;新复堤的坝体有较大沉降,堤防还要有比较富余的超高。

(2)断面设计。一般应恢复原设计的坝体断面尺寸,但为防止堵口存在隐患,还应适当加大断曲。断面布置可以将截流坝体作为后戗,临河面填筑土坝,堤坡度应适当加大,水上部分为1:3,水下部分为1:5。

(3)堤防施工。首先对周围土场进行合现安排。如因决口土壤的含水率过大,可先在土场开沟滤水,以降低土壤的含水率。其次再取土时按照“先远后近、先低后高、先难后易”的原则进行。在进行筑堤时,临水面用黏性上,背水面用砂性土。堤身填出水面后,要分层进行填土碾压或夯实,严格按照设计要求施工,确保工程质量。

(4)护坡防冲。堵口复堤段是新修筑的堤防,未经洪水的考验,有多在迎着水流顶冲的地方,所以还应考虑在新堤上修筑护坡防冲工程。水下护坡以加固坡脚防止坡脚滑动为主,水上护坡以防冲、防浪为主。

四、抢险物料与运用

(一)砂石料

1.砂

砂是防汛抢险的常用材料,一般都使用天然砂(河砂、海砂、山砂等),要求具有良好的级配(即粗细搭配均匀)。一般以平均粒径将砂子分为4级:

粗砂,平均粒径在0.50mm以上;

中砂,平均粒径为0.35~0.55mm;

细砂,平均粒径为0.25~0.35mm;

特细砂,平均粒径在0.25mm以下。

砂在防汛抢险中主要用作反滤料,装袋后作具有透水功能的填筑料。

2.碎石(卵石)

碎石是由各种硬岩石(花岗岩、石英岩、石灰岩、砂岩、玄武岩等)经人工或机械破碎并适当筛选而成。碎石有天然碎石和人工碎石两种,天然碎石是取自于河床内,经人工或机械挖掘、筛选而获得的砾石或河卵石。

碎石在防汛抢险中主要用于反滤层的铺设,也作为反滤层的粗骨料。碎石的要求是级配适当、洁净。

碎石、砂的存储。碎石、砂的存储难度较大,易于散失和混入杂物。存放时应修筑料池、加盖封顶,防止散失和混入泥土、杂草等。储备防汛用碎石、砂还要注意级配搭配,各种不同规格碎石、砂要标记明显,不得混杂。

3.块石

块石是由爆破直接获得的石块,形状不规则,或仅有一两个自然平面,为修筑坝岸和防汛抢险常用的材料,对分布在河流下游两岸的险工、控导护滩工程上,按“照顾重点,兼顾一般”的原则进行储备。根据块石质量大小不同,又可划分为一般块石和大块石两类。

①一般块石。每块质量为20~75kg,常用于修筑坝岸水上部分。质量不足30kg的块石,

不得用于水下撒抛工程，且单块石重在20～30kg的比例不得大于总质量的20%。防汛用石要求按“一般块石”标准采运储备。

②大块石。每块重约75～150kg，或者更重，多用于坝的上跨角及前头的护根部位。

4. 料石

(1)料石的运用

料石是以人工或机械开采出的较规则的天然石块，经人工凿琢加工而成。根据表面平整程度的不同，可分为毛料石、粗料石、半细料石和细料石四种。料石多用于码砌稳定的坝、垛、护岸以及桥涵等工程。

(2)料石的储备

料石属于笨重物资，不易搬运，搬运时应尽量一次到位，合理分布在防汛需要的指定部位。为了便于管理和保持工程管理面貌，存放以码方为好。为便于计量，方垛要整齐划一，一般每垛以10的倍数为宜(视场地情况而定)，要求码方“顶平、边齐、心实”，每垛两端中下部明显标注坝号、垛号、数量等。

综上所述，碎石、块石在防汛抢险中用量较大，它是防洪工程附近的主要储备料物，若险情较大或大型截流合龙工程用石特别多时可采用临时调运石料的办法予以补充。块石用于抛石护根、压枕、沉排、抛石以及坝岸裹护等作用明显，要求使用质地坚硬、未经风化以及块体较大的石料。

(二)编织袋

在防汛抢险中，袋类的应用非常广泛，主要用途有：装土压重、抢修子堤、护坡、修筑反滤围井、修筑月堤、堵口、堵塞漏水闸门等。目前防汛存储的袋类主要是麻袋和编织袋。麻袋与编织袋的库存比例以1∶9为宜。

1. 麻袋

麻袋多用黄麻织成，具有较高的强度、容易保存及运输，若妥善保管，储存期可达20年甚至更长。

(1)麻袋是用一块或两块麻布用卷绕法或连锁法缝制。

(2)缝制麻袋的坏布，一般经过扎光机整理。

(3)麻袋的袋口不是布边时应缝口，缝口处应在袋角扎口。用圆筒缝口法时可以不扎口。

麻袋易受潮，应放在干燥、通风的库内，垛底应用木板架空离地面20cm以上。防汛用麻袋每垛不宜过大，以便于通风和发用，一般每垛以1 000～3 000条为宜。方垛应离开仓库墙面0.5m以上，避免阳光直接照射，每捆(包)之间应留有空隙。存放麻袋应注意防火、防虫蛀。

2. 塑料编织袋

(1)塑料编织袋的运用

塑料编织袋由塑料线绳编织而成，由于其体积小、质量轻、易储存、便于运输、柔性好等优点，近几年来在防汛抢险中得到越来越多的运用。与麻袋相比，同尺寸规格的编织袋重量约为麻袋的1/8，体积约为麻袋的1/8。

塑料编织袋规格尺寸较为灵活，可根据用户要求任意加工。主要有填料土、砂后用于抢险堵漏、筑子埝等用途的编织袋；有加工袋装构件的化纤膜袋；还可加工用作土枕或长管袋等。

防汛抢险用编织袋产品性能的重要影响因素是渗透系数和摩擦系数，它们直接影响编织袋在抢险中的应用范围和应用效果。

(2)编织袋的包装、运输、储存

袋的包装应牢固、平整，适应于运输。每包件包装条数由供需双方协商决定。每包件应有产品合格证。袋在运输过程中要轻装轻卸，避免日晒雨淋，保持包装完整。袋应置于阴凉、洁净的室内储存，储存日期从出厂日期算起，不得超过18个月(指仍能满足各项性能标准值的存放期限，防汛备用时能满足防汛使用要求规定存放期限为5年)。

(三)绳索

在防汛抢险中，绳的用途非常广泛，种类也很多。绳的用途主要有：捆扎及固定抢险构筑物和料物、连接抢险工具器材、用于人身安全防止意外、做吊具或索道、船缆或锚缆等。

1.麻绳类

(1)麻绳品种及运用

盘绳：以苎麻为原料，每条长66.7m，直径5.5cm，以三股合成，质量约60kg。主要用于截流堵口工程中的过肚绳、占绳、底钩绳、把头缆和“明家伙”绳等。

细绳：以苘麻为原料，两股合成，直径1cm，用以编织合龙用的龙衣。

麻经子：以单股苘麻拧成，直径1cm以下。用以扎龙衣、防凌爆破捆炸药或其他零星捆扎用。

核桃绳：以苘麻、熟红麻等为原料，三股合成，直径2.5～3cm，长17m，质量2.5～3.5kg，主要用于练子绳。

六丈绳：用熟红麻或苘麻等三股合成。长20m，直径3～4cm，质量7.5～9kg，主要用于埽占的对抓子和不甚重要的“家伙”绳。

八丈绳：用熟红麻或苘麻等三股合成。长27m，直径4～5cm，质量10～12.5kg。主要用于厢埽的各种“暗家伙”绳及底钩绳。

十丈绳：用熟红麻或苘麻等三股合成。长33m，直径5～6cm，质量17.5～25kg。主要用于底钩绳及各种“暗家伙”绳。

十二丈绳：用熟红麻或苘麻等三股合成。长40m，直径6～7cm，质量35～40kg。主要用于埽占的底钩绳、占绳、箍头绳、穿心绳。

大绳：用苘麻等三股合成。长66.7m，直径7～9cm，质量60～80kg。用于厢埽各种“明家伙”绳及截流、堵口的过肚绳、占绳、底钩绳、把头缆和合龙缆。

(2)麻绳的运输及储存

运输时严加覆盖，防火防潮；严禁与污染物品和易燃、易爆等危险物品混装；必须在干燥通风的场所分等堆放，防火、防潮、防污染。

2.尼龙绳

近些年，尼龙绳发展很快，在防汛抢险中亦多采用尼龙绳取代麻绳和铁丝。聚乙烯尼龙绳的主要优点是：无毒；耐酸、碱及盐类水溶液的腐蚀；柔软不易破裂，长期浸水不腐烂；重量轻、强度大；主要缺点是，易老化，尤其是日光照射下老化更快。

3.钢丝绳

钢丝绳是由多层钢丝捻成股，再以绳芯为中心，由一定数量股捻绕成螺旋状的挠性绳索，在物料搬运机械中，供提升、牵引、拉紧和承载之用。钢丝绳的强度高、自重轻、工作平稳、不易骤然整根折断，工作可靠。

钢丝绳起到承受载荷的作用，其性能主要由钢丝决定。钢丝是碳素钢或合金钢通过冷拉或冷轧而成的圆形(或异形)丝材,具有很高的强度和韧性,并根据使用环境条件不同对钢丝进行表面处理。

绳芯的主要作用是增加钢丝绳弹性和韧性、润滑钢丝、减轻摩擦,提高钢丝绳使用寿命。常用的绳芯类型包括有机纤维(如麻、棉)、合成纤维、石棉芯(高温条件)或软金属等材料。

(1)分类

钢丝绳可按形状、层次、状态等方式分类。

按形状分为:圆股钢丝绳、编织钢丝绳和扁钢丝绳。

按层次分为:单绕绳、双绕绳和三绕绳。单绕绳由若干细钢丝围绕一根金属芯拧制而成,挠性差,反复弯曲时易磨损折断,主要用作不运动的拉紧索,双绕绳由钢丝拧成股后再由股围绕绳芯拧成绳。常用的绳芯为麻芯,高温作业宜用石棉芯或软钢丝拧成的金属芯。制绳前绳芯浸涂润滑油,可减少钢丝间互相摩擦所引起的损伤。双绕绳挠性较好,制造简便,应用最广;三绕绳以双绕绳作股再围绕双绕绳芯拧成绳,挠性好,但制造较复杂,且钢丝太细,容易磨损,故很少应用。钢丝绳的绕制方向有顺绕和交绕两种。钢丝拧成股的绕向与股拧成绳的绕向相同者称顺绕。顺绕钢丝绳的钢丝间接触较好,挠性也较好,使用寿命长,但有扭转松散的趋向,不宜用作自由端悬吊重物的提升绳,可作为有刚性导轨对重物导行时的提升绳或牵引绳。钢丝拧成股的绕向与股拧成绳的绕向相反者称交绕。交绕的钢丝绳不易扭转松散,在起重作业中广泛使用(图 3-89)。钢丝绳也可按股中每层钢丝之间的接触状态分为点接触、线接触或面接触三种。

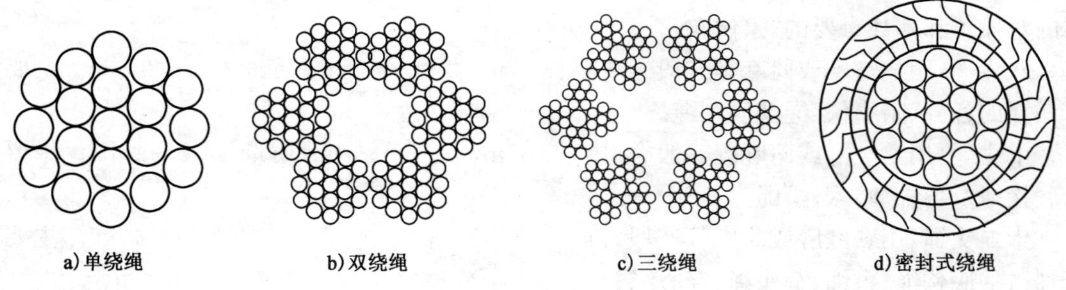

图 3-89 钢丝绳的拧绕层次

(2)特点

钢丝绳能够传递长距离的负载,承载安全系数大,使用安全可靠,自重重量轻,便于携带和运输,能够承受多种载荷及变载荷的作用,具有较高的抗拉强度、抗疲劳强度和抗冲击韧性,在高速工作条件下,耐磨、抗震、运转稳定性好,耐腐蚀性好,能够在各种有害介质的恶劣环境中正常工作,柔软性能好,适宜于牵引、拉拽、捆扎等多方面的用途。

(3)应用

钢丝绳在水利上主要应用于小型水库特型闸门启闭、大中型水利工程检修闸门、溢洪道闸门启闭上。在防汛抢险中,钢丝绳可用于临时开启闸门,车辆牵引,大型物体、设备的固定,大型水上漂浮物固定。

(四)桩

1. 木桩

木桩在防汛抢险中的应用十分广泛,绝大部分险情的抢护都离不开木桩,主要作用是用来固埽。木桩分为三类:长者称为桩,短者称为橛,短而细的称为签桩。各类木桩多以各种原木制作，而且仍在沿用过去的习惯叫法。

橛：长度及直径视需要而定，可用作修筑堤坝边桩、中心桩、临时水准桩等。

签桩：长 1～1.5m，梢径 5cm，顶径 7cm，用作拴系练子绳、“包眉子”及“明家伙”的齿牙等。

家伙桩：长 2m，梢径 9cm，顶径 12cm，用作埽工中使用的各种桩。

长桩：长 3.5～5m，梢径 12cm，顶径 18cm，主要用做“提脑”、揪艄、桩柳坝等。

特长桩：长 5～15m，梢径 14～26cm，顶径 20～35cm，主要用做硬厢、签埽和桩柳坝等。

凌排桩：长 3～5m，用铁丝或绳子绑成方格形桩排，挂于埽眉前或其他工程上，以防流凌冲击工程。

志桩：修堤、进占时，按工程进度竖立的标志或安在河边刻上尺度，用以读记水位的桩（现在称为水尺）。

2. 钢桩

防汛抢险中一般运用无缝钢管，规格尺寸为管内径 3.5cm，管外径 5cm，长度为 6m，主要用于搭建抢险临时工作桥，临时工棚，固定受损的混凝土建筑物，还用于钢木土石组合坝封堵决口。

（五）堵漏新材料

1. 堵漏袋

TPDI 型防洪堵漏袋（淡水型）利用高分子聚合物的高倍率吸水膨胀性融合速凝助渗物质而成，适合用作挡水墙堰的防洪截流、填堵管涌裂缝、止漏固堤等防洪抢险和备料。

该产品体积小、质量轻、储存运输方便，用后易于处理。使用时无需另加填充物，吸水前质量约 500g 遇水后体积快速膨胀，质量迅速增加，3～5min 内可达 20kg。无毒、无味、无污染，利于环保。晾晒干燥后，在外袋未破损的情况下可再次使用。

2. 管涌停

该产品是最新生化工程技术产品，利用非离子性高分子聚合物的快速吸水与溶胀性能，添加超微纤维小丝及催化剂增强其速固性与抗拉强度，同时耦合出理想的弹性，能在 1min 内涨至 600%～700%，适用于土质堤坝的管涌渗漏险情处理，可快速堵塞管涌漏洞。

（六）堵口金属网箱

1. 金属网兜

金属网兜是指由机编双绞合六边形金属网面构成的圆柱形工程构件，其中装入块石等填充料，构成具有柔性、透水性的结构，在防汛抢险中可用于堵口、堵漏骨料、镇脚、防崩塌、防滑动等。

2. 金属网笼箱

用扩张金属网加工制成的网笼箱已在防洪抢险、堤围加固、挡土墙、水利工程施工围堰等方面广泛应用。将展开的金属扩张金属网合龙组合成长方形，上盖不锁，其他用金属螺旋旋进锁柱。然后将石头放入笼箱内，盖上上盖，用金属螺旋旋进锁柱即可使用。主要用于堵口、堵漏。

（七）新材料子堤

1. 板坝子堤

板坝子堤作为一种新型现场装配式挡水子堤，较好地克服了传统子堤的不足，具有依水治水、高效快捷；组坝灵活、适应性强；便于储运、造价低廉；回收复用、绿色环保等特点。子堤单元宽 1m，适用堤质：砂壤土、壤土、黏土，子堤高 1.2m，挡水高度 0.65～0.8m，原堤宽 4.0m 以上。由角架横梁、挡水面板、橡胶弹性体、定位固定桩组成。

主要用于砂壤土、壤土、黏土及混凝土等软硬质堤防作应急防漫堤抢险。

2. 浮坝子堤

浮力坝式应急挡水子堤是一种柔性膜结构的挡水体，从结构上讲，就是一种特殊形式的橡胶坝，其特殊性在于，它不是通过向坝袋内充水(气)，使坝体充胀隆起挡水，而是利用坝体自身所具有的浮力，使坝体自动浮起挡水。浮力坝应急挡水子坝是一种整体性很强的单元模块化挡水子堤，在抗洪抢险过程中运用，能够快速构筑应急挡水子堤，加高堤坝，防止洪水漫溢；快速构筑应急防洪围堰，防止洪水侵入；在城市内涝抢险中，可以利用浮力坝式应急挡水子堤将城市的空地(如广场、操场、绿地)快速围成蓄水池，将不能及时排除的积水先抽到池中暂存，当排水管网的排水负荷减轻以后，再把积水抽排走，以此不但可以缓解城市排水的压力，同时，还可以起到回灌地下水的作用。

(八)抢险用布

1. 帆布

帆布是一种较粗厚的棉织物或麻织物。具有防晒功能，在防汛抢险现场可以作为设备露天遮盖之用。

2. 彩条布

彩条布是篷布的一种，一般分为聚乙烯彩条布和聚丙烯彩条布，俗称为新料彩条布和旧料彩条布。前者颜色鲜艳，柔韧性好，使用寿命长，但价格稍贵，适用于长时间使用；后者颜色稍暗淡，柔韧性较差，但性价比高，适用于临时使用。具有耐晒和良好的防水性能。在防汛抢险现场可作为搭建临时用房和设备露天遮盖之用。

3. 土工合成材料

可分为土工织物、土工膜及复合土工合成体、土工特种材料四大类。

(1)土工织物。土工织物是一种透水性材料，一般以丙纶、涤纶和锦纶及其他合成纤维为材料，按其制作方法可分为织造型、非织造型两种。织造型是用一系列单丝按一定的连锁方式编织而成，一般由相互正交的经和纬两组纤维机织而成；非织造型土工织物是把短纤维、长纤维做成定向或随意排列，经针刺或热力黏合、化学黏合而成，最大特点是强度无明显方向性，因此它的用途比较广泛。

(2)土工膜。一般分为沥青和聚合物两大类。两类中又各有不加筋和加筋之分。聚合物土工膜用得最多的是 PVC、CPE、CB、HDEPE、CSPE 等。

(3)复合土工合成体。复合土工合成体是土工薄膜和土工织物两种材料的复合体，其制作可以一布一膜、二布一膜等类型。薄膜起防渗作用，而织物既能排水(排气)，又能弥补薄膜自身强度的不足。其优点是：强度加强，提高变形模量，易消散浮拖力和空隙水压力。用作防渗和抢险中堵截渗漏等。

(4)土工特种材料。主要制成土工格栅、土工带、土工网、土工石笼、土工管、土工模袋、三维网垫、EPS、土工格室等，它多用于土体与加固。如软土地基加固，在稳定的地基上兴建陡坡、挡土结构物，抢护堤防坍塌。

(九)新式围井

1. 装配式围井

防汛装配式围井是由单元围板现场装配而成，主要用于抢护堤坝管涌破坏险情，具有抢护

速度快、效果好和可重复利用等优点。它既可用于抢护单个管涌,又可抢护管涌群。装配式围井由以下几部分构成:

(1)单元围板。单元围板是装配式围井的主要组成部分。单元围板主要由挡水板、密封条、连接件等三部分组成。挡水板为高强玻璃钢板,具有抗拉和抗冲击强度高等优点;3 个连接孔为 7mm,与 3 个铆螺母联结,以便连接单元围板;围板成六边形配置,每面设置一个排水孔,排水孔直径应为 25mm,排水孔距离面板上缘 150～200mm。

(2)拐角面板。两面夹角为 120°,它的主要作用是连接和固定单元围板,使得面板转向,是封闭围井的前提。

(3)排水系统。排水系统由带堵头排水管件构成,主要作用为调节围井内的水位。

(4)止水系统。单元围板间采用弹性橡胶堑,用于防止单元板间漏水。

(5)过滤系统。控制管涌流动的土颗粒,使之恢复稳定。

2.浮力围井

浮力围井使用方法如下:

(1)在管涌口附近将围井展开,开始给气囊充气。

(2)先充下面的气囊,再充上面的气囊。

(3)在给围井充气的同时,对管涌口周围进行清理,将杂草乱石尽可能的清除干净,并做好反滤。

(4)将充好气的围井套在管涌口上,并将围井底部整理平整,使之以管涌口为中心。

(5)用砂土袋将围井环状底部压实,防止走水。

五、巡堤查险方法

在防汛抢险中,巡堤查险是一项极为重要的工作。沿江各地区从实践中总结出一套较好的办法,现综合介绍如下:

(1)巡堤查险队的队员,首先必须挑选责任心强,有抢险经验、熟悉堤情的人担任。巡查队员分基本队员和后备队员。基本队员在水情到达设防水位时上堤巡查,后备队员在水情到达警戒水位时参加巡查。

(2)巡堤查险任务,应按堤段的重要情况配备力量,固定某段由队包干,统一领导,分段负责。同时,各队也可分派专组、专人、专地看守,使熟悉堤情、水情以及估计可能发生的险情。对一般险情及时处理,定期汇报;对重大险情,随时上报并提出意见。

(3)巡查交接时,交接班应紧密衔接,以免脱节。接班的巡堤队员提前上班,与交班的共同巡查一遍,交代情况。相邻小队碰头时应互通情报。并应建立汇报、联络与报警制度。

(4)巡查方法:堤上、堤下,堤身内外均要进行巡查,对堤内情况要加强侦察。每组5～7人成排前进。一人走堤外水边,乘浪花起落的时机,用脚察探破绽和防浪情况;一人走堤顶,查看堤顶和内肩以下若干米的堤坡,注意有无跌窝和裂缝;一人走背水水坡堤腰;一人走堤内脚;一人走渍水边,注意浸漏、滑脱现象及草下暗漏。如果堤脚附近没有渍水池,要在离堤脚较远处巡查有无管涌险情。巡堤人员要时分时合,迂回巡查,不可有空白点,要不断交换情况。在风雨夜或风浪大时,堤外水边巡查人员要注意安全。

查险是一件细致艰苦的工作,天气越恶劣(狂风、暴雨、黑夜),查险工作越要抓得紧。不仅对重点险工堤段要加倍注意，对一般堤也决不可放松，根据各地经验，巡堤查险必须做到“四到”“五时”“三清”“三快”。

四到：手到，主要是用手来探摸和检查。检查堤边签桩或堤上绳缆是否有松动拉断情况。脚到，用脚察探发现险情。特别是不易发现险情的水淌地区，更要靠赤脚来试探水温及土壤松软情况。如水温很低有浸骨感觉就要仔细检查，可能是由冒水孔或漏洞来的水；如土壤松软，深入内层而软如弹簧，说明不是正常的情况。堤外坡有无跌窝崩塌现象，一般也可用脚在水下探摸发现。眼到，用眼看清堤面、堤坡脚有无崩挫、裂缝、散浸、管涌等现象，看清堤外水边有无浪坎、崩坍、近堤水面有无漩涡等现象。耳到，用耳探听水声，有无异样的声音。

五时：是指吃饭时、换班时、黄昏时、黎明时、刮风下雨时。在这些时候最容易疏忽忙乱，注意力不集中，容易遗漏险情。同时对险情和隐患处理后，还要注意观测，必须提高警惕。

三清、三快：巡查前后要三清、三快。三清：即险情查清、信号记清、报告说清。三快：即发现险情快、报告快、处理快。这样才能做到及时发现险情；小险迅速处理，以免发展扩大；重大险情，上级能及时准确了解，必要时能调集力量支援抢护。

(5)巡查时所带工具，一般常用到几种巡查工具如下：记录本用来记录险情用；小红旗供作险情标志；木尺用作丈量险情对某一显著目标的部位的尺寸；铁铲用以拔草及试探堤内土壤较内层的松软情况；锯木屑用来当堤身浸漏时抛于堤外江面以发现小漩涡；手电筒或火把便于黑夜巡查照明。各地区应根据具体条件和堤段最大可发生的险情，对所带的工具而有所增减。

第七节　堰塞湖综合处治技术

堰塞湖是指原有水系被阻塞物阻断溪流，因而造成上游淹没成湖。堰塞湖作为一种较为常见的次生灾害，主要是由于滑坡、崩塌、泥石流、火山熔岩及冰川的冰碛物堆积等造成的河道堵塞，进而蓄水形成湖泊。堵塞河道的滑坡体，称“堰塞体”，实际上是一座天然水坝。在堰塞湖形成的当时，如果它对上下游构成威胁，就要采取紧急措施进行处理，自从“5·12”汶川大地震以来，堰塞湖及其巨大的危害给人们留下了深刻的印象。然而，对于那些对上下游不构成威胁堰塞体，经处理后还可加以利用。

一、堰塞湖的形成与危害

堰塞湖是在一定的地质、地理环境下形成的，通常需要具备以下几个基本条件：

(1)堰塞湖形成区域内有江河流过，且河床宽度不是很大，尤其是山区的“V”形河谷更有利于堰塞湖的形成。

(2)在地震、降雨、融雪以及人类活动等因素的作用下，江河岸坡的山体有发生大型滑坡、崩塌、泥石流等山地灾害的可能。

(3)河道上游必须有充分的水源条件或极强降雨的汇流条件。

根据形成堰塞体的常见山地灾害类型，可以将堰塞湖大致分为：滑坡型堰塞湖、崩塌型堰塞湖和泥石流型堰塞湖。

从形成过程和其可能造成的灾害，可以将堰塞湖分为高危型堰塞湖、稳态型堰塞湖和即生即消型堰塞湖。高危型堰塞湖是指形成堰塞湖后，河道依然保持原来的下泄路径，没有别的泄流通道，造成堰塞湖内持续蓄水，而坝体又不稳定，虽大部分堰塞坝体并不会马上被冲垮，但随着蓄水量的增大，逐渐形成管涌或裂缝，在形成后几天甚至若干年后被水压冲垮，垮坝时将有巨大的能量释放出来，形成严重的次生水灾。稳态型堰塞湖亦称“死湖”，是指在形成后存在了100年以上，未决口垮坝的堰塞湖。即生即消型堰塞湖是指地震时河流遭受崩塌、滑坡、泥石流等物质阻塞，形成短时堰塞湖，但由于坝体松散，很快被累积的湖水冲毁。

据不完全统计，自1856年至2004年，我国共形成了141个地震堰塞湖，平均每年近1个，同时地震堰塞湖还有一个特点，就是较易出现在径流量较大的支流上，特别是穿越山区的支流段。地震堰塞湖造成的次生灾害的严重程度与堰塞湖的数量并没有直接关系，而是同堰塞湖蓄水量、决口下游地区人口经济密度成正相关关系。

堰塞湖造成的次生水灾害主要表现在三个方面：

(1)对于堰塞体上游地区，由于堰塞体堵塞了原有河道，堰塞湖水量没有了下泄通道或者通道下泄能力小，下泄湖水流量远小于上游来水流量，出入湖水量不平衡，湖内水位不断上涨，进而湖水淹没区域扩大，对原有田地、房屋等财产造成淹没损失。

(2)对于堰塞湖下游地区，由于湖水下泄，特别是当堰塞坝快速大范围溃决形成了超过下游河道防洪标准的洪水，对沿河城镇造成了洪水威胁和损失。

(3)堰塞湖湖水受其他原因影响，可能造成水质恶化。

二、堰塞湖排险的目的

堰塞湖排险目的是维护、帮助或加速其实现自身的安全稳定状态，能安全度汛，不致造成山洪等新的次生灾害，或者为实现基础设施恢复等其他工程目标而降低库水位。

(一)维护堰塞体稳定

对于那些堰体稳定、已形成天然泄水槽，可安全度汛的堰塞湖，清除泄水槽的阻塞物，加强量测监控，关注坝体健康状态即可。

(二)帮助堰塞湖泄流

对于坝体稳定，已形成天然泄水槽，采取一定的工程措施，如适当拓宽、加深泄水等，便可安全度汛的堰塞湖。

(三)加速堰塞湖泄流

对于那些堰体长期稳定安全性差，未溢流或虽已溢流但仍不足以安全度汛的堰塞湖，须及时、主动采取科学、安全的工程措施除险。

(四)降低库水位

对堰体结构稳定安全，已能安全度汛的堰塞湖，采取工程措施降低库水位，目的在于保护库区重要文物以及宝贵资源，恢复水库内大型工矿企业和基础设施等。

三、堰塞湖的处治技术

在发生山体滑坡形成堰塞湖的初期，如果堰塞湖对上下游的人民生命财产构成威胁时，就要进行紧急处理。处理措施主要有：

(一)开挖溢洪道

在堰塞湖岸开挖溢洪道(或明渠)是处理堰塞湖的常用方法，如图3-90所示。溢洪道通常

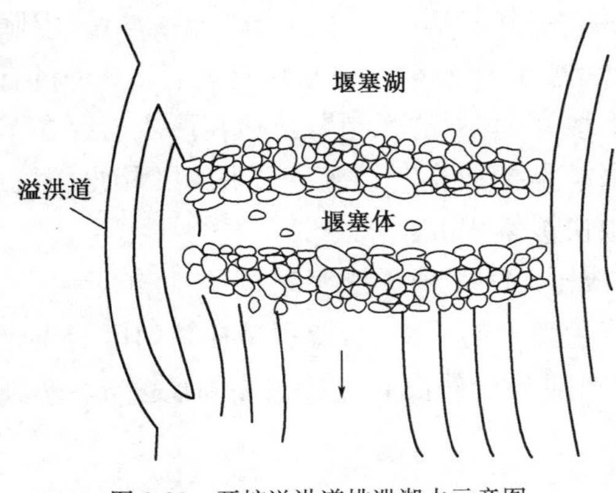

图 3-90　开挖溢洪道排泄湖水示意图

都是将湖水排泄到堰塞体下游的原河道，也可考虑排泄到相邻河道或相邻河道的水库中（要具有这种地形条件，同时在所泄湖水对相邻河道或相邻河道的水库不带来危害的情况下才予考虑）。

汶川大地震中形成的唐家山堰塞湖，就采用了开挖明渠的措施泄流，并取得了成功。在采用溢洪道（明渠）排泄堰塞湖水时，在选线时要注意选在垭口处，以节省开挖量，同时还要注意土质问题，如果是土料，开挖较容易，但防冲刷措施就较困难。如果是岩石，开挖较难，但能防冲刷。

（二）在堰塞体上开挖泄水槽

为控制堰塞湖水以解除堰塞湖对下游的威胁，也可堰塞体上开挖泄水槽，待以后水位上升后排泄湖水。如果堰体是碎石土料，很松散，在湖水经泄水槽下泄时，极易遭受冲淘，严重时甚至可使堰体溃决。为增强泄水槽的抗冲刷能力，确保排泄的顺利进行，建议：

（1）泄水槽的横断面开挖成梯形，槽的纵断面呈流线形。

（2）开挖后，泄水槽要压实。

（3）在槽内铺以加筋型土工膜，并延伸至堰体下游脚。

（4）土工膜的搭接处采用粘接或焊接。

（5）土工膜的上游端采用埋入式锚固，并用土工合成材料石笼加固，见图 3-91。其余各部分均采用戴帽的锚固桩固定，锚固桩呈梅花形布置。

（6）在下游坝脚处设置土工合成材料石笼对土工膜起压重作用和防冲消能作用。

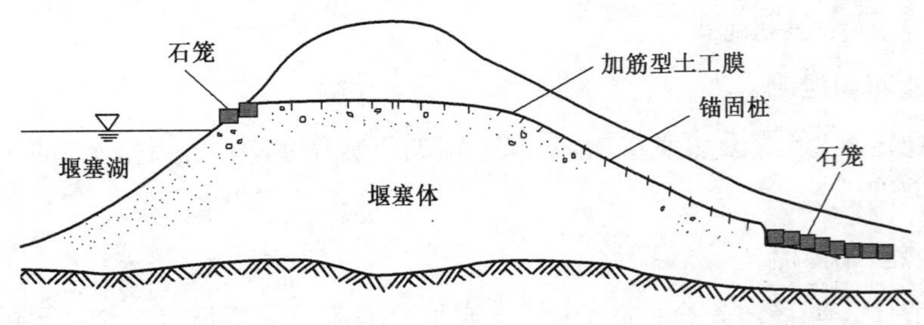

图 3-91　泄洪槽纵剖面图

（三）用虹吸管袋排泄湖水

近二三十年以来，土工合成材料已在水利工程中发挥了革命性的作用，在不少方面取代了传统的方法，改变了传统的观念，如在防汛抢险中早已不用草袋而用土工编织袋，用无纺土工布可有效处理堤坝管涌，三峡围堰工程中采用复合土工膜防渗等等。在处理堰塞湖险情时，如果也采用这种先进的土工材料，会节省大量人力、物力，处理会更有效、更快。这里建议采用加筋型土工膜虹吸管袋的排泄方法。

虹吸管袋用加筋型土工膜与螺旋钢丝做成，如图 3-92 所示。管内用螺旋钢丝起支撑作用，并承受泄水时管内的负压。管袋首、尾端封闭并设简易的拉链式开口（也可设蝴蝶阀式开口）。中间一定部位亦设拉链式开口，用于注水。虹吸管袋放置于堰塞体上的情况如图 3-93 所示。

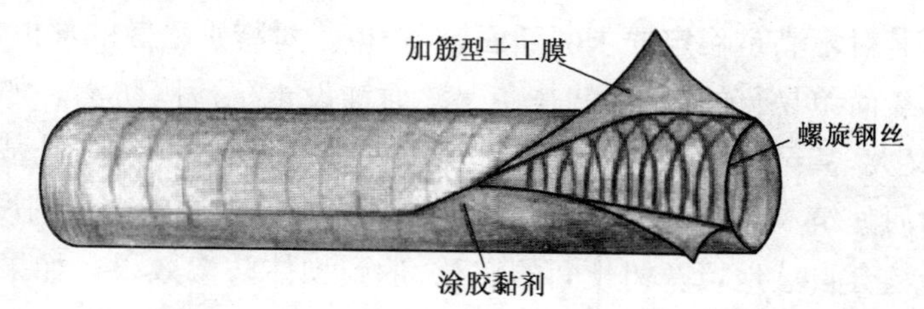

图 3-92　吸管袋的结构

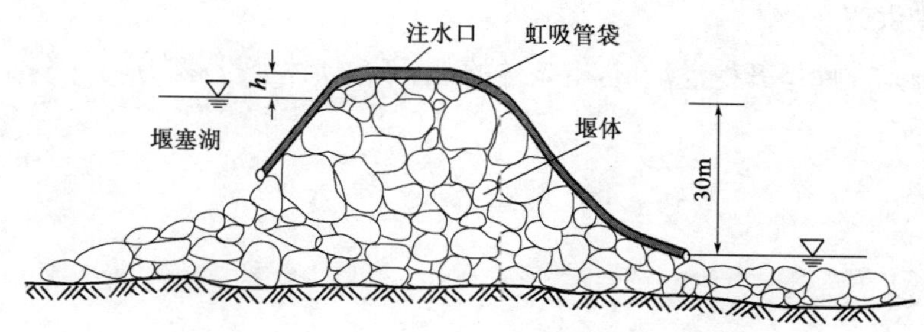

图 3-93　虹吸管袋在堰塞体上的布置

虹吸管袋的使用程序是：

(1)如图 3-92、图 3-93 所示，将管袋置于堰体上，首、尾部拉链式开口关闭。

(2)用人工或水泵从中部开口处向管内注水，至充满为止，并关闭该开口。

(3)打开首、尾开口，形成虹吸式排泄。

(4)将湖水水面降至计划高程(但须注意水位降得太低，即 h 值太大时，虹吸现象就被破坏，一般要求管内真空值不宜超过 8m 水柱高)。

(5)此后的河道来水仍然可以通过管袋排泄。

(6)经以上排泄后，如所剩湖水不致对下游产生威胁，也可用爆破法将堰塞体开出通道宣泄河道来水。

按图 3-93 所拟水头，粗估管袋排泄的流量，见表 3-6。

管袋直径与泄洪流量对应表

表 3-6

管袋直径(cm)	100	90	80	70	60	50
排泄流量(m^3/s)	18	14	10	7	5	3
1d 排泄量(万 m^3)	155	121	86	60	43	26

对某一堰塞湖可同时使用多条管袋。从上表可知，比如对直径 70cm 的管袋，用 1 条，10d 可排泄 600 万 m^3。同时用 5 条，2d 就可排泄 600 万 m^3。

管袋可重复使用，管袋加工、运输都很方便。

四、对保留堰塞湖的处理

堰塞体是一个山体滑坡的自然堆积体，其组成部分可能是尺寸很大的石块，也可能是碎屑土石，但都是松散的。对于这样的松散体要保留下来成为永久性的坝体，就要进行处理。处理包括两方面：一是处理堰塞体；二是设置溢洪道。

(一)处理堰塞体

包括堰塞体加固与防渗处理：

(1)堰塞体加固:对不满足稳定要求的断面,要补填。对特别松散的部位,加以压实。

(2)防渗处理:最简单易行的措施,就是在上游面铺设土工薄膜防渗。如果坝体稳定无问题,河道泥砂含量又大,甚至可以考虑不作人工防渗处理。作这种考虑,是基于借鉴河狸坝的特点。河狸坝是由河狸筑成的坝。河狸筑坝只是在要筑坝的位置紧密地铺设树枝即可,之后,河道中的泥砂与杂物会自然地填塞树枝间的空隙,达到坝体防渗效果。如果对堰塞体不作人为防渗处理(满足上述条件时),也可以说是从仿生学得到的启示。

(二)设置溢洪道

常用的措施是在库岸开挖溢洪道,有条件的,也可在坝体上设溢洪道。

第四章　应急救援安全知识

第一节　长途机动运输

长途机动运输是遂行应急救援抢险、抢通等特殊任务的一种运输保障形式，是在紧急情况下为快速处置突发情况而组织实施的一种特殊运输方式。做好长途机动运输任务中的各项工作，是确保长途机动运输安全，圆满完成机动任务的重要前提和基础。本节主要介绍受领长途机动运输任务后，如何做到长途机动运输安全，确保完成任务的内容与方法。

一、长途机动运输的特点

长途机动运输主要是为应对严重自然灾害、重特大事故发生后，确保下一步应急救援抢险、抢通等紧急任务顺利开展的特殊运输保障，与一般情况下的运输保障相比，具有以下特点：

(一)输送任务的突然性

长途机动运输通常是在紧急情况下遂行的，输送方向、输送规模、输送进度，事先难以预料或征候不明显，通常是在正常情况下，突然受领遂行的特殊任务运输保障。

(二)输送时限的紧迫性

时间就是生命，到位就是胜利。在遂行各项特殊任务机动运输时要确保时限性，要求在有限定的时间内完成运输任务，到达预定地域。

(三)输送情况的多变性

由于特殊任务运输保障具有突发性的特点，往往在短时间内难以掌握具体信息，使输送情况处于若明若暗之中。突发事件瞬息万变，情况的多变性，决定了遂行长途机动运输任务时的输送方式、时限、方向、规模、路径、进度等的不确定性。因此，在遂行任务时必须密切关注事态的发展变化，多手准备，多种方案，不断调整输送组织，以变应变，增强遂行特殊任务运输保障的适应性。

(四)输送组织的复杂性

当前，长途机动运输任务日益多样化，紧急出动、远距离、跨区域机动已成常态。特别是近年来，重大运输行动越来越多，“铁、水、公、空”综合运输才能满足执行任务需要，遂行特殊任务运输保障输送时限短，输送质量要求高，使运输的组织协调十分复杂。

二、长途机动运输的主要工作

长途机动运输安全是一个系统性工作，想要安全顺利完成长途机动运输任务，不仅要做好运输途中的安全管理和安全生产工作，还要做好整个长途机动运输的运输准备、运输组织、运输指挥、后勤保障等工作，这样才能确保长途机动运输安全，圆满完成任务。

(一)加强运输准备

遂行长途机动运输任务通常是由运输部门或上级领导直接下达。指挥员受领任务后要根据上级指示精神和有关规定,做好各项准备工作。

1.准备工作

(1)传达指示,部署准备工作

受领任务后,先通过召开会议的形式,及时传达上级指示,明确运输任务性质、任务量的大小、完成时限和完成运输任务的有关要求。同时,为使全体车勤人员明确各自的任务,统一思想认识,迅速展开各项准备工作,应进行部署安排和动员教育。

①明确运输任务情况。主要是传达上级的命令和指示,明确运输任务的性质、数量、完成时限和运输实施计划,分析完成运输任务的有利条件和不利因素,布置准备工作,提出具体要求。

②进行安全和服务意识教育。针对人员的思想状况,进行安全教育,增强责任感,牢固树立服务观念和全局观念,主动与有关部门和单位搞好协调,自觉配合,确保安全。

③政策纪律教育。进行遵守有关运输法规和制度教育,树立爱护车辆、物资等财产的责任感。要教育全体车勤人员树立正确的人生观和生死观,坚定信心。

④进行宣传动员。为充分调动广大人员完成任务的积极性和主动性,树立不畏困难、战胜困难、坚决完成任务的信心和勇气,采取多种形式进行宣传动员。

(2)展开准备工作,协调相关事宜

在进行运输准备和运输实施过程中,应积极与上级有关业务部门、托运单位和装卸库所等单位互通信息,主动进行协调,为顺利展开准备工作和完成运输任务创造良好的条件。

各项准备工作全面展开后,指挥员应按准备工作计划分工,采取听取汇报和实地查看等形式进行检查。受领较大或重要运输任务、运输条件差、环境恶劣、准备工作量大、要求高时,应组成检查组,对准备工作进行逐项检查,确保各项准备工作按计划完成。

2.编组与分工

(1)行车编组

行车编组,是对执行任务运力的编配组织,是运输组织指挥的一项重要工作。应根据运输任务、气候季节、道路状况、车辆状况、威胁程度、驾驶技术水平和运输经验等,采取相应的编组形式。

编组时,要注意选好设营车、带队车和收容车。设营车应先于车队出发,安排食宿和联系装卸事宜;带队车主要是控制车速,选择休息地点,指挥车队通过重要路段;收容车主要是负责车队的技术保障、检查行车纪律和处理行车事故等。另要制订统一行车计划,要根据需要设立观察哨,加强警戒。

(2)人员分工

受领任务后,应根据运输任务、运行条件、行车编组形式和人员的具体情况,明确人员分工,抓好准备工作落实。

进行人员分工:一是明确各项准备工作分工;二是明确各项运输任务的人员分工;三是明确运行中的工作和人员分工。

带队人员的主要任务:控制车速和车距,组织行车途中检查;组织特殊路段行车指挥和处置突发情况;组织途中休息、宿营和行车中的各项保障;对所属人员进行安全运输和政治思想教育；处理行车事故和运输中发生的各种问题；保持与本部、业务机关和指挥机构的联系，报告运输中的有关情况，请示问题。

3. 运输线路勘察

运输线路勘察，就是对任务地区运输线路及相关因素进行的实地观察和调查。做好运输线路勘察工作，便于准确掌握情况，有针对性地进行运输准备和制定各种保障措施，确保运输安全。

(1)线路勘察内容

①沿途地形、道路情况。主要查明任务地域内的地形、气候特点和水源情况，路面质量、道路宽度、坡度和弯度，道路交通状况、交通标志和安全设施，沿线各交通要点及迂回绕行路线的情况，交通枢纽的位置及进出口情况，主要交叉路口的走向，沿线集镇和居民点的交通情况等。战时，还应查明易遭袭击破坏的交通目标及其附近的地形和迂回路线情况等。

②沿途保障机构情况。主要是沿线食宿、加油、技术和卫生保障机构的开设位置、保障方法、保障能力以及可供利用的程度，交通调整勤务设置情况，其他保障力量情况等。

③装(卸)载地域情况。主要是装(卸)载地点的位置、装卸能力、装卸条件及进出道路等情况。

除以上内容外，还应勘察运输区域内的社情和疫情，并沿途布置休息地点。

(2)线路勘察组织方法及要求

运输线路勘察，通常是由后勤运输部门统一组织实施，或根据具体情况由机动分队自行组织实施。

勘察线路前，应根据上级指示和运输任务，对照地图确定勘察地点和路线，拟订勘察计划。勘察计划的内容通常包括：参加人员、行进路线、勘察地点、勘察任务、时间区分、勘察要求及注意事项等。勘察中，应注意对照地图判定方位，防止走错；应对勘察的有关情况进行详细记录或进行图上标注。

勘察结束后，要及时整理勘察资料，拟制勘察报告，及时向上级报告勘察情况，并向机动分队人员交代运输沿线的有关情况。

勘察报告可采用文字叙述和略图注记等形式。文字叙述勘察报告，通常是机动分队单独组织勘察时，向上级报告勘察情况时采用，主要包括：勘察时间、参加人员、勘察线路、地点及勘察中的主要情况等。略图注记勘察报告，即在绘制的略图上标绘勘察结果的一种勘察报告。这种勘察报告直观性、适用性强。

4. 拟制运输实施计划

受领任务后，指挥员在分析、了解和判断情况基础上，应紧密围绕执行任务地区的地形、道路、气候、运输保障条件等直接影响和制约完成运输任务的主、客观因素进行分析，弄清完成运输任务的有利条件和不利因素，提出克服不利因素的措施，并结合车辆状况和人员素质情况分配运输任务，拟订运输实施计划。

运输实施计划，通常包括以下主要内容：

(1)运输任务和运力分析

运输任务分析，主要弄清运输总量、运输对象的性质、完成时限、装(卸)载地点、运输路线、距离和交通状况等，以便把握任务完成的缓急和难易程度。运力分析，主要弄清车辆状况和驾驶员素质，从而掌握能够执勤的运力数量和完成任务的能力。

(2)运输环境分析

①交通因素。影响行车的交通因素，主要有道路及交通状况两项。道路对行车的影响，主要体现在道路的线形和路面质量，对行车安全、行驶速度、燃料消耗及轮胎磨损等都有影响，良好的道路条件，可以提高行车速度，缩短运送时间。交通状况往往影响车队速度、行车安全和行车队形的保持，理想的状况是道路交通畅通无阻，应尽量避开城市、集镇、乡村和交通枢纽等交通状况复杂路段。

②地理、气候条件。影响行车的地理条件有山地、丘陵、平原、沙漠、高原等，气候条件有严寒、酷暑、风、雨、雷电和夜晚等。不同的地理、气候条件，对行车速度、车辆性能、行车安全和车队行车的指挥、通信、技术等都有不同程度的影响。

(3)运输任务分配

对承担的运输任务进行安排，包括运输物资的种类、数量、装(卸)载地点、完成时限、运送人员情况、车辆装(卸)载安排及回程运输安排等。

(4)人员分工

人员分工包括带队人员和留守人员的安排，以及运行中人员的职责分工等。

(5)行车编组

行车编组即确定行车中车队采取的编组形式、行车队形及处置突发情况的相关组织等。

(6)行车中的保障

行车中的保障主要包括行车中车辆的技术保障、油料保障、生活和卫生保障及处置突发情况等其他相关的保障安排与要求。

(7)途中指挥

途中指挥主要包括途中组织指挥的形式(定点、流动或设立指挥站)，指挥信、记号的规定，途中休息和宿营的安排等。

(8)运输要求

运输要求主要包括行车纪律、遵章守纪和车速车距控制等一般性要求，根据运输对象、地形、气候和突发情况等提出的针对性要求和其他注意事项。

5. 技术、物资准备

(1)技术准备

技术准备是机动车队运输准备工作的重点。应根据运输任务、运输环境、准备时间、车辆技术状况和人员技术水平等有计划、有组织地进行。

①调整人员和车辆。当受领任务后，应根据任务、道路、人员和车辆情况，结合行车编组，对人员和车辆作适当的调整，配备最佳运力，以适应运输任务的需要。

②检查保养车辆。为使执勤车辆技术状况良好，在遂行运输任务前，应对车辆进行全面检查保养，实施重点抢修，并逐台检查验收。

a. 全面检查保养。对所有遂行任务的车辆进行全面检查保养，做到紧定可靠、润滑良好、调整适当和清洁彻底，确保技术状况良好。

b. 重点抢修。在全面检查保养的基础上，对于驾驶员无力排除的车辆故障和修理难度较大的车辆，应组织技术力量进行重点抢修。

c. 逐台验收。为检查车辆准备情况和保修质量，应对车辆进行逐台检查验收，发现问题及时解决，以确保技术准备工作扎实有效。

③补充随车工具和附件。对随车工具和附件要认真进行清理和检查，特别是常用的工具及排除路障和车辆自救互救的器材和工具等，应齐备完好。

④组织必要的训练。根据遂行任务地区的道路交通特点和人员、车辆的具体情况，组织必要的、适应运输任务特点的应急训练。

(2)物资准备

物资准备的程度，应根据上级指示、运输任务、运行条件、执勤时间和保障程度等确定。一般包括：

①车辆器材。根据道路、车况和运输持续时间等情况，配备各种易损的零部件和备用总成，必要时可加大准备量。较大的零部件和备用总成，应集中在技术保障车或尾车上，以便及时实施技术保障。小的零部件，可配至单车上。

②给养炊具。运输途中需自行组织饮食保障时，应根据行车编组情况，就餐人数、餐数和伙食标准等，准备给养、炊具和燃料，以便组织野炊或按标准准备方便食品、饮用水及必要的餐具等。

③常用药物。根据运输持续时间、运输地区的疫情和气候特点，准备治疗常见病和多发病的药物，净化饮用水的药物以及止血包扎用品等。另外，还应根据需要和季节特点，准备防暑、防冻、防蚊虫和防毒蛇咬伤的药物等。

④捆绑加固器材。根据运输物资的特点，准备捆绑加固器材，如绳索、绞棍、盖布及其他器材等。

⑤被服装具。根据季节情况和运输地区的气候特点以及途中宿营安排，准备个人携带的被服装具等。

⑥应急战备器材。战时运输前，应依据上级的要求和应急战备预案，请领、补充应急战备器材、伪装网、“三防”器材、急救药品和被装物资等。

(二)实施行车指挥

机动行车的组织指挥，是确保运输保障任务安全完成的关键环节。指挥员必须在车队出发前，向有关人员明确行车要求；行车中，适时对车队进行调节与控制，以便顺利完成运输任务。

1.出车

出车是机动车队整个运输活动的最初阶段，出车秩序和组织对整个运输过程影响较大。

出发前，指挥员应在队前下达行车指示，明确任务的性质和意义，完成任务的方法和车队的组织，同时提出要求，并适当鼓舞士气，激励大家情绪。

以运输实施计划为基本依据，重点明确如下内容：

(1)任务区分：明确运输任务，包括运输对象及数量、出车数量及往返次数等。

(2)运输路径：明确行驶路线、距离、道路状况和装卸地点。

(3)完成时限：明确出车时间(装车或编队时间)、到达目的地和返回驻地的时间。

(4)行车组织：明确行车序列、行驶速度、车间距离和指挥员位置。

(5)行车保障：明确技术、油料、生活和卫生保障的形式、方法及通信联络手段与信(记)号等。

(6)要求：明确行车纪律及有关要求。

2.车速和车距控制

车速和车距是影响行车安全和运输效率的重要因素。车队运行中，带队指挥员正确控制车速和车距，对确保行车安全、提高运输效率和顺利完成运输任务至关重要。

(1)车速控制

车辆行驶速度是影响运输效率的主要因素，它取决于运输任务时限要求、气候条件、道路及交通状况、车辆技术状况以及驾驶员的技术水平等。

提高车速可以缩短运输时间，提高运输效率，但车速过快，又将对行车安全产生不利影响，因此，车队行车时应合理确定车速。通常，在规定的运输时限内，只要道路和交通条件许可，正常行驶应保持在经济车速范围内。

编队行车时，影响车速的主要原因是车与车之间相互制约，因此，带队头车应根据车队长度及道路交通状况，适时地增减车速，使头车速度与整个车队行驶速度相适应。通常情况下，车队起步、通过集镇和交通要点前后，应根据车队大小，保持一段时间的低速行驶，待整个车队保持连贯的队形后，再逐渐加速。

(2)车距控制

车距分为行驶车距和停车车距。

行驶车距依据道路条件、行车速度、交通状况和通信联络手段等确定，通常与车速的数值保持接近，如车速 50km/h，则车距保持 50m 左右。在通过城镇和山路，行驶速度较慢时，车距可适当缩小；在冰雪路面和坡道等路段或在雨雾天行车时，车距应视情况加大。停车车距应视情况而定，一般应适当靠拢，以车辆能自由移位为宜。

3.行车队形控制

行车队形是指车队以一定的车速和车距行进时，所保持的行车序列。连贯、稳定的行车队形有助于车队安全行车和妥善处置行车中的意外情况。因此，车队指挥员应根据任务和途中情况适时调节行车队形，确保行车安全。为了对行车队形进行有效控制，除合理控制车速和车距外，还应做好以下工作：

(1)准确掌握车队长度

车队长度是指首车至尾车在道路上所占有的长度，也可用时间长度表示，即从首车通过某地点至尾车通过该地点所需要的时间。准确掌握车队运行中长度及通过时间，对于做好车队控制十分重要。

(2)合理设置调整哨

为顺利通过沿途的交叉路口、险要路段和城乡集镇等特殊路段，应根据需要派出人员和车辆先于车队出发，在出发点、调整点和重要路口等设置调整哨，以维护行车秩序，指引行车路线，指挥车辆通行，确保行车安全。

车队运行中，指挥员要注意维持行车秩序和检查行车纪律，要根据需要变更行车队形，调整行车序列、车速和车距等，以适应运输任务和不同运行条件的需要。

4.途中休息的组织

为调整行车节奏，保持行车队形，检查车辆和承运物资，恢复人员体力，保持持续运输能力，在执行远距离运输任务的过程中，指挥员应根据社情、地形和道路等情况，在任务和时间允许时，及时组织休息。一般情况下，车队行驶 2h 左右就应安排 30min 左右的休息时间。休息时，可选择路上休息和路边休息的方式。

路上休息时，要选择路幅较宽，地形隐蔽，视界条件好，交通流量不大的路段，车与车之间，应留有适当的距离。休息时间较长或野外条件下组织车队休息时，应尽量避开公路。夜间休息时，要适当集中，加强警戒。

车队休息时，指挥员应派出临时调整哨，调整车辆让开道路一侧，不影响其他车辆通过，并派出警戒;要组织人员检查车辆和物资,排除车辆故障。

(三)做好行车保障

车队行车的勤务保障,是指为提高运输效率,保证行车安全,确保运输任务的顺利完成而采取的各种保障措施,通常包括技术、油料、通信、生活、卫生、道路保障等。

1. 技术保障

车队行车的技术保障,是为保持和恢复汽车良好技术状况,确保车队正常运行所采取的技术措施。

在组织机动车队行车时,通常要根据行车编组和任务性质等情况,专门指派干部和技术骨干,携带必要的修理工具、救护和维修器材,组成技术保障组,对车队实施技术保障。

技术保障组主要任务是:在行车途中或休息地点,指导和帮助驾驶员检查车辆和排除车辆故障;对途中损坏车辆进行抢修,不能及时修复的车辆,可采取收容、后送等方法予以处置;援救淤陷、掉沟和事故车辆;及时补充驾驶员急需的自救器材,协助驾驶员开展自救互救。

2. 油料保障

机动车队的油料保障,通常由后勤运输油料部门在车队行车前提出油料保障要求,确定补充时机和加油方法并负责实施。

(1)加油方法

①伴随加油。伴随加油是利用加(运)油车的机动性能,按任务要求运载足够的燃油,参加队尾收容队(组),负责车队途中油料保障。其具有机动、灵活、及时和高效等特点,符合应急机动的要求。

伴随加油可使用三种加油手段:一是利用制式加油车加油;二是利用运油车或罐装油车(在运输车上装油罐)附装手动油泵或利用重力自流加油;三是利用运输车辆,集中装运桶装油料及手摇泵等轻便加油器材,对车辆实施加油。

②定点加油。定点加油是指车队利用设置的加油站实施油料补充。当遂行任务时,油料保障机构应在途中的适当地点开设加油站实施定点保障。车辆可按规定的手续或持加油凭证到加油站加油,也可联系沿途地方加油站加油。

定点加油,通常利用加(运)油车、油罐、油桶及相应的加油器材组织实施。

③分散加油。分散加油是一种简便易行的加油方法。即随车携带一定数量的桶装燃油和轻便加油器材,由驾驶员适时对车辆自行补充燃油,也可由车队集中载运桶装燃油,在途中休息或宿营地进行分装,由驾驶员分散加注。携带燃油的数量,可根据燃油消耗和可能得到的燃油补充时机来确定。

自带桶装燃油应放在车厢后部,以便漏油或遭袭击起火时迅速处理。分散加油虽简便易行,但不便管理,油料损耗大,容易掺进杂质和引起火灾,因此,应严格管理,注意安全。

④野外管线加油。野外管线加油是在野外条件下群车快速加油的保障方法。其设备体积小、机动方便、加油效率高,适应公路输送或摩托化行军时的车队加油。野外管线加油具有以下特点:群车加油速度快,一般可以同时给20~40台车加油;机动灵活,展开工作或撤收快,加油器材运载方便、占地少、目标小;沿公路或平地呈直线展开,车队可不打乱行车序列。

(2)加油的组织实施

①提前联系,做好准备。车队利用加油站加油时,应事先与加油站或油料保障机构取得联系,通报加油车辆数、车型、加注燃油品种和预计到达时间等情况;商定车队加油的组织方法、

注意事项及加油后的结算方法和手续；了解加油站的设置情况、消防设备情况、加油的能力和有关规定等。

②加强现场组织指挥。加油现场的组织指挥工作主要由加油站或油料保障机构负责，带队指挥员应主动协助指挥车辆按顺序入站，按指定位置停靠；加油后组织车辆迅速开出站区，在划定的地域停车，避免过多的车辆在站内集中。

③加强警戒、消防工作。加油时严禁烟火，做好消防工作。车辆进入站区应熄火停稳，不准随意发动车辆；严禁使用明火和吸烟；车上无关人员一律下车，在站外等候。

3.通信保障

车队行车，保持有效的通信联络，对于完成运输任务有着直接的影响。行车中的通信联络应做到准确、及时、不间断。

(1)无线电通信

无线电通信是利用无线电波传输电信号来进行通信，受地理条件限制少，建立迅速和便于机动，是现代通信手段的主要形式。缺点是保密性较差，易受干扰。特殊情况下，可使用加强的通信器材或使用民用通信器材实施车队通信联络。

(2)有线电通信

有线电通信是利用导线传输电信号达成的通信，使用简便，比较稳定，保密性较强。采用载波和增音设备还可以实现多路远距离通信，是重要的通信手段。但线路开设维护难度大，易遭破坏，不利于机动中使用。

(3)运动通信

运动通信是通信人员徒步或使用机动工具进行信息传递的通信。具有确实可靠和保密性好等特点，但易受天候、地形、交通条件和敌情的影响，通信速度和范围受到限制。运动通信是车队运行中的主要联络手段之一。

运动通信要选好人员、车辆、时机和路线，并佩戴(悬挂)明确标识，以便优先通过和超越车队。

(4)简易信(记)号通信

简易信(记)号通信是利用听觉和视觉通信工具、就便器材以及简便方法等，按照规定的信号或记号进行传递而达成的通信。使用简便，在一定范围内能实现多方同时通信，是车队行车中重要的通信手段。

听觉通信工具主要有：哨子、小喇叭、警报器等。视觉通信工具有：信号弹、指挥旗、信号灯、布板、烟火和灯光等。

4.生活、卫生保障

(1)饮食保障

车队饮食保障，通常有两种方法：一是利用沿途保障机构；二是自行组织。

当利用运输沿线保障机构进行饮食保障时，应事先联系，提前通知就餐人数、到达时间、保障餐数和要求，以便及时保障。

当车队自行组织饮食保障时，派出饮食保障车先于车队出发，选择水源水质好和便于车辆进出的适当地点进行准备，待车队到达后集中就餐；也可随车配发相应的炊具和主副食品，或携带方便食品等，自行组织保障。饮食保障车应携带一定数量的方便食品，以备途中掉队车辆的驾驶员饮食。

(2)宿营保障

宿营有露营和舍营两种形式。车队在执行任务中需要宿营时，应尽可能组织舍营，使驾驶员有较好的休息环境，恢复人员体力，确保安全行车。必须露营时，要事先选定适当地点，搭设好帐篷。利用车辆宿营时，要特别注意上下车安全。

无论利用何种方式组织宿营，都要提高警惕，设岗警戒，确保车辆、物资和人员的安全。冬季要做好车辆、人员的防冻和御寒工作，夏季要防人员中暑和蚊虫叮咬。

(3)卫生勤务(卫勤)保障

车队行车过程中的卫生勤务保障，根据不同的运输环境，主要有以下保障形式：

①沿途医疗保障。车队在运输过程中发生的伤病员，应根据伤病程度，就近选择医疗机构，及时进行医疗救治。

②伴随卫勤保障。即组织卫勤人员，携带一定数量的医疗器械和药品，对运输过程中发生的伤病员进行及时的医疗救治，不能治疗的伤病员及时送至定点保障机构进行救治。伴随卫勤保障具有及时、灵活等特点。

③进行自救互救。根据卫生常识，驾驶员实施自我救治和互相救治。这是汽车运输分队完成运输任务过程中最基本和最及时的卫勤保障方法。具体组织时应事先对驾驶员进行卫生常识教育，学会自救互救方法和各种器械和药品的使用方法。这要求加强平时的卫勤科目技能训练。

5. 道路保障

道路是联结前方与后方的纽带，是实施长途机动运输的基本条件。道路的质量，直接影响运输效率和车辆的技术状况。

(1)道路选定

选定道路时，应综合考虑道路的质量、破损状况、自然灾害侵袭以及运输任务等情况。为了保障运输畅通，在重要的桥梁、渡口、交叉口和交通枢纽处应选择好迂回道路。同时，还要选定好预备道路。

(2)道路使用

一般情况下，如相关部门对道路的划分和使用没有规定和要求时，机动车队应从实际情况出发，自由选定和使用有利于行车安全和任务完成的道路行驶。

处置应急情况时，相关区域的道路通常会进行管制、划分，规定使用要求。车队在使用道路时，要严格遵守道路的划分和有关规定，以防拥挤堵塞，影响任务与行动。

道路的使用，还要考虑道路通行能力与运输任务是否相适应。

(3)道路管制

在行车途中，应根据遂行任务的特殊性、紧迫性，报请相关指挥领导机构，统一对道路交通实施严格管理，采用灵活多样的交通指挥手段实施交通调节。如设立调整哨(组)安排通行路线和运行次序、控制交通流量和制定临时的交通管理规定等。

(4)道路维护与抢修

道路的维护与抢修是提高行车速度和增强道路通行能力的重要措施。由于自然灾害的侵袭和车辆行驶等原因，容易造成沿途道路和桥梁的破坏，为了保障道路的畅通，提高道路的通行能力，必须及时对道路加以维护和抢修。

沿途道路的维护与抢修通常由地方交通部门负责，车队发现道路损坏时应及时向有关部门报告，以便及时组织力量抢修；也可报请上级和相关部门同意，利用自身优势对受损道路进行抢修和维护。

(四)抓好运输安全

运输安全是车队高质量完成运输任务的基本保证。抓好运输安全,应主要做好以下工作:

1. 安全教育

安全教育是一项系统性、长期性和基础性的工作,是为安全生产提供智力和能力支持的重要手段。加强安全教育,是确保人员安全意识、安全素质得以提升,营造良好安全氛围的基础。

(1)安全教育要点

不同的工作岗位、不同的文化程度、不同的技能水平和不同的工作经历,对安全教育的要求是不一样的。要使安全教育真正达到人人“要安全、会安全、能安全”的目的,关键在于区别对待,在制订教育方案时,要从教育工作量、教育内容和教育方法上进行分类、组合,提高针对性和实效性,以达到期望的效果。

(2)安全教育的内容

①安全思想教育。安全思想教育是安全教育的重点所在,内容包括安全生产方针、政策、意义、工作纪律、作业纪律、各项规章制度和典型事件案例教育等。通过正反两方面的教育,使大家牢固树立“安全第一”的思想,强化“预防为主”的意识,正确处理好安全与效率的关系。

②安全知识教育。安全知识教育包括安全生产技术知识和安全管理知识教育,目的是解决应知的问题。前者包括运输任务特点、安全特性、设备性能、操作方法及规范要求、事故成因及预防等;后者主要是针对安全管理人员而进行的安全教育,内容包括安全管理体制和各部门安全管理体系的构成及运作、事故预测和预防、安全评价的基本原理和方法等。

③安全技能教育。安全技能教育是通过对作业人员进行长期、反复训练及本人实践总结,把所学到的安全知识转化为动手能力的过程,主要是解决应会的问题。内容包括岗位熟练操作,防止误操作,处理异常情况的技术、知识和能力等。

④应急处置教育。一般包括事故应急处理知识教育、自我保护和自救互助教育、事故现场保护方法教育和事故应急处理演习等。通过上述教育,使一线作业人员掌握基本的应急处理技能。当突发事件发生时,能沉着应对,有效防止事故扩大,为清理事故和迅速恢复正常运输秩序创造有利条件。

(3)安全教育的形式

要想获得好的教育效果,教育形式的选择至关重要,要克服照本宣科、我讲你听的单一呆板形式,力求内容和形式的鲜活性,以丰富多彩的形式激发全体人员主动参与,增强教育学习的效果。

①讨论式。利用专题案例讨论进行宣传教育。

②答题式。经常把道路交通运输安全方面的法律、法规及专业技能与技巧等知识,以小测验的形式进行教育学习。

③竞赛式。通过定期组织安全知识竞赛、演讲赛、辩论赛等多种形式,尽可能增强教育学习的趣味性,调动大家学习积极性。

④观影式。即影像教学,有直观、视听效果好的特点。经常将一些安全教育音像片、图片让大家观看,通过反面警示、正面教育,从中吸取营养;发放图文并茂的安全知识小册子,大力宣传安全生产的重要性。

⑤活动式。通过参观先进典型,召开事故现场会等活动,对大家进行直观教育;利用“安全

生产月”、创建安全合格车队活动及反安全事故演习等形式，增强员工安全意识和反事故技能。

⑥授课式。请专业老师讲课，接受系统的安全知识培训。

(4)安全教育评价

对安全教育进行评价是安全教育的重要组成部分。安全教育是一个持续改进的过程，教育是否发挥了作用，人员是否掌握了培训的内容、是否能够判断自己岗位存在的风险等，必须通过教育效果的评价来体现。

应定期对安全教育的效果进行评价，可以在教育培训完成后，通过问卷、总结、组织讨论交流的方式，听取大家对教育内容的反馈意见，以及对教育内容、知识技能吸收掌握程度，对教育培训人员获得安全知识的效果进行检验评价，得出结论，并存入个人培训档案。

2. 专业培训

专业培训即加强车勤人员(驾驶员)专业培训，提高车勤人员的专业技术水平，具备多种情况下安全完成运输任务的能力。

(1)道路交通法规培训

道路交通法规，是国家在道路交通管理方面制定的维护交通秩序、保障道路交通安全和畅通的法律、条例、规定等的总称。它是所有交通参与者应当遵守的交通行为规范，也是依法管理道路交通的客观要求，而道路交通仅仅依靠公安交通管理部门的依法管理，没有道路交通参与者的积极配合，特别是驾驶人员的遵章守法，是根本无法确保道路安全、有序、畅通的。因此，加强道路交通法规培训，深入开展以驾驶人员为主的法制教育，培养驾驶员的现代文明交通意识和交通法制观念，切实做到“学法、知法、守法、用法”，是汽车驾驶员安全行车和维护良好交通秩序的重要保证。

(2)驾驶技术培训

据研究，因驾驶技术水平低造成的交通事故占驾驶员原因导致交通事故总数的40%左右，其中主要为:路况估计不足、跟车距离太近、车速过高、驾驶操作不规范、不熟练和措施不当等。

①驾驶技术。主要包括基本驾驶技术和复杂条件下和紧急情况下的驾驶技能。

基本驾驶技术，是机动车驾驶员完成驾驶任务，保证安全驾驶的必备条件，它包括安全行车知识和驾驶基本技能。安全行车知识主要包括车辆构造及使用性能、交通法规知识、复杂道路复杂气候条件下的安全驾驶、伤员急救及危险品运输方面的知识。安全行车知识主要通过学习理论知识、先进经验获得。驾驶基本技能包括驾驶姿势、驾驶室各部件的正确使用、安全起步、停车、换挡、转向、掉头、倒车、控制车速、选择安全间距、超车、会车、跟车、通过路口等。驾驶员只有掌握基本驾驶技能，才能根据不同的交通情况，采取正确的驾驶操作，否则极易导致事故发生。

复杂条件下和紧急情况下的驾驶技能。所谓复杂条件下的驾驶主要包括高速公路驾驶、城市道路驾驶、山区道路驾驶、冰雪路面驾驶、雨雪雾天驾驶、夜间驾驶、泥泞与翻浆路面驾驶、拖挂牵引驾驶等。由于受到自然条件方面的限制，这些情况下的驾驶非常危险，需要驾驶员根据不同的自然条件，综合运用各方面的知识经验、采取不同的驾驶操作，驾驶员只有熟练掌握了复杂条件下的驾驶技能，才能保证复杂条件下的行车安全。对于驾驶员来说，紧急情况是不可避免的，故驾驶员具有处理紧急情况的能力对保证行车安全意义重大。驾驶员要培养处理紧急情况的能力，一要在危险情况下保持镇静，进行迅速理智的判断；二要善于总结经验，熟悉环境，做到心中有数；三要加强果断、自制、稳定等个性品质的锻炼。

②驾驶技术培训内容。主要包括：

a.操作规范训练。主要是消除不同教练员传授不同的操作要领的弊端，使受训者驾驶操作全部标准化、规范化，可以有效纠正驾驶员的驾驶操作错误。

b.驾驶时间训练。主要保障受训者有足够的时间训练以增加训练，达到技术娴熟的目的。

c.反复操练训练。要求受训者反复操作练习同一动作或一组动作，直至达到动作规范、熟练。

d.紧急情况操作训练。根据需要，可以模拟高速公路、雨雾雪天等特殊交通环境条件下驾驶以及交通紧急处置操作，从而提高应急处置的驾驶操作能力。

(3)驾驶心理培训

驾驶员在驾驶过程中，实际上是一个对交通信息的感知、判断和处理的心理过程。驾驶心理培训应针对驾驶信息处理机制的主要环节(感知、判断、决策、处理等)进行有目的的训练，如速度估计训练、反应能力训练、注意力训练、危险感受性训练、耐心训练等，根据训练目的设计不同内容的驾驶情境进行模拟训练。从事故预防角度出发，不仅应训练受训者遵章守纪的安全意识、操作规范的安全意识、文明礼让安全意识、预见性驾驶的安全意识；还要训练受训者的自信性、行动性等安全态度和包括注意力、反应能力、判断能力、危险感受性等在内的安全认知。

(4)驾驶职业道德培训

职业道德是指人们在从事特定工作或劳动过程中，从思想到行为所应具备和必须遵循的行为规定和准则。道路交通事故通常是驾驶员违章造成的，而驾驶员的职业道德水准与违章驾驶有着密切的联系。因此，加强驾驶员的职业道德，消除各种不良行为，是保证行车安全的必要条件。

①驾驶员职业道德主要体现在以下几个方面：

a.全心全意服务意识。这是衡量其职业道德的基本标准之一。

b.安全完成生产任务意识。即驾驶员要特别强化安全意识，提高驾驶技能，保证运输安全。

c.准点及时意识。驾驶员要严守工作纪律，加强责任感，保证准时到达目的地。

d.团结协作意识。加强团结，互帮互助，是顺利完成生产任务的基础。

e.勤俭节约意识。驾驶员要爱护公物，节约材料，精心维护车辆，遵守操作规程。

②驾驶员职业道德标准包括以下几个方面：

a.热爱本职工作，不断提高技术业务水平。驾驶员更应充分认识到所承担责任的重大，树立强烈的责任心和事业心；钻研业务，不断提高驾驶、维修技术水平和处理各种复杂交通情况的能力，做到车辆勤检修、勤维护，使车辆经常保持良好的技术状态和整洁的车容。

b.遵章守纪，安全正点。交通运输具有点多、面广、线长的特点，驾驶员应牢固树立“安全第一”的思想，要确保运输安全、正点、及时；驾驶员必须自觉地遵守各种规章制度、纪律和职业道德，把强制执行变成自身的道德要求，把外在压力变成自觉的道德信念。

c.情操高尚，作风正派。驾驶员应处处讲社会公德，有高尚的道德情操和良好的驾驶作风：在行车中要文明礼貌，礼让三先，严格遵守交通法规和操作规程，维护良好的交通秩序，安全礼让、相互帮助，主动扶危解难，救死扶伤。

3. 车辆管理

车辆技术管理，就是对运输车辆进行择优选配、正确使用、定期检测、强制维护、视情修理、合理改造、适应更新和报废的全过程综合性管理。加强车辆技术管理，确保运输车辆技术状况良好，为安全运输打下良好的物质基础。

(1)车辆技术管理原则

①安全性原则。加强车辆技术管理，保持车辆技术状况良好，保证运输任务安全，充分发挥车辆的运输效能，降低运行损耗。

②先进性原则。车辆技术管理应依靠科技进步，采取现代化管理方法，建立车辆质量监督体系，推广检测诊断和计算机应用等先进技术，开展多种形式的教育和专业培训，提高车辆管理水平和技术水平。

③经济性原则。在车辆技术管理中，要考虑车辆的购置费用和车辆使用过程中维持运转的费用，以最经济和最低的运行消耗完成运输任务，提高运输效率。

④适用性原则。车辆技术管理应坚持符合运输任务需要的原则，根据运输任务区域内的道路、地理环境、气候等自然条件和燃料、配件供应等情况，对运输车辆实行择优选配、正确使用，以提高车辆使用效率。

(2)车辆运行安全技术要求

根据《机动车运行安全技术条件》(GB 7258—2012)规定，车辆运行安全的基本技术要求如下：

①整车

a. 整车标志。机动车应至少装置一个能永久保持的商标或厂标。

b. 漏水检查。发动机运转及停车时，散热器、水泵、缸盖、缸体、暖风装置及所有连接部位不得有明显渗漏现象。

c. 漏洞检查。机动车连续行驶距离不小于 10km，停车 5min 后观察，不得有明显渗漏现象。

②发动机

a. 发动机是汽车的动力装置，应动力性能良好，运转平衡，怠速稳定，无异响，机油压力和温度正常，发动机功率应大于或等于标牌(或产品使用说明书)标明的发动机功率的 75%。

b. 发动机应有良好的起动性能。

c. 柴油机停机装置应灵活有效。

d. 发动机点火、燃料供给、润滑、冷却和进排气系统的机件应齐全，性能良好。

③转向系统

a. 汽车的转向盘应设置于左侧，其他机动车的转向盘不得设置于右侧；专业作业车按需要可设置左右两个转向盘。

b. 机动车的转向盘(或转向把)应转动灵活，操纵方便，无卡滞现象。机动车应设置转向限位装置。转向系统在任何操作位置上，不得与其他部件有干涉现象。

④制动系统

a. 机动车应设置足以使其减速、停车和驻车的制动系统，且行车制动的控制装置与驻车制动的控制装置应相互独立。制动系统的机构和装置应经久耐用，不得因振动或冲击损坏。

b. 机动车应具有完好的行车制动系统。行车制动应保证驾驶人在行车过程中能控制机动车安全、有效地减速和停车。

c. 汽车应具有应急制动功能。应急制动应保证在行车制动失效的情况下，在规定的距离内将汽车停住。应急制动可以是行车制动系统具有应急特性或是与行车制动分开的系统。

d. 机动车应具有驻车制动装置。驻车制动装置应能使机动车即使在没有驾驶员的情况下，也能停在上、下坡道上。

⑤照明、信号装置和其他电气设备

机动车的灯具应安装牢靠、完好有效，不得因机动车振动而松脱、损坏、失去作用或改变光照方向。所有灯光的开关应安装牢固、开关自如，不得因机动车振动而自行开关。开关的位置应便于驾驶员操纵。除转向灯、危险警告信号灯及其他特种车辆安装使用的标志灯具外，其他外部灯具不允许闪烁。

(3)车辆技术管理内容

①车辆的择优选配

对车辆进行全面分析、综合评价，力求选配“技术先进，经济合理，生产适用，维修方便”的车辆，发挥车辆最大的效益。

②车辆的正确使用

一是充分利用，发挥车辆的最大效能，提高车辆运用效率，减少和避免车辆的无形磨损；二是合理使用，根据车辆的性能和运行条件，遵守操作规程和使用制度，避免车辆的损坏；三是加强车辆维护，延长车辆使用寿命，加强技术检测，及时排除故障隐患；四是避免超载、带病运行。

③车辆的定期检测

一是定期进行车辆综合性能检测；二是定期正确判断车辆技术状况；三是加强对车辆的维修工作，可起到定期抽查和监督维修质量的作用；四是结合车辆维护进行定期检测。

④车辆的强制维护

车辆必须按照规定的维护周期，定期进行强制性的维护。

⑤车辆的视情修理

视情修理是车辆维修制度的一种进步，体现了技术与经济相结合的原则。

⑥车辆的合理改造、适时更新和报废

车辆的合理改造、适时更新和报废是提高运输设备技术素质和工作效率的重要手段，管理的重点是车辆改造的合理性和更新报废的适时性。

4. 健全制度

建立健全安全生产各项制度，规范安全生产管理，抓好运输责任制的贯彻落实，把握好装运卸三个环节，确保运输安全、准时顺利到达目的地。

(1)安全生产制度建设的原则

①“安全第一、预防为主、综合治理”的原则

“安全第一、预防为主、综合治理”是我国的安全生产方针。安全第一，就是要求必须把安全生产放在各项工作的首位，正确处理好安全生产与工作进度、效益的关系。预防为主，就是要求安全生产管理工作，要以危险有害因素的辨识、评价和控制为基础，建立安全生产规章制度，达到规范人的行为，消除物的不安全状态，实现安全生产的目标。综合治理，就是要求在管理上综合采取组织措施、技术措施，落实各级主要负责人、专业技术人员、管理人员、从业人员等，以及有关管理部门的责任，各负其责，齐抓共管。

②主要负责人负责的原则

建立、健全安全生产责任制，组织制定本单位安全生产规章制度和操作规程，是单位主要

负责人的责任。安全生产规章制度的建设和实施,涉及单位的多个环节和全体人员,只有由主要负责人负责,才能有效调动和使用单位的资源,才能协调好各方面的关系,落实规章制度才能够得到保证。

③系统性原则

安全风险来自于生产活动之中。因此,单位安全生产规章制度的建设,应按照安全系统工程的原则,涵盖生产全过程、全员、全方位,涉及生产活动的每个环节、每个岗位、每个人,并贯穿在事故预防、应急处置、调查处理全过程。

④规范化和标准化原则

安全生产规章制度的建设应实现规范化和标准化管理,以确保安全生产规章制度的严密、完整、有序。即建立完整的安全生产规章制度体系;建立规章制度起草、审核、发布、执行、反馈、改进的组织管理程序;每一个安全生产规章制度的编制,都要做到目的明确,流程清晰,标准准确,具有可操作性。

(2)安全生产制度的内容

①安全生产责任制

安全生产责任制是指单位主要负责人、分管领导、全体员工对安全生产工作应负责任的一种制度,是一项最基本的管理制度。建立安全生产责任制,目的是将安全纳入单位生产各个环节,实现全员参与、全面、全过程安全管理,确保实现运输安全。

单位主要负责人是安全生产第一责任人,负有安全生产的全面责任;分管安全生产的负责人协助主要负责人履行安全生产职责,对安全生产工作负组织实施和综合管理及监督的责任;其他负责人对各自职责范围内的安全生产工作负直接管理责任;各职能部门、工作人员在职责范围内承担相应的安全生产职责。

②安全例会制度

应当定期召开安全生产工作会议和例会,分析安全形势,安排各项安全生产工作,研究解决安全生产问题。安全工作会议至少每季度1次;安全例会至少每月1次;驾驶员安全会议每周1次;特殊情况时,应随时召开有关会议。

安全例会的主要内容是传达、学习有关安全管理工作的文件、指示,总结近期行车安全工作的经验教训,制度措施,布置开展安全活动。

驾驶员安全会议主要内容包括传达、学习有关安全的法规、文件,总结、交流安全行车经验,分析安全生产形势,针对行车中存在的安全问题提出防范措施。

③档案管理制度

档案是组织和个人在以往的社会实践中直接形成的、清晰的、确定的、具有完整记录的固化信息,是体现事件真实面貌的原始文档。

档案的主要内容包括:安全生产领导机构和管理机构基础档案、安全管理制度档案、安全检查档案、安全隐患排查与治理档案、安全生产事故档案、应急救援档案等。

档案管理应包括:建档的内容及档案的移交、整理、归档、分类编目、档案室的管理、档案借阅、保存、销毁处理、保密等;各档案存档时,应办理交接手续,填写归档交接单,双方签字等。

④设备安全管理制度

建立健全设备安全管理制度,明确设备的管理、使用与保养,操作人员教育与培训等各项要求。设备主要包括:运输工具、运输与装卸设备、消防环保与应急设施设备、防护器材与设备等。

⑤培训和教育学习制度

建立安全生产培训和教育学习制度，主要包括：明确负责培训和教育学习的部门，明确培训教育的对象，明确各类培训学习的内容，明确教育培训要达到的效果、资格要求、培训时间、培训方式、考核方式等。同时，应开展法律法规、典型安全事故案例警示、驾驶技能训练、应急处置等教育培训。

⑥安全监督检查制度

安全生产监督检查是安全管理体系有效实施的保证。通过一整套措施，系统地、有针对性地对各部门的安全状况进行定期、不定期的监督，将各项安全生产工作纳入日常监督的范畴，确保安全管理工作持续有效地进行。

目的：查隐患、堵漏洞、保安全。

内容：检查物的状况是否安全；检查人的行为是否安全；检查制度、管理是否安全。

形式：岗位日常检查；安全人员日常巡查；定期综合性监督检查；专业性监督检查；季节性安全监督检查。

⑦安全奖惩制度

安全生产奖惩制度是进行安全管理的必要手段之一。建立科学完善的安全生产奖惩制度是实现个人利益与单位利益有机结合的有效途径，是调动全员搞好安全生产积极性，加强安全生产管理，落实安全生产责任的必然要求。

奖惩制度应明确奖惩原则、奖惩范围、类型、标准，做到奖惩分明。可采用精神奖励与物质奖励相结合的原则，对单位所有部门和人员实行奖惩制度。

⑧安全生产操作规程

安全生产操作规程，是指在生产活动中，为消除能导致人身伤害或造成设备破坏、财产损失等而制定的具体技术要求和实施程序的统一规定，是安全制度的重要组成部分。建立安全操作规程，有利于控制人为因素造成的各类事故，促进实现安全生产。完善科学的安全操作规程，是衡量单位安全管理水平的重要依据。

⑨其他安全管理制度

主要包括安全生产值班制度、事故隐患排查制度、车辆技术管理制度、车辆安全检查制度、驾驶员管理制度等。

三、不同条件环境下的行车组织

（一）不同道路行车

1. 高速公路

高速公路与一般道路相比，具有行车速度快、出入受控制、分道行驶等特点。行车组织如下：

(1)做好人员、车辆准备

行车前应向驾驶员介绍高速公路行车特点，明确高速公路行车的有关规定，熟悉高速公路的交通标志。同时，针对高速公路行车特点，行车前组织人员对车辆的制动装置、转向装置、行驶装置、发动机、灯光、后视镜及其他部位，进行全面细致的检查，确保车辆技术性能符合行车要求。

(2)遵守行车规定

①车队进入高速公路时，应提前开启左转向灯，头车尽快将车速提高到 60km/h 以上，然后依次驶入行车道，不得妨碍其他车辆正常行驶(图 4-1)。

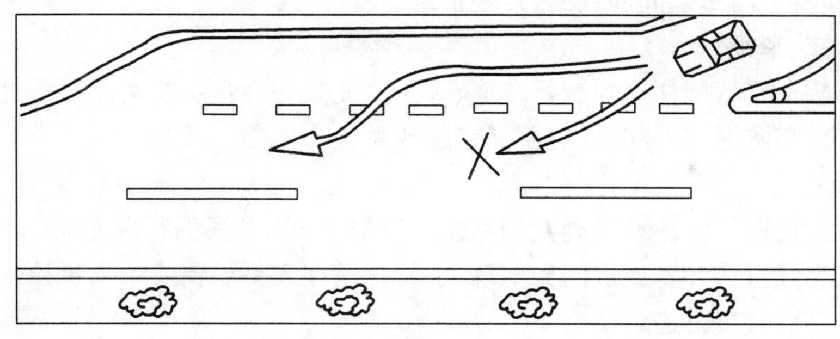

图 4-1 高速公路驶入方法

②车辆应当在规定的车道上行驶，禁止骑线和压线行驶，要守《道路交通安全法》有关规定，不得随意停车，因需要临时停车时，必须驶离行车道，停车在紧急停车带内或右侧路肩上，并在车后一定距离设置警告牌，禁止在行车道上停车。

③车辆应保持足够的行车间距，如遇大风、雨、雾、雪天气，应当减速并增大行车间距；行驶中应尽量避免紧急制动，通常应在充分降速后再制动，防止追尾事故；行驶中应小幅度操作转向盘，不得随意变更车道，如必须变更，须提前开启转向灯，确认安全后再变更车道。

④车辆在高速公路上行驶，应适时组织车队途中休息。休息时，通常利用高速公路的服务区或停车场实施。

⑤车队驶离高速公路时，应按预告标志进入与出口相接的车道，并减速行驶，提前 500m 以上打开右转向灯，在减速道上进一步减速，然后驶出(图 4-2)。如果驶过高速公路出口，只能在下一出口驶出，不得在高速公路上掉头和倒车。

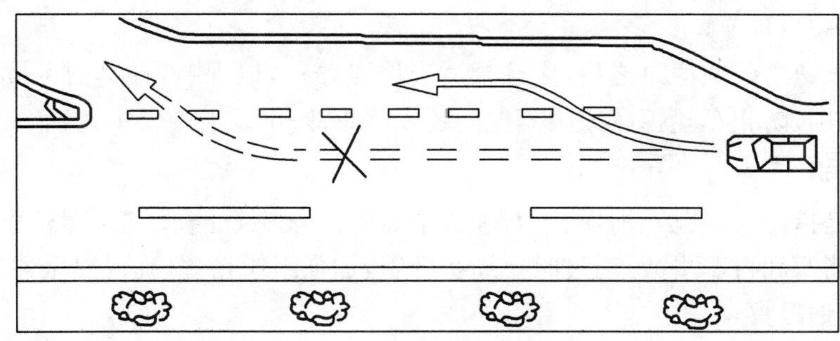

图 4-2 高速公路驶出方法

⑥车辆离开高速公路后，应降低车速行驶一段距离，以使驾驶员恢复到一般道路的速度感觉，情况允许时，可在进入一般道路后组织一次小休息。

2. 陌生路段

陌生路段行车，由于驾驶员对道路情况不熟悉，行车时应注意以下几方面：

(1)掌握运输线路情况

为防止跑错路线，情况允许时，应组织有关人员对线路进行勘察，绘制行驶路线图，并向驾驶员交代清楚运输线路及其关键点的特征。如时间不允许，应主动向有关单位以及熟悉线路的人员了解情况，并及时传达给执行任务的人员。

(2)指定专人带队

在车队前后车各安排一名熟悉路线或有新线行车经验的人员，各车根据需要设置联络员，驾驶员应注意保持车与车之间的联络，发现情况，及时处置。

(3)控制车速、车距

行车中，带队车要特别注意控制好车速、车距。尤其在转弯和交叉路口等处，应减慢车速、缩小车距、保持行车队形，必要时设置明显路标或派人指挥。

(4)按图行进

按图行进时，指挥员应注意正确判明路线。有疑问时，可根据行驶里程、地形、地貌、明显建筑物或居民点等进行判断，或询问当地群众，特别是在容易出错或不易辨认的转弯和交叉路口等处，应确实弄清后再行进。

3.通过城镇集市

城镇集市人多、车多、路口多、道路通行能力低，交通情况复杂，辨认难度大，安全问题突出，且容易迷路，应尽量绕行，必须穿行时，应严密组织。

(1)选择通过路线

对于陌生的城镇，应预先勘察，查明情况，弄清路线。车队通过时，应尽量选择街道较宽、交通流量较小、行人摊位稀疏和转弯迂回较少的路线，对于主要交叉路口和转弯处要重点进行勘察，必要时绘制并印发路线示意图。

(2)控制行车队形

通过城镇时，应尽量避开交通高峰时间，并应降低车速，带队车应控制好车速，缩小车距，缩短车队长度，保持完整的行车队形。

(3)设置交通调整哨

车队通过集市，必要时应组织人员疏通道路，并设置交通调整哨，调整车辆通行，避免在集市内会车。特殊行动时，应预先与当地交警部门联系，申请其协助，以便快速通过。

(4)明确有关事项

车队进入城镇之前或通过之后，应选择适当地点停车，以保持行车队形，同时交代有关问题，明确注意事项，防止车辆掉队或因其他问题发生事故。

4.险要路段行车

险要路段是指急弯、陡坡、坍塌、落石和狭窄路等险峻难行路段，这些路段车辆通过困难，容易造成车辆堵塞和行车事故，通过时要周密部署，加强组织指挥，确保安全通过。

(1)加强实地勘察

车队通过险要路段前，应预先查明险要路段的实际情况。重点应查明坡度、弯度、宽度、承载能力及路面状况等直接影响车辆通行的道路因素。

(2)检查车辆、物资

组织人员检查车辆状况，对关键部位要重点检查；对运载的物资器材要进行必要的加固、捆绑，并视其危险程度，决定乘车人员是否下车和物资是否卸载，以确保安全。

(3)确定通过方法

及时向驾驶员介绍驾驶要领，提出行车要求和有关注意事项，并根据需要派出调整哨，指挥车辆依次通过。通过困难时，可挑选技术骨干将车逐台开过，或视情组织力量对险要路段进行修整后通过。通过时，车队要有专人指挥，精心安排顺序，严格服从命令，做到安全有序，互相协助。

(4)控制滞留时间

严格控制车辆通过的时间,尽量使车辆在险要路段及其附近不停留或少停留,避免车辆聚集、拥挤和堵塞等,保证行车安全与顺畅,减少遭受损坏的可能性。

(二)不同气候条件下行车

雨、雾、雪、暴风和沙尘等特殊气候,不同程度地会造成行车中能见度低、道路行驶条件变差、车辆使用性能降低等,给行车安全带来较大危害。

1.雨、雾天行车

(1)雨天行车

雨天对行车的影响,主要有:一是制动距离增长,易引起侧滑,尤其是刚下雨时,路面上水与油、泥土混合使路面变滑,车轮与路面的附着力减小;二是驾驶员的视线受到严重影响;三是其他交通参与者的行为与晴天不一样。为确保雨天行车的安全,必须注意以下几点:

a.车队行车前,应注意气象预报和气候变化征兆,预先组织人员做好防雨的各项准备工作。

b.途中遇雨时,应组织停车检查车上怕潮湿物的遮盖情况;行车中,后车与前车必须保持足够的距离,能见度差时,各车应开灯行驶。

c.雨中行车,要求驾驶员提高警惕,谨慎驾驶。遇到情况及早采取预防措施,特别是容易打滑的道路,须严格控制车速,避免急转方向和紧急制动。

d.遇暴雨或大暴雨行车较困难时,应选择安全地点,组织车队靠边停车,一般不得冒险行车。

e.应注意选择坚实路面行驶,在傍山路、堤路或沿河道路上,不宜靠边行驶或停车。

(2)雾天行车

雾天行车的影响有两个方面:一是大大降低驾驶员的能见度,看不清前方和周围的情况;二是道路上雾水与油、泥土的混合,使轮胎与路面的附着力减小,车轮容易打滑,从而使制动距离增加。为确保雾天行车安全,雾天行车时务必做到:

a.行车前,应向全体人员明确雾天行车的要求和有关注意事项,并要求驾驶员擦干汽车挡风玻璃,检查所有车灯。

b.头车应适当降低车速,各车要增大车间距离,打开防雾灯和小灯,以提高驾驶员自己与其他交通参与者的能见度。

c.车队应沿着道路右侧行驶,留出会车路面,但不要靠路边太近,以免与路边行人及其障碍物发生碰撞。

d.行驶中应适当多鸣喇叭,以引起行人和车辆的注意,听到来车鸣喇叭时,应鸣喇叭做出回应。

e.雾天行车应谨慎驾驶,严格控制车速,道路较滑时,不得急转方向和制动过急,会车时要明、灭灯光示意,以免撞车。

f.行车中,遇浓度大雾时,应视情况停止行车,选择合适地点,紧靠路边暂停,各车打开小灯,待能见度改善后再继续行驶。

2.冰雪路行车

车辆在冰雪路上行驶,运行条件差,制动距离延长,严重侧滑的可能性增大,汽车的使用性能大大下降。应注意以下几点:

(1)进行安全教育和物资准备

行车前,分队应配齐防寒、防滑、加温等寒区行车所需的物资器材和工具设备(如发动机防寒盖布、帘面、防滑链、牵引钢丝绳或牵引架、铁锹、铁镐和三角木等);对车队人员进行寒区安全行车和防寒教育;搞好车辆的预防性检查保养,保持车辆各轮制动力一致,轮胎气压符合标准,保持车况良好,物资装载符合规定要求。

(2)改善汽车的附着条件

在较滑的冰雪路上行车,应在驱动轮上安装防滑链;在通过困难的冰雪坡道、窄路和急弯道上,应铺撒砂土或煤渣等,以防车轮打滑。

(3)控制车队行驶速度

车队在冰雪路上行驶时,带队车应控制好行驶速度,各车应保持较大的车间距离(通常为平时 2 倍)和均匀的行驶速度。行驶中,不要急加速,尽量少制动,切忌急转方向和使用紧急制动。

(4)加强途中组织指挥

应加强途中行车指挥,特别是在危险和难行路段,应提前停车,由专人指挥车辆逐台通过;停车时,带队车应提前发出信号,以便后续车辆采取措施;对于被大雪覆盖和无车辙路面,应注意判别路面宽度和坑、沟等情况,必要时派人引路和标示,防止车辆掉沟。

(5)适时组织休息

途中休息应选择安全、避风处停车,并尽量使车尾迎风,加强途中车辆和物资的检查。如停车时间较长,应视情间歇发动车辆,以防冻坏发动机和散热器。

3. 暴风沙尘天行车

暴风沙尘天气,能见度低,对行车安全构成极大威胁。同时,风向也会对行车造成影响,同向风会导致汽车制动距离相对增大。侧向风容易使车辆侧滑或倾翻,车辆行驶稳定性大为降低。因此,应采取相应措施,确保行车安全。

(1)判明情况,做好准备

应根据暴风沙尘情况、行车方向、道路基本走向、承载物资的高度及物资的种类等,及时判断暴风沙尘对行车能造成的影响,并采取相应的措施。

(2)加固捆绑物资

组织驾驶员检查物资的装载和捆绑情况,扎紧篷布,固定好物资。必要时,及时组织车队在安全地点停车。

(3)加强行车指挥

暴风沙尘天气下行车,观察联系不便,判定方位困难,难以实施有效的指挥,带队人员要审时度势,控制好车速,稳定行车队形。如遇大风沙、能见度极低或车辆行驶极为困难时,应及时组织车队在安全地点停车,停车时车头背向风沙。

4. 夜间行车

夜间行车视线远比白天差,可视范围小,驾驶员精神高度集中紧张,容易疲劳。为保证夜间安全行车,须注意以下几点:

(1)出车前,可安排驾驶员作适当的休息,以保持精力充沛;做好车辆的例行保养检查,特别是灯光设备,要逐个检查,确保良好可靠。

(2)夜间行车应增加休息次数,一方面消除疲劳,振作精神,避免由于瞌睡而造成行车事故;另一方面要加强对车辆的检查,防止发生机械故障,确保行车安全。

(3)当情况允许时,可对运输路线提前进行夜间勘察,提高道路辨别能力,以消除行车错觉。

(4)为解决夜间视线不清问题,可在道路上增设交通标志,在岔路口、急弯处和复杂险要路段等处加添标杆,在傍山险路一侧撒上白灰或在路边小树上挂白色布(纸)条,装设红灯等。

(5)对驾驶人员进行教育和适应性训练,消除紧张和恐惧心理,强调夜间判断道路及障碍的方法,搞好生活保障,以保持驾驶员的良好视力和充沛精力。

(6)夜间运输时,要控制好车距和车速。可在汽车后挡板上标白色记号,如拉白布、贴白纸、划白圈或装设小红灯标示车辆位置等,以便观察联络,控制车距。

(7)夜间指挥时,指挥信号必须明显醒目,如戴白手套、绑白毛巾等,信、记号规定必须统一和明确,以免造成混乱和发生事故。车下指挥人员要做到安全指挥,注意确定合理的指挥距离。

(三)不同地形地貌行车

1.山区行车

山区群山连绵,地势起伏大,道路坡陡、弯急,且桥梁、隘路、涵洞多,路幅窄,车辆运行条件差;夏季炎热多雨,个别路段易塌方或被山洪冲毁;冬季道路易被冰雪覆盖,难以确认;车辆连续使用制动频次高,车速不易控制,对行车安全不利。

(1)做好行车准备

山区行车前,应进行安全行车教育,组织检修车辆。特别要重点检修制动、转向、轮胎及冷却系等关键部位,确保车辆技术状况良好。同时要了解和掌握沿途道路和天气情况,配备必要的物资器材(如随车工具、篷布、易损零配件、制动液、润滑油、三角木、钢丝绳和铁锹、铁镐等)。

(2)合理选派人员

山区行车,应合理选派人员。人员可选派驾驶技术熟练,有丰富驾驶经验的驾驶员和素质好的人员。

(3)加强行车指挥

行车时,应合理控制车速、车距,适当组织休息。在通过隘路、涵洞、桥梁、渡口和塌方等路段时,应设置调整哨或派专人指挥,保证车辆有秩序通过。行车途中,不准随意停车和超车,以防意外。

2.高原地区行车

高原地区空气稀薄、气候多变、自然条件恶劣,有以下特点:

空气稀薄,易引起人员高山反应,体力消耗大,工作能力低。发动机功率下降,制动效能减弱,冷却水易沸腾和发动机容易过热,易损坏发动机机件或在油管中形成气阻,而且容易爆胎。道路普遍弯急、坡陡、路窄,冬季积雪深,夏季降雨集中,运输效率降低。气候变化无常,昼夜温差大,人员和车辆既要防暑又要防寒,运输组织复杂。因此,高原地区行车时,应注意以下几方面:

(1)行车前,应对人员进行适应性训练,配备必要的药品;加强车辆检查保养,确保车辆技术状况良好;注意了解沿途道路和气候情况,采取相应措施。

(2)合理编组车队,一般车队不宜太小,并配备技术骨干,携带易损器材,使车队有一定的独立保障能力。

(3)安排任务要留有余地,适当减少单车载重量。

(4)选配技术过硬的驾驶员和修理工,配备牵引车,在途中重要山口、难行路段设立技术救援站,协同抢修和救援车辆。

(5)适时组织途中休息,注意掌握人员的身体状况,及时治疗伤病人员。

(6)做好途中食宿保障,尽量利用沿途食宿站。自行保障时,应配发高压锅和保温器具,缺水地区应携带备用饮水;露营时,应组织车辆停车避风朝阳、远离谷口和易发生自然灾害的地点,人员应尽量利用驾驶室和车厢住宿。

3. 戈壁沙漠地区行车

戈壁沙漠地区,人烟稀少,水源奇缺,气候干燥,风沙大,气温变化剧烈,道路少且常被流沙覆盖,运输环境十分恶劣。戈壁沙漠地区行车时,应认真准备,严密组织。

(1)加强现场勘察

在执行任务前,应进行现地勘察。主要查清水源、天气、道路、风向和流沙等情况。

(2)注意车辆防护

对车辆应采取防风、防沙等措施,密封水、油箱及加机油口;勤擦发动机外部沙尘,勤洗空气滤清器;加强日常保养和行车中检查;装载物资不易过高,以防被风沙吹翻。

(3)组织给水保障

车队行车前,必须备足人员和车辆用水,必要时应配备运水车伴随车队供水。

(4)做好救援准备

车队应组织救援小组,配备必要的救援车辆和易损器材。应配齐牵引绳、木杠、铁锹、铁镐及防止轮胎下陷的铺垫物,以便自救、互救淤陷的车辆。

(5)注意判定方位

应携带地图、指北针及其他定位设备,正确判定方位,确定位置,准确掌握行车路线,以免迷失方向走错路。

(6)严密组织行车

应注意掌握车队的运行情况,防止车队脱节和跑散,对途中损坏或淤陷车辆应及时组织抢修或救援。行车中不要轻易换挡和停车,不乱打方向,慎用紧急制动,保证发动机有足够的动力。

(四)其他情况下的行车

1. 车辆抛锚

运输过程中,车队可能会有车辆抛锚的现象发生,正确处置这类情况,有利于车队顺利完成运输任务和减少行车事故。因此,指挥员要严密组织,多手准备,以便车队出现抛锚时,能有条不紊地进行处置,确保车队正常行驶。

(1)通常情况下,对于抛锚车辆,短时间能够排除的故障,按照车队事先制定的技术保障措施,组织力量尽快排除。

(2)不能短时间排除故障的,指挥员要果断定下决心,把抛锚车上的物资倒装在其他车上,或者组织车辆回头接运。同时,要安排好抛锚车的停放地点,以便牵引、修理。

(3)应及时将沿途情况向上级汇报。

2. 交通事故

运输中,可能会发生各种各样的交通事故,处理好各类车辆事故,可以避免更大的损失。

(1)加强对所属人员的教育和训练,提高他们的专业水平和驾驶技术,增强他们的安全和法制观念，使他们了解和学会处理事故的常识和方法。

(2)沉着冷静，及时处理发生的交通事故，在场人员要做到：

①凡与事故有关的车辆，无论责任大小必须立即停车，并迅速抢救受伤人员，遇有事故所引起的火灾或其他损失，应设法加以控制，力争减少损失，在抢救人员物资和车辆的过程中要注意保护事故现场。

②应尽快与交通管理部门取得联系。

③妥善处理事故的善后工作，详细了解事故的发生经过。

④维持事故现场的秩序，协助交通部门做好事故的调查工作，必要时对肇事人员进行劝慰并采取保护措施。

⑤事故调查和处理经过要随时向上级有关部门报告。

第二节　野外宿营地建设

为适应抢险救援工作的需要，常常需要在灾害地区实施野外宿营，宿营地的选取所受外界因素和客观环境比较复杂、不确定性和突发性很强，如何科学、合理、安全、系统地选取宿营地对确保应急救援任务完成和人员安全至关重要。本节主要应急救援自建营地的选址、建设、安全管理、环境管理、卫生管理等。

宿营地是应急救援队员工日常生活、休息的场所，是为野外作业员工提供物资供应、后勤保障、应急支持的站点，是救援队行动部署、行动指挥和对外联络的中心。

一、营地建设

(一)建设原则

野外营地的建设，根据救援任务的紧迫性、时效性，可优先选择利用灾害地区现有安全稳固的民房、学校、厂矿等设施来规划建设。无条件时，可新建营地，在确保安全的条件下，依据如下原则进行：

(1)以人为本的原则。就是把人放在核心位置，树立人的主导地位，营地中的一房一屋的设置，应满足人的心理和生理需求。

(2)科学规范的原则。要在规划、建设、管理过程中严格按相关规定、标准进行实现营地建设的规范化、标准化。

(3)实用便捷的原则。要紧密结合任务实际，营地建设应立足贴近任务、服务人员，突出营地的实用性与便利性。

(4)因地制宜的原则。营地建设应充分考虑野外环境的复杂性和施工作业、人员生活要求的多样性。在不同地理条件、人文环境下规范建设的基础上，还应注意灵活变通，以适应实际要求。

(5)根据踏勘调查的结果，统筹考虑营地在工区的位置，尽可能地减少搬迁的次数、缩短出工距离，以提高施工效率。

(6)营地要布置紧凑，减少临时设施用地，特别要少占农田。

(二)营地选址

(1)营地选址，应按照安全、卫生、环保、方便、节约的原则选择营地。具体还应满足以下要求：

①地势开阔、平坦、干燥并能有效避开洪水、泥石流、滑坡、雷击等自然灾害的袭击。

②要背风，最好是在小山丘的背风处，林间或林边空地、山洞、山脊的侧面等，帐篷门的朝向不要迎着风向。

③远离噪声、剧毒物、易燃易爆场所和病疫来源地。

④临时加油点和发电、充电设施的设置应安全、便利。

⑤交通便利，车辆易于出入。

⑥避开喧闹场所和社区情况复杂的居民密集区，并尽可能设在取水便利的区域。

⑦要防兽，建营地时要仔细观察营地周围是否有野兽的足迹、粪便和巢穴，不要建在多蛇、多鼠地带，以防伤人或损坏装备设施。

(2)高原地区的营地，应建在海拔较低且平坦避风的地方。

(3)营地不得设在悬崖下、地势低洼的地方或河道、沟谷中。

(4)作业人员不得在冲沟内宿营，因特殊情况需在冲沟内宿营时，宿营地应设在高于最高历史水位线 2m 以上的地方。

(三)营地功能区设置

1. 营地设施与功能区设置

为了保证人员有一个良好的工作、生活环境，便于管理规范设置的营地，应至少包括以下的功能区与设施：

(1)宿营区；

(2)办公区；

(3)厨房用火区；

(4)就餐区；

(5)用水区；

(6)食品储藏间；

(7)医务室

(8)发电房；

(9)充电房；

(10)停车场；

(11)临时加油点加油站；

(12)紧急集合点；

(13)垃圾处理点；

(14)厕所；

(15)电气线路设置、消防器材、警示标志。

2. 功能区安全间距要求

(1)厨房应选择地势干燥、有给排水条件和电力供应的区域，距离污水池、垃圾场、旱厕等污染源 50m 以上，并应设置在粉尘、有害气体和其他扩散性污染源的影响范围之外。

(2)厕所应设置在距居住区 30m 外的下风处，尽量远离厨房。

(3)发电机房应设在距离居住区 50m 以外的地方。10kW 以下的发电机可适当减小距离，但不得少于 20m。

(4)停车场应设置在距离居住区 20m 以外，有条件的应建立无倒车停车场。

(5)临时加油点、储油点应设置在距离营区 100m 外的下风处，储量小于 1t 的储油设施，安全距离可放宽至 30m。

(6)小油品存放点不能设置在居住区，应和其他功能区或设施保持 30m 以上的安全距离。

(7)污水坑、垃圾坑，应设置在距离营地 60m 以外的地方。

(8)营地帐篷之间应保持 5m 以上的安全距离。

3. 营地规划

(1)依据任务作业人员、设备数量计算营地的使用面积，并进行各功能区的布置规划，应按照相关标准做到整齐划一。帐篷之间按标准保持安全距离，便于人员设备在紧急情况下疏散、撤离。

(2)在营地入口处，应设置营区平面图和进入营地注意事项，营区平面图上应标明紧急撤离路线、消防器材存放处、禁行区、生活区洗衣房、厨房、活动休息区、办公区队部等区域位置。

(3)营区内应设置规范的标志灯、标志旗。标志灯高度可根据实际情况自行设定，但一般不得低于 8m；标志灯应采用防雨灯具，沿旗杆敷设电线应加套管。

(4)营地帐篷应纵、横向整齐排列，帐篷的门应朝向同一个方向。夏季帐篷窗户应与主导风向垂直，并设置遮阳网；帐篷连接固定绳应牢固并有醒目标识，固定钢钎应全部钉入地面以下或设置保护。

(5)营区内应设置齐全、醒目、规范的警示标识、属地标识、场所标识、禁烟标识、触电标识、防护标识、烟火标识、指示标识等。

(6)营区内设置足够的带盖垃圾箱、桶，营地垃圾集中分类处理。

(7)营区内应设置紧急集合点，用于应对营地紧急突发事件，特殊情况应设置备用紧急集合点。

(8)消防器材、通信器材应按标准进行规范配备。

(9)营区内各主要部位应明确安全责任人，并在其负责的区域设明示牌。

二、营地管理

(一)办公场所、员工宿舍

(1)办公场所、队员宿舍等功能区，应设置明显的名称标志牌，如队部、会议室、宿舍等。

(2)住宿帐篷应该集中设置，根据面积大小合理安排住宿人数，保持行人通道畅通。

(3)员工宿舍应统一配备床单、被罩、枕巾等物品，禁止员工打地铺休息。

(4)宿舍应内务整洁卫生，地面平整无污物、污水。不乱放工具、材料。

(5)宿舍内不得私拉乱接电气线路，应用的电气线路应由专业电工规范安装。

(6)宿舍内禁止卧床吸烟，禁止使用电炉取暖、烧水、做饭，不得使用电饭锅、电磁炉等电气设备。

(7)办公场所和宿舍在同一帐篷内时，应合理放置办公设施。

(8)冬季煤炉取暖时，燃煤炉具应正确安装排气烟囱、防风斗和一氧化碳报警器，烟囱与帐篷连接处应设置石棉垫等隔热设施，并安排专人负责夜间值班巡查。煤炉 1m 范围内不应放置杂物、易燃物。

(9)排气烟囱每半月应清扫一次。

(二)厨房、餐厅、食品储藏间

(1)炉灶与帐篷布之间应保持一定的安全距离,中间应采用石棉瓦等隔热设施进行隔离。

(2)液化气皮管应采用带铜圈的防静电皮管,液化气瓶距火源1m以上的距离。

(3)应配备灭火毯、灭火器等消防器材,灭火器的数量一般不少于2具。

(4)安装在暴露食品正上方的灯,应有防护装置。

(5)厨房内案板、刀具等应按照生、熟食分开使用,并在存放部位张贴生、熟标志。

(6)食品存储区内应设置足够的储物架,贮藏的食品距墙面、地面均应大于10cm。

(7)炊具、餐具保持清洁干净,做到洗、刷、冲、消毒四过关。

(8)厨房禁止人员住宿,禁止吸烟,不得带入私人物品。

(9)餐厅应设置满足队员就餐需要的餐桌、座椅。

(10)厨房应配备满足炊事作业需要的冰箱或冰柜、消毒柜、排风扇等设施,并定期进行清洁,保证设施性能良好、有效。

(11)应使用各种配套、加盖的容器存放食物、食品,配备防蝇罩保护暴露存放的食物。

(12)应配备茶炉或净化水处理设施供人员饮用。

(13)配备安全、有效的杀虫灭蝇剂,使用前应覆盖所有食品、加工器具、餐具和暴露的食物,并至少在加工食品前30min使用。使用灭蝇灯灭蝇的应悬挂在据地面2m左右的高度。

(14)杀虫剂、杀鼠剂、清洗剂、消毒剂等有毒有害物品存放应有固定的场所或橱柜并上锁,包装上应有明显的警示标志并有专人保管。各种有毒有害物的采购及使用应有详细记录,包括使用人、使用目的、使用区域、使用量、使用及购买时间、配制浓度等。使用后应进行复核并按规定进行存放、保管。

(三)发电机房设置

(1)应避开有火灾、爆炸、空气污染危险和低洼潮湿的地方。

(2)发电机房地面应平整发电机底部应垫木板或绝缘胶皮。

(3)发电机电压输出端插头应与发电机输出端相匹配,不得私自改装或将线头直接插在发电机电压输出端。

(4)保持清洁有防尘、散热措施。

(5)发电机应接地,并确保接地良好,接地电阻不大于4Ω。

(6)发电机房应设置"严禁烟火""防止触电""勿靠近"等安全警示标志。

(7)按照标准配备2具以上4kg的ABC类干粉灭火器。

(8)安装漏电保护、过流、过载保护装置。

(四)充电房设置

(1)充电房要应稳固、通风良好、地面平整,地面上应铺设绝缘胶皮。

(2)充电设备、电气线路应由电工负责安装。

(3)充电机电源线应采用符合要求的电线或电缆,截面应满足充电机要求。外接电缆如果埋设地下,埋设深度应大于0.3m,穿越车道应有防车辆碾压设施,埋设沿线应设标记。充电电缆不应有接头,不宜过长。

(4)充电机应并排摆放,每台充电设备必须应有各自的专用开关,实行"一机一闸"制,严禁用同一开关直接控制2台及2台以上的充电机。

(5)充电机距离电瓶的安全距离为1.5m,充电机金属底座应接地,接地应采用"一机一地"

方式，其接地电阻不大于4Ω。

(6)充电房应架设悬挂充电电缆的辅助绳，辅助绳距地面高度为1.7m，辅助绳应采用绝缘材料。

(7)充电房蓄电池摆放按已充区、待充区、充电区三个区块划分，每个区域蓄电池摆放应整齐排列，中间设置宽度大于0.8m的安全通道。

(8)充电用品如充电夹、蒸馏水、电解液容器要单独摆放，不得和电瓶摆放在一起。

(9)充电房电器、充电装置符合绝缘要求，无破损、裸露和老化隐患，不得在充电机上摆放任何物品。

(10)充电房周围应悬挂“注意安全”“禁止烟火”“当心触电”“严禁吸烟”“闲人免进”等安全警示标志。摆放2具5kg的ABC类干粉灭火器。

(11)充电房内应张贴充电操作规程、充电房管理制度等。

(12)充电房应保持干净、干燥，不得堆放易燃物品和杂物。

(13)电流表、绝缘工具应单独存放，不得与其他物品混放。

(14)充电工应配备绝缘靴、防腐蚀绝缘手套、防护眼镜、洗眼液和围裙。

(15)电解液应由硫酸与蒸馏水(或净化水)配制而成，电解液应高出隔板10～15mm，不得使用河水、井水或含有杂质的水配制电解液。

(16)接地体要求

①接地体形式建议采用直径不小于25.4mm的铁管，或尺寸不小于45mm×45mm×5mm的角铁。

②接地体的长度不小于1.5m。

③接地体的埋设深度不小于1.2m。

④接地体同引线之间的连接方式采用焊接或螺栓的连接方式。

(五)停车场设置

(1)停车场应选在地面平整、整洁、无易燃易爆品存放的位置。

(2)设置醒目的“停车场”“严禁烟火”“限制车速”等安全警示标志。

(3)车场进、出口应保持畅通、视线良好，尽可能设置无倒车停车场。

(4)夜间应有充足的照明装置。

(5)停车场内应按车型划分停车区，停车位和车辆号牌进行醒目标注，车辆对号停放，各车之间应保持1m以上的安全距离。

(6)按照车场的面积、停车数量计算消防器材的配置数量。一般容纳15台车以上的停车场，应配备8具不小于8kg的ABC类干粉灭火器和两具20kg以上的手推式干粉灭火器；少于15台车的车场放置灭火器应不少于4具，且控制距离满足规定要求。

(7)停车场周围20m以内不应动火。

(六)临时加油点和小油品库临时存放点设置

1.临时加油点

(1)临时加油点应设置在距离居住区100m以外的下风处，四周架设围栏或设隔离沟，并设置“严禁烟火”“请勿靠近”等安全标志。

(2)临时加油点距离高压线不得小于30m.加油点周围30m内严禁烟火，严禁存放车辆设备及其他杂物。

(3)储油罐、加油机应进行接地，接地电阻应不大于100Ω，罐盖应随时上锁有专人管理。

(4)储油罐桶区应搭建遮阳棚，油罐桶表面无油污、无渗漏。加油机、油管等加油设施应摆放整齐，有防尘设施。加油管应采用导静电耐油软管。

(5)汽油、柴油等应该分开存放，罐体桶体应在明显的位置标明油品的名称。

(6)临时加油点内不应有电气线路穿过。

(7)配备符合要求的灭火毯两块、5kg以上ABC类干粉灭火器4具、消防铲2个、消防沙$2m^3$。

2.小油品管理

(1)小油品设置点远离易燃、易爆场所，地面干燥，库房内通风良好，建议在临时加油点附近设置。

(2)小油品设置点应按照标准配备消防器材，并张贴“严禁烟火”等警示标志。

(3)小油品应摆放整齐分类存放、专人管理。

(七)紧急集合点设置

(1)紧急集合点应设置明显的标识。

(2)根据队伍的实际情况配备消防器材。

(3)紧急集合点的场地应设在开阔的位置便于人员疏散，距高大建筑物的距离应大于建筑物的高度。

(八)垃圾处理

(1)垃圾坑和废水坑应远离水井或水源，垃圾坑应设置醒目的标志。

(2)垃圾和废物到入垃圾坑后，就立即用石灰消毒和加速分解。

(3)不可生物降解的固体垃圾，应按照有关规定要求进行处理。

(4)营区应合理设置垃圾桶等垃圾收集装置，并定期清扫、分类收集，最终清理至垃圾坑。

(5)工地作业车辆应配备垃圾回收袋或回收箱，由施工人员收集工地产生的垃圾，并带回营地放于垃圾坑。

(6)工地上易于分解的食物垃圾如食品、水果等应就地掩埋。

(7)水域施工产生垃圾的处理，应满足施工所在地海事部门的相关要求。

(8)救援结束撤离时，应对营地、垃圾坑等进行地貌恢复。

(9)营地污水应收集或排放到污水坑。

(九)厕所设置

(1)厕所应使用石棉瓦或苫布搭建，搭建的厕所应坚固。

(2)厕所面积应根据员工人数规划设置。

(3)厕所应内外整洁、通风良好、地面干净，并定期进行清理。

(4)应有防渗漏、防蚊蝇及无害化处理措施。

(5)每周至少进行两次石灰或消杀药物喷洒消毒。

(6)厕所应设置照明灯。

(7)队伍撤离后应对厕所进行无污染处理。

(十)修理场所的设置

(1)有条件的营地应该设置修车地沟，并确保地沟牢固、可靠。地沟闲置时，要有护栏或盖板等防护措施。

(2)设备工具应定位存放摆放合理整洁。工作后及时清理,材料堆放整齐,不应影响通道的畅通。

(3)配备稳定牢固的车辆修理支撑架和三角掩木。

(4)场地内设置照明装置,移动照明灯具应使用36V以下的安全电压,并安装护网装置。

(5)应配备专用废液回收及器件清洗容器。

(6)修理场所应设置"禁烟""禁火""防砸""安全帽"等标志,禁止吸烟动火。

(7)应配备2具以上5kg的ABC类干粉灭火器。

三、营地安全管理

(一)用电安全

1.用电线路布设

(1)电缆截面的选择应满足营地用电的最大负荷,最大负荷以营地发电机最大输出功率为准,电缆线中应包含全部工作芯线和用作保护线的芯线。电缆质量应符合国家相关标准。

(2)电缆线路应采用埋地或架空敷设,并有避免机械损伤和介质腐蚀措施。敷设电缆的地面应设置走向标志和标示桩,严禁沿地面明设。

(3)埋地敷设时加装防护套管,应每管1根.线缆防护套管内径不应小于电缆外径的1.5倍,埋地深度不应小于0.7m,临时性埋地电缆深度不应小于0.3m。

(4)埋地电缆的接头应设在地面上的接线盒内,接线盒应能防水、防尘、防机械损伤,并应远离易燃、易爆、易腐蚀场所。

(5)架空敷设时,室外敷设高度不应低于4.5m,室内架空和沿墙敷设时,敷设高度不应低于2.5m;帐篷内应穿管沿顶篷支架敷设,敷设线路应与设备、水管、门窗等的直线距离不得小于0.3m。

(6)架空电缆应沿电杆、支架或墙壁敷设,并采用绝缘子固定,绑扎线必须采用绝缘线,固定点间距应保证电缆能承受自重所带来的荷载。沿墙壁敷设时,最大弧垂距地不得小于2.0m。架空电缆严禁沿树木或其他设施敷设。

(7)每条电缆线路必须有短路保护、漏电和过载保护,短路保护和过载保护电器与电缆的选配,应符合相关标准或规范要求。

(8)保险丝或熔断器不得与接地的零线、导体连接,所有导体应采取绝缘和安全措施。

(9)电气设备暴露在室外的,如插座、接头、操作面板、照明灯具、电气开关等应进行必要的防雨、防潮保护。

(10)没有自带电源开关的用电设备,均应安装控制开关,开关应安装在相线上。不得使用插头、闸刀等代替电源开关。

2.室内配线与安装

(1)室内配线应根据配线类型,采用瓷瓶、瓷(塑料)夹、嵌绝缘槽、穿护管等,潮湿场所或埋地配线必须穿管敷设,管口和管接头应密封。

(2)主干线距地面高度不得小于2.5m,帐篷内应穿管沿顶篷支架敷设,宿舍内电线敷设应该套管或使用线槽固定。

(3)架空进户线的室外端,应采用绝缘子固定,过墙处应穿管保护,距地面高度不得小于

2.5m。

(4)配线所用导线或电缆的截面应满足用电设备的最大负荷,但铜线截面不应小于1.5mm²,铝线截面不应小于2.5mm²。

(5)室内配线必须有短路保护和过载保护,短路保护和过载保护绝缘导线、电缆的选配应符合规范要求。对穿管敷设的绝缘导线线路,其短路保护熔断器的熔体额定电流,不应大于穿管绝缘导线长期连续负荷允许载流量的2.5倍。

(6)营地内不准使用带插座的灯口和卡口灯口,厨房、浴室等潮湿的潮湿场所应使用防潮照明灯具。

(7)220V灯具照明应符合以下要求:

①办公室、宿舍、帐篷一般不低于2m。

②潮湿危险场所不应低于2.5m,并使用防潮灯具,或者采用不大于36V的安全电压。

(8)营地内插座安装与使用要求:

①插座安装应该与用电设备、工具和线路的负荷、电压相适应,只能用来控制2kW以下的用电设备和0.5kW以下的发动机。

②插座应符合相关安全标准,确保各插孔间无连线接,PE线的插头应长于其他插头,不同电压的插座应有明显的电压标示,防止混用。

③两孔插座只能用于不需要PE保护的场所或设备。横向安装时,左侧接零线,右侧接相线;纵向安装时,下方接零线,上方接相线。

④三孔插座用于220V需要PE保护的场所。安装时,上孔接PE线,左侧接零线,右侧接相线。零线和PE线不得共用一根线。

⑤电源插座应固定安装,固定的位置应明显,易于查找。严禁将多用插座拖放在地面上使用,更不得以电线吊用。

⑥固定在帐篷杆上时,插板底部应采取措施与帐篷杆进行绝缘隔离,并且与地面垂直高度不小于30cm。

⑦禁止将电源线直接接在插头上或直接将电线插入插座使用。

⑧插拔插头时,人体不得接触导电极,不得对电源线施加拉力。

(二)消防安全

(1)营地灭火器配置类型与数量,应根据灭火器配置单元内可能发生火灾类型、危险等级和保护面积来计算确定。营地一般应配备足够数量的ABC类干粉灭火器,灭火器的最大保护距离不应大于20m,以中危险级计算。

(2)计算单元内配置的灭火器数量不得少于2具,但每个设置点的灭火器数量不宜多于5具。

(3)灭火器应设置在位置明显和便于取用的地点,应设置稳固,其铭牌应朝外,但不得影响安全疏散。

(4)灭火器设置点的位置应根据灭火器的最大保护距离确定。

(5)灭火器不宜设置在潮湿或强腐蚀性的地点,须设置时应有相应的保护措施。

(6)手提式灭火器应设置在灭火器箱内或挂钩、托架上,其顶部离地面高度不应大于1.50m,底部离地面高度不宜小于0.08m。灭火器箱不得上锁。

(7)灭火器设置在室外时应有相应的防晒、防雨措施。

(8)室内灭火器可挂在墙上,也可以直接放于干燥的地面。

(9)不得将灭火器设置在超出其使用温度范围的地点。

(10)任何人不得擅自挪用、损坏、拆除、停用、埋压消防器材与消防警示标志。

(11)营地应设置紧急疏散通道和紧急集合点。

(三)营区安全

应急救援任务通常是在灾害地区执行,而在灾区的建设的临时宿营地,随时面临许多突发情况(如余震、滑坡、崩塌、山洪、泥石流、台风等自然灾害和恐怖袭击等)的威胁。因此,在执行救援任务的时,同样要加强营区的警戒工作,确保营区安全。做好营区的警戒工作,主要是要做好营区突发情况的应急安全管理。

1. 做好预防与应急准备

(1)挑选专业技术过硬、抢险救援经验丰富的人员与带队领导组成应急管理小组。根据分工,各负其责,有条不紊地开展营区应急管理工作。

(2)对营区进行安全形式评估,做到心中有数。对营区所处的地理位置及周围环境进行详细调查,弄清楚营区所面临的危险因素(危险源),通过分析,制定相应的防治措施。

(3)加强警惕性教育。根据营区面临的安全形式,有针对性地进行处置突发情况培训学习,进一步提高对自然灾害的认识,增强防灾意识。同步加强防灾、减灾知识学习。

(4)制订完善应急预案,并适时展开演练,做到平时战备训练有素,应急行动有准备,一旦有事件发生,短时间内能够迅速按照预案快速反应,尽可能减小或降低其造成的损失。

2. 加强警戒、巡查和预警

(1)保证信息畅通,加强外部联络。应与上级和当地公安、气象、国土资源等部门保持畅通联系,随时掌握营区周围情况变化发展的相关信息。

(2)制定专门的应急值班制度,安排专人对营区周边及内部进行24h的巡查、警戒,发现异常及时预警,并采取相应措施。

3. 应急响应与处置

(1)接到事故报警后,按指定工作程序,对警情做出判断,初步确定相应的响应级别。如果事故不足以启动应急体系的最低响应级别,响应关闭。

(2)响应级别确定后,按其启动相应应急程序。

(3)按照启动的应急级别,依据应急预案要求展开行动,稳步处置突发情况。

四、营地标识设置

(一)消防安全标志

(1)消防安全标志应设在与消防安全有关的醒目的位置。标志的正面或其附近,不得有妨碍公共视读的障碍物。

(2)夜间或较暗环境下使用的消防安全标志牌应采用灯光照明,以满足其最低平均照明度要求。也可采取自发光材料制作。

(3)消防安全标志不应设置在门、窗、架等可移动的物体上,也不应设置在经常被其他物体遮挡的地方。

(4)设置消防安全标志时,应避免出现标志内容相互矛盾、重复等现象。尽量用最少的标志把需要的信息表达清楚。

(5)方向标志应设置在公众选择方向的通道处,并指向目标的最短路线。

(6)消防安全标志牌的制作材料，应用阻燃材料制作，并符合使用场所的防火要求。

(7)自制消防安全标志的式样、尺寸应执行现行的《消防安全标志》规定。

(8)附着在室内墙面等地方的其他标志牌，其中心点距地面高度应在1.3～1.5m之间。

(9)在室内及其出入口处消防安全标志应设置在明亮的地方。

(10)室外设置的消防安全标志应满足以下要求：

①室外附着在建筑物上的标志牌，其中心点距地面的高度不应小于1.3m；

②室外用标志杆固定的标志牌，其下边缘距地面高度应大于1.2m；

③设置在道路边缘的标志牌，其内边缘距路面(或路肩)边缘不应小于0.25m，标志牌下边缘距路面的高度应在1.8～2.5m之间。

(11)疏散标志的设置应符合以下要求：

①疏散通道中“安全出口”标志，宜设置在通道两侧部及拐弯处的墙面上。标志牌的上边缘距地面不应大于1m，也可以把标志直接设置在地面上，上面加盖阻燃透明牢固的保护板。标志的间距不应大于20m；

②疏散通道出口处“安全出口”标志，应设置在门框边缘或门的上部。标志牌的上边缘距天花板高不应小于0.5m；

③当天花板的高度较小时，标志的中心点距地面高度应在1.3～1.5m之间；

④悬挂在室内的疏散标志牌，其下边缘距地面的高度不应小于2.0m。

(12)设有火灾报警器或火灾事故广播喇叭的地方，应相应地设置“发声警报器”标志。

(13)隐蔽式消防设备存放地点，应相应地设置“灭火设备”“灭火器”等标志。

(14)设有火灾报警电话的地方，应设置“火警电话”标志和报警电话号码。

(15)在易燃易爆、可燃、助燃气体储罐或加油点，应设置“禁止烟火”“禁止吸烟”“禁止放易燃物”“禁止带火种”等标志。

(16)厨房、资料室、库房等场所，应设置“禁止吸烟”等标志。

(二)其他标志

(1)营地内一些危险的场所，例如低矮的过道、比较陡的楼梯以及有台阶的地方等部位，应该张贴警示标志。

(2)给各类标志提供应急照明的电源，其连续供电时间应满足所处环境的相应标准或规范要求，但不应小于20min。

(3)发电、充电场所应设置“小心触电”“有电危险”等警示标志。

五、营地卫勤管理

(一)科学组织

准备充分，科学组织，防止蛮干。野外救援由于环境条件艰苦，工作强度较大，工作中更容易受伤，而受伤之后更不便于治疗康复，因此，也更需引起我们高度重视。

(1)准备充分。事实证明，科学的预防措施，能大大减少工作受伤的发生。卫生防疫人员应为营地人员讲授预防施工受伤的基本知识，加强队员自我保护意识。施工操作时，要做到“三前”：把注意事项讲在前，把准备工作做在前，把预防措施想在前。

(2)科学组织，防止蛮干。要循序渐进地安排施工进度，按照由简到繁、由易到难的渐进方式和原则组织施工救援，合理进行作业编组，正确把握作业强度，作业中不能搞疲劳战术，严防各种意外事故的发生。

(二)饮食安全

严格把关，做好采购、储存、加工等环节的食品卫生管理监督工作，防止“病从口入”。野外救援条件比较艰苦，细菌生长繁殖和传播迅速，易引发各类消化道疾病，在食品卫生监督管理中，特别要注意以下四个环节。

(1)要对当地水源进行检测和消毒。除深井水和泉水可以直接饮用外，其余水源如河水、湖水、溪水等均需进行过滤、沉淀、消毒并烧开后才能饮用。

(2)要注意食品采购中的卫生要求，采购员要认真查看食品的新鲜程度。食品采购车要专用，并时刻保持车内清洁，运输冷冻食品应当有必要的冷藏、冷冻设备。

(3)野外宿营受食品存放设备局限，所以采购量不宜过多，最好实行“日购制”，熟食品、半成品、食品原料应当分开存放，避免交叉污染。

(4)炊事人员在制作食物时要特别注意“净、透、分、消、密、期”6 个字。“净”是指原料要洗干净；“透”是指蒸熟煮透；“分”是指生熟分开，尤其是案板、刀具、器皿等直接接触食物的用具；“消”是指做好烹饪用具的消毒；“密”是指食物要密闭存放；“期”是指要严防食品过期。

同时，还要避免在简易住处集中做大量食品和集体供餐，避免购买和食用摊贩销售的未包装的熟肉和冷荤菜。

(三)卫生防疫

野外救援通常是在灾区，各种疾病尤其是各类传染病的高发，做好卫生防疫工作显得尤为重要。

1.预防为先，切实做到防疫“五到位”

(1)健康教育要到位。救援队要制订切实可行的健康教育计划，采取编印下发卫生防疫手册等多种形式，给救援队员讲解野外救援的卫生常识。

(2)卫生调查要到位。卫生部门要提前派出防疫分队深入灾区，对沿途和宿营地进行卫生调查，及时做出卫生情况判断，制订好保障方案。

(3)药品准备要到位。一般野外宿营应备有：感冒、腹泻、消炎用药，漂白粉，清凉油，伤湿膏，各种癣药水，以及外伤用药等。常用的防疫器材有野外检查箱、喷雾器等。

(4)技术指导要到位。随队医生要严格落实早、中、晚巡诊制度，及时指导救援队开展针对性防病工作。

(5)疫情处理要到位。宿营期间，一旦发现传染病或疑似传染病患者，首先应将其隔离，而后按照《传染病防治法》的要求，及时采取包括报告、治疗、观察、后送和对整个救援队进行预防、控制等一系列的防疫措施。

2.有备无患，提高应急能力

野外救援宿营地位于灾区，大都远离城市，自然条件较差，在做好医疗卫生相关准备的同时，应着力提高应急保障能力。出现重伤、重病情况，先要立足现场自救互救，情况紧急时，应及时启动后送机制，确保人员在第一时间得到救治。

3.常见病伤防治

(1)防蚊虫

蚊子可传播多种疾病，防蚊灭蚊必须多法并举。蚊虫叮人可以传播 4 种疾病：登革热、流行性乙型脑炎、疟疾、丝虫病，因此野外作业防止蚊虫叮咬非常重要。

①野外作业时，应尽量穿着长袖衣裤。

②宿营地有条件应安装纱门、纱窗，营区周边应进行有效的杀虫、灭鼠等卫生整治工作。

③对需野外露宿的人员，提倡使用驱蚊剂和蚊帐。

④野外作业前吃一些大蒜或在裸露的皮肤和衣服上涂上风油精、花露水、清凉油等，也能起到驱避蚊虫的作用。

⑤若被毒蚊虫叮咬，应及时给伤口上药，也可用肥皂水和盐水反复清洗，或将废茶叶捣烂，敷在伤口处。

(2)防毒蛇

野外环境下，潮湿的草丛、河滩及灌木丛里，经常有蛇出没。

①野外作业时，应当扎紧裤脚，最好用一根棍子探路，边走边敲打，使蛇惊吓而逃。

②遭遇毒蛇，应沉着冷静，缓缓绕行，若被蛇追逐时，应向上坡跑，或忽左忽右的转弯跑，切勿直跑或直向下坡跑。

③如被毒蛇咬伤，要立即开展急救。就便取材扎住伤口上端(近心端)，然后以生理盐水或清水清洗伤口，以消毒刀片将伤口切开成十字形，将毒血尽力挤出。伤口处理完后，应口服蛇药片，或将蛇药片用清水溶成糊状涂在创口四周。出现明显中毒症状的要立即后送医疗机构救治。

(3)防中暑

中暑是夏季常见病，是野外作业人员经常遇到的主要疾病之一。主要防治措施：

防止暴晒；及时补充水分；保证睡眠；备好防暑药品，十滴水、人丹、风油精、藿香正气水等一定要常备，以防应急之用；轻症中暑的，应赶快将病人送到阴凉通风处休息，喝适量的凉茶或冷盐水；重度中暑的要立即进行急救。

(4)防晒伤

长时间在无遮挡的阳光下作业，极易发生晒伤，并引发日光性皮炎。防治晒伤：应循序渐进地适应高温天气，提高皮肤对日光的耐受性；在阳光易晒到的皮肤部位提前涂抹防晒霜，并适当采取一些遮阳措施；晒伤严重者应在军医指导下用药治疗，切记不宜挑破水泡，以免造成感染。

(5)防感冒

①夏季感冒。主要是因机体抵抗力下降，以及天气忽冷忽热，机体不能适应急剧的气温变化所致，如纳凉过度、过食冷饮、酷热大汗状态下冲凉等。夏季感冒分暑热和湿热两种。

a. 暑热。常伴有咳嗽、浓痰、发低烧等明显的“热象”症状，可服用利于清热解暑的药物，高热患者还应进行物理降温并在医生指导下使用解热镇痛药。

b. 湿热。一般有明显的“寒象”，如呕吐、腹泻等肠胃不适症状，可服用具有化湿解表作用的药物。

②冬季感冒。冬季野外作业时，穿着衣物多，作业过程中出汗比较多，贴身衣物很容易湿透，遇到侵入的冷空气，湿衣会贴身带走大量热量，特别是背部皮肤温度下降过快，容易引起感冒。

作业过程中，如果没有条件更换干衣，可用干毛巾垫在内衣和皮肤之间，要优先保障背部的干爽，防止降温过快。

要关注气温变化，尽量穿排汗快的内衣，气温升高时可以脱下大衣外套，降温后再穿上，尽量减少出汗量。

遇到汗湿衣物的情况，要及时采取防护措施，切不可“捂干”，作业结束后要及时更换。

（6）防冻伤

①冻伤分类。冻伤是人体肌体由于长期暴露在寒冷环境中，导致细胞内的水分被冻住而形成的损伤。冻伤可分为局部冻伤和全身冻伤两种。局部冻伤，皮肤从苍白变紫而黑，伤部周围皮肤肿胀，亦可有水泡，并伴有痒、痛、麻，甚至剧痛等症状，好发于指、趾、鼻尖、耳廓、脸颊等暴露部位。全身冻伤，除体表血管收缩、皮肤苍白外，伤者出现寒战；当体温继续下降时，伤者感觉疲乏，瞌睡；再进一步就神志迟钝，出现幻觉。若不及时治疗，就会危及生命。

②冻伤的预防。在严寒下作业的人员应注意防寒、防湿、衣着鞋袜要松紧适当并保持干燥；暴露部分宜涂油膏，减少散热，并戴口罩、手套、耳罩等；作业时应适当活动，以促进血液循环。此外，要有足够的睡眠，避免过度疲劳，并注意营养。

③冻伤的处理。发生冻伤后，伤部要迅速复温，可将伤部浸泡在清洁温水中，并在5～7min内加温到37～42℃。冻伤的肢体宜稍抬高，以消退水肿。较轻的冻伤采用保暖包扎；较重的冻伤由医务人员进行消毒、包扎、预防感染和创面处理；全身性冻伤复温后，由于全身组织和脏器均有损害，仍可出现低血容量性休克和心肾功能损害，所以应送往医院抢救。

（7）防“心病”

野外救援作业，条件艰苦，环境恶劣，次生灾害频发，工作强度大，容易诱发心理问题，医务人员应及时跟进提供服务。医务人员应及时帮助队员应对一些常见心理现象，掌握相关心理知识，学会调整心理状态的基本方式方法，从而消除焦虑、担忧、恐惧等心理问题。个人也要学会自我调节，科学减压。比如找一个没人的地方大声喊出来，等等。

六、营地环境保护

（一）防治大气污染

（1）救援现场宜采取硬化措施，其中主要道路、料场、生活办公区必须进行硬化处理，土方应集中堆放。

（2）拆除旧有建筑物时，应采用隔离、洒水等措施防止扬尘，并应在规定期限内将废弃物清理完毕。

（3）严禁在救援现场焚烧含有有毒、有害化学成分的装饰废料、油毡、油漆、垃圾等各类废弃物。

（4）从事土方、渣土和救援垃圾运输应采取措施防止大气污染。经过城镇应当保证车辆清洁，并使用密闭式运输车辆或采取覆盖措施。

（5）救援现场应根据风力和大气湿度安排施工生产任务，以避免污染环境事故的发生。

（6）水泥和其他易飞扬的细颗粒救援材料应密闭存放，砂石等散料应采取覆盖措施。

（7）救援现场的各类搅拌场所应当采取降尘措施。

（8）救援垃圾和生活垃圾应设置专门垃圾存放点且分类存放，并及时清运。存放时，应采取防止垃圾飞扬的措施。

（9）城区、旅游景点、疗养区、重点文物保护地及人口密集区的施工应使用清洁能源。

（10）救援现场的机械设备、车辆尾气排放应符合国家环保排放标准的要求。

（二）防治水污染

（1）救援现场应设置排水沟和沉淀池，现场泥浆、废水等不得随意排放。

(2)现场存放的油料、化学溶剂等应设有专门的库房，地面应进行防渗处理。

(3)食堂应设置隔油池，并应及时清理。

(4)厕所的化粪池应进行抗渗处理。

(5)食堂、盥洗室、淋浴间等的污水应妥善处理，保证不污染周围水源。

(三)防治施工噪声污染

(1)应采取救援噪声不扰民的措施，经常监测和听取周围群众的反映。

(2)在城镇和人口居住密集的地区救援应严格按照国家《建筑施工场界噪声限值》及《建筑施工场界噪声测量方法》标准制定降噪措施，应当对现场噪声进行监测和记录。

(3)对产生噪声和震动的救援机械、机具的使用，应采取消声、吸声、隔离等有效控制措施。

(四)防治施工照明污染

(1)夜间救援严格按照当地建设和行业行政主管部门以及有关部门的规定执行。

(2)对救援照明器具的种类、灯光亮度加以严格控制。特别是在城市市区居民居住区内，减少施工照明的不良影响。

(五)防治施工固体废弃物污染

(1)应制订防治施工固体废弃物污染的措施方案，制订复垦复耕等计划，并认真组织落实。

(2)对施工产生的废弃物，如沥青块、混凝土块等应当及时清理，按照要求处置。

(3)含有毒有害物质的工程检测仪器等，应专人负责，严格管理，切勿遗失。

(4)注意做好办公场所产生的废硒鼓、废灯管等的统一回收工作。

第三节　应急救援作业安全控制

应急救援施工作业具有工期紧、突击性强、工种复杂、特种作业多、施工协作要求高等特点，同时施工过程受自然因素及外界干扰的影响很大，施工作业环境及气候恶劣，容易使抢险救援作业人员的体力和注意力下降，施工现场存在大量的危险和不安全因素(次生灾害频发)，事故隐患多，易发生安全事故。因此，加强应急救援施工作业安全控制，是实现“安全救援”，确保应急救援抢险抢通任务顺利完成的基础。本节主要介绍应急救援道路、桥梁、堤坝、港口码头及施工机械等施工安全控制要求。

一、安全生产管理

(一)基本概念

1.安全生产

安全生产是为了使生产过程在符合物质条件和工作秩序下进行，防止发生人身伤亡和财产损失事故，消除或控制危险、有害因素，保障人身安全与健康、设备和设施免受损坏、环境免遭破坏的总称。

2.安全生产管理

安全生产管理是管理的重要组成部分，是安全科学的一个分支。所谓安全生产管理，就是针对人们生产过程的安全问题，运用有效的资源，发挥人们的智慧，通过人们的努力，进行有关决策、计划、组织和控制等活动，实现生产过程中人与机器设备、物料、环境的和谐，达到安全生产的目标。

3.安全生产的目标及内容

安全生产理的目标是,减少和控制危害,减少和控制事故,尽量避免生产过程中由于事故所造成的人身伤害、财产损失、环境污染以及其他损失。

安全生产管理包括安全生产法制管理、行政管理、监督检查、工艺技术管理、设备设施管理、作业环境和条件管理等。

安全生产管理的基本对象是企业员工,涉及企业中的所有人员、设备设施、物料、环境、财务、信息等各个方面。

安全生产管理的内容包括:安全生产管理机构和安全生产管理人员、安全生产责任制、安全生产管理规章制度、安全生产策划、安全培训教育、安全生产档案等。

(二)安全生产管理要素

1.安全意识

建设安全意识,其重点就是要加强安全宣传教育,普及安全常识,强化安全意识,强化全员的自我保护意识,提高员工的安全素质,最终达到保障员工的生命安全的目的。

2.安全法制

安全法制是安全生产的利器。就是要坚持以法治安,即用法律法规来规范生产工作者的行为,使安全生产工作有法可依、有章可循,建立安全生产法制秩序。坚持依法治安,要建立、修订、完善安全生产管理相关的规定、办法、细则等,并把各项安全规章制度落实到安全生产管理全过程,同时加强执法,要依法进行安全检查、安全监督,维护制度的权威性。

3.安全责任

安全责任是安全生产的核心,必须层级落实安全责任。牢固树立安全责任意识,要以全面落实安全生产责任制为核心,坚持事前预防、事中监督、事后处理,多管齐下,使各个环节、各个阶段、各个岗位的安全责任都能得到有效落实。

4.安全科技

安全科技是安全生产的动力。要应用先进的安全装置、防护设施、预测报警技术都是解放生产力、保护生产力、发展生产力的最重要途径,安全科学技术是安全生产的先导,是科学生产的延伸,是安全生产的强力技术支持和巨大的动力源泉。

5.安全投入

安全投入是安全生产的保障。安全生产的硬件、软件的改造与更新,安全生产环境的改善必须有投入,有投入才会有更高的回报。有计划的安全投入一方面要见其实效,但不可忽视安全投入的迟后效应和公益效应。

(三)安全生产管理原则

安全生产管理必须坚持“安全第一、预防为主、综合治理”的原则。这是一个完整的体系,同时三者之间又存在内在关系,即:坚持安全第一,必须以预防为主,然后实施综合治理;只有认真治理隐患,有效防范事故,才能把“安全第一”落到实处。

1.安全第一

体现在生产经营单位应当把生产、安全、效益等看成一个有机的整体,当这些指标发生矛盾或冲突时,必须将安全放在第一位。

2. 预防为主

(1)安全教育。采取多种形式,加强对有关安全生产法律、法规和安全生产知识的宣传、教育和培训,保证从业人员具备必要的安全生产常识,熟悉有关的安全生产规章制度和安全操作规程,掌握本岗位的安全操作技能,增强事故预防和应急处理能力,提高职工的安全生产意识。

(2)安全投入。生产经营单位应具备法定的安全生产条件,要求生产经营单位应当具备的一定安全投入,并予以保证,对安全生产所需的资金投入不足导致的后果承担责任。

(3)安全责任。实现安全生产,必须建立健全安全生产责任制,各负其责,齐抓共管。要增强各有关部门及其工作人员和生产经营单位主要负责人的责任感,切实履行自身的法定职责。

(4)建章立制。要求生产经营单位制定并落实各种措施和规章制度以实现安全生产,规章制度不健全或者废弛,安全管理措施不落实,势必埋下不安全因素和事故隐患,最终导致事故。

(5)隐患整改。一般情况下,大部分事故发生前都有安全隐患,这就要求从业人员尽职尽责,加强管理,及时发现、消除整改安全隐患,以避免或者减少事故。

(6)监督执法。要强化安全生产监督管理,加大日常监督检查和重大危险源监控的力度,重点查处生产经营过程中的安全生产违法行为,发现事故隐患应当要求及时整改,并依法采取监管措施或者处罚措施,严格追究有关人员的责任。

3. 综合治理

(1)主动排查,综合治理各类隐患,把事故消灭在萌芽状态。

(2)事故发生后,要查明事故的原因,分清事故责任,制定防止事故再次发生的各项措施。

(3)加大处罚力度,对违章者批评教育,并依照有关规章制度给予处分,令其汲取教训,并以此教育全体人员,杜绝、防止类似事故发生。

(4)运用好经济手段、法律手段,从发展规划、行业管理、经济政策、教育培训以及责任追究等多方面着手,建立安全生产长效机制。

二、危险源的分类

(一)基本概念

1. 事故

事故是指造成人员死亡、伤害、职业病、财产损失或其他损失的意外或偶发事件。

2. 事故隐患

事故隐患泛指生产系统中可导致事故发生的人的不安全行为、物的不安全状态和管理上的缺陷。

3. 危险

危险是指材料、物品、系统、工艺过程、设施或场所对人、财产或环境具有产生伤害的潜能,有可能失败、死亡或遭受损害的境况。

4. 危险源

危险源是指能造成人员伤害、疾病、财产损失、作业环境破坏或其他损失的根源或状态。

5. 损失

损失是指非环境的、非计划的或非预期的经济价值的减少。一般可分为直接损失和间接损失两种。

(二)危险源分类

1.按事故的原因分类

通常情况下,按导致事故和危害的直接原因,将危险源分为人的因素、物的因素、环境因素和管理因素四类:

(1)人的因素包括:心理、生理性危险和有害因素(负荷超限、健康状况异常、从事禁忌作业心理异常、辨识功能缺陷以及其他心理、生理性危害因素),行为性危险和有害因素(指挥错误、操作错误、监护错误、其他错误以及其他行为性危险和有害因素)。

(2)物的因素包括:物理性危险和有害因素(设备、设施、工具附件缺陷,防护缺陷,电伤害,噪声,振动危害,电离辐射,非电离辐射,运动物伤害,明火,高温物质,低温物质,信号缺陷,标志缺失,有害光照),化学性危险和有害因素(爆炸品,压缩气体和液化气体,易燃液体,易燃固体、自燃物品和遇湿易燃物品,氧化剂和有机过氧化物,有毒品,放射性物品,腐蚀品,粉尘与气溶胶),生物性危害危险和有害因素(致病微生物、传染病媒介物、致害植物)。

(3)环境因素包括:室内作业场所环境不良(室内地面滑,室内作业场所狭窄,室内地面不平梯架缺陷,地面、墙和天花板的开口缺陷,房屋基础下沉,室内安全通道缺陷,房屋安全出口缺陷,采光照明不良,作业场所空气不良,室内温度、湿度、气压不适,室内给排水不良,室内涌水),室外作业场所环境不良(恶劣气候与环境,作业场地和交通设施湿滑,作业场地狭窄,作业场地杂乱、作业场地不平、航道狭窄、有暗礁或险滩,脚手架、阶梯或活动梯架缺陷,地面开口缺陷,建筑物和其他结构缺陷,门和围栏缺陷,作业场地基础下沉,作业场地安全通道缺陷,作业场地安全出口缺陷,作业场地光照不良,作业场地空气不良,作业场地温度、湿度、气压不适,作业场地涌水),地下(含水下)作业环境不良(隧道/矿井顶面缺陷,隧道/矿井正面或侧面缺陷,隧道/矿井地面缺陷,地下作业面空气不良,地下火,冲击地压,地下水,水下作业供氧不当),其他作业环境不良(强迫体位,综合性作业环境不良)。

(4)管理因素包括:职业安全卫生组织机构不健全,职业安全卫生责任制不落实,职业安全卫生管理规章制度不完善,职业安全卫生投入不足,职业健康管理不完善。

2.按事故类型分类

综合考虑事故的起因物、致害物、伤害方式等特点,将危险源及危险源造成的事故分为16类。

(1)物体打击,指落物、滚石、锤击、碎裂崩块、碰伤等伤害,包括因爆炸而引起的物体打击。

(2)车辆伤害,是指企业机动车辆在行驶中引起的人体坠落和物体倒塌、飞落、挤压伤亡事故,不包括起重设备提升、牵引车辆和车辆停驶时发生的事故。

(3)机械伤害,是指机械设备运动(静止)部件、工具、加工件直接与人体接触引起的夹击、碰撞、剪切、卷入、绞、碾、割、刺等伤害,不包括车辆、起重机械引起的机械伤害。

(4)起重伤害,是指各种起重作用(包括起重机安装、检修、试验)中发生的挤压、坠落、(吊具、吊重)物体打击和触电。

(5)触电,包括雷击伤害。

(6)淹溺,包括高处坠落淹溺,不包括矿山、井下透水淹溺。

(7)灼烫,指火焰烧伤、高温物体烫伤、化学灼伤(酸、碱、盐、有机物引起的体内外灼伤)物理灼伤(光、放射性物质引起的体内外灼伤),不包括电灼伤和火灾引起的烧伤。

(8)火灾。

(9)高处坠落，是指在高处作业中发生坠落造成的伤亡事故，不包括触电坠落事故。

(10)坍塌，是指物体在外力或重力作用下，超过自身的强度极限或因结构稳定性破坏而造成的事故，如挖沟时的土石塌方、脚手架坍塌、堆置物倒塌等，不适用于矿山冒顶片帮和车辆、起重机械、爆破引起的坍塌。

(11)放炮，是指爆破作业中发生的伤亡事故。

(12)火药爆炸，指生产、运输、储藏过程中发生的爆炸。

(13)化学性爆炸，是指可燃性气体、粉尘等与空气混合形成爆炸性混合物，接触引爆能源时，发生的爆炸事故(包括气体分解、喷雾爆炸)。

(14)物理性爆炸，包括锅炉爆炸、容器超压爆炸、轮胎爆炸等。

(15)中毒和窒息，包括中毒、缺氧窒息、中毒性窒息。

(16)其他伤害，是指除上述以外的危险因素，如摔、扭、挫、擦、刺、割伤和非机动车碰撞、轧伤等(矿山、井下、坑道作业还有冒顶片帮、透水、瓦斯爆炸危险因素)。

三、施工作业安全控制

(一)道路工程

1. 土方施工

(1)土方开挖前，必须了解土质、地下水等情况；查清地下埋设的管道、电缆和有毒有害气体等危险物以及文物古迹的位置、深度走向，并加设标记、设置防护栏杆；根据其危险性，确定采取的施工作业方法、安全技术措施等。

(2)开挖深度超过 2m 时，其边缘上面要设置警告标志，特别是在街道、居民区、行车道和现场通道附近开挖土方时，不论深度大小都要设置警告标志和高度不低于 1.2m 的双道防护栏或定型护身栏，夜间还要设红色警示灯。

(3)在沟槽(坑)边缘 1m 以内不准堆土或堆放物料，距沟槽(坑)边缘 1～3m 间堆土高度不得超过 1.5m，距沟槽(坑)边缘 3～5m 间堆土高度不得超过 2.5m，停置车辆、设备、起重机械不少于 4m。

(4)在靠近建筑物、设备基础、电杆及各种脚手架附近挖土时，必须采取安全防护措施。

(5)开挖沟槽时，应当根据土质情况进行放坡或防护。挖掘深度超过 1.5m，而且不加防护时，应按规定放缓坡度。

(6)因施工区域狭窄等原因不能放坡，则应采取围壁措施。要注意围壁支撑的木料，不能有糟、朽、断、裂现象。

(7)高陡边坡处施工，必须遵守下列规定：

①作业人员必须绑系安全带。

②边坡开挖中如遇地下水涌出，应先排水，后开挖。

③开挖工作应与装运作业相互错开，严禁上、下双重作业。

④弃土下方和有滚石危险的区域，应设警告标志，下方有道路时，作业时严禁通行。清理路堑边坡上突出的块石和整修边坡时，应从上而下顺序进行，坡面上的松动土、石块必须及时清除。坡面上的操作人员需戴安全帽。严禁在危石下方作业、休息和存放机具。边坡上方有人工作时，边坡下方不准站人。

⑤高边坡开挖：作业人员要戴安全帽，并安排专职人员对上边坡进行监视，防止上部塌方

和物体坠落。

⑥深基坑开挖抛土距坑边缘太近:应安排作业人员指挥,安全员负责监控,要及时地指挥作业人员将基坑边缘的土移到规定距离之外。

(8)在地质不良地段,应根据要求并结合实际情况,在分段开挖的同时,及时分段修建支挡工程。在开挖过程中应严密注意土体的稳定情况,并应有相应的安全措施,同时注意弃土的堆放,以免影响不良地段的原有稳定状态。

(9)施工中如发现山体有滑动、崩塌迹象危及施工安全时,应暂停施工,撤出人员和机具,并根据实际情况,研究制订新的施工方案和安全措施。

(10)滑坡地段的开挖,应从滑坡体两侧向中部自上而下进行,严禁全面拉槽开挖。弃土不得堆在主滑区内。

(11)在落石与岩堆地段施工,应先清理危石和设置拦截设施后再进行开挖。坡面上的松动石块应边挖边清除,严防岩堆松动滑脱伤人。

(12)岩溶地区施工,应认真处理岩溶水的涌出,以免导致突发性的坍陷。

(13)泥沼地段施工,应制定和落实预防人、机下陷的安全技术措施。挖出的废土应堆置在合适的地方,以防汛期造成人为的泥石流。

(14)施工中遇有土体不稳、发生坍塌危险、水位暴涨或山洪暴发以及在爆破警戒区内听到爆破信号时,应立即停工,人、机撤至安全地点。

(15)使用机械破冻土时,机械5m以内禁止站人,并应注意附近建筑物的安全。

(16)运土方的车辆会车时,应轻车让重车,通过窄路、交叉路口、铁路道口和交通繁忙地段以及转弯时,应注意来往行人和车辆。重车运行,前后两车间距必须大于5m,下坡时,间距不应小于10m,严禁车上乘人,过道应设专人管理、维修。悬崖陡壁处应设防护栏杆。

(17)机械在危险地段作业时,必须设明显的安全警告标志,并应设专人站在操作人员能看清的地方指挥。驾机人员只能接受指挥人员发出的规定信号。

(18)机械进场前,应查清道路、桥梁的净宽、限高和承载力是否满足通过要求,否则应拓宽和加固或绕线。

(19)机械在边坡、边沟附近作业时,应与边缘保持必要的安全距离,使轮胎(履带)压在坚实的地面上。

2.石方施工

(1)石方爆破作业,以及爆破器材的管理、加工、运输、检验和销毁等工作必须严格遵守国家现行的《爆破安全规程》。

(2)选择炮位时,炮眼口应避开正对的电线、路口和构造物。

(3)凿打炮眼时,坡面上的浮岩危石应予以处理。

(4)凿眼所用的工具和机械要详加检查,确认完好。

(5)严禁在残眼上打孔。

(6)机械扩眼,宜采取湿式凿岩或带有捕尘器的凿岩机。凿岩机支架要牢固,严禁用胸部和肩头紧顶把手。风动凿岩机的管道要顺直,接头要紧密,气压不应过高。电动凿岩机的电缆线宜悬空挂设,工作时应注意观察电流值是否正常。

(7)空压机必须在无荷载状态下起动。开启送气阀前,应将输气管道连接好,不得扭曲。在征得凿眼机操作人员同意后方可送气,出气口前方不得有人工作或站立。运转中应注意检查是否有异常情况,不得擅离岗位。

(8)爆破器材库的选址和搭建以及配套设施应请当地公安部门进行监督和指导，运输爆破器材要使用专用运输工具，在公安部门的押运下进行，并应避开人员密集地段，中途不得停留。

(9)要根据当地的气候和水文等情况，制订爆破器材保护预案，防止因为工作过程中突遇气候等环境因素，导致爆破器材的损失。

(10)在保管、加工、运输爆破器材过程中，严禁穿着化纤类服装。

(11)爆破器材应按规定要求进行检验，对失效和不符合技术条件要求的不得使用。

(12)爆破器材必须严格管理，建立并严格执行爆破器材领用、退库制度。爆破器材应有专人领取，严禁由一人同时搬运炸药与雷管。严禁电雷管与带电物品一起携带运送。

(13)制作起爆药包(柱)，应在专设的加工房或爆破现场的专用棚内进行。

(14)超过 5m 的深孔不得使用导火索起爆。

(15)爆破作业必须遵守以下规定：

①装药前应对炮眼进行验收和清理。

②严禁烟火和明火照明。无关人员必须远离现场。

③应用木质炮棍装药，严禁使用金属器皿装药。深孔装药出现堵塞时，在未装入雷管和起爆药前，可采用铜和木质长杆处理。

④装好的炸药包(柱)和硝化甘油类炸药，严禁投扔或冲击。

⑤不得采用无填塞爆破(扩壶除外)，也不得使用石块和易燃制材料填塞炮孔。填塞炮眼时不得破坏起爆线路。

(16)已装药的炮孔必须当班爆破，装填的炮孔数量应以一次爆破的作业量为限。

(17)爆破作业必须有专人指挥。确定的危险边界应有明显标志，警戒区四周必须派设警戒人员。警戒区内的人员、牲畜必须撤离，施工机具应妥善安置。预告、起爆、解除警戒等信号应有明确的规定。

(18)应按照规定确定防止个别飞散物对人员伤害的安全距离。

(19)导火索起爆应采用一次点火法点火，其长度应保证点完导火索后人员能撤至安全地点，但不得短于 1.2m。不得在同次爆破中使用不同燃速的导火索。

露天爆破，一人连续点火的导火索不得超过 10 根，严禁使用明火点燃，严禁脚踩和挤压已点燃的导火索。

多人同时点炮时，每人点炮数量应相同。必须先点燃信号管，信号管响后无论导火索点完与否，人员必须立即撤离。信号管的长度不得超过该次被点导火索中最短导火索长度的 1/3。

(20)爆破时，应点清爆炸数与装炮数量是否相符。确认炮响完并过 5min 后，方准爆破人员进入爆破作业点。

(21)电力起爆必须遵守下列规定：

①在同一爆破网络上必须使用同厂、同型号的电雷管，其电阻值差应控制在±0.2Ω 以内。

②爆破网路主线应绝缘良好，并设一中间开关，与其他电源线路应分开铺设。

③必须严格检查主线、区域线、端线、电源开关和插座等的断通与绝缘情况，在联入网络前各自的两端必须短路。

④爆破网络的连接必须在全部炮孔装填完毕，无关人员全部撤至安全地点后进行。连接必须由工作面向起爆站依次进行，两线的接点应错开 10cm，接点必须牢固，绝缘良好。

⑤用动力或照明电源起爆时，起爆开关必须放在上锁的专用起爆箱内，钥匙必须由爆破工作的负责人严加保管。

⑥装好炸药包后，必须撤除作业现场的一切电源。

⑦雷雨季节、潮湿场地等情况下，应采用非电起爆法。

(22)裸露爆破必须保证先爆的药包不致破坏其他药包，否则应用齐发起爆。严禁用石块覆盖裸露药包和将炸药包插入石缝中进行爆破。

(23)各种类型的"盲炮"处理必须按照国家现行的《爆破安全规程》有关规定办理。

(24)大型爆破必须按审批的爆破设计书，并征得当地县(市)以上公安部门同意后，由专门成立的现场指挥机构组织人员实施。

大型爆破的安全距离，除考虑个别飞散物的因素外，还必须考虑爆破引起地震及冲击波对人员、设施及建筑物的影响，按规定经计算后确定安全距离。

(25)石方地段爆破后，必须确认已经解除警戒，作业面上的悬岩危石也经检查处理后，经过履行必要的确认手续，清理石方人员方准进入现场。

(26)撬动岩石必须由上而下逐层撬(打)落，严禁上下双重作业，不得将下面撬空使其上部自然塌落。

(27)抬运石块的铁链或绳索应理顺并拴牢，抬运时要同起同落、步调一致。

3. 不良地质地段路基施工

(1)滑坡

①应核查滑坡影响范围并设安全警示标志，根据现场情况设置围挡等防护设施。施工期间应由专人负责监测。

②严禁在滑坡影响范围设置临时生产、生活设施，停放机械、堆放机具等。

③施工前应先做好截、排水设施，并随开挖随铺砌。对施工用水严格管理，防止渗入滑坡体内。

④在滑坡体上开挖路堑和修筑抗滑支挡结构时，应符合以下规定：应分段跳槽开挖，严禁大段拉槽开挖，并随挖、随砌、随填并夯实；开挖与砌筑时应加强支撑与临时锚固，并随时监测其受力状态；抗滑桩、锚杆(索)施工应从两段逐步向滑坡主轴方向进行；采用抗滑桩、挡土墙共同支挡时，应先做抗滑桩后做挡土墙。

⑤采取减重、加载措施时，遵守以下规定：减重应自上而下开挖，开挖面应立即整平、压实；弃土应堆置在滑坡区以外或指定的阻滑区域；加载的填土和减重的弃土，不得堵塞滑坡体下部的渗、排水口。

⑥应避免在冰雪融化期开挖滑坡体，雨后不得立即施工，禁止夜间施工。

(2)泥石流

①应结合实际情况认真评估泥石流的危害程度，核实泥石流形成区、流动区和堆积区，并制定安全防护措施；

②应与气象、国土资源等部门保持畅通联系，人员驻地、生产设施等临时工程必须避开泥石流影响区；

③施工期要设专人巡查，发现异常及时预警并采取相应措施；

④取土和弃土应避开泥石流影响区，防止诱发人工泥石流。

(3)危岩、落石、岩堆与崩塌

①危岩、落石、岩堆与崩塌地段施工前，要对影响范围进行评估，并对既有的建(构)筑物和交通设施采取相应的安全防护或迁移措施。

②施工期要设观测点，由专人监测和巡查，发现异常应立即停工，人机撤离，评估危险程度

后采取相应的措施。

③危岩、落石、岩堆与崩塌影响范围内严禁搭盖临时房屋、堆放机具。

④刷坡时要明确清刷范围，并设置围挡和警示标志。

⑤施工前要先清理危岩、危石或对其采取加固措施，并根据现场情况修建拦截建筑物等防护设施，各项防治工程应及时配套完成。

⑥爆破开挖时要采取控制爆破技术，并加强现场防护及爆破后的检查。

⑦对于稳定性较差的岩堆路基，应先筑护脚挡墙稳定岩堆脚，再用水泥砂浆分段注入岩体并留出泄水孔；对于较高的边坡，应分段筑成台阶边坡，并注浆护面或砌筑护面墙维护岩堆稳定。

(4)岩溶及坑洞

①岩溶及其他坑洞地区施工前要核实洞穴的位置和分布情况，设置明显的警示标志和防护设施，防止人员、机械设备误入。

②施工前要探明洞内情况，洞内有害气体和物质未排除前禁止作业人员进入。对不稳定的洞穴应采取临时支撑等安全措施。

③对路基稳定有影响的岩溶水、地面水应先进行疏导、引排。

④注浆处理时，要随时观测注浆压力和周边情况，发现异常及时采取相应措施。

(5)风沙地区

①风沙地区的临时生产、生活设施应进行必要的加固，并应制定生活用水、临时用电的安全措施。

②作业人员应按规定配备风镜、门罩等防护用品。人员外出时不应少于两人同行，大风天气禁止外出。

③风沙地区的临时道路应设固定道路标志，人行道坡度不应陡于 1∶3。

④在两侧同时作业时，迎风侧和背风侧的施工应相互错开。

⑤开挖沙层要自上而下进行，严禁直立开挖或掏空挖沙。

⑥严禁在挖方坡脚下休息和存放机具。

⑦大风来临前，要保持机具设备的最小迎风面正对风向。高耸机具要采取拆卸或拉缆风绳等其他防风措施。对精密仪器要采取覆盖、包裹等措施。

(6)冻土地区

①做好排水设施。施工便道距路堤坡脚或堑顶不少于 20m。

②各种车辆和机械不得沿路堤坡脚与排水沟之间行驶。

③富冰、饱冰冻土或含水冰层地段路堤施工，必须保持路基与周围冻土处于冻结状态。

④冻土路堑开挖时，应防止阳面冻土因受热融化而坍塌。

4.施工机械操作

(1)挖掘机

①发动机起动或操作开始前应发出信号。起动后，严禁在铲斗内、臂杆、履带和机棚上站人。

②装载作业时，应待汽车停稳后，再进行装料。

③卸料时，在不碰击自卸汽车任何部位的情况下，铲斗应尽最降低，并禁止铲斗从汽车驾驶室上越过。

④作业时，禁止任何人上下机械和传递物件，不准边作业边维修、保养。

⑤作业时,不要随便调节发动机、调速器以及液压系统、电器系统。

⑥作业时,要注意选择和创造合理的工作面,严禁掏洞挖掘。

⑦禁止用铲斗击(破)碎坚固物体,不准用回转机械方式使铲斗破碎坚固物体。

⑧禁止将挖掘机布置在上下两个采掘段(面)内同时作业。在工作面内移动时,应先平整地面并排除通道内的障碍物。如需在松软地面上移动时,须在行走装置下垫方木,同时视下陷情况及时进行处理。

⑨作业时,如遇较大石块或坚硬物体时,先清除再继续作业。

⑩禁止用铲斗杆或铲斗油缸全伸出顶起挖掘机。铲斗没有离开地面时,挖掘机不能做横向行驶或回转运动。

⑪禁止在电线等架空物下作业,不准将满载铲斗长时间滞留在空中。

⑫禁止用挖掘机动臂拖拉位于侧面的重物,禁止用液压挖掘机工作装置突然下落冲击方式进行挖掘。

⑬回转平台上部在做回转运动时,回转手柄不能做相反方向的操作。

⑭操作人员必须随时注意机械各部件的运转情况,发现异常应立即停机,及时检修。

⑮正铲装置处于履带行走装置对角线位置(45°左右)时,不得在停机面以下作业。

⑯液压挖掘机在工作中应经常检查液压油温度是否正常。

⑰挖掘机行走时,遇电线、交叉道、管道和桥梁时,须有专人指挥,挖掘机与高压电线的距离不得少于 5m,应尽可能避免倒退行走。

⑱行走时,动臂应和履带平行,回转台应保持铲斗离地面 1m 左右。下坡应用低速行驶,禁止变速和滑行。

⑲挖掘机行走路线应与路面、沟渠、基坑边缘保持足够的安全距离,以免滑翻。

(2)推土机

①了解作业区的地势和土壤种类,测定危险点及选定最佳的操作方法。

②如果作业区有大块石头或大坑穴时,应预先清除或填平。

③除驾驶室外,机上其他地方禁止载人,行驶中任何人不得上下推土机。

④行驶时,铲刀应离地面 40~50cm。

⑤严禁在运转中或在斜坡上进行紧固、保养和修理推土机。

⑥上下斜坡时,先选择最合适的斜坡运行逗度,在斜坡上不得改变运行速度。行驶时,应直接向上或向下行驶,不得横向或对角线行驶。下坡时,禁止空挡滑行或高速行驶;下陡坡时,应放下推土铲使之与地面接触并倒退下坡。避免在斜坡上转弯掉头。

⑦在坡地上工作时,若发动机熄火,应立即将推土机制动,用三角木等将推土机履带楔紧后,将离合器杆置于脱开位置,变速杆置于空挡位置,方能启动发动机,以防推土机溜坡。

⑧工作中驾驶员需要离开机器时,必须将操纵杆置于空挡位置,将推土机放下并将机器制动,熄灭发动机后方可离开。

⑨在危险或视线受限的地方,一定要下机检视,确认能安全作业后方能继续工作。严禁推土机在斜坡的状态下爬过障碍物。在越过铁路、沟槽时均需谨慎操作,防止熄火。

⑩避免突然起步、加速或停止,避免高速行驶或急转弯。

⑪填沟或回填土时,禁止推土机铲超出沟槽边缘,可用一铲顶一铲的推土方法填土,并换好倒车挡后,才能提升推土铲进行倒车。在深沟、陡坡的施工现场作业时,应由专人指挥,以确保安全。

⑫多机在同一作业面作业时,前后两机相距不应小于8m,左右相距应大于1.5m。两台或两台以上推土机并排推土时,两推土机刀片之间应保持20~30cm间距;推土机下坡时,其坡度小得大于30°,在横坡上作业,其横坡度不得大于10°。

⑬在垂直边坡的沟槽作业时,对于大型推土机,沟槽深度不得超过2m;对于小型推土机,沟槽深度不得超过1.5m。若沟槽深度超过上述规定值时,必须放好安全装置或采取其他安全措施。

⑭工作现场有电线杆时,应根据电线杆的结构、埋入深度和土质情况,使其周围保持一定的安全土堆。电压超过380V的高压线,其保留土堆大小应征得电业部门或电业专业人员的同意。

⑮在爆破现场作业时,爆破前必须把推土机开到安全地带。进入现场前,操作人员必须了解现场有无瞎炮等情况,确认安全后,方可将推土机开入现场。

⑯若必须要在推土铲下进行维修等作业,则首先应将推土铲升到所需的位置,先锁好分配器,锁住安全锁,并用垫块将推土机刀铲垫牢固后,方可进行作业。

⑰履带推土机不准在沥青路面上行驶,当必须从沥青路面上通过时,应铺设道木、草袋等。通过铁道时,应在轨道两边和中间铺设道木,直行通过。通过交叉口时,应注意来往行人和车辆。

⑱倒车时,应特别注意块石或其他障碍物,防止碰坏油底壳。

⑲推土机在摘卸推土刀片时,必须考虑下次挂装的方便。

⑳用推土机伐除大树或清除残墙断壁时,应提高着力点,防止其上部反向倒下。

(3)自行式铲运机

①运行车道必须平整坚实,单行道的宽度不得小于4.5m(或1.5倍车宽),超、会车时,两车净距不得小于1m。

②多台机械在工地纵队行驶时,前后间距不得小于20m。

③在作业过程中发现后主离合器制动不灵、机械有异响、警报器报警时,应立即停车检修。

④特别注意严禁在大于15°的横坡上行驶,不应在陡坡上进行危险性作业。

(4)装载机

①除驾驶室外,机上其他地方严禁载人。

②装料时铲斗的装料角度不宜过大,以免增加装料阻力。

③装料时应低速进行,不得采用加大油门、高速将铲斗插入料堆的方式进行装料。

④装料时,驱动轮如有打滑现象,应微升铲斗,再装料。如某些料场打滑现象严重时,应使用防滑链条。

⑤在土质坚硬的情况下,不宜强行装料,应先用其他机械松动后,再用装载机装料。

⑥向车上卸料时,必须将铲斗提升到不会触及车厢挡板的高度,严防铲斗碰撞车厢。

⑦向车内卸料时,不准将铲斗从汽车驾驶室顶上越过。

⑧装载机不能在坡度较大的场地上作业。在松散不平的地上作业,可将铲背置于浮动位置,使铲斗平稳地推进。

⑨在装载作业中,应经常注意液力变矩器油温情况,当油温超过规定数值时,应停机降温后再继续作业。

⑩装载机一般应采用中速行驶。在平坦的路面上行驶时,可以短时间采用高速挡。上坡及不平坦的道路上应采用低速挡。采用高速挡行驶时,不得进行升降和翻转铲斗。

⑪下坡时，应采用制动减速，不可踩离合器踏板，以防切断动力而发生溜车事故。

⑫行驶中，在不妨碍通过性能的前提下，铲斗应尽可能降低高度。

⑬通过桥涵时，应先注意交通标志所限定的载重吨位及行驶速度，确认可以通过后再匀速通过。在桥上应避免变速、制动和停车。

⑭涉水时，应在发动机正常有力、转向机构灵活可靠的情况下进行，并应对河流的水深、流速及河床情况了解后再通过。涉水深度不得超过发动机油底壳离地高度。

⑮涉水后应立即停机检查，如发现浸水造成制动失灵时，则应进行连续制动，利用发热排除制动片内的水分，以尽快使制动器恢复正常。

⑯装载机作业时，铲斗下面严禁站人。

(5)汽车

①运土车辆必须遵守交通法规，不得超载、偏载、超高，不得人货混装，驾驶室内不得超员。

②装、卸土场地都要设专人，指挥车辆行走和装卸土。

③卸土时，严禁在驾驶室外进行翻斗操作，翻斗内严禁站人。

④卸料起斗时，应检视上空有无电线，防止挂断。卸土后，要确认货斗复位，起翻装置的发动机关闭后，才开始行走。

⑤特别注意：严禁边倒车边起斗或在猛进猛退中起斗。

⑥在陡坡、高坡、坑边或填方边坡处卸土时，停歇地点必须平整坚实，地面宜有反坡，与边缘必须保持安全距离。

(6)轮胎式起重机

①作业地面应坚实平整，工作时支脚必须全部打开，支脚必须支垫牢靠，回转半径内不得有障碍物。两台或多台起重机吊运同一重物时，必须使用同等能力与性能的起重机，工作时要保持同速提升或降落，重物重力不得大于两台起重机允许起吊重力之和的70%，每台起重机分配到的负荷量不得大于该机允许起吊重力的80%。

②吊起重物时，应先将重物吊离地面10cm左右，停机检查制动器灵敏性和可靠性以及重物绑扎的牢固程度，确认情况正常后，方可继续工作。作业中不得悬吊重物行走。

③起升或降下重物时，速度要均匀、平衡、保持机身的稳定，防止重心倾斜。严禁起吊的重物自由下落。

④作业时，前后轮下应用三角木块楔紧。

⑤配备必要的灭火器，驾驶室内不得存放易燃品。雨天作业，制动带淋雨打滑时，应停止作业。

⑥在输电线路下作业时，起承臂、吊具、辅具、钢丝绳等与输电线的距离应满足规定要求。

⑦工作完毕，应将机车停放在坚固的地面上，吊钩收起，各部制动器刹牢，操纵杆放到空挡位置。

(7)平地机

①启动发动机时，时间一次不得超过30s，如需再次启动，须将钥匙转回关闭位置，待2min后再启动。

②在作业过程中，如遇报警信号灯闪亮或报警音鸣响时，应尽快停止平地机的工作，查明故障并予以排除。

③发动机启动后，各仪表读数均应在规定值的范围内。发动机转动时，不得操作冷启动开关，否则会造成发动机严重损坏。

④驾驶平地机时，不得把脚放在离合器或制动踏板上。起步、停车或转向应使用离合器。

⑤行驶中应把刮刀升高，并保持在平地机的宽度内，确保转向时前轮不碰刮刀。

⑥在发动机处于高速运转状态下时，不得切换转入较低挡位，以免损坏变速器。

⑦转向或使用轴驱动轮转向时，不得锁止差速器；可使前轮倾斜以减少平地机转向半径，但在高速行驶时不得使用。转向后应把前轮定在垂直的位置。

⑧在陡坡上作业时，使用铰接机架，以防止翻车造成严重的人机损伤。在陡坡上来回进行作业时，刮刀伸出的方向应始终朝向下坡方向。

⑨平地机作业时，刮刀与机架中心线的工作夹角应在15°～75°的范围内。刮刀的回转与铲土角的调整以及向机外倾斜都必须在停机时进行，作业时刮刀的升降量不得过大。

⑩左右（侧）平地时，侧摆转盘手柄使转盘与牵引架稍向机架左（右）偏置，在要求的切土深度把刮刀水平放置，前轮向（左）右倾斜，料堆在左（右）双驱轮之外形成。

⑪如果用铲接式平地机左（右）倾平地时，使机架各右（左）铰接。如果驱动轮打滑，则减小铰接角度，可以减少切土角度及侧推力。

⑫一旦刮刀操作开始后，可使用增减开关来改变“坡度跟踪控制器”的提升，这样可以使泥土带出刮刀外。

⑬在“S”形弯道路肩右（左）起点作业时，前轮需稍向左（右）倾斜，向右（左）打方向，把刀尖定在左（右）前轮外侧后面。平地时，始终让刀尖处在接近边沟的路肩边缘上。

⑭在右侧开“V”形边沟时，让刀尖处于右前轮外缘，刀尾处于左双轴驱动轮之前，刮刀后倾，升起刀尾，以便将泥土运向左双轴驱动轮内侧，同时前轮左倾，沿着标线慢慢前进。如果使用铰线式平地机在硬土质上作业时，需调直机架，以免阻力过大，引起平地机侧移；在松土质上作业时，应使驱动轮在硬地上行走。在第二遍作业时，右前轮在第一遍作业所刮处的斜面上行走，并以稍快的速度切出规定的坡度。

⑮高坡切削时，应确保双轴驱动轮靠近坡脚，同时让转盘和刮刀尽可能的朝向平地机工作的一边侧移。

⑯做路拱时，先将路料堆放在路中央，使平地机的刮刀前倾60°～70°，稍提刀尾，平地机沿堆料中央匀速行驶，使路料沿刮刀向两侧移动。用同样的方法在路两侧作业，刮出路面的横坡。在接近路肩时，让刀尾和双轴驱动轮呈一条直线。

⑰维修道路作业时，应确保转盘居中，刮刀与机架中心线呈30°角，刮刀后倾，可使刮刀做最大切削以清除降起的坑槽。朝向路中央工作时，前轮向刀尾一侧倾斜。

⑱作业后的要求：应把平地机停放在平地上，变速器置于空挡位置，拉上驻车制动，刮刀及附属工作装置降至地面，但不得向下施压，以减轻液压油缸负荷；关掉发动机，把蓄电池开关拨到断开位置，取下点火钥匙；将好铰接式平地机的锁销；用压缩空气（与正常气流方向相反）清洁散热器，清洁时应注意安全。

⑲装好铰接式平地机的锁销。

(8)压路机

①压路机启动时，要特别注意前后左右的情况，确认没有人员和障碍物。

②压路机靠近路堤边缘作业时，应根据路堤高度留有必要的安全距离。碾压傍山道路时，必须由里侧向外侧碾压。

③特别注意压路机不能上陡坡，上坡时变速应在制动后进行，下坡时，严禁脱挡滑行。

④两台以上压路机同时作业，其前后间距不得小于3m，在坡道上纵队行驶时，其间距离不

得小于 20m。

⑤振动压路机起振和停振必须在压路机行走时进行，在坚硬路面上行走，严禁振动。

⑥换向离合器、起振离合器和制动器的调整，必须在主离合器脱开后进行，不得在急转弯使用快速挡；严禁在尚未起振情况下调节振动频率。

⑦变换压路机前进或后退方向时，应待滚轮停止后进行，严禁利用换向离合器做制动用。

(二)桥梁工程

1. 明挖基础

(1)基坑开挖的方法、顺序以及支撑结构的安设，均应按照有关规定进行。开挖较大较深和地质水文复杂的基坑必须制订详细的施工方案和安全措施方案。

(2)开挖基坑时，要指派专人检查对邻近建(构)筑物或临时设施的安全，并留有检查记录。基坑深度超过 1.5m 时，为便于上下必须挖设专用坡道或铺设跳板；深狭沟槽应设靠梯或软梯，禁止脚踏固壁支撑上下。

(3)开挖基坑时，要根据土壤、水文等情况，按规定的边坡坡度分层下挖。基坑深度超过 1.5m，不加支撑时，应按要求进行放坡；如施工地区狭小或受其他条件限制时，应采取固壁支撑措施。

(4)基坑开挖过程中，必须随时检查坑壁边坡有无裂缝和坍塌现象，发现边坡有裂缝、疏松或支撑有折断、走动等前兆，应立即采取措施。注意基坑边缘停放机械、堆土、堆料的有关规定。

(5)基坑边缘有表面水时，应采取截流措施；在有大量地下水流的情况下挖基坑，应配足抽水机具，设置出入的安全通道。

(6)采取挖土机械开挖基坑，坑内不得有人作业。挖掘机等机械在坑顶进行挖基出土作业时，机身距坑边的安全距离应视基坑深度、坡度、土质情况而定，一般应不小于 1m；开挖基坑的人员不得在坑壁下休息。

(7)基坑开挖中，遇到有流沙、涌水、涌沙及基坑边坡不稳定现象发生，应立即采取防护加固措施；基坑需机械排水开挖时须配备足够的抽排水设备。

(8)施工时，应在修建桥涵的公路两端设置“禁止通行”的标志。

(9)基坑开挖需要爆破，应执行国家现行《爆破安全规程》有关规定。

2. 围堰

(1)在围堰内作业，遇有洪水或水流，应立即撤出作业人员。

(2)采用挡土板或板桩围堰，应视土质、涌水、挖深情况，逐段支撑，并应随时检查挡板、板桩等挡土设施的稳定牢固状况。

(3)当基坑较深时，应设置上下扶梯。遇有流沙、涌沙或支撑变形等异常情况，应立即停止挖掘，并立即撤出作业人员。

(4)挖基工程所设置的各种围堰和基坑支撑，其结构必须坚固牢靠。基础施工中，挖土、吊运、浇注混凝土等作业，严禁碰撞支撑；施工中发现围堰、支撑有松动、变形时，应及时加固，危及作业人员安全时，应立即撤出。施工中交接班时，应将处理情况和注意事项交代清楚。

(5)基坑抽水过程中，要指派专人检查土层变化、支撑结构受力等情况，发现有变形时，应立即报告，并采取安全措施。

(6)基坑支撑拆除时，应在现场技术负责人的指导下进行。拆除支撑可配合回填土进程，由低处向上拆除，严禁站在正在拆除的支撑上操作。有引起坑壁坍塌危险时，必须采取安全措施。

3.就地浇筑的墩台

(1)施工前，必须搭设好脚手架和作业平台，墩身高度小于10m时，平台外侧应设栏杆及上下扶梯；高度10m以上时，应加设安全网。

(2)模板就位后，应立即用撑木等固定其位置，以防倾倒砸人。用吊机吊模板，合缝时，模板底端应用撬棍等工具拨移，不得徒手操作。每节模板支立完毕，在安好紧固器，支好内撑后，方可继续作业。

(3)在树立高桥墩的墩身模板过程中，安装模板的作业人员必须系好安全带，并拴于牢固地点。穿模板拉杆，应内外呼应。

(4)整体模板吊装前，模板要连接牢固，内撑拉杆、箍筋应上紧，吊点要正确牢固。起吊时，应拴好溜绳，听指挥，不得超载。

(5)用吊斗浇注混凝土，吊斗提降，应设专人指挥。升降斗时，下部的作业人员必须躲开，上部人员不得身倚栏杆推吊斗，严禁吊斗碰撞模板及脚手架。

(6)在围堰内浇筑墩台混凝土，应安设梯子或设置跳板，供作业人员上下。

(7)凿除混凝土浮浆及桩头，作业人员必须按规定佩戴防护用品。人工凿除，应经常检查锤头是否牢固，使用高镐凿除桩头，应先经检查，安全可靠，方可作业，严禁风枪对准人。

(8)采用吊斗出渣，应拴好挂钩，关好斗门。吊机扒杆转动范围内，不得站人。

(9)拆除模板，应划定禁行区，严禁行人通过。拆除水面上模板，应配有工作船、救护船。

(10)安设盆式橡胶支座或钢支座，应按要求施工。

4.砌筑墩台

(1)砌筑墩台前，应搭设好脚手架、作业平台、护栏、扶梯等安全防护设施。

(2)人工、手推车推(抬)运石块或预制块件时，脚手架跳板应铺满，其宽度、坡度及强度满足安全要求。脚手架和作业平台上堆放的物品不得超过设计荷载。砌筑材料应随运随砌。

(3)吊机、桅杆吊运砌筑材料时，应听从指挥信号。砌筑材料吊运到砌筑面时，作业人员应避让，待停稳后方可上前砌筑。在任何情况下，不得将手伸入砌体缝隙之间。

(4)人工抬运大块石料，应捆绑牢靠，动作协调一致，缓慢平放，防止撞伤人。

(5)各种吊机作业，吊运重物的下边均不得站人。

5.贝雷梁钢桥架设

(1)贝雷架墙基础基坑开挖后，应注意检查地质是否符合设计要求，若满足要求应及时浇筑混凝土，并做好排水设施，避免雨水浸泡及积水，以保证地基承载力及限制下沉量。

(2)浇筑混凝土基础前，应控制好其顶面高程及其平整度，因为贝雷支墩均由定型构件组拼而成，其长度是相对固定的，墩顶高程只能由支墩基础、纵横垫梁及贝雷片节数调整。

(3)吊装贝雷支墩应分层组装，切忌图快而将单组贝雷一次吊装到顶，因为贝雷片之间均为铰接，各组贝雷之间也是通过拉杆(角钢)用螺栓连接，单组贝雷稳定性差，只有用连接杆件将各组贝雷连接成整体后才稳定可靠。

(4)吊装贝雷纵梁之前应注意检查贝雷片之间各插销是否插好，连接角钢螺栓是否拧紧，纵梁、横垫梁之间连接是否牢固可靠。

(5)贝雷片搭设与拆除过程中，施工人员必须要戴安全帽、扎安全带，严禁酒后上架作业。

(6)用吊车吊装、拆除贝雷支墩时应派专人指挥吊车，严禁吊车大臂碰撞贝雷梁及其基础。

6.旧桥加固改造

(1)对旧桥出现的问题及旧桥周边的环境进行细致的调查，分析加固改造过程中可能发生的安全风险。

(2)在对前期各种调查进行充分论证的基础上，编制旧桥改造施工组织、作业指导书、安全方案、应急预案等。

(3)凿除、拆除旧有结构物时，需设置防护网或做硬质防护，废弃物不得随意向桥下倾倒，应集中外运处理，防止高空坠物伤及他人。

(4)进行旧结构裂纹封闭或修补处理时，作业人员须穿戴防护服，戴防护眼镜，避免灌浆料伤害作业人员。

(5)混凝土裂缝修补注胶封闭时，应保证现场的通风。压力灌注应严格控制灌注压力，灌注过程应一气呵成，避免中断，灌注后应及时清理灌胶设备。

(6)灌浆作业现场应备一定量的消防器材，原材料存放区域应设禁火标志，作业和存放区域严禁使用明火。

(7)墩台扩宽、增补基桩施工时，应当严格监测原桥基础扰动。扩大基础施工如对邻近建(构)筑物或临时设施有影响时，应采取安全防护措施。墩柱包钢加固时，应严格控制植筋钻孔深度，避免损伤原有钢筋。

(8)进行钢板粘贴加固作业时，应避免因钢板粘贴不牢而伤害作业人员，粘贴钢板应根据作业面使用数量分批运往作业区，避免作业区域临时荷载过大。

(9)粘贴碳布用胶腐蚀性很强，作业人员必须在穿戴好防护服的情况下进行作业。

(10)进行梁体顶升施工时，须进行支架专项设计，确保其强度、刚度和稳定性良好，支架爬梯和作业平台须满足规范规定和作业要求。

(11)梁体纠偏：安装好滑板支座后，布设横、纵向千斤顶之前，应对安装位置的强度进行试验，避免纠偏过程中顶裂梁体。

(三)隧道工程

1.坍塌清理

详见“(一)道路工程”施工安全控制要点。

2.喷射混凝土

(1)喷射混凝土机械必须定机、定人、定岗，认真执行安全操作规程，坚持执行交接班制度，并作好书面记录；机械检修时，必须停机，锁定电源开关并悬挂相关指标牌；喷射机连接的风水管路应牢固通畅。

(2)作业开始前，仔细检查受喷面，彻底清理危石。

(3)喷混凝土时，禁止施工人员站在料管接头附近。

(4)根据喷射方式(湿喷)混凝土配合比等条件，采用合适的降尘措施，控制空气中粉尘含量。从事喷射作业的人员，应定期进行健康检查；接触速凝剂时必须戴橡胶手套。

(5)检修泵及管路时，必须停泵，并关上闸阀，停几分钟后进行检修工作。

(6)严禁将喷嘴对准施工人员。

(7)应把喷层的异常裂缝作为主要安全检查内容之一，进行经常观察与检查，并作为施工危险信号引起警惕，尤其是全断面开挖的拱圈、拱顶部分不得因高度大，施工难度大，而省略检查。

(8)当拌和机设在洞内时，应对拌和机以及其他机械的回转部分予以覆盖，防止产生卷夹伤人事故。必要时，应在拌和机附近设置集尘机，做好局部空气净化。

(9)在开始喷射作业前，应由专人仔细检查管路、接头等，防止在喷射时发生因软管破损、接头断开等引起的事故。

(10)当采用人工喷射时，应配备辅助喷射支架，防止在发生管路堵塞时因喷嘴剧烈振动而引起危害。当转移喷射地点时，必须先关闭喷射机，不得在喷嘴前方站人。

(11)在作业中如发生风、水、输料管路堵塞或爆裂时，必须依次停止风、水、料的输送，喷头应有专人看护，以防消除堵塞后，喷头摆动喷射伤人。

(12)对锚喷支护体系的监控量测中发现支护体系变形、开裂等险情时，应采取补救措施。当险情危急时，应将人员撤出危险区。

(13)超前锚杆或超前小导管支护时，应有防护措施。

(14)为避免供料、拌和、运输、喷射作业之间的干扰，应建立各工序之间联络信号和联络方法。喷射作业应由班组长按规定的信号、方法进行指挥，防止因喷射手和机械操作人员联络不佳造成事故。

3. 锚固注浆支护

(1)注浆工作面的操作人员应戴防护口罩、防护眼镜、橡胶手套及专用披套。

(2)眼睛、脸部或皮肤接触浆液时，应立即用清水或生理盐水彻底冲洗 20min，严重者送医院治疗。

(3)加强环境保护意识，对废液、冲洗液以及沾染有浆液的弃物均应妥善处理。

(4)对使用的钻孔设备，经常进行安全检查；应设置各种安全防护罩，电器部分应安装漏电保护器。

(5)钻孔作业抽换钻杆时，应防止钻杆被高压泥水冲出伤人。

(6)钻孔中发生大量突泥涌水时，应及时注浆封堵。

(7)加强统一指挥，在钻注作业中发生异常情况时，要及时处理，确保安全。

(8)向锚杆孔压注砂浆，压力应不大于 0.2MPa；注浆管喷嘴，严禁对人放置，在未打开风阀前不得搬动或开启封盖。

(9)当钻眼、安装锚杆、挂钢筋网及喷射混凝土，在高于 2m 的高处作业时，应符合高处作业的有关规定。

(四)机场场道工程

1. 场道清理

详见“(一)道路工程”施工安全控制要点。

2. 水泥混凝土施工

(1)基本要求

①开工前，应向作业人员进行安全技术教育。

②现场机电设备，应由专人管理，专人负责修理，确保安全。

③现场操作人员必须按规定佩戴安全防护用品。有毒、易燃材料施工时，严格执行防毒、防火等规定。

④工地应设有消防设施，并处理好污水，做好环境保护工作。

(2)模板施工

①模板及支架的强度、刚度和稳定性应满足各施工荷载的要求,能承受浇筑混凝土的冲击力、混凝土的侧压力和施工中产生的各项荷载。

②模板、支撑连接应牢固,支撑杆件不得支撑在不稳定的物体上;模板、支架不得使用腐朽、锈蚀、扭裂等劣质材料。

③现场加工的模板及其附件等应按规格码放整齐;废料、余料应及时清理,集中堆放,妥善处置。

④吊运组装模板时,吊点应合理布置,吊点构造应经计算确定;起吊时吊装模板下方严禁站人。

⑤装卸、搬运模板应轻抬轻放,严禁抛掷;模板支设、安装应稳固,符合施工要求。

⑥模板拆除应待混凝土强度达到规定后,方可进行。预拼装组合模板宜整体拆除。拆除时,应按规定方法和程序进行,不得随意撬、砸、摔和大面积拆落。拆除的模板应分类码放整齐。带钉的木模板必须集中码放,并及时拔钉、敲平或清理。

(3)摊铺施工

①人工摊铺。装卸钢模板时,必须逐片轻抬轻放,不得随意抛掷。堆砌时,应规则有序并稳妥。操作时,特别是多人同时操作摊铺时,因工作面小,锄、锹等均为长物工具,必须相互关照,注意安全。多人同时进行模板施工时,插钉或长圆头钉等不得乱放乱放,以免伤人,完工后,应收捡干净。使用振捣器时,操作人员要佩戴安全防护用品。配电盘(箱)的接线宜使用电缆线。注意保护好电力线,不得割伤,绝缘良好,注意经常检查。如采用木模板,拆模后的模板应堆放整齐,并及时取钉,砌放稳妥。

②轨模摊铺机。布料机与振平机之间应保持5～8m的安全距离。要认真检查布料机传动钢丝的松紧是否适度。不得将刮板置于与运行方向相垂直的位置,也不得借助整机的惯性冲击料堆。作业中严禁驾驶员擅离岗位。无关人员不得在驾驶台上停留或上下摊铺机。在弯道上作业时,要注意防止摊铺机脱轨。

③滑模摊铺机。摊铺机安装完毕后,仔细检查各部螺栓紧固情况,各油管、线路有无接反、接错,以免造成反向动作或短路发生事故。启动前先鸣喇叭发信号,使非操作人员离开工作区。启动发动机,进行无负荷运转,确认各系统工作正常后方可开始作业。调整时,用手动控制系统;进行摊铺作业时,用自动控制系统,举升锁要处于非锁紧状态。调整机器高度时,工作踏板和扶梯等处禁止站人。作业速度一经选定,要保持稳定,应尽量减少停机启动次数,以确保摊铺质量。运输混凝土的自卸车倒车卸料时,要由专人指挥。操作人员要随时注意纵向走向,方向感应器的偏位指针要对位。尤其是作业半径较小时,应密切监视传感器,以防止传感器脱离、掉线,造成事故。严禁驾驶员在摊铺作业时离开驾驶台。作业时,无关人员不得上下或停留在驾驶台及踏板上。作业中,禁止任何人员在抹平器轨道上行走或停留,以防发生挤伤脚部或绊倒事故。在检修设备过程中,应关闭发动机。禁止用摊铺机牵引其他机械。

(五)特殊季节与夜间施工

1.雨季施工

(1)临时场地选址要合理,避开滑坡、泥石流、山洪、坍塌等灾害地段。大风和大雨后,应当检查临时场地地基和主体结构情况,发现问题,及时处理。

(2)注意天气预报,根据雨季施工的特点,制定有效的措施,做好防汛准备。

(3)若施工现场临近高地,应在临近处挖设截水沟,防止洪水冲入现场。

(4)做好傍山的施工现场边缘的危石处理,防止滑坡、坍塌威胁工地。

(5)应设专人负责及时疏浚排水系统,确保施工现场排水畅通。

(6)对路基易受冲刷部分,应铺石块、矿渣、砾石等渗水防滑材料,或者设涵管排泄,保证路基的稳固。

(7)应指定专人负责维修路面,及时对不平或积水处进行修理。

(8)遇到气候突变,发生暴雨、水位暴涨、山洪暴发或因雨发生坡道打滑等情况,应当停止土石方机械作业施工。

(9)雷雨天气不得进行露天电力爆破土石方作业,如中途遇到雷电时,应当迅速将雷管的脚线、电线主线两端连成短路。

(10)遇到大雨、大雾、雷击和6级以上大风等恶劣天气,应当停止进行露天高处、起重吊装和打桩等作业。

2.冬季施工

(1)要周密计划,充分做好冬季施工准备工作,不可仓促施工。

(2)冬季施工不得使用硝化甘油类炸药,因为此类炸药在低温环境下会凝固成固体,当受到震动时,极易发生爆炸。

(3)机械施工时,应当采取措施注意防滑,在坡道和冰雪路面应当缓慢行驶。发动机应当做好防冻、防止水箱冻裂准备。在陡坡附近使用、移动机械时,要注意陡坡可承受的荷载,防止坍塌。

(4)现场锅炉、火坑等使用焦炭时,应有通风条件,防止煤气中毒。

(5)防止亚硝酸钠中毒(人体摄入10mg即可导致死亡)。冬季施工常用的防冻剂、阻锈剂就是亚硝酸钠,由于其外观、味道、溶解性等与食盐极为相似,很容易误食,导致中毒事故。

(6)大雪、轨道电缆结冰和6级以上大风等恶劣天气,应当停止垂直运输作业,并将吊笼降到底层(或地面),切断电源。

(7)施工现场明火操作地点要由专人看管,待作业完毕检查后,确保无死灰复燃,方可撤离。

(8)供暖锅炉房宜选建在施工现场的下风方向,远离在建工程,易燃、可燃建筑,露天可燃材料堆场,料库等。

(9)照明线路、照明灯具应远离可燃性材料。

(10)准备轻、便消防器材。应将泡沫灭火器、干粉灭火器等放到有采暖的地方,并套上保温套。

(11)重点做好施工区、生活区、库房、材料站、机械设备和吸烟、用火、用电的管理工作。

(12)现场照明严禁使用碘钨灯,严禁使用电炉子取暖。

3.高温季节

(1)应合理安排时间,调整工序,及时增加夜间施工设施,避开高温时段施工。

(2)合理调整作息时间,避开中午高温时间作业;当无法避免时,应加强防晒防暑保护措施,严格控制加班时间,适当缩短作业人员的工作时间。保证作业人员有充足的休息和睡眠时间。

(3)对在容器内和高温条件下的作业场所,要采取通风和降温措施。

(4)对露天作业中的固定场所，应搭设凉棚，防止热辐射并要经常洒水降温。

(5)对高温作业人员，作业前先进行健康检查，发现有作业禁忌者，应及时调离岗位。

(6)要保证及时供应符合卫生要求的茶水、清凉含盐饮料、绿豆汤等。

(7)要组织医护人员到工地进行巡回医疗和开展疾病预防工作，重视年老体弱、中暑者和血压较高的人员身体变化。

(8)及时发放防暑、降温的急救药品和劳保用品。

4.夜间施工

(1)夜间施工时，应根据作业内容，制定周密的安全措施，进行针对性的安全技术交底，责任落实到人。

(2)作业人员必须认真贯彻夜间作业安全措施，安检人员加强监督、检查、落实；尽量避免在同一作业范围内安排交叉施工；如确需交叉施工时，必须细化作业范围，并采取专门的安全措施。

(3)施工现场设置明显的标志，如安全标牌、警戒灯等，标志牌应具备夜间荧光功能。

(4)夜间施工人员白天必须保证睡眠，不得连续作业。

(5)建立夜间施工值班和交接班制度，以加强夜间施工管理。

(6)施工用电设备必须有专人看护，确保用电设备及人身安全。

(7)要建立安全员巡查制度，发现问题必须立即解决。

(8)夜间施工时，工器具、设备(施工车辆、发电机等)应悬挂具有反光的黄色标志牌。

(9)进入作业现场所有人员必须穿反光防护服装。

(10)雷雨、大风天气禁止夜间作业，禁止夜间高处作业，禁止夜间涉水作业。

(11)夜间施工期间，施工现场必须配备符合要求的照明设备、通信设备，确保夜间施工有良好的照明条件。

(12)在深基坑、开挖掏槽、小桥梁两侧等危险地段，应设置围栏，并设置警示标志(反光标志、警示灯)，必要时安排专人值守。

(13)夜间作业船只或在通航江河上长期停置的船只，应按规定配置齐全的夜航、停泊标志灯；停靠码头应设照明灯。

第四节　紧急避险

大自然带来的突发性灾难(如恶劣天气、台风、洪水、地震、泥石流、滑坡与崩塌等)往往让人们措手不及。通常，这些灾难会造成大量人员伤亡、财产损失，有时会彻底改变自然环境。本节通过对常见自然灾害的特点、危害、应急预防及避险常识等进行介绍，以便人们在面对突如其来的灾害时能从容应对，科学迅速地避险和对他人进行救助，以有效减轻灾害事故造成的伤害和损失。

一、灾难的特征

(1)突发性和意外性。灾难往往难以准确预警和及时识别，其发生的时间、地点、发展速度、蔓延范围和结果都很难预测。

(2)危害严重。灾难危害的是社会群体，不仅造成人员的大量伤亡和心理危害，而且会对公共心理产生长期负面影响，还会造成个人及国家财产的重大损失。

(3)频发性。地壳的运动、生态环境的破坏,导致各种自然灾害频频出现;管理不善、有害物质泄漏导致的各种事故常有发生。

(4)非正常处理。突发性灾害事件是社会问题,需要在政府统一领导下,各有关部门通力协作,做出快速、及时、有效反应,甚至动员全社会参与,将其危害降到最低。

二、应急避险目的

最大限度地利用有限资源,尽可能减少人员伤亡,减少伤残,减少损失。

三、灾害应急避险

(一)高温天气

1. 高温天气的概念

日最高气温达到35℃以上,就是高温天气。如果连续三天气温达到35℃,会发布高温黄色预警信号;如果当日气温达到37℃,会发布高温橙色预警信号;如果当日气温达到40℃,会发布高温红色预警信号。而某日最高气温达到35℃以上,称为高温日。

2. 高温天气的危害

(1)中暑。高温天气对人体健康的主要影响是产生中暑以及诱发心脑血管疾病,导致死亡。人体在过高环境温度作用下,体温调节机制暂时发生障碍,从而造成体内热量蓄积,导致中暑。

中暑按发病症状与程度,可分为轻症中暑和重症中暑。

①轻症中暑。轻症中暑除中暑先兆的症状加重外,出现面色潮红、大量出汗、脉搏快速等表现,体温升高至38.5℃以上。

②重症中暑。重症中暑可分为热射病、热痉挛和热衰竭三种,也可出现混合型。

a. 热射病。热射病(包括日射病)也称中暑性高热,其特点是在高温环境中突然发病,体温高达40℃以上,疾病早期大量出汗,继之“无汗”,可伴有皮肤干热及不同程度的意识障碍等。

b. 热痉挛。热痉挛主要表现为明显的肌肉痉挛,伴有收缩痛。好发于活动较多的四肢肌肉及腹肌等,尤以腓肠肌为著。常呈对称性。时而发作,时而缓解。患者意识清楚,体温一般正常。

c. 热衰竭。起病迅速,主要临床表现为头昏、头痛、多汗、口渴、恶心、呕吐,继而皮肤湿冷、血压下降、心律失常、轻度脱水、体温稍高或正常。

(2)心脑血管疾病。对于患有高血压、心脑血管疾病,在高温潮湿、无风低气压的环境里,人体排汗受到抑制,体内积蓄热量不断增加,心肌耗氧量增加,使心血管处于紧张状态,闷热还可导致人体血管扩张,血液黏稠度增加,易发生脑出血、脑梗死、心肌梗死等症状,严重的可导致死亡。

(3)夏季综合征,包括热伤风、腹泻、皮肤过敏。

①热伤风。炎热的夏季里,在高温环境下人体新陈代谢旺盛,能量消耗较大,而闷热又常使人睡眠不足、食欲不振,造成人体免疫力下降。此时如不加节制地使用空调或电风扇来解暑,人体长时间处于过低温度环境里,机体适应能力减退,抵抗力下降,病菌、病毒就会乘虚而入,易引起上呼吸道感染(感冒)。

②腹泻。高温高湿环境,细菌、病毒等微生物大量滋生,食物极易腐败变质,食用后会引起

消化不良、急性胃肠炎、痢疾等疾病的发生。

③皮肤过敏。闷热天气，人体排汗不畅还容易导致皮肤过敏症，主要为丘疹样荨麻疹、湿疹、接触性皮炎等。

3.高温天气的预防措施

(1)白天尽量避免或减少户外活动，尤其是10～16时不要在烈日下活动。

(2)采取防晒措施，防止皮肤灼伤。

(3)注意不要让空调直吹头部，室内外温差不宜太大。

(4)宜穿吸汗、宽松、透气衣服，以白、浅色为好，应勤换勤洗。

(5)适量饮淡盐水、凉茶、绿豆汤等，不可过度吃冷饮；宜吃清淡、易消化、富含维生素的食物，注意饮食卫生，不宜吃剩菜剩饭，以免食物中毒。

(6)浑身大汗时，不宜立即用冷水洗澡，应先擦干汗水，稍事休息后再用温水洗澡。

(7)中午要午睡1h，减轻工作强度。

(8)要注意防蚊、虫咬伤，器械割伤，开水、滚油烫伤等。

4.高温天气应急避险

(1)外出要备好防晒装备，避免强光灼伤。

(2)感到身体温度升高要及时饮用凉白开水、淡盐水、白菊花水、绿豆汤等防暑饮品。

(3)轻微中暑现象出现后，要擦拭、服用一些常用的防暑降温药品，如清凉油、十滴水、人丹等。

(4)如发生严重中暑情况，应立即把病人抬至阴凉通风处，给病人服用防暑药品，并立刻送往医院进行专业救治。

(二)寒冷天气

1.寒冷天气的概念

寒冷天气是指地面和大气温度低的天气，让人感到寒冷。冬季天气的寒冷程度历来为人们所关心，并以温度计的摄氏度数来衡量，如－4℃、－10℃等。

2.寒冷天气的危害

(1)冻伤。当气温降到零下1℃时，皮肤与肌肉就会发生冻伤，在体表裸露部位和远离心脏的区域都可能发生冻伤(远离心脏的区域受血液循环的影响最小)，如手、脚、鼻、耳、脸等相对裸露的部位。皮肤冻伤时，首先感到刺痛，接着皮肤出现苍白的斑点，感到麻木，进一步会出现卵石般的硬块，伴有疼痛、肿胀、发红、水疱，最后减弱、消失。

一度冻伤。皮肤苍白、麻木，进而皮肤充血、水肿、发痒和疼痛。

二度冻伤。除皮肤红肿外，出现大小不等的水疱，水疱破溃后流出黄水，自觉皮肤发热，疼痛较重。

三度冻伤。局部皮肤或肢体坏死，出现血性水疱，皮肤呈紫褐色，局部感觉消失。

(2)冬季综合征，包括心脑血管疾病、风湿性关节炎。

心脑血管疾病。每当寒冷天气来临，在气温由高变低、风力由小变大的转换期内，心脏疾病发作频繁，有一半左右的心肌梗死和冠心病患者，病情不同程度地加重。

风湿性关节炎。风湿性关节炎患者对寒冷天气也较为敏感，约有75%的关节炎患者，在寒冷天气来临前12h疼痛开始加强，降温时疼痛最严重，温度升高后疼痛逐渐减轻。此外，支气管哮喘、肺结核咳血等病症也都随着冷风的逼近而加剧。

3. 寒冷天气的预防措施

(1)在保证室内通风良好的情况下,避免不必要的开门和开窗。

(2)穿保暖衣物并保持干燥。确保外衣密实挡风,从而减少身体热量的流失。羊毛、丝绸和聚丙烯衬里的衣服要比棉质衣服保暖。过量的流汗会增加热量的流失,所以,当感到热时脱掉不需要的衣服。当发生持续的颤抖时,应尽快回到室内,因为颤抖是身体流失热量的重要信号。

(3)严寒天气要坚持科学饮食。均衡饮食有助于保持温暖;进食一些高能量食品,饮用温暖的甜饮料;不要进食生冷食品;不要进食冰冻饮料,以免引起肠胃痉挛;不要饮用含酒精和咖啡因的饮料,以免引起热量快速流失。

4. 寒冷天气应急避险

(1)当气温骤降时,要注意添衣保暖,特别要注意手、脸(口与鼻部)的保暖。

(2)特别关注心脑血管疾病患者、哮喘病人等对气温变化敏感的人群,出现异常病状立即就医。

(3)注意休息,不要过度疲劳。

(4)采用煤炉取暖的人员要仔细检查,提防煤气中毒,一旦发生意外,立刻采取措施。

(三)台风

1. 台风的概念

我国习惯称海温高于26℃的热带洋面上发展的热带气旋为台风。热带气旋按照强度不同,依次可分为六个等级:热带低压、热带风暴、强热带风暴、台风、强台风和超强台风。

台风发生的规律及其特点如下:

(1)季节性。在我国,台风(包括热带风暴)一般发生在夏秋之间,最早发生在5月初,最迟发生在11月。

(2)台风中心登陆地点难以准确预报。台风的风向时有变化,常出人意料,台风中心登陆地点往往与预报有偏差。

(3)台风具有旋转性。其登陆时的风向一般先北后南。

(4)损毁性严重。对不同的建筑物、架空的各种线路、树木、海上船只、海上养鱼网箱、海边农作物等破坏性很大。

(5)强台风发生常伴有大暴雨、大海潮、大海啸。

(6)强台风发生时,人力不可抗拒,易造成人员伤亡。

2. 台风的危害

(1)大风。飓风级的风力足以损坏以至于摧毁陆地上的建筑、桥梁、车辆等。特别是在建筑物没有被加固的地区,造成的破坏更大。大风也可以把杂物吹到半空中,使户外环境变成非常危险。

(2)风暴潮。因为热带气旋的风及气压造成的水面上升,可以淹没沿海地区,倘若适逢天文高潮,危害更大。

(3)大雨。热带气旋可以引起持续的倾盆大雨。在山区的雨势更大,并且可能引起河水泛滥、泥石流及山洪暴发。

(4)热带气旋也会给登陆地造成若干间接破坏,包括:

①疾病。热带气旋过后所带来的积水以及下水道所受到的破坏,可能会引起流行病。

②破坏基建系统。热带气旋可能破坏道路、输电设施等,阻碍救援工作的开展。

③农业。风、雨可能破坏渔业、农产品,导致粮食短缺。

④盐分。海水的盐分随着热带气旋引起的三浪被带到陆上,附着在农作物的叶面上可导致农作物枯萎,附着在电缆上则可能引起漏电现象。

⑤加强季候风寒流或大陆反气旋强度。当热带气旋遇上相当强烈的大陆寒流时,两者之间的气压梯度增加,后者会吸收热带气旋的能量,使寒流增强。

3.台风的预防措施

(1)检查家里的门窗是否牢固,并及时关好窗户,取下悬挂物。如果门窗存在缝隙,要提前进行修理或采取防范措施。

(2)检查电路、煤气等设施是否安全。

(3)远离危旧房、工棚、临时建筑、脚手架、电线杆、树木、广告牌、铁塔等。

(4)如果住地容易积水,最好把一些重要的货物、不能碰水的电器转移到安全地方。

(5)储备水、罐装食品、手电筒、收音机、常用药品、电池等物品,以备不时之需。

(6)保证信息畅通,加强外部联络,可通过电视、电台等多种渠道,了解最新的台风动态。

4.台风来临前的征兆

(1)海鸣的出现

台风来临的前两三天,在沿海地区可以听到嗡嗡的海鸣声,随着声响的不断增强,可以判定台风正在逐步接近。

(2)海面上有长浪

长浪是从台风中心传播出来的特殊海浪,在台风尚在远处时海面上经常会出现。长浪浪顶是圆的,浪头并不高,给人以浑圆之感,其行进节拍缓慢,声音沉重,以70~80km/h的速度传播。长浪越来越猛是台风靠近的预兆。

(3)海鸟表现异常

台风来临前,海鸟会纷纷从台风中心逃离出来,朝着远离台风的陆地飞去。如果碰到渔船,海鸟会停歇在船上,即使驱赶也不会离去,这预示着台风将要来临。

(4)出现卷云与骤雨

通常,在台风最外围是呈白色羽毛状或马尾状的卷云,如果看到某方向出现这种形状的云,并渐渐增厚,伴有忽落忽停的骤雨,判断可能有台风正在渐渐接近。

(5)雷雨停止,能见度好

在沿海地区的夏季,雷雨时常发生,若雷雨忽然停止,则预示可能有台风临近。在台风来临前的两三天,能见度会比平时高很多,远处景致皆清晰可见。

(6)海陆风不明显或风向突变

一般情况下,沿海地区白天风由海面吹向陆地,夜晚风由陆地吹向海洋,而在台风来临前,风的走向不再明显。沿海夏季季风明显,若风向忽然大反常态,转变风向,则预示台风已经临近,因为风向已经受到台风边缘的影响。

(7)出现特殊晚霞

台风来临前,晚霞常出现反暮光现象。即太阳西下后,发出数条呈放射状的红蓝相间的美丽光芒,直至天穹,且环绕收敛于与太阳位置相对的东方处。

(8)结合以上现象的发生,若再发现气压逐渐降低,则显示将进入台风边缘。

5. 台风应急避险

(1)不要把车辆停在露天广告牌、树下等,以免被坠落物砸到;如果地处低洼地带,要及早把车辆移到高处。

(2)暴雨来临时,切断电器电源,不触摸裸露电线。

(3)台风袭来时尽量不外出,雨中行车要开灯,能见度低于 200m 应驶离高速公路,车遇水时先离开再求助。

(4)不在强风区域开车,不在河边或小桥上行走,不趟积水区。

(5)台风中要穿着雨靴,既防雨又绝缘。

(6)及时离开移动性房屋、危房、简易棚、铁皮屋等,也不能靠在围墙旁避风。

(7)不要在临时建筑物、广告牌、铁塔、大树等附近避风躲雨;千万不要为赶时间而冒险趟过湍急的河沟。

(四)洪水

1. 洪水的概念

洪水是由暴雨、急骤融冰化雪、风暴潮等自然因素引起的江河、湖海水量迅速增加或水位迅猛上涨的现象。常威胁水利水电、公路等公共设施安全或导致淹没灾害的发生。

(1)按发生的不同区域,可分为河流洪水、湖泊洪水、海岸洪水、山洪等。

(2)按成因不同,洪水可分为:

a. 暴雨洪水:即由降雨形成的洪水。

b. 融雪(冰)洪水和雨雪混合洪水:即高寒积雪或结冰地区,当气温急剧上升时积雪(冰)迅速融化,就会形成融雪(冰)洪水。如果同时再有降雨,就会形成雨雪混合洪水。

c. 冰凌洪水(又称凌汛):是由于结冰封冻的河流在气温回升后,解冻开河时受冰凌阻塞河槽而形成的洪水,是热力、动力、河道地形等因素综合作用的结果。

d. 山洪和泥石流。山洪是在山区沟谷中突降暴雨或因气温急剧上升大量积雪(冰)融化而形成的局部性洪水;泥石流是在表层地质疏松、山坡岸壁容易崩塌和堆积物较多的山区,遇到暴雨或大量融化的冰雪而形成的局部性洪水。

e. 溃坝洪水。溃坝洪水是指水坝或其他挡水建筑物突然崩溃,大量蓄水突然下泄而造成的洪水。

f. 天文潮。天文潮是地球上的海洋受月球和太阳的引潮作用,而产生的增水、减水现象。

g. 风暴潮。风暴潮是由于气压、大风等气象因素的急剧变化,而造成海岸和河口水位异常升降的现象。

2. 洪水的危害

(1)洪水往往分布在人口稠密、农业垦殖度高、江河湖泊集中、降雨充沛的地方,如北半球暖温带、亚热带。

(2)洪水灾害具有明显的季节性、区域性和可重复性。

①世界上多数国家的洪水灾害易发生在下半年。我国的洪水灾害主要发生在 4~9 月。

②洪水灾害与降水时空分布及地形有关。世界上洪水灾害较重的地区多在大河两岸及沿海地区。

③洪水灾害同气候变化一样,有其自身的变化规律,这种变化由各种长短周期组成,使洪水灾害循环往复发生。

(3)洪水出现频率高，波及范围广，来势凶猛，破坏性极大。

①洪水会淹没房屋和人口，造成大量人员伤亡。

②洪水会卷走人们居住地的一切物品，包括粮食，并淹没农田，毁坏农作物，导致粮食大幅度减产，从而造成饥荒。

③洪水还会破坏工厂、厂房，通信、水利水电与交通设施等，从而对国民经济产生影响。

(4)洪水会导致疾病的流行。

当洪水经过某个区域时，会携带各种化学制品、垃圾及污物，导致灾区卫生状况极度恶化，这非常有利于疾病的传播。通常情况下，疾病在水中要比在空气中更易于传播。

3.洪水的预防措施

(1)观察周围建筑与交通情况，避难场所一般应选择在距离近、地势较高、交通较为便利处，卫生条件较好，最好有水源。

(2)储备必要的医疗、衣物、食品、饮用水、取火等用品，做好援救和被援救的准备。保存好能使用的通信设施，确保与外界保持联系。

(3)在易受洪水淹没的地区，当天气预报报有连续暴雨或大暴雨时，应随时注意水位变化，及时了解洪水的情况，采取适当措施，避免或减轻洪水的危害。

(4)在洪水到达之前，最重要的是选择逃生路线和要到达的目的地，避免路线太远。遇到洪水围困，不了解水情不要涉险。

4.洪水应急避险

(1)洪水袭来时的应急避险：

①当洪水威胁到房屋时，应及时关闭电源总开关和煤气阀，以免着火和触电伤人。

②如果洪水不断上涨，应储备一些饮用水、高热量食物、保暖衣物、便于携带的炊具、打火机、火柴等，并向高处转移，如可选择粗壮的大树或就近的山丘躲避。

③如果要逃生，还应准备一些可发出求救信号的东西，如手电筒、应急灯、哨子、旗帜、鲜艳的床单、沾油的破布(纸或木棍)、镜子等。

④当需要涉水行走时，要选择水流较平缓的地方，侧身一步一步地划步横行，要先站稳一只脚后，才能抬起另一只脚，并用一根长杆探测水深及防止跌倒。

(2)洪水过后的环境处置：

①保证食品卫生。要杜绝食用腐败变质和受污染的食物；杜绝食用淹死、病死或死因不明的动物肉类；杜绝生食；杜绝食用没有削皮或没有经过洗烫的瓜果；杜绝食用没有煮透或凉的食品；同时，还要防止误食有毒的蘑菇、野菜、野果等。集体进餐时，更要确保供应食品的卫生，要加强对集体食堂、食品原料、食品容器的卫生管理。

②保证饮水卫生。发生自然灾害之后，水源往往受到污染、破坏或不能利用，这时首先要寻找可用的水源，如清洁的湖水、地下水、未落地的雨水、新鲜的泉水等都是比较安全的水源，切记一定要烧开后方可饮用。

③为保证环境卫生，要及时快速清理浊水、污泥；对于水源、厨房和个人卫生，一定要一丝不苟，做好卫生防疫；不把生活垃圾和粪便排入水源中。

④做好防灭鼠、防灭蚊(蝇、虫)工作。

(五)地震

1.地震的概念

地震是地壳快速释放能量过程中造成振动，期间会产生地震波的一种自然现象。地球上板块与板块之间相互挤压碰撞，造成板块边沿及板块内部产生错动和破裂，是引起地震的主要原因。

(1)按成因不同，地震可分为：

①构造地震：由于岩层断裂，发生变位错动，在地质构造上发生巨大变化而产生的地震。此类地震约占地震总数的90%以上，对人类的危害最大。

②火山地震：由火山爆发所引起的能量冲击，而产生的地壳振动。火山地震发生次数较少，占地震总数的7%，波及范围只限于火山附近的几十千米，所造成的危害较轻。

③陷落地震：由于地层陷落引起的地震。这种地震发生的次数更少，占地震总数的3%，震级很小，范围有限，破坏也较小。

④诱发地震：在特定的地区因某种地壳外界因素诱发而引起的地震，如陨石坠落、水库蓄水、深井注水等。

⑤人工地震：由人为活动引起的地面振动。如炸药爆破、地下核爆炸、化学爆炸和机械操作等人类军事活动、生产活动引起的地面振动。

(2)根据震源深度，地震可分为：

①浅源地震：震源深度小于60km的地震。大多数破坏性地震是浅源地震。

②中源地震：震源深度为60～300km的地震。

③深源地震：震源深度在300km以上的地震。

一年中，全球所有地震释放的能量约有85%来自浅源地震，12%来自中源地震，3%来自深源地震。

2.地震的危害

强烈的地震会造成严重的破坏。地震时，通常先感到上下颠簸(纵波运动)，10s左右以后才感到左右摇晃(横波运动)。造成地震灾害的主要原因是横波运动。地震灾害可分为直接灾害和间接灾害两大类。

(1)直接灾害

地震直接灾害主要有：房屋倒塌和人员伤亡，铁路、桥梁、码头、公路、机场、水利水电工程、生命线工程等工程设施遭到破坏，喷沙冒水、地裂缝等对建筑物、农田和农作物等的破坏。一般来说，直接地震灾害是地震灾害的重要组成部分。

(2)次生灾害

①火灾。地震火灾多是因房屋倒塌，电网被拉断，煤气、油库、石油及天然气等易燃易爆危险品遭遇明火而引起的。由于震后消防系统受损，火势不易得到有效控制，因而往往酿成大灾。

②海啸。地震时海底地层发生断裂，出现猛烈上升或下沉，造成海洋的整个水层发生剧烈“抖动”，这就是地震海啸。海啸会形成高达数十米、能量巨大的海浪，摧毁堤岸，淹没陆地，夺走生命、财产，破坏力极大。

③瘟疫。强烈地震发生后，灾区水源、供水系统等遭到破坏或受到污染，生活环境严重恶化，故极易造成疫病流行。

④滑坡和崩塌。这类次生灾害主要发生在山区和塬区，由于地震的强烈振动，使得原已处于不稳定状态的山崖或塬坡发生崩塌或滑坡。这类次生灾害虽然是局部的，但往往是毁灭性的，会埋没整个村庄或整户人家。

⑤水灾。地震引起水库、江湖决堤，或是由于山体崩塌堵塞河道造成水体溢出等，都可能

造成地震水灾。

此外,泥石流、通信事故、计算机事故等也都是地震的次生灾害,它们都会造成破坏。

3.地震的预防措施

(1)学习地震避震、防火灭火、自救互救知识,学会使用灭火器,掌握基本的医疗救护技能。

(2)配备一些必需的应急、救护物品,如手电筒、哨子、电池、收音机、方便食品、糖、水、绷带、消毒用品、衣物等。

(3)工作时要戴安全帽,了解附近的疏散通道、避难场所、空旷地带等,并积极开展防震抗震、应急避险与疏散演练。

(4)学习了解地震前兆知识。

(5)不要相信地震传言、谣言。

4.地震前的征兆

地震发生前,自然界会出现各种征兆。

(1)地下水翻花冒泡,忽升忽降,变色变味。

(2)动物出现异常反应,如牲畜不进圈,猪不吃食,狗乱咬,鸡飞上树,马异常鸣叫。

(3)地面颤动和地声、地光往往发生在临震前或震时。地声类似于机器轰鸣声、雷声、炮声、狂风呼啸声。地光的颜色多样,形状各异,有带状、片状、球状、柱状,还有火样光等。

需要注意的是:自然界的变化很复杂,种种反常现象出现的原因很多,并非都是地震前兆。

5.地震应急避险

(1)地震发生时的应急避险:

①行动果断,因地制宜。在地震刚发生的12s内,根据所处的实际情况迅速做出判断,选择不同的避震方法。若身处室内又方便逃生,可以紧急逃至户外开阔安全的空地,否则应就近避险,待晃动停止并确认户外安全后再迅速撤离,切勿使用电梯逃生。

②室内避震空间的选择。躲在结实、不易倾倒、能掩护身体的家具下或物体旁或开间小、有支撑的地方如卫生间,或者身子紧贴内部承重墙作为掩护,抓牢固定物体,或双臂护住头部、脸部,蹲伏在房间的角落。可以靠近暖气管道,便于呼救。室内避险时不要随便点明火、注意关闭附近电源和燃气。

③户外避险。在空旷的地方,应该立即蹲伏空地上,不要四处奔跑,以免地震失去平衡造成伤害。或者尽可能远离楼房、围墙、狭窄街巷、电线杆或者其他任何可能倒塌的高大危险物。在山区野外,尽量跑到所在地的高点,避开山脚、陡崖、以防山崩、滑坡等,遇到滚石要向与其线路垂直的方向跑,不能顺着滚石的方向往山下跑。在林区,应立即钻入较密集的树林中,不要停留在树林边或者树林的小空地上,树林越密集越安全。正在驾驶车辆,应立即停止驾驶,下车躲避,注意远离高架桥和其他危险建筑和设施。在江河湖海旁边,应立即往后撤退并远离,以免被地震震入水中,同时这些地方在震中也容易发生塌陷或滑坡,在海边还要提防海啸。在桥上、隧道等结构物中,应该立即离开,停留或者在附近都是十分危险的。

④地震时应采取的姿势。根据实际情况,趴下、蹲下或坐下以降低重心,尽量蜷曲身体,抓住牢固物体,防止摔倒,同时掩住口鼻,保护头部、脊柱、胸部等身体重要部位。

⑤震后不要着急往屋内跑。

(2)地震后的应急避险:

①地震后被埋压的应急避险。如果震后不幸被废墟埋压,要尽量保持冷静,树立生存的信

心，要尽量改善自己所处的环境，设法脱险。设法避开身体上方不结实的倒塌物、悬挂物或其他危险物。搬开身边可移动的碎砖瓦砾等杂物，扩大活动空间。注意搬不动时千万不要勉强，防止周围杂物进一步倒塌。设法用砖石、木棍支撑残垣断壁，以防余震时再被埋压。不要随便动用室内设施，包括电源、水源等，也不要使用明火。不要大哭大叫，当听到废墟外面有声音时，要不间断地敲击身边能发出声音的物品，如金属管道等，想尽一切办法与外面救援人员联系。闻到煤气及有毒异味或灰尘太大时，设法用湿衣物捂住口、鼻。无法脱险时，要保存体力，尽力寻找水和食物，创造生存条件，耐心等待救援。

②地震脱险后的应急避险。首先是迅速救人，在专业人员指导下，积极参加互救活动。从危房中撤出时，应先灭掉明火，切断电源、火源和气源。尽快离开室外各种危险环境，不要回房取东西，谨防余震发生。尽快与家人或单位、学校取得联系，到指定的疏散地点。不要听信谣言，不传播谣言。发生大地震时，依据正确的信息冷静地采取行动极为重要。从手机、收音机等设备中接收到的信息，要正确把握分析，尽量相信从政府、救援、警察、消防等防灾机构直接得到的信息，决不轻信流言蜚语，不要轻举妄动，也不传播谣言。

（六）泥石流

1. 泥石流的概念

泥石流是指在山区或者其他沟谷深壑、地形险峻的地区，因为暴雨、暴雪、冰雪融水或其他自然灾害引发的，突然爆发的、破坏性极大的，并携带有大量泥沙以及石块的特殊洪流。泥石流主要由悬浮着粗大固体碎屑物并富含粉砂及黏土的黏稠泥浆组成，具有突然性、流速快、流量大、物质容量大和破坏力强等特点。

2. 泥石流的危害

泥石流的主要危害是冲毁城镇、企事业单位、工厂、矿山、乡村、公路与铁路交通设施，造成人畜伤亡，破坏房屋及其他工程设施，破坏农作物、林木及耕地。此外，泥石流有时也会淤塞河道，不但阻断航运，还可能引起水灾。其灾害特点是暴发突然、规模大、危害严重，活动频繁、危及面广，且重复成灾。

一般情况下，泥石流的形成有三个条件：

(1)地形地貌条件。多为三面环山，一面出口为瓢状或漏斗状，地形比较开阔、周围山高沟深，地形陡峻，沟床纵度降大，流域形状便于水流汇集。

(2)松散物质来源。地表植被生长不良，山体岩石破碎，易于风化，崩塌、错落、滑坡等不良地质现象发育，为泥石流的形成提供了丰富的松散、碎屑物质。

(3)水源条件。水既是泥石流的重要组成部分，又是泥石流的激发条件和动力来源。突发性、持续性大暴雨或大量冰雪融水以及水库溃决水体等是泥石流的主要水源。

3. 泥石流的预防措施

(1)合理选址、规划。

①在营地选址、规划和建设过程中，不能占据泄水沟道，也不宜离沟岸过近。

②已经占据沟道的，应迁移到安全地带。

③在沟道两侧修筑防护堤和营造防护林，可以避免或减轻因泥石流溢出沟槽而对河岸造成的伤害。

(2)不侵占冲沟。

①不把冲沟当作垃圾排放场，随意弃土、弃渣或堆放垃圾，将会给泥石流的发生提供固体

物源；

②当弃土、弃渣量很大时，就会在沟谷中形成堆积坝，有水流作用时就存在巨大的溃坝风险。

③不在冲沟中随意开垦田地，种植庄稼、蔬菜，修筑堤坝等障碍物。

因此，在雨季到来之前，最好能主动清除沟道中的障碍物，保证沟道有良好的泄洪能力。

(3)保护和改善生态环境。

泥石流的发生发展与生态环境质量有密切关系，山地生态环境的改善有减轻、削弱、抑制泥石流发生发展的作用。

①严格落实封山育林、退耕还林等政策措施，禁止乱砍滥伐，合理耕植、放牧，防止人为破坏生物资源和生态环境。

②在泥石流流域保护和恢复林木植被，可调节地表径流速度，防治水土流失，削弱泥石流活动性；即使发生了泥石流，也多了一道保护生命财产安全的屏障。

(4)合理组织雨季作业。

①雨天不要在沟谷中长时间作业停留，一旦听到上游传来异常声响，应迅速朝两岸上坡方向逃离。

②雨季穿越沟谷时，先要仔细观察，确认安全后再快速通过。

③根据山区气候特点，合理安排作业。山区气候变化无常，降雨具有局部性，通常会出现"一山分四季，十里不同天"景象，所以即使在雨季的晴天，同样也要提防泥石流灾害。

(5)加强监测预警。

①监测流域内的降雨过程和降雨量，或接收当地天气预报信息，判断分析降雨激发泥石流的可能性。

②监测沟岸滑坡活动情况和沟谷中松散土石堆积情况，分析滑坡堵河及引发溃决型泥石流的危险性。如下游河水突然断流，可能是上游有滑坡堵河、溃决型泥石流即将发生的前兆。

③在泥石流形成区设置观测点，发现上游形成泥石流后，及时向下游发出预警信号。

4.泥石流发生前的征兆

(1)河水异常。如果河(沟)床中正常流水突然断流或洪水突然增大，并夹有较多的柴草、树木时，说明河(沟)上游已形成泥石流。

(2)山体异常。山体出现很多白色水流，山坡变形、鼓包、裂缝，甚至坡上物体出现倾斜。

(3)异常声响。如果在山上听到沙沙声音，但是却找不到声音的来源，这可能是砂石的松动、流动发出的声音，是泥石流即将发生的征兆。如果山沟或深谷发出轰鸣声音或有轻微的震动感，说明泥石流正在形成，必须迅速离开危险地段。

(4)其他异常情况。干旱很久的土地开始积水，道路出现龟裂，公共电话亭、树木、篱笆等突然倾斜，雨下个不停，或是雨刚停下来溪水水位却急速下降等。

5.泥石流应急避险

泥石流以极快的速度发出巨大的声响并穿过狭窄的山谷，倾泻而下。所到之处，墙倒屋塌，一切物体都会被厚重黏稠的泥石所覆盖。遇到泥石流灾害，采取脱险逃生的办法有：

(1)发现山谷有异常声音或听到警报时，要立即向坚固的高地或泥石流的旁侧山坡跑，不要在谷地停留。

(2)一定要设法从房屋里跑出来，到开阔地带，尽可能防止被埋压；若被埋压，尽量露出头部，并清除口鼻中的淤泥。

(3)发生泥石流后，要马上朝与泥石流成垂直方向的山坡上逃离，绝对不能朝泥石流的流动方向跑。若无法逃离时，应迅速抱住身边的树木等固定物体。

(4)要选择平整的高地作为营地，尽可能避开有滚石和大量堆积物的山坡下面，不要在山谷和河沟底部扎营。

(七)滑坡与崩塌

1. 滑坡与崩塌的概念

滑坡是指斜坡上的土体或岩体，受河流冲刷、地下水活动、雨水浸泡、地震及人工切坡等因素影响，失去原来的稳定状态，在重力作用下，沿着某些滑动面(软弱面或软弱带)，整体或分散地顺坡向下滑动的现象。滑坡的发生通常分为三个阶段：一是蠕动变形阶段；二是剧烈滑动阶段；三是渐趋稳定阶段。

崩塌是指较陡斜坡(陡崖)上的大块或巨块岩土体，受自然作用或人类活动影响，在重力作用下，突然崩落或滑落，顺山坡猛烈地翻滚跳跃，岩块相互撞击破碎，最后堆积于坡脚或沟谷的过程。崩塌若发生在土体中称为土崩，发生在岩体中称为岩崩，规模巨大、涉及山体称为山崩。大小不等、零乱无序的岩块(土块)呈锥状堆积在坡脚，称为崩塌堆积物、岩堆或倒石堆。

2. 滑坡与崩塌的共同点和差异性

(1)共同点

①崩塌、滑坡均为斜坡上的岩体或土体遭受破坏、失稳，而向坡脚方向的运动现象。

②有相同或近似的形成条件和诱发因素，常在相近的地质环境条件下伴生。

③崩塌、滑坡可以相互包含或转化，如大滑坡体前缘的崩塌和崩塌堆积而形成的滑坡。

(2)差异性

①滑坡沿滑动面滑动，滑体的整体较好，有一定外部形态；而崩塌则无滑动面，堆积物结构零乱，多呈锥形。

②崩塌以垂直运动为主；滑坡多以水平运动为主。

③崩塌的破坏作用都是急剧的、短促的和强烈的；滑坡作用多数也很急剧、短促、猛烈，有的则相对较缓慢。

④崩塌一般都发生在地形坡度大于45°、高度大于30m以上的高陡边坡上；滑坡多出现在坡度45°以下的斜坡上。

3. 滑坡与崩塌的危害

滑坡和崩塌是山区主要的自然灾害之一。常常给工农业生产以及人民生命财产造成巨大损失，有的甚至是毁灭性的灾难。

(1)对城镇乡村的危害

砸毁、掩埋房屋，伤害人畜，摧毁工厂、学校、机关单位等，毁坏田地、森林、道路以及水利、电力、通信、农业等设施设备，造成停电、停水、停工，有时甚至给城镇乡村造成毁灭性灾害。

(2)对工矿区的危害

发生在工矿区的滑坡、崩塌，可摧毁矿山设施，伤亡职工，毁坏厂房，使矿山停工停产，常常造成重大损失。

(3)对水利工程的危害

毁坏水渠管道，破坏大坝、水电站、变电站以及其他设施。崩塌、滑坡体落入水库中常造成水库淤积，降低水库综合效益，缩短水库寿命，甚至造成水库报废；有时激起库水翻越大坝冲向下游造成伤亡和损失。

(4)对交通运输的危害

①铁路。破坏线路、中断行车、危害站场、砸坏站房;毁坏铁路桥梁及其他设施,错断隧道、摧毁明硐,造成行车事故。

②公路。掩埋公路、砸坏路基及公路桥、中断交通、造成行车事故、引起人身伤亡。

③河运。堵江断流、中断航运交通;形成江中险滩、威胁过往船只;激起涌浪,推翻船只,引起人身伤亡。

④海洋工程。最常见的是海底地基发生滑坡,引起海上钻井平台的下沉、滑移和倾倒事故,造成严重的经济损失。

(5)次生灾害

①为泥石流累积物质源,促使泥石流灾害的发生;或者在雨水或流水的作用下,直接转化成泥石流。

②堵河断流形成天然坝,引起上游回水造成水灾;或堵河成库,形成堰塞湖,一旦溃决,便形成泥石流或洪水灾害,造成更大范围的影响和更严重的损失。

③落入江河之中,可形成巨大涌浪,击毁对岸建筑设施和农田、道路;推翻或击沉水中船只,造成人身伤亡和经济损失。

4.滑坡、崩塌体的识别

(1)滑坡体

①地形地貌依据。斜坡上出现有圈椅状、马蹄状地形或多级不正常的台坎,其形状与周围斜坡明显不协调;斜坡上部存在洼地,下部坡脚较两侧更多伸入河床;两条沟谷的源头在斜坡上部转向并会合。上述地貌现象说明,这些地段可能曾经发生滑坡。斜坡上有明显的裂缝,裂缝在近期有加长、加宽现象;坡体上的房屋出现了开裂、倾斜;坡脚有泥土挤出、垮塌频繁。上述地貌现象可能是滑坡正在形成的依据。

②地层依据。曾经发生滑坡的地段,其岩土体的类型往往与周围未滑动斜坡有着明显的差异。与未滑动过的坡段相比,滑动过的岩土体通常层序上比较凌乱,结构上比较疏松。

③地下水依据。滑坡会破坏原始斜坡含水层的统一性,造成地下水流动路径、排泄地点的改变。当发现局部斜坡与整段斜坡上的泉水点、渗水带分布状况不协调,短时间内出现许多泉水或原有泉水突然干涸等情况时,可以结合其他证据判断是否有滑坡正在形成。

④植被依据。斜坡表面树木东倒西歪,一般是斜坡曾经发生剧烈滑动的表现;而斜坡表面树木主干朝坡下弯曲、主干上部保持垂直生长,一般是斜坡长时间缓慢滑动的结果。

(2)崩塌体

①坡度大于45°,高差较大,坡体成孤立山嘴或为凹形陡坡。

②坡体内部裂隙发育,尤其垂直和平行斜坡延伸方向的陡裂缝发育,并且切割坡体的裂隙、裂缝可能贯通,使之与母体(山体)形成分离之势。

③坡体前部存在临空空间或有崩塌物发育,这说明曾经发生崩塌,今后还可能再次发生。

具备了上述特征的坡体,即是可能发生崩塌的崩塌体。尤其当上部拉张裂缝不断扩展、加宽,速度突增,小型坠落不断发生时,预示着崩塌很快就会发生,处于一触即发的状态之中。

5.滑坡与崩塌的预兆

(1)滑坡

①在大滑动之前,在滑坡前缘坡脚处,有堵塞多年的泉水复活现象,或者出现泉水(水井)

突然干枯、井(钻孔)水位突变等类似的异常现象。

②在滑坡体中、前部出现横向及纵向放射状裂缝,它反映了滑坡体向前推挤并受到阻碍,已进入临滑状态。

③在滑坡滑动之前,在滑坡体前缘坡脚处,土体出现上隆(凸起)现象,这是滑坡向前推挤的明显迹象。

④在滑坡滑动之前,有岩石开裂或被剪切挤压的声音,这种迹象反映了深部变形与破裂,动物对此十分敏感,有异常反应。

⑤临滑之前,滑坡体四周岩土体会出现小型坍塌和松弛现象。

⑥如果有滑坡体长期位移观测资料,那么大滑动之前,无论是水平位移量还是垂直位移量,均会出现加速变化的趋势,这是明显的临滑现象。

⑦滑坡后缘的裂缝急剧扩展,并从裂缝中冒出热气(或冷气)。

⑧动物惊恐异常,植物歪倒倾斜。如猪、狗、牛惊恐不宁,不入睡;老鼠乱窜不进洞;树木枯萎或歪斜等。

(2)崩塌

①崩塌体后部出现裂缝,并不断扩展、加宽。

②崩塌体前缘掉块、土体滚落、小崩小塌不断发生。

③崩塌的顶部出现新的破裂形迹,嗅到异常气味。

④岩质崩塌体偶尔发生撕裂、摩擦、错碎声。

⑤出现热、气、地下水质、水量等异常现象。

⑥动植物出现异常现象。

6. 滑坡与崩塌的预防

(1)合理选址。在滑坡与崩塌多发的山区,修建房屋时要注意选择稳定、坚固、安全的场所,一定要避开地质灾害易发的地方。

(2)合理开挖和堆放。

违规开挖和违规堆放会造成严重的隐患。

①在修路、建房、整地、取土等作业时,不能随意盲目开挖,开挖前要做好勘察,开挖后要及时修筑防护设置。

②要选择专门的场地堆放土石,不得随意私堆。

③做好引水、排水工程设施。

(3)合理安排作业、出行。

①在夏汛时节,山区户外作业或出行时,事先一定要收听天气预报,关注天气变化及地质灾害预报情况,尽量不要在大雨后或连绵阴雨天进入山区。

②在地质灾害多发季节和多发区,不要在危崖(岩)下避雨、休息和穿行,也不要随意攀登和翻越危崖(岩)。

③保持警惕,注意观察,发现灾害前兆,及时撤离危险区。

(4)做好物资准备。

①根据实际情况,准备好必要的交通工具,检查好通信器材,保持和外界的通信畅通。

②准备可能会用得上的常用药品。

③滑坡灾害常伴有恶劣天气的出现,要提早备好雨具、保暖衣物、手电筒等。

④准备充足的食品和干净的饮用水。

(5)加强监测预警。

①接收当地天气及地质灾害预报信息,判断分析降雨诱发滑坡、崩塌的可能性。

②通过人工或仪器设备的监测,及时捕捉滑坡、崩塌灾害的特征信息,预测预报崩滑体的规模、滑动方向、失稳方式、发生时间、灾害边界及危害性等,及时采取防灾措施,尽量避免和减轻灾害损失。

③发现有滑坡、崩塌的前兆时,应及时报告,并发出预警信号,提高警惕,密切注意观察,做好撤离准备。

7. 滑坡与崩塌应急避险

(1)遇到山体滑坡时一定要沉着冷静,不要慌乱。

(2)向垂直于滑坡的方向逃离,快速寻找安全地带。如果实在无法继续逃离,要迅速抱住身边的树木等固定的物体。

(3)遇到山体崩滑时,可以蹲在地沟、地坎里,或者躲避在结实的障碍物下。要注意保护头部,可以利用身边的衣物把头裹住。

(4)驾车时,要严密观察,安全行驶。

①注意两侧山体变化情况,发现滑坡、崩塌前兆,应及时停车并退回到安全地带,最好掉头找一条较为安全的路线行驶。

②必须经过滑坡发生地区时,要注意路上随时可能出现的各种危险,如掉落的树枝、石头等,还要查看清楚前方道路是否存在沟壑、塌方等,以免发生危险。

(5)滑坡、崩塌停止后,不要立刻进屋检查情况,待确定危险期过后,才能返回。

(6)救援时,应先将滑坡体后缘的水排开;从滑坡体的侧面开始挖掘;先救人,后救物。

(7)灾害过后,要及时掩埋人畜尸体,以免引起疾病的传播。

第五节　爆破安全

爆破是目前破碎岩石、清除障碍等最有效、最便捷的方法,爆破技术已广泛应用于应急救援领域,在快速抢通抢建过程中发挥重要作用。然而,鉴于爆破作用过程的瞬时动态性、爆破介质性状和环境条件的复杂多变性,以及爆破人员技术水平、爆破安全管理机制等因素,使爆破生产面临着复杂的爆破安全问题。

爆破安全是指爆破作业过程中人、机、环境的系统安全。爆破安全就是要从本质上提高人的安全意识、观念、技能与道德等人文素质,采用先进的爆破技术、安全技术措施与科学的爆破安全管理机制,进而有效控制、协调人的不安全行为与机和环境的不安全状态,以保障爆破作业安全。

一、爆破技术

(一)露天爆破

1. 浅孔爆破

浅孔爆破是指炮孔直径小于 50mm、深度小于 5m 的爆破,是目前工程爆破中应用比较广泛的爆破方法之一。浅孔爆破的特点是:施工容易,操作简单、灵活,但爆破作业频繁,经济效益和安全性不如深孔爆破。浅孔爆破多适用于场地平整,二次破碎,边坡、危石处理,桥梁基础开挖，采石场工程等。

2. 深孔爆破

深孔爆破相对于浅孔爆破而言，一般指炮孔直径大于 50mm、深度大于 5m 的爆破方法。深孔爆破效率高，安全性比浅孔爆破好，是目前矿山工程和建设工程常用的岩土爆破技术。

(二)地下爆破

地下爆破是指地表以下的井巷工程爆破或采矿场爆破。井巷工程是指为进行采矿和其他工程，在地下开凿各类通道和硐室的总称。

1. 井巷掘进爆破

井巷掘进爆破的特点是只有一个自由面，每一循环的炮孔深度受限，而且岩石开挖断面要求高。因此，进行井巷掘进爆破设计时必须综合考虑井巷开挖断面、岩石性质、任务和工期要求，合理确定其爆破形式和参数。

2. 地下采场爆破

通过大小井巷将地下赋存的待采矿体分成条块，称之为采场。根据矿体赋存条件、地质构造、岩石性质和产量等因素，选择地下采场开采爆破方式。与井巷掘进爆破相比，地下采场主要特征为：具有两个以上的自由面和较大的补偿空间，爆破面积和爆破量都比较大。

3. 地下煤矿爆破

地下煤矿爆破主要是井巷掘进爆破和工作面落煤爆破。其爆破工作特点是爆破作业现场通常存在瓦斯（主要是沼气 CH_4）煤尘等易燃易爆气体，对爆破网络、爆破器材等有严格要求。

地下煤矿根据矿井瓦斯涌出量和涌出形式，对矿井瓦斯等级进行如下划分：

(1)低瓦斯矿井：瓦斯涌出量小于或等于 $10m^3/t$ 的矿井。

(2)高瓦斯矿井：瓦斯涌出量大于 $10m^3/t$ 的矿井。

(3)煤（岩）和瓦斯突出矿井。

(三)控制爆破

控制爆破是指根据工程条件和工程要求，通过精心设计、施工和有效的防护措施，对爆炸能量释放过程和介质的破碎过程进行严格控制的工程爆破方法的总称。

控制爆破的目的在于对爆破效果和爆破危害进行双重控制，既要使预期的爆破效果能够实现，又要将爆破范围、破坏程度以及爆破地震波、空气冲击波、噪声和飞石等危害控制在规定限度以内。

控制爆破的基本要求：控制破碎程度，控制爆破范围，控制爆破危害，控制爆破的塌、抛方向。

1. 微差爆破

微差爆破，是指顺序起爆的炮孔或炮孔组之间在时间上相差若干毫秒的爆破方法，与以秒为单位的秒差爆破相比，其延期时间要短得多，但又不同于同时起爆，这种方法又称为毫秒爆破。它在控制地震效应、扩大爆破规模、控制爆破块度和提高爆破效果，以及充分利用爆能、降低药耗等方面均起着重要作用。所以微差爆破是重要的控制爆破手段之一。

2. 挤压爆破

传统爆破技术要求在自由面处保留一定空间作为岩石破碎后体积增大的补偿空间，而且爆下的岩渣堆应清理后才能进行下排孔的爆破。挤压爆破（又称压碴爆破）则相反，它要求在工作面上留有一定厚度的爆落松散岩石，即在不留足够补偿空间的条件下爆破。由于此时的爆破自由面是原岩体与爆落松散岩体间的界面，所以又可以将挤压爆破理解为特殊自由面条件下的爆破。

3. 光面爆破和预裂爆破

(1)光面爆破

光面爆破是指沿开挖线布置密集炮孔，采取不耦合装药或装填低威力炸药，在主爆区爆破后起爆的爆破技术。光面爆破可形成平整的爆破轮廓面。

(2)预裂爆破

预裂爆破是指沿开挖线布置密集炮孔，采取不耦合装药或装填低威力炸药，在主爆区爆破之前起爆的爆破技术。

(3)光面爆破和预裂爆破特点

光面爆破和预裂爆破均是在开挖线布置密集炮孔，采取不耦合装药，控制炸药能量释放，有效控制破裂方向和破坏范围，保持开挖轮廓面平整，减小对岩石稳定性的影响；二者不同之处在于炮孔起爆顺序不同。光面爆破是光面孔在主爆区之后爆破，预裂爆破是预裂孔在主爆区之前起爆；光面爆破有两个自由面，预裂爆破只有一个自由面，单位炸药消耗量较大。

4. 静态破碎技术

在建筑如林、人口密集的闹市区和工厂厂房内，用炸药爆破也会带来很多困难和不便。因此，人们研制了一种安全可靠的新型破碎剂——静态膨胀剂，它能够在无爆破地震波、空气冲击波、噪声和飞石的情况下实施破碎，这种技术也被称为无声爆破或静态破碎技术。

静态膨胀剂又称静态胀裂剂或静态破碎剂，它靠水化反应时的体积膨胀来破碎岩石、混凝土等物质，广泛地用在石料开采、拆除爆破等特殊爆破作业中，取代工业炸药。

5. 抛掷爆破

抛掷爆破是指按工程要求将岩石抛离原地的爆破技术(定向爆破)。常用的定向抛掷爆破有：单侧、双侧、上向、多向抛掷，也有加强抛掷或一侧抛掷另一侧松动爆破等类型。抛掷爆破可将大量石方抛掷到工程要求地点，有利于加快工程进度，缩短工期。在采矿、水利、水电、铁路、公路和农田水利等行业的剥岩、运矿、筑坝、修路和平整土地等工程已广泛应用。

6. 聚能爆破

聚能爆破，就是应用聚能效应设计、制作的药包对爆破对象实施爆破，以达到所需目的的一种爆破方法。

聚能效应，即炸药爆炸后，爆炸产物在高温高压下基本是沿炸药表面的法线方向向外飞散的。利用炸药爆炸产物运动方向与装药表面近似垂直的规律，做成特殊形状的装药结构，使爆炸产物聚集起来，以提高爆炸能量流的密度，增强爆炸效果。这种现象被称为聚能效应。

聚能爆破具有能量集中、方向性强、穿透力大、能量密度高、施工操作简单、环境要求低等特点，能大大提高炮孔的利用率，加快掘进速度，大大减少边壁超挖和欠挖，而且与其他爆破方法相比可采用更大的不耦合系数，这为减少对岩体的损伤创造条件。

7. 拆除爆破

拆除爆破是利用控制技术拆除废弃建(构)筑物的爆破。由于拆除爆破的高效、经济和安全可控性，拆除爆破技术受到人们普遍关注。近年来，拆除爆破技术发展迅速，已在城镇交通、建设等部门广泛应用。

拆除爆破的特点是待拆爆物体的结构、形体性质复杂多变;爆破环境条件复杂,人流、交通繁忙,建(构)筑物设施密集;爆破拆除范围及倾覆状态质量要求严格。因此,拆除爆破作业必须安全性高,必须有效控制爆破作用和爆破有害效应,确保爆破作业安全。

(四)水下爆破

根据化学爆炸装药的入水深度,从而导致炸药能量的不同分布形式及产生的水中冲击波的不同特性等情况以及接触的介质进行划分,较为典型的有水下裸露爆破、水下钻孔爆破、水下软基爆破、水下岩塞爆破等。

1.水下裸露爆破

水下裸露爆破是将炸药包贴放在水下被爆介质表面进行爆破的方法。水下裸露爆破的优点是施工简单、操作方便、容易掌握等,其缺点是爆破单位炸药消耗量大、爆炸能量利用率低、爆破有害效应大,受水文气象条件限制等。

水下裸露爆破主要适用于:

(1)受水流、地形和设备等影响,较难实施钻孔爆破;

(2)零星礁石、大块石和局部浅点爆破;

(3)砂卵石浅滩松动爆破;

(4)破冰及冰下爆破,清除水下障碍物;

(5)水下盲炮处理。

2.水下钻孔爆破

水下钻孔爆破是通过作业船或水上作业平台,利用钻具穿过水层对水下岩石进行钻孔,实现爆破的作业。其使用较为广泛,常见于水电工程岩坎、围堰拆除爆破,水下岩石基础爆破等。

水下钻孔爆破的作业比较复杂,受水面风浪、海潮涌浪、河流水位、水流速度、泥沙运动等因素影响,又因爆破介质处于水饱和状态并受水层压力和水的阻力等作用,因此,在爆破作用机制和设计施工技术上都有别于陆地钻孔爆破。

水下钻孔爆破的特点和适用条件:

(1)水深条件较宜,使用特制的水上作业船或作业平台进行钻孔装药等操作;

(2)钻孔爆破施工难度较大,工艺复杂,成本高,特别在工况恶劣的水域施工时,难度和成本会明显增加;

(3)对爆破质量要求高,避免爆破产生岩坎、岩埂、大块难以处理;

(4)对清挖、运输爆渣的设备要求较高,需要挖掘能力强的船机进行清挖,如反铲式挖泥船、正铲式挖泥船及配重斗的大斗容抓扬式挖泥船。

3.水下软基爆破

(1)水下爆破挤淤

水下爆破挤淤,也称水下爆破排淤填石。该方法是在需处理的淤泥面上,预先抛填堆石料至建筑堆石体设计高程以上,然后将炸药包埋于堆石体坡脚前方的淤泥层中引爆,将淤泥层及其上的水层爆破抛散,形成短时空穴,使堆石体边坡失稳下塌,填入爆腔空穴内,以石排淤,达到淤泥层置换堆石的目的。

(2)水下爆破夯实

水下爆破夯实,是指在水下块石、砾石地基或基础表面布置裸露药包或在表面上方布置悬浮药包，利用爆破振动和压力使地基或基础密实的方法。

水下爆破夯主要是利用炸药爆炸后的水中冲击波、高压气泡脉动、地震波振动效应等综合作用，使被夯实体达到密实的效果。

4. 水下岩塞爆破

对于已建成的水电站、水库或天然河道，出于发电、取水、泄洪及放空水库等目的，需要在水下数十米的深处建引水洞，此时可采用岩塞爆破的技术手段实施。水下岩塞爆破是一种简便经济而又快速的施工方法。采用岩塞爆破技术时，首先按照常规方法掘进隧洞，然后在隧洞紧临水域的区域留下一定厚度的岩石，相当于一个岩塞，最后以爆破的方法炸除岩塞体形成入水口。

二、爆破安全技术

在爆破生产过程中，如果发生人的非安全行为（失误）和物质环境的非安全状态（故障），致使系统能量超越正常范围，导致能量意外转移，就会形成或增加爆破危害，会严重威胁周围建（构）筑物设施和人员安全。因此，必须牢固树立“安全第一、预防为主”的思想，视安全如生命，全面应用降低或消除爆破危害的有效控制技术与安全措施，保证周围人员和建（构）筑物设施与环境的安全。

（一）爆破危险源分类

根据爆破作业特点，可能诱发爆破危害的主要危险源包括：

(1)物质器材源。如凿岩设施或检测器具性能状态欠佳，或爆破器材质量不良，炸药变质、过期；雷管断线、断药或变形等；爆破器材储存超量、不同等级的爆破器材混存混放或同车运输等。

(2)人的行为状态源。这是产生爆破事故的主要原因。爆破设计人员技术素质不高，爆破设计方案不合理，参数计算选择不正确；安全意识淡薄，一次允许最大起爆药量或一次爆破规模过大；未设计选择有效的控制技术；安全管理机制、制度不健全；作业人员未按设计规范施工、装药、连线，起爆操作不规范或违规作业；作业人员存在侥幸心理，麻痹大意，防护措施不力等。

(3)电效应源。电效应是各种电磁（流）现象使雷管非正常爆炸的现象。如杂散电流、静电、雷电或射频感应电流等引起的早爆事故。

(4)爆破效应源。爆破效应是爆破介质破碎效果与无功能量对环境引起或衍生的爆破有害影响程度。如爆破参数设计不合理、最小抵抗线过（变）小过大、单位炸药消耗量大、过量装药、没有应用分能准则合理地分散装药、毫秒爆破或起爆方式不当等，导致爆破对爆区周围人员生命健康、心理和建（构）筑物设施、结构形态产生有害影响。这是目前爆破作业过程中发生的主要爆破危害。

(5)爆破环境源。指爆区环境复杂，人流、交通繁忙，气象风、雨、雾变迁等引发的爆破事故。如爆破引起的近、危建（构）筑物或养殖区损伤事件。

（二）爆破危害分类

爆破危害可分为以下几类。

(1)爆破地震。炸药在介质中爆轰的部分能量转化为弹性波而引起地面质点振动，即爆破地震。爆破地震对周围建（构）筑物设施、表面岩体等产生影响、变形或损坏。

(2)爆破飞散物。爆破飞散物是工程爆破尤其是拆除爆破的主要危害，往往危及人员和建(构)筑物设施的安全。

(3)爆破空气冲击波与噪声。这是炸药能量破碎介质时的外部效应，是一种冲击波或强气浪对一定范围内的人员和物质环境产生杀伤、损坏或不利影响。

(4)爆破有害气体。由于炸药品质或环境条件不佳，炸药爆炸反应生成的对人体有害气体。如一氧化碳(CO)、氮氧化物(NO、NO_2、N_2O_3)、二氧化硫(SO_2)、硫化氢(H_2S)等。通风不良或过早进入爆破工作面，可能引发人员中毒事故。

(5)爆破粉尘。爆破时在空气中激起的微小尘埃云。它影响人们的身体健康和环境生态质量。同时，应注意在某种条件下的粉尘爆炸危害。

(6)早爆与拒爆。爆破装药在规定时间段提前爆炸或之后未爆炸者，即造成早爆或拒爆事故，严重影响爆破作业和社会安全。

(7)心理危害。心理危害主要是爆破对人们心理的影响，如听到爆破而产生非理性的恐惧、心慌、逃避或紧张的心理。

(三)爆破危害控制

1.爆破地震控制

爆破引起地面质点振动而对周围岩土和建(构)筑物等(物质环境)的影响称为爆破地震效应。爆破地震是由爆破直接引起的地震或建(构)筑物拆除爆破坍落冲击地面引起的冲击地震。爆破地震强度大于某一允许限值时，可能对爆区附近的岩体、边坡或建(构)筑物设施的结构、精度等造成损坏或影响。如导致山体滑坡、开裂或结构破坏、坍塌及影响岩体结构稳定性等。爆破地震是当前工程爆破的主要危害。

降低爆破地震强度控制技术，主要包括：

(1)采用毫秒爆破技术。一般可降低爆破振动强度1/3～2/3。

(2)确定合理的爆破规模和一次最大允许起爆药量。

(3)选用合理的起爆顺序或起爆方向。

(4)采用疏通、隔离或阻止振动波传递的控制技术。如采用预裂爆破或设置减振沟(孔)缓冲垫层、屏障等，一般可减弱爆破振动强度30%～50%。

(5)采用低爆速、低密度的炸药或不耦合装药方式，可明显降低爆破振动强度。

(6)爆破振动效应监测。对于一些重要的建(构)筑物设施或在复杂环境进行爆破时，应进行爆破振动效应监测，为爆破安全工作提供科学依据。

2.爆破个别飞散物控制

由于爆破设计或施工不当以及爆破介质变化或者爆破安全管理不规范等原因，爆破时可能产生个别飞散物影响人身和建(构)筑物设施的安全，也可能发生爆堆挤压事故。因此，必须采取有效的安全控制技术措施，并予以足够重视。

(1)精心设计，合理地计算确定爆破参数。如最小抵抗线、爆破作用指数、单位炸药消耗量和单孔装药等。

(2)规范施工，避免过量装药，保证炮孔填塞质量和覆盖防护质量等。

(3)注意岩土介质结构特性的影响，如破碎带、软弱夹层、断层、裂隙等的影响，适时采取补救措施。

(4)采用低爆速、低密度的炸药或不耦合装药结构、毫秒爆破技术等。

(5)采用隔离、阻挡等有效防护措施。如设置重柔性覆盖、屏障等。

3.爆破空气冲击波及噪声控制

空气冲击波是炸药爆炸时的又一种外部作用效应。在靠近爆源处，由于爆炸冲击波的作用，可引起爆炸材料的爆轰和燃烧；在离爆源一定范围内，爆炸冲击波对人员具有杀伤力，对建（构）筑物、设备也可造成破坏。当空气冲击波的超压峰值小于0.02MPa以后，空气冲击波衰减为噪声。

爆炸空气冲击波的产生一般包括以下几种原因：

(1)裸露在地面上的炸药、导爆索的爆炸等产生的空气冲击波。

(2)炮孔堵塞长度不够，堵塞质量不好，炸药爆炸产生的高压气体从孔口冲出，形成空气冲击波。

(3)因局部抵抗线太小，沿该方向冲出的高压气体产生的空气冲击波。

(4)大量炮孔爆破时，由于起爆顺序控制失误，导致许多炮孔的抵抗线变小甚至为零造成的空气冲击波。

(5)在断层等弱面部位高压气体冲出产生空气冲击波。

降低和有效防止强烈爆炸冲击波的主要措施有：

(1)采用毫秒微差爆破技术削弱空气冲击波的强度，实践表明，排间微差时间在15～100ms时效果最佳。

(2)严格确定爆破设计参数，控制抵抗线的方向，保证合理的堵塞长度和堵塞质量。

(3)尽可能不采用裸露爆破，对于裸露地面的导爆索、炸药用沙土覆盖，在建筑物拆除爆破、城镇浅孔爆破时，不允许采用裸露爆破，也不允许采用孔外导爆索网络。

(4)对于地质弱面和薄弱墙体给予补强以遏制冲击波的产生，必要时在附近预设挡墙（砖墙、袋墙、石墙、夹水墙等）削弱爆炸冲击波。

(5)对于井巷掘进爆破，也可以采取“导”的措施，增加通道，扩大巷道断面，利用盲井来减弱主巷道的冲击波。

(6)在爆破作业时随时关注气候、天气情况，应在有利的天气条件下进行爆破。

降低爆破产生的噪声的有效措施有：

(1)在城镇、厂矿、居民区等对爆破噪声有限制的地区进行拆除及岩土爆破作业，不允许采用裸露爆破，而应当采用控制爆破方法；也不允许采用导爆索起爆网路。

(2)在爆破设计时，对基础、石方爆破，一般采用松裂、松动爆破，并实施毫秒微差爆破；严格控制单位耗药量、单孔药量和一次起爆药量。对于建（构）筑物拆除爆破，宜遵循“多打眼，少装药”的原则，避免爆破的实际单位耗药量过高。

(3)要精心施工，在施工过程中发现设计时未考虑的因素时，应调整设计参数；当钻孔实际位置与设计出入较大时，必须校核最小抵抗线和单位耗药量，防止因施工过程中的疏忽，造成爆破设计参数变化而增大爆破噪声。应保证填塞质量和长度，做好爆破部位的覆盖和防护；为降低爆破噪声，应在施工中尽量避免使用地面雷管，如果必须选用地面雷管，应在地面雷管上采取覆盖土或聚乙烯水袋的措施，也可以用短胶管沿纵向切口后将雷管包裹其中。

(4)在对爆破噪声敏感的方向，架设防噪声排架、屏障，必要时附以吸声性能好的材料，可以起到降低爆破噪声的效果。

(5)在人口密集区实施拆除爆破和其他爆破作业，做好安民告示也是十分必要的，使居民对爆破噪声事先有一定的心理准备。

(6)为了控制爆破施工作业的噪声，除应使参加施工的工程机械噪声满足工程机械噪声限值标准外，还可在工地四周进行围挡，必要时，应限制人们在噪声敏感时段(如夜间)的施工作业。

4.爆破有害气体和粉尘控制

爆破作业中，有害气体(CO、NO、NO_2、N_2O_3、SO_2、H_2S等)及粉尘是大量存在的，如果对有害气体和粉尘处理或防护不当，会严重影响大气环境，甚至有可能导致人员伤亡。

(1)预防和降低有害气体的措施：

①使用合格和接近零氧平衡的炸药。

②提高炸药质量，严防受潮变质，严禁使用过期变质炸药。

③使用威力较大的炸药为起爆药包，适当增大起爆能量。

④采用通风、洒水和喷洒碱液等措施，特别是地下爆破在巷道死角和盲区引入风流。

⑤爆破后经过规定时间以后，待有害气体浓度下降到允许浓度后，才允许人员进入爆破现场。

(2)降低爆破粉尘的技术措施：

①爆破作业前，尽量清除爆破对象外表和内部以及其周围地面的粉尘，必要时可以用水进行冲洗。

②均匀布孔，控制单耗药量、单孔药量与一次起爆药量，提高炸药能量有效利用率。

③在钻孔阶段可以通过收尘器和泡沫剂进行收尘。

④尽量采用毫秒微差爆破技术。

⑤根据爆破介质选择相应炸药品种，努力做到波阻抗匹配。

⑥爆破前采用水封爆破进行堵塞，即以装水的塑料袋代替炮泥，爆破瞬间水袋破裂，化为微细水滴捕尘集尘。

⑦爆破前喷雾洒水，即在距工作面一定距离处安装除尘喷雾器，在起爆前打开喷水装置，爆破后30min左右关闭。

5.早爆事故控制

早爆是爆破炮孔装药在规定起爆时间之前的爆炸。早爆一旦发生，必将酿成重大爆破事故。因此，爆破作业必须采取安全有效的控制技术，杜绝早爆事故的发生。

早爆的主要原因是由于外部电效应、起爆器材质量和人的不安全行为或环境条件等引起的。其安全预防控制技术是：

(1)树立“安全第一”的思想，认真勘察检测爆破物质环境条件。如检测或设防杂散电流、射频电、静电、感应电、雷电、化学电等效应的安全状态，或爆破硫化矿时注意介质的物化状态。

(2)加强素质教育，规范施工操作。如按爆破设计规范装药、连线、检测、起爆，严禁违章违规操作。

(3)选用质量合格的起爆器材。推荐非电导爆管雷管或数码电子雷管起爆器材等。

6.拒爆事故控制

拒爆是指爆破炮孔装药起爆后全部或部分装药未爆的现象，又称盲炮。拒爆不仅影响爆破质量、效果，而且构成安全隐患，其处理作业危险性大。如果未能及时发现拒爆或处理不当，将会造成严重爆破事故。拒爆现象主要与爆破器材质量、爆破设计的科学性和施工作业的规范化程度等有关。

为了预防和安全处理拒爆，可采取如下控制技术：

(1)采用质量合格的爆破器材。避免使用质劣、过期、变质或受潮的爆破器材。

(2)科学合理地进行爆破设计，合理计算选择爆破参数。如单位炸药消耗量和单孔装药量、装药密度、装药结构、起爆能大小及起爆点位置、数量或网络起爆形式、方向等。

(3)加强素质教育，规范施工操作。如装药、连线和防护时注意网络安全，按爆破设计规范操作。

(4)合理选择毫秒爆破间隔时间。

(5)认真检查爆破效果，规范拒爆处理。如爆后检查爆堆形态特征、网络线状况，重新设计警戒，按《爆破安全规程》规定标准，正确规范地处理盲炮，如填写盲炮处理登记卡，进行盲炮处理。

三、爆破安全管理

爆破安全生产是指爆破施工作业过程中人、机、环境的状态安全。

爆破安全管理是为了实现爆破施工作业安全而组织、协调和控制人、机、环境系统的过程，即通过计划、组织、协调与控制等安全管理机制，运用爆破科学技术与安全管理制度调控人、机、环境系统的不安全因素，以控制改变人的不安全行为、物的不安全状态和环境的不安全条件，避免发生影响生产效益的人为和物质的阻碍事件，保证爆破施工作业系统安全生产。

(一)爆破安全管理目的与内容

1.爆破安全管理的目的

爆破安全管理的目的是确保爆破生产系统的人员、财产和资源环境安全，实现爆破生产安全、优质、高效、低碳的目标，促进社会经济发展。具体来说，必须确保爆破区域及附近周边范围内的人员、设施、环境安全与健康，要识别、预防、消除生产系统中的危险、危害因素，有效控制爆破施工过程中伤亡事故或职业病的发生，避免物资财产损失，维护社会团结、稳定，促进社会生产发展。

2.爆破安全管理的内容

爆破安全管理的主要内容就是管理者通过组织、规划和协调管理机制，控制人、机、环境的不安全因素所进行的一系列管理活动。爆破安全管理的主要内容包括：

(1)贯彻执行国家的安全生产方针、法规、制度和安全生产责任制。

(2)爆破安全管理机构机制的建立与执行。

(3)爆破安全目标管理与安全监督。

(4)爆破安全预测、规划及其安全预控技术设计与实施。

(5)安全教育与安全检查。

(6)爆破事故预防和管理。

(7)爆破事故应急预案。

(8)爆破安全文化建设。

(二)爆破安全管理原则

1.安全第一原则

安全第一原则要求在进行生产和其他活动时把安全工作置于一切工作的首要位置。当生产、环境或其他工作与安全发生矛盾时，要以安全为主，生产和其他工作要服从于安全，这就是安全第一原则的实质。

安全第一原则是爆破安全管理的基本原则，也是我国安全生产方针的重要内容。在爆破设计、规划、施工时应首先想到安全，实时预测、预控，采取安全技术措施，防止事故发生。

坚持安全第一原则，就要建立健全各级安全管理机构和生产责任制，从组织上、思想上、制度上切实把安全生产工作摆在首位，常抓不懈，形成标准化、制度化和经常化的安全生产工作体系。

2. 监督原则

监督原则是设置授权的专门职能机构和人员，严格依照法规对爆破安全生产规范化行为进行监察管理。也就是说为了保证职工的身体健康和生命财产安全，使爆破安全生产法律、法规、标准和规章制度得到落实，切实有效地实现爆破安全生产，必须设置各级安全生产专职监督管理部门和专兼职人员，赋予必要的权力，以保证其履行监督职责，严肃认真地对爆破企业生产中守法和执法情况进行监督、检查，以发现安全生产中的问题，督促问题的及时解决，或追究和惩戒违章失职人员。

监督主要包括国家监察、行业管理和群众监督等。爆破安全监察是安全生产专项监督的一种形式，依法对各部门和企事业单位进行爆破安全监督检查、分析、整改，完善生产技术，搞好安全生产。行业管理是行业管理部门、生产管理部门和企业自身，对企业爆破安全生产进行安全管理、检查、监督和指导。通过对安全生产工作的组织指挥、计划、决策和控制等过程来实现爆破安全目标，起到安全生产管理的督导作用。群众监督是工会系统组织职工自下而上对爆破安全生产进行监督检查，协助、监督企业行政部门做好安全工作，提高群众遵章守纪的自觉性。

3. 因果关系原则

因果即原因与结果。因果关系原则就是客观事物诸因素之间存在着发生相互作用的起因与结果联系。也就是说客观事物之间存在某因素诱发另一因素变化的原因关系。

爆破事故是许多因素互为因果而发生连锁作用的最终结果。爆破事故的发生与其原因有着必然的因果关系，事故的因果关系决定了爆破事故发生的必然性，即爆破事故因素及其因果关系的存在决定了爆破事故必然要发生。

一般来说，爆破事故原因分为直接原因和间接原因。直接原因是在时空上最接近事故发生的原因，如人的原因和物的原因；间接原因是事故的关联致因，如爆破设计和控制技术缺陷、劳动组织不合理、操作不规范、教育、检查或应急预案不力等。

爆破事故的必然性包含着规律性。必然性来自于因果关系，因此，通过深入调查、爆破事故因素的因果关系预测和统计分析，发现爆破事故发生的规律性，以便找出主要矛盾，预先采取安全控制技术措施，变不安全条件为安全条件，把爆破事故消灭在早期萌芽起因阶段，这就是因果关系原则的实用性。

(三)爆破安全管理制度

当前，我国的安全生产方针是“安全第一、预防为主、综合治理”，也就是说在一切生产、生活活动中，安全第一是首要条件，必须坚持安全优先原则。为了实现爆破安全生产，必须在国家安全生产方针的指引下建立、健全安全管理制度方法与手段。

根据《安全生产法》《安全生产许可证条例》《民用爆炸物品安全管理条例》和《爆破安全规程》等法规规定，爆破安全管理制度主要有：爆破安全生产许可制度、爆破作业人员持证上岗制度、爆破作业分级管理制度、安全生产责任制度、安全技术措施计划制度、爆破安全监查制度、安全生产教育培训制度、消防安全责任制度、爆炸物品管理制度、安全生产事故报告制度、爆破安全事故应急预案制度及意外伤害保险制度等。

1.爆破安全生产许可制度

《民用爆炸物品安全管理条例》规定民用爆炸物品生产、销售、购买、运输和爆破作业单位实行许可证制度。未经许可,任何单位或个人不得生产、销售、购买、运输、储存和使用民用爆炸物品。

《民用爆炸物品安全管理条例》明确规定了民用爆炸物品从业单位设立许可和安全生产许可条件、申请审批程序等法规制度。在企业取得许可,并到工商行政管理部门办理登记后,方可生产或销售民用爆炸物品或从事爆破作业活动。同时,在一定时限内向所在地县级公安机关备案。

2.爆破作业分级管理制度

爆破作业分级管理就是将爆破作业单位划分为不同类别、等级或范畴进行分级管理。按照爆破分级管理原则、条件标准和要求,依据爆破作业属性将爆破作业单位分为非营业性爆破作业单位和营业性爆破作业单位两类。

非营业性爆破作业单位是指本单位在进行生产、教学、科研中需从事爆破作业的单位。而具有独立法人资格,直接承揽爆破设计施工或安全评估或安全监理的企业为营业性爆破作业单位。营业性爆破作业单位需按其爆破技术水准、设施和生产条件审核爆破作业资质证书,将资质分为一级、二级、三级、四级,并根据一次爆破总药量、爆破环境复杂程度及爆破特征,又将不同性质的爆破作业项目划分为A、B、C、D四个级别,以此进行相应的爆破作业分级管理。

爆破作业人员应参加培训,经考核并取得有关部门颁发的相应类别和作业范围、级别的安全作业证,持证上岗。

爆破作业单位应按其资质等级范围承接爆破作业项目,爆破作业人员应按照其资格等级从事爆破作业。

3.安全生产责任制度

安全生产责任制,就是明确规定企业各级领导应对本单位安全工作负总的领导责任,以及负责人或其他副职、项目负责人、工程技术人员、职能科室和班组长、爆破员、安全员、保管员及每个岗位作业人员在生产劳动中应该担负相应的安全生产责任。

安全生产责任制度主要包括:

(1)爆破企业各级领导、各部门和生产操作人员的安全生产责任制。

(2)项目对各级、各部门安全生产责任制应规定的检查、考核办法。

(3)项目独立承包或分包的工程在签订承包合同中必须明确安全生产工作的具体指标、安全责任和要求。

(4)项目的主要工序应有相应的安全技术操作规程,并悬挂在操作岗位上。

(5)爆破施工现场应配备专(兼)职安全员进行安全监督检查。

4.安全生产教育培训制度

安全生产教育,是爆破企业为提高职工爆破安全技术水平、安全意识和防范事故能力、促进安全生产而进行的教育培训工作。通过安全教育培训,使从业人员熟悉安全生产规章制度与操作规程,掌握本岗位的安全操作技能,提高安全素质,养成正确的安全行为和作业习惯。

未经安全生产教育和培训合格的爆破从业人员，不得上岗作业。

(1)安全生产教育的内容

主要包括安全生产思想教育、安全知识教育和安全技能等。

安全生产思想教育。安全生产思想教育主要是安全意识、安全生产方针政策和法规、纪令教育。安全意识教育就是对不同层次、各种思想意识、心理素质、情绪态度和行为的人员、干部进行教育，明确人、机、环境系统中不安全因素和潜显危害的关联作用引发事故的规律性，从而树立正确的安全与生产、安全与效益的科学安全观，自觉学习贯彻执行安全生产方针政策和法规、制度、纪律与法令。

爆破安全知识教育。爆破安全知识教育主要是爆破安全管理知识和爆破安全技术知识教育。如爆破安全管理组织机构、管理体制、基本安全管理方法、安全心理学、安全系统工程和基本爆破技术知识、爆破安全控制技术与措施、爆破安全操作技术规范规程等。

爆破安全技能教育。爆破安全技能实际就是爆破施工操作的本领。爆破安全技能教育应按照标准化、规范化的爆破作业要求，进行正常爆破作业技能和异常作业处理技能培训，逐步提高培训对象的安全操作技能和掌控改善安全行为结构的能力。

(2)安全生产教育的对象和形式

安全生产培训应该按等级层次或工作性质进行，加强各级人员相应的爆破安全生产教育培训。

各级管理人员如企业法人、总经理(厂长)部门主管(车间主任、工段长)以上干部、爆破工程技术人员和行政管理干部的安全生产教育内容，主要是爆破安全知识和安全管理机制。

生产岗位作业人员(包括新上岗的临时工、合同工、劳务工、轮换工等)安全生产教育培训内容，主要是爆破作业基本知识、标准化和规范化安全操作技能、方法、规章制度及应急知识。

安全员、爆破员、保管员或押运员须经培训考核合格，取得爆破作业人员许可证，方可上岗。

爆破安全生产教育的形式多种多样，主要包括：爆破施工作业人员(或三大员)安全教育，爆破工程技术人员安全教育，爆破管理干部和安全专业技术人员安全教育，企业法人和经理、负责人安全教育，新从业人员安全教育，“五新”和变工种安全教育，班前(后)会、安全生产会议、安全日活动、安全知识竞赛、座谈会、报告会和安全信息网络、声像等安全生产教育。

5.爆破安全生产检查制度

进行爆破安全生产检查要有明确的目的、要求和具体计划，健全安全生产检查组织，建立专兼职人员，依靠群众，边检查，边改进，及时检查、整改违章违纪行为，并及时总结推广先进经验。

安全生产检查机构的主要职责是检查安全生产方针、政策和爆破法规等贯彻执行情况；检查爆破安全技术措施计划的完成情况；对违规单位或有关人员提出处理意见；对不具备安全生产基本条件的爆破作业工序或场所，有权提请有关部门责令停产、整改或予以封闭停用，参加损伤事故的调查处理等。

6.爆破安全技术措施计划制度

爆破安全技术措施计划是把改善企业劳动条件的工作纳入国家和企业计划中，有计划地解决安全技术中的重点问题，特别是一些关键性的项目，应从爆破设计、施工新技术或新工艺进行创新，有效地做好劳动保护，防止爆破工伤事故和职业病的发生，从根本上保障爆破安全生产。

7.爆炸物品安全管理制度

民用爆炸物品的生产、销售、购买、运输、储存和使用在施行许可制的同时，还应执行全方位、全过程的安全管理制度。如爆炸物品信息管理系统规定爆炸物品进出库或退返库登记、备案制度，爆破器材物理化学性能测检制度，废旧和过期爆破器材销毁制度等。

8.工伤保险制度

工伤保险，是对爆破生产过程中遭受人身伤害(包括事故伤残和职业病及其造成的死亡)的职工、遗属提供经济补偿的一种社会保险制度。

9.爆破工伤事故调查处理制度

对已发生的爆破伤亡事故，按规定及时报告、妥善处理和进行统计分析，及时、准确地掌握事故情况，从中探寻爆破事故发生的原因及其规律，总结教训。

10.爆破事故应急救援预案制度

事故应急救援预案是在爆破施工过程中，为了预防、预测和应急处理突发爆破事故而制订的救援计划。

四、爆破施工安全管理

爆破施工安全管理是爆破安全管理的核心，是调控、防止一切潜在爆破隐患或事故的直接手段。根据工程爆破施工工序，爆破施工安全管理主要是爆破设计、凿岩和装药爆破与检查各阶段的安全管理工作，编制并建立施工现场安全管理工作程序、安全生产管理目标和制度。

(一)爆破设计安全管理

爆破设计阶段的安全管理工作主要是对工程爆破设计资料的完整性和可靠性、设计资质资格、设计安全责任进行检查，以及对工程爆破设计书进行专家可行性论证或爆破安全评估等。

爆破设计是工程爆破施工的指导性文件，各种类型的工程爆破项目均按其设计制订的不同爆破施工方案、工序、方法和进度，以及安全技术保障体系、质量检查与信息反馈体系进行施工与项目风险管理。爆破设计分为可行性研究设计、技术设计和施工图组织设计三个阶段。

(二)凿岩工程安全管理

凿岩就是根据爆破介质性质而选择相应凿岩机具进行钻孔的工作。凿岩钻孔是工程爆破的重要工序，其工作机械化程度高，并向自动化方向发展，必须加强凿岩钻孔工作制度和安全管理。

爆破工程技术人员、安全管理人员与爆破监理要认真检查凿岩机具的工作性能、炮孔方位及其凿岩钻孔过程中的岩性变化、炮孔测验与扑尘卫生标准，以便及时控制、调整凿岩工作，禁止打残孔，规范控制卡钎(钻)断钎、孔壁坍塌和炮孔偏斜，保证炮孔质量和安全文明凿岩。

1.安全凿岩

要确保作业人员与机具的安全，谨防凿岩机具或水、电管绳或钻屑伤人，尤其要注意钻机架设、开孔、吹洗炮孔或处理卡钻或断钎事故时的人身安全。

2.环保凿岩

凿岩过程中产生的油、气雾和大量粉尘与噪声，严重污染环境，影响作业人员的身心健康。因此，必须加强爆破凿岩规范施工和安全卫生监察管理工作。

(1)通过洒水、加湿、密封、个人防护、管理、教育、稽查、创新等综合防护措施，认真执行凿岩施工操作规范、制度和标准。

(2)严格按施工标准进行湿式凿岩、设置除尘装置，或工作间空气增压净化，或应用高性能凿岩机具(如液压钻机)，认真使用劳动保护用品，必要时可设置保护隔离屏障，规范文明施工，保证爆破凿岩施工安全。

(三)装药爆破安全管理

装药爆破是工程爆破施工的关键工序，直接影响工程爆破的预期安全和质量效果，有施工要求技术性高、安全性高和操作规范性高等特点。

装药爆破安全管理是爆破安全管理工作的中心，主要是对爆破器材管理及测检、装药、填塞、爆破网络连接、警戒和爆后检查等。

(1)爆破器材的存储、质量检测和领取使用，严格按照爆破信息管理系统和规定地点进行安全检查与监督。

(2)装药连线前应由爆破工程技术人员进行技术交底，认真执行炮孔验收、装药连线制度和规范，安全管理人员和爆破监理要认真监察，按照孔位标签进行规范装药。

①正确安装药包及连线，不得随意拨、拉起爆管线，要保证起爆药包质量和孔中位置，防止药包堵塞或管线不通。

②无论人工装药还是机械化装药，装药现场禁止明火照明，注意杂散电流、静电和射频电等电效应的影响。

③炮孔有水时，应注意排水或增加爆破器材的抗(防)水性能安全。

④保证炮孔填塞长度和填塞质量，注意间隔装药的结构特性，禁止无填塞爆破。

(3)爆破网络连接必须在爆区装药填塞工作全部完成和无关人员全部撤至安全地点之后，由有经验的爆破工程技术人员和爆破员按规范标准操作，严格按爆破设计方式和网络连接制度施工。爆破网络连接安全主要是监督检查网络接头是否牢固、有无管线损伤、漏(错)接、打结(圈)或连接方向、方式和段别顺序是否正确，以及线路平整度、防水性能及安全防护措施等是否符合爆破设计要求，保证爆破网络按设计方式有序、准确、安全可靠地起爆。

(4)爆破警戒是爆破安全的门户。爆破前必须设置安全公告，制定爆破安全警戒方案，做好装药、起爆的安全警戒和起爆前后安全警戒工作。爆破警戒的安全管理必须严肃认真地执行《爆破安全规程》及施工操作规范，保证爆破警戒时段、范围、信号和岗位标准，确保爆破施工安全。

(5)爆后检查是爆破安全严谨管理的标志，必须杜绝“大炮一响，疏岗观场”的不规范现象。按照规程、规范和标准，爆破后等待一定时间，检查人员才能进入爆破现场检查。爆破后检查的内容是查验爆破区的爆破效果及可能存在的隐患、危害与危险因素、缺陷或事故。如确认有无拒爆现象、爆堆(体)形态是否稳定，有无飞石、危岩、危坡或渗漏透水、涌波、冒顶、塌方、瓦斯(煤尘)突出，以及爆区附近主要保护对象是否安全等。根据爆后检查结果，爆破指挥机构组织相应的爆破安全管理或后续工作。

对于重要的工程爆破项目，除了爆破设计和凿岩、爆破施工及爆后检查安全管理工作外，还应编制工程爆破施工安全管理分析总结报告。总结报告的主要内容是通过分析爆破过程的安全可靠性、爆破质量效果、经济效益和环境保护等，来评价爆破施工制度、爆破安全保障体系及其协调、控制机制和质量管理检查体系是否科学合理，实现爆破施工安全目标的措施是否符合现场要求。

(四)爆破作业人员的职责

根据爆破作业人员在爆破工作中的作用和职责范围，《爆破安全规程》把爆破作业人员分为:爆破工作领导人、爆破工程技术人员、爆破段(班)长、安全员、爆破员、爆破器材库主任、爆破器材保管员和爆破器材试验员。《爆破安全规程》中规定,进行爆破工作的企业必须设有爆破工作领导人、爆破工程技术人员、爆破段(班)长和爆破器材库主任。

在爆破工作领导人的领导下,爆破段(班)长直接领导、组织爆破员、安全员,按照爆破技术人员的爆破设计或爆破说明书,前往爆破器材库按规定领取爆破器材,并将其运至爆破作业地点,检查炮孔或硐室,消除作业地点的不安全因素,加工起爆药包、装药、填塞、连线、警戒、发信号、起爆、检查爆破效果,并进行盲炮处理,将剩余的爆破器材交回爆破器材库。从爆破工作开始到结束,爆破施工和爆破器材搬运等工作都是由爆破段(班)长和爆破员、安全员完成的。

1. 爆破工作领导人的职责

爆破工作领导人,应由从事过三年以上与爆破工作有关的工作,无重大责任事故,熟悉爆破事故预防、分析和处理并持有安全作业证的爆破工程技术人员担任。其职责是:

(1)主持制订爆破工程的全面工作计划,并负责实施。

(2)组织爆破业务、爆破安全的培训工作和审查、考核爆破作业人员的资质。

(3)监督爆破作业人员执行安全规章制度,组织领导安全检查,确保工程质量和安全。

(4)组织领导爆破工作的设计、施工和总结工作。

(5)主持制定重大或特殊爆破工程的安全操作细则及相应的管理条例。

(6)参加爆破事故的调查和处理。

2. 爆破工程技术人员的职责

从事爆破工作的技术人员,应持《安全作业证》。其职责是:

(1)负责爆破工程的设计和总结,指导施工,检查质量。

(2)负责制定爆破安全技术措施,检查实施情况。

(3)负责制定盲炮处理技术措施,进行盲炮处理的技术指导。

(4)参加爆破事故的调查和处理。

3. 爆破段(班)长的职责

爆破段(班)长应由爆破技术人员或从事过三年以上与爆破工作有关的爆破员担任,其职责是:

(1)领导爆破员进行爆破工作。

(2)监督爆破员切实遵守爆破安全规程和爆破器材的保管、使用、搬运制度。

(3)制止无爆破员安全作业证的人员进行爆破作业。

(4)检查爆破器材的现场使用情况和剩余爆破器材的及时退库工作。

4. 爆破员的职责

(1)保管所领取的爆破器材,不得遗失或转交他人,不准擅自销毁和挪作他用。

(2)按照爆破指令单和爆破设计规定进行爆破作业。

(3)严格遵守《爆破安全规程》和安全操作细则。

(4)爆破后检查工作面,发现盲炮和其他不利于安全的因素应及时上报或处理。

(5)爆破结束后,将剩余的爆破器材如数及时交回爆破器材库。

取得爆破员安全作业证的新爆破员,应在有经验的爆破员指导下实习三个月,方准独立进行爆破工作。在高温、有沼气或粉尘爆炸危险场所的爆破工作,应由经验丰富的爆破员担任。爆破员更换爆破类别应经过专门训练。

5.安全员的职责

安全员应由经验丰富的爆破员或爆破工程技术人员担任，其职责是：

(1)负责本单位爆破器材的购买、运输。贮存和使用过程中的安全管理。

(2)督促爆破员、保管员、押运员及其他作业人员按照《爆破安全规程》和安全操作细则的要求进行作业，制止违章指挥和违章作业，纠正错误的操作方法。

(3)经常检查爆破工作面，发现隐患及时上报或处理，工作面瓦斯超限有权停止爆破作业。

(4)经常检查本岗位爆破器材仓库安全设施的完好情况和安全使用、运搬制度。

(5)有权制止无爆破员安全作业证的人员进行爆破作业。

(6)检查爆破器材的现场使用情况和剩余爆破器材的及时退库情况。

6.爆破器材保管员的职责

(1)负责验收、保管、发放和统计爆破器材。

(2)对无爆破员安全作业证和领取手续不完备的人员，不发放爆破器材。

(3)及时统计、报告质量有问题及过期、变质失效的爆破器材。

(4)参加过期、变质、失效的爆破器材的销毁工作。

7.爆破器材押运员的职责

(1)负责核对所押运的爆破器材的品种数量。

(2)监督运输工具按照规定的时间、路线和速度行驶。

(3)监督运输工具所装载的爆破器材不超高、不超载，且可靠牢固。

(4)负责看管爆破器材，防止爆破器材途中丢失、被盗或发生其他事故。

8.爆破器材库主任的职责

爆破器材库主任应由经验丰富的爆破员或爆破工程技术人员担任，并应持有爆破器材管理人员安全作业证。其职责是：

(1)负责制订仓库管理条例并报上级批准。

(2)检查督促保管员工作。

(3)及时定期清库核账并及时上报过期及质量可疑的爆破器材。

(4)组织或参加爆破器材的销毁工作。

(5)督促检查库区安全情况、消防设施和防雷装置，发现问题及时处理。

第五章　应急救援组织与管理

第一节　应急救援的相应机制

一、应急救援的原则

(一)统一指挥,步调一致

统一指挥,步调一致,是应急救援的最基本原则。无论应急救援涉及单位的行政级别高低、隶属关系是否相同,都必须按照预案的要求,在指挥部的统一组织指挥下协调运行。做到号令统一,步调一致。

(二)属地管理,分级响应

因为只有本企业、本地区对事发地的地理情况、气候条件、事故情况等信息了解得最直接、最清楚,也能以最快的速度到达现场进行救援,并就近灵活调动各种应急资源,因此,坚持属地管理的原则,会最快速、最合理地进行初期救援。

与此同时,无论企业,还是地方政府,都须坚持分级响应的原则。分级响应,主要是合理提高应急指挥级别、扩大应急范围、增加应急力量。分级响应,有利于节省应急资源,降低救援成本,弱化不良社会影响。

(三)快速反应,协同应对

因为灾害、事故具有突发性、快速蔓延性。因此,应急救援行动早开始一秒,就多一分主动,这就要求接到报警必须快速行动。

同时,应急救援涉及装置操作、消防灭火、医疗救治等各种操作,是一件涉及面广、专业性强的工作,必须依靠各种救援力量的密切配合,协同应对,救援行动才能有序、高效,如果单打独斗,不仅不利于应急救援的成功,而且,可能造成事态的恶化和扩大。

(四)以人为本,救人第一

无论灾害、事故可能造成多大的财产损失,都必须把保障人民群众的生命安全和身体健康作为应急工作的出发点和落脚点,最大限度地减少突发灾害、事故造成的人员伤亡和危害。

(五)预案科学,功能实用

应急救援体系,以能够实现及时、高效地开展应急救援为出发点和落脚点,根据应急救援工作的现实和发展的需要,建立高效的应急指挥系统,编制科学完整、简单实用、可操作性的应急预案,努力采用国内外的先进技术、先进装备,保证应急救援体系的先进性和实用性。

二、应急救援的特点

在进行应急救援活动中,事故的突发性、演变的不确定性,会使得应急救援过程中,出现各种各样意料不到的情况，应急救援具有下列 4 个明显特性：

（一）复杂性

由于灾害、事故突发，现场具有何种危险因素并不一定与预想的完全一致，因为，要把一切可能的危险情况预想彻底应该说是不可能的，任何事前预想，都可能与实际情况出现或大或小的差异，这就使得救援行动很复杂。必须先摸清现场情况，综合进行事态分析，才能最终决定采取何种救援行动。

（二）艰巨性

应急救援的对象，是突发重大灾害、事故的危险源。譬如油库火灾、井喷泄漏、船体爆炸发生原油泄漏，即便按照预案要求迅速出动强大的应急救援力量，也很难迅速控制事态的发展。对这类事故的应急救援，注定是一项艰巨的任务，必须经过艰苦的努力，才能将事故控制住，这是不以人的意志为转移的。

（三）扩大性

重大灾害、事故，一旦发生，必须在其突发初期进行及时处置，具有很强的时效性，稍有延误，事故就会迅速发展扩大，甚至造成次生事故。同时，应急技术不对、装备不到位、错用抢险物资，也都可能造成事故的恶化和扩大。因此，应急救援不仅要行动迅速，而且要技术科学，操作准确。

（四）危险性

应急救援，面对的是急需控制的灾害、事故，如不能及时控制，如易燃易爆有毒气体泄漏，就可能造成厂区员工、周围居民出现人员伤亡。同时，救援人员个体防护不到位也会造成人员的伤亡，而且即便防护到位，也可能因发生新情况，而受到致命伤害。如戴着呼吸器处理设备易爆气体泄漏，突发气团爆炸，人员根本来不及逃生，非死即伤。因此，应急救援具有极大的危险性，这就要求对可能的情况进行充分的考虑，对各种应急救援，在科学操作的基础上，细之又细，慎之又慎！

三、应急救援的基本任务

应急救援的基本任务，主要有以下五项：

（一）迅速抢救人员

救人，是应急救援的首要任务。抢救人员，包括以下内容：

1. 伤亡人员

灾害、事故发生之后，对发现的伤亡人员，应立即进行抢救，该急救的急救，该转移的转移，该入院救治的入院救治。

2. 下落不明的遇险人员

灾害、事故发生之后，首先对事故现场的人员进行抢救。即便遇险人员可能被初步判定死亡，也不应放弃救人的努力，必须坚持“依然活着”的原则，深入现场，千方百计，采取一切可能的安全方法，在避免造成新的人员伤亡的前提下，积极进行救援，最大限度地减少人员的伤亡。

3. 周围公众

许多灾害、事故，都会对周围居民、路过人员等造成直接或潜在的生命、健康威胁。因此，必须高度重视灾害、事故对周围公众的威胁，该警告的警告，该疏散的及时疏散。避免造成不应有的人员伤亡。

(二)迅速控制危险源

在救人的同时,应迅速采取措施控制危险源,只有控制危险源,灾害、事故才会从根本上得到控制,特别是在人口稠密地区出现危险物质泄漏或可能发生重大爆炸事故时。控制危险源,在某些时候比抢救现场的人员更重要,而且,应根据实际情况,做出放弃“少数人”保证“多数人”的应急对策。如果死搬教条,一味坚持“救人第一”的原则,很可能个别人没救活,反而造成更大的伤亡。此时的放弃,也是对救人第一原则的坚持。

(三)保护生态

危险物品泄漏、燃烧、爆炸,会对大气、水质造成污染,抢救过程中,使用大量消防水及化学灭火剂,也可能对水质造成污染。这些污染,轻者会对局部地区的居民造成不很严重的健康危害,重者会引发生态灾难,产生广泛而恶劣的社会影响。

(四)消除危害,恢复常态

应急救援必须在现场得以控制,环境符合有关标准,导致次生、衍生事故隐患消除后,即危害消除后,才能宣布现场应急救援结束。因此,消除危害是应急救援的目标,也是应急救援的任务。在应急救援结束之后,还须进行应急恢复,使生产、生活、工作恢复到正常秩序,这样才算一次完整的应急救援行动正式结束。

(五)评估事故危害,改进事故预案

应急救援结束,要对灾害、事故的危害情况进行评估,总结经验教训,对预案进行评审改进,为今后的应急救援工作提供更为科学的应急救援预案,以提高应急救援水平。

四、应急救援体系

一个完整的应急救援体系,应该保证一定的指挥机构,采用有效的方式,组织相应的人员,运用一定的物资装备,按照科学的程序、明确的要求,进行及时有效的应急救援。因此,一个完整的应急救援体系的内容与建立如下:

(一)应急救援体系内容

1. 应急预案

应急预案,是应急救援体系的核心文件,是确保应急救援成功的“作战方案”。要建立科学的应急救援体系,首先必须编制完善的应急预案,有了完善的应急预案,各项工作就可科学有序地开展。

2. 应急指挥机构

“统一指挥,步调一致,协调应对”,是应急救援的重要原则。因此,在编制完成应急救援预案之后,应根据不同的响应级别,明确相应的应急指挥机构。应急指挥机构中每个层面又须按响应级别进行分级。

3. 应急人员

如果把应急救援行动当作一次“战斗”的话,那么,要“战斗”就必须有“将”、有“帅”、有“士兵”。应急人员就是应急救援行动的“将、帅、士兵”。这些应急救援“将、帅、士兵”,包括应急指挥人员、专业应急救援队伍,也包括现场应急处置人员、社会兼职应急人员,应按需而备。

4. 应急行动程序与要求

打仗要有章法，应急要讲程序。应急行动的程序与要求是应急预案的重要内容，也应急体系的核心内容。明确应急行动的程序和要求，是应急行动成功的关键。

5. 应急物资与装备

部队打仗要有武器，遇河要架桥。应急救援也是如此，必须根据预案要求，针对可能的事故处置需要，配备充足、实用的专用应急救援装备，储备相关的应急救援物资，以便遇火能灭，遇门能破，遇高能攀，开展高效救援。

6. 通信与信息保障

信息的及时沟通，对于灾害、事故的应急指挥与实际行动起着决定性的作用。如果现场的信息不能及时传送指挥部，指挥就失去了决策依据；反过来，如果指挥信息不能及时传达到现场，应急行动就可能“群龙无首”，各自为战，甚至盲目应对。所有这些，都会降低救援的效果，甚至造成灾害、事故的恶化和扩大。因此，必须建立强有力的通信与信息网络，保证应急信息的畅通，提高救援效果。

7. 外部力量援助

许多灾害、事故的成功处置，仅仅依靠本地区的力量难以完成，这就必须依靠外部力量的援助。一个预案体系，只考虑本地区的救援力量，不考虑外部力量的支持，永远是不完整的。应急救援体系运行图，如图 5-1 所示。

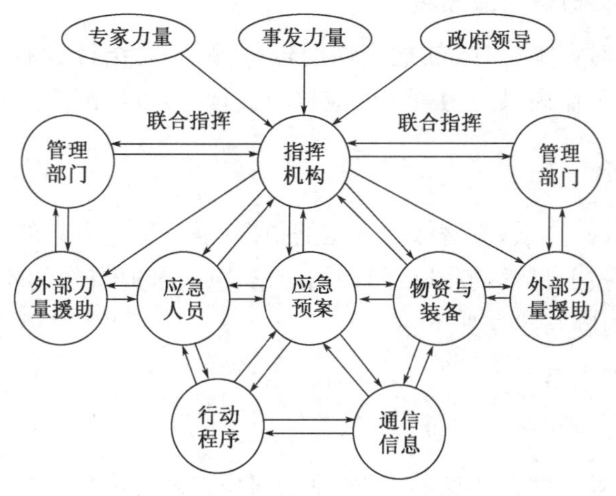

图 5-1　应急救援体系运行图

(二)应急预案体系的建立

仔细分析应急预案的内容和功能，应急预案体系具有应急预案文本体系、应急预案操作体系两种含义。

1. 应急预案文本体系

应急预案文本体系是指由不同层次的预案文本构成的体系。国家、省、市、地、县、企业各层次可以建立全国应急预案文本体系。

譬如，国务院针对自然灾害、事故灾难、公共卫生事件、社会安全事件四类突发公共事件编制了《国家突发公共事件总体预案》；针对事故灾难类突发事件，国务院发布了 9 项事故灾难类突发公共事件专项应急预案；国务院各有关部门已编制国家专项预案和部门预案；全国各省、自治区、直辖市级的突发公共事件总体应急预案均已编制完成；各地还结合实际编制了专项应急预案和保障预案；许多市（地）、县（市）以及企事业单位也制订了应急预案。至此，全国应急预案框架体系初步形成。而国家应急预案体系包括了省、市、企业等诸多较低层次的预案体系。每一个大型企业也都应建立本企业的应急预案体系。

2. 应急预案操作体系

应急预案操作体系是由应急救援所需各项内容构成的体系。即应急预案从方针原则、应急指挥、应急响应、物资装备等方方面面，对各类可能发生事故的事前、事发、事中、事后制订综合预案、专项应急预案和现场应急处置方案，从而形成一个具体的应急救援实际操作体系。

3. 应急预案文本体系与操作体系的关系

应急预案文本体系与操作体系，既有共同特性，又有不同点，相互联系，互为支撑。

(1)文本体系以操作体系为基础，操作体系是文本体系的核心内容与基本支撑点，每个文本体系中的单个预案结构与应急预案操作体系是完全相同的。

(2)应急预案文本体系的建立，可以保证各级政府都有预案，对突发事件有所准备，也利于加强全社会的应急协调性，使资源共享、属地为主、分级负责等原则得以较好地实施。

(3)操作体系的规范建立，可以保证应急预案体系不仅“有”预案，而且预案内容“全面准确”，具有针对性、科学性、实用性和可操作性。应急救援的成功，首先要有预案，其次是预案要功能到位。从根本上讲，应急救援的成功，必须依靠完善的操作体系来实现。

(三)建立完善的应急预案体系

建立完善的应急预案文本体系、操作体系，是企业、各应急救援队伍、政府应急管理工作的必需之举。

横向上，政府及其相关部门要制订覆盖所有类型的突发公共事件的应急预案。企业不仅要制订安全生产预案，还要根据实际情况，制订自然灾害、公共卫生和社会安全事件等方面的预案。

纵向上，预案要覆盖政府所辖区域的各个危险源，覆盖企业的所有生产经营环节、所有岗位和人员。企业不仅集团公司、总公司要制订预案，子公司、分公司、下属厂直到每个车间、班组都要有相应的应急预案。应急预案编制工作，不仅要覆盖国有企业，而且要覆盖非公有制企业，特别是中小企业、高风险行业企业和安全生产状况较差的企业。

五、应急预案综述

(一)应急预案的作用

应急预案，是针对可能发生的灾害、事故，为迅速、有序地开展应急行动而预先制订的行动方案。这一行动方案，针对可能发生的重大灾害、事故及其影响和后果严重程度，为应急准备和应急响应的各个方面预先做出详细安排，明确在突发事故发生之前、发生之后及现场应急行动结束之后，谁负责做什么、何时做、怎么做，是开展及时、有序和有效事故应急救援工作的行动指南。

应急预案在应急救援中的突出作用主要如下：

(1)应急预案明确了应急救援的范围和体系，使应急准备和应急管理有据可依、有章可循、遇险不乱、有备而战，为及时、有序、科学开展应急行动提供了根本保障。

(2)制订应急预案，能够将政府、企业应急指挥人员、应急救援人员的应急职责以“法定”的形式固定下来，不仅可以提高大众风险防范意识，而且，可以提高大众应急责任意识，使应急工作得到充分重视，良好开展。

(3)制订应急预案，可以使应急物资的储备、应急装备的配备、应急保障体系的建立得到充分保障，从而保障应急救援的成功开展。

(4)迅速行动，措施科学，有备而战，会大大提高应急救援水平，最大程度避免、减少人员的伤亡和财产损失，减轻不良的社会影响，大大降低事故后果。

(5)最大程度地保障国家和人民的生命财产免受损失，对于以人为本，科学发展，构建和谐社会具有重要的促进作用。

(二)应急预案的基本构成

应急预案，是针对各级各类可能发生的事故和所有危险源制订应急方案，必须考虑事前、事发、事中、事后的各个过程中相关部门和有关人员的职责，物资、装备的储备、配置等方方面面的需要。

概括起来，主要包括以下几个基本要素：方针与原则、应急策划、应急准备、应急响应、应急恢复、预案改进。上述6个基本要素，是编制应急预案的最基本因素，也可以说是一级要素，构成了应急预案编制的基本程序和编制框架。在每一个基本要素之下，都可以根据实际情况细分为二级、三级要素。应急预案要素分解如图5-2所示。

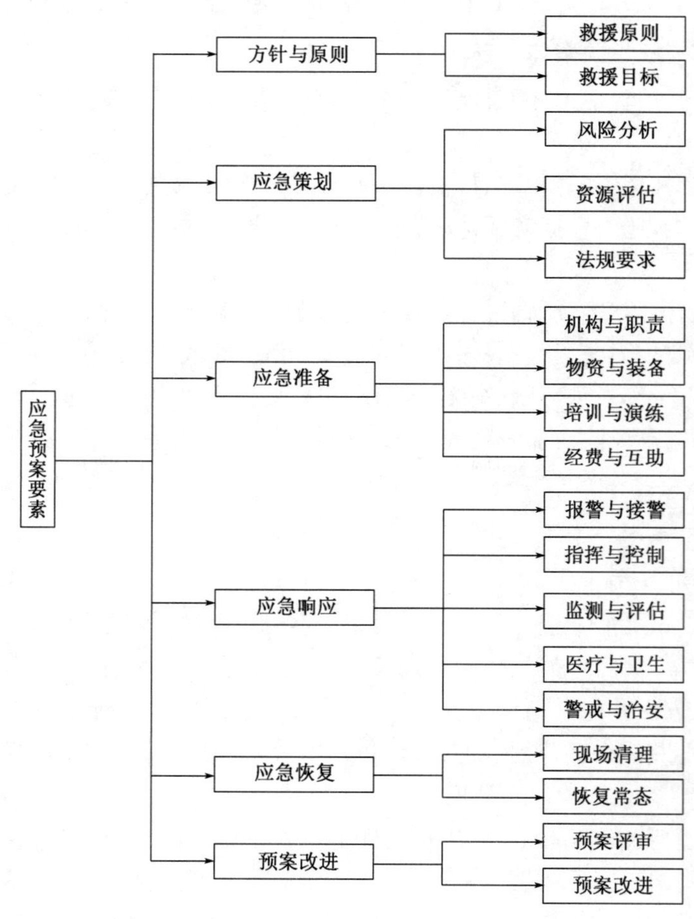

图5-2 应急预案要素分解图

1. 方针与原则

任何应急预案操作体系，首先必须有明确的方针和原则，作为开展应急救援工作的总则。方针与原则，反映了应急救援工作的优先方向、政策、范围和总体目标。应急策划、准备、响应程序的制订、现场救援行动、应急恢复，都要围绕方针和原则开展。预防是事故应急救援工作的基础。应急救援工作坚持"防为上，救为下"的方针，贯彻统一指挥、分级负责；条块结合，属地为主；单位救援和社会救援相结合的原则，既要平时做好事故的预防工作，避免或减少事故的发生，还要落实好救援工作的各项准备措施，做到预先有准备，一旦发生就能及时实施救援。

2. 应急策划

应急策划，就是为依法编制应急预案，并满足应急预案的针对性、科学性、实用性、可操作性要求，而进行的危险辨识与风险评估、预案对象确定、应急资源与应急能力现状评估等前期策划工作。

应急预案最重要的特点是要有针对性、科学性、实用性和可操作性。因此，编制应急预案，首先要根据"针对性、科学性、实用性、可操作性"要求，进行全面详细的策划。

应急策划的主要任务如下：

(1)危险辨识与风险评估

对潜在的危险源进行辨识，对潜在的灾害、事故类型进行分类，并从严重程度与发生概率上进行风险评估。

(2)明确预案的对象

在风险评估的基础上，综合考察不可接受的重大风险，合理确定预案的对象。

(3)评估应急资源与应急能力现状

分析评估当前应急救援队伍的力量和资源情况，明确可用的应急资源，为增加应急资源提供建设性意见。

(4)依法编制

在进行应急策划时，应当列出国家、地方相关的法律法规，作为制定预案和应急救援工作授权的依据。

3. 应急准备

能否成功地在应急救援中发挥应急预案的作用，取决于应急准备充分与否。应急准备是根据应急策划，针对可能发生的应急事件，做好的各项准备工作。具体包括：①明确应急组织及其职责权限；②应急队伍的建设；③应急人员的培训；④应急物资的储备；⑤应急装备的配备；⑥信息网络的建立；⑦应急预案的演练；⑧公众应急知识培训；⑨签订必要的互助协议等。

4. 应急响应

应急响应是对灾害险情、事故情况进行分析评估的基础上，有关组织或人员按照应急预案所采取的应急救援行动。应急响应的主要任务包括：①报警、接警与预警；②指挥与控制；③事态评估；④警报和紧急公告；⑤人员抢救；⑥工程抢险；⑦事态随机监测与评估；⑧警戒与治安；⑨人群疏散与安置；⑩医疗卫生；⑪公共关系等。

5. 应急恢复

当灾害、事故现场得以控制，环境符合有关标准，次生、衍生事故隐患消除后，为使生产、工作、生活和生态环境尽快恢复到正常状态，针对事故造成的设备损坏、厂房破坏、生产中断等，采取的设备更新、厂房维修、重新生产等措施。

6.预案改进

为了保证预案的有效性、高效性，应急救援行动结束后，应对应急预案从应急指挥、应急职责、救援方法、救援操作等方面进行全面评审，对错误项进行改正，对不合理项进行修正，对不足项进行完善，通过这些改进与完善，使得预案更合理、更科学、更符合实际、更具可操作性，提高应急救援能力与效果。

(三)应急预案分类

应急预案的分类有多种，具体如下：

1.按照行政区域划分

按照行政区域划分，应急预案可分为国家、省、市、区、县及企业应急预案。

2.按照事件分类划分

《国家突发公共事件总体预案》将突发公共事件分为自然灾害、事故灾难、公共卫生事件、社会安全事件四类。针对每一类突发公共事件编制专项预案，如为了规范事故灾难类突发公共事件的应急管理和应急响应程序，及时有效地实施应急救援工作，最大程度减少人员伤亡、财产损失，维护人民群众生命财产安全和社会稳定，针对事故灾难类突发公共事件，国务院发布了 9 件事故灾难类突发公共事件专项应急总预案。

(1)国家安全生产事故灾难应急预案

国家安全生产事故灾难应急预案适用于特别重大安全生产事故灾难的应对工作，超出省级人民政府处置能力，或者跨省级行政区、跨多个领域(行业和部门)的安全生产事故灾难等。预案规定，特别重大安全生产事故灾难发生后，有关企业、地方应立即开展处置工作，及时向上级人民政府和有关部门报告有关情况，启动国家安全生产事故灾难应急预案。安全生产事故灾难现场应急处置的领导和指挥以地方人民政府为主，国务院有关部门加强指导和协调。必要时，由国务院安委会或安委会办公室协调指挥应急处置工作。

(2)国家处置铁路行车事故应急预案

国家处置铁路行车事故应急预案适用于发生特别重大铁路行车事故。特别重大铁路行车事故发生后，铁路部门和国务院有关部门、事发地人民政府按照各自职责、分工、权限，共同做好铁路行车事故应急救援处置工作。必要时，由国务院或国务院授权铁路部门成立非常设的国家处置铁路行车事故应急救援领导小组，组织事故处置工作。

(3)国家处置民用航空器飞行事故应急预案

国家处置民用航空器飞行事故应急预案适用于民用航空器特别重大飞行事故及涉外的民用航空器飞行事故等。预案规定，国家处置飞行事故指挥部设在民航总局，负责组织、协调、指挥有关应急处置工作。飞行事故发生后，有关单位、组织、各级政府和部门应各司其职，按照预案及时有效地开展应急处置、医疗卫生和物资保障等工作。

(4)国家海上搜救应急预案

国家海上搜救应急预案适用于中国管辖水域和承担的海上搜救责任区内海上突发事件的应急反应行动，以及涉及中国籍船舶、船员遇险或可能对中国造成重大影响或损害的其他海域突发事件的应急反应行动等。预案规定，建立国家海上搜救部际联席会议，指导全国海上搜救应急反应工作，省级海上搜救机构承担本省(区、市)海上搜救责任区的应急组织指挥工作。海上突发事件发生后，海上搜救分支机构、省级海上搜救机构、中国海上搜救中心根据事件情况依次响应。

(5)国家处置城市地铁事故灾难应急预案

国家处置城市地铁事故灾难应急预案适用于地铁(包括轻轨)发生特别重大事故灾难,以及地铁正常运营受到严重威胁等情况。地铁事故灾难应急处置实行属地负责制,事发地人民政府是处置工作的责任主体。必要时,由建设部牵头,省级人民政府和国务院有关部门等按照职责分工和权限,负责有关地铁事故灾难的应急管理和特别重大、重大事故灾难的应急处置工作。

(6)国家处置电网大面积停电事件应急预案

国家处置电网大面积停电事件应急预案适用于电力生产重特大事故、电力设施大范围破坏、电力供应持续危机等大面积停电事故。事故发生后,电网、电力企业应及时启动预案,开展应急处置工作,各省级人民政府、国务院有关部门按照各自职责,组织做好相关工作,必要时,成立国家处置电网大面积停电事故应急领导小组,统一领导和指挥处置工作。

(7)国家核应急预案

国家核应急预案主要适用于核电厂可能发生严重核事故的应急准备和应急响应。预案规定,中国核应急实行三级组织体系,即核电厂营运单位应急组织、核电厂所在省(区、市)核应急组织和国家核应急组织,视情况分别启动相应级别的预案,做好应急处置和支援等工作,必要时,由国务院组织、协调全国的核应急管理工作。

(8)国家突发环境事件应急预案

国家突发环境事件应急预案适用于超出事件发生地省级人民政府处置能力、跨省(区、市)的突发环境事件等。预案规定,国务院相关部门和地方各级人民政府及其相关部门,负责突发环境事件信息接收、报告、处理、统计分析,以及预警信息监控。特别重大环境事件预警信息经核实后,及时上报国务院。根据需要,国务院有关部门或全国环境保护部际联席会议成立环境应急指挥部,负责指导、协调应急处置工作,并按照属地为主,分级响应的原则,由事件发生地省级人民政府成立现场应急救援指挥部,具体组织实施有关处置工作。

(9)国家通信保障应急预案

国家通信保障应急预案适用于特大通信事故及其他特重大突发公共事件发生后的通信保障、通信恢复工作等。工业和信息化部设立国家通信保障应急领导小组,负责领导、组织和协调全国通信保障和通信恢复工作。各省级通信管理局负责组织和协调本地区相关应急通信工作,各基础电信运营企业负责组织开展本企业通信保障和通信恢复,并做好预防应急准备工作。

3.按照预案功能划分

根据应急预案的不同功能,应急预案可分为综合应急预案、专项应急预案、现场处置方案。

(1)综合应急预案

综合应急预案是从总体上阐述处理事故的应急方针、政策,应急组织结构及相关应急职责,应急行动、措施和保障等基本要求和程序,是应对各类事故的综合性文件。

(2)专项应急预案

专项应急预案是针对具体的灾害、事故类别(如地震、洪涝、煤矿瓦斯爆炸、危险化学品泄漏等)、危险源和应急保障而制订的计划或方案,是综合应急预案的组成部分,应按照综合应急预案的程序和要求组织制订,并作为综合应急预案的附件。专项应急预案应制定明确的救援程序和具体的应急救援措施。

(3)现场处置方案

现场处置方案是针对具体的装置、场所或设施、岗位所制定的应急处置措施。现场处置方案应具体、简单、针对性强。现场处置方案应根据风险评估及危险性控制措施逐一编制，做到相关人员应知应会，熟练掌握，并通过应急演练，做到迅速反应、正确处置。

(4)综合应急预案与专项应急预案的双重性

由于专项预案常分多级，因此，综合预案与专项预案一般情况下是相对的，具有双重性。即综合预案的专项预案，既是上一级预案——综合预案的专项预案，同时又是下一级预案——专项预案(一般而言，专项预案有多级)的综合预案。综合预案与专项预案相互关系示例，见图 5-3。

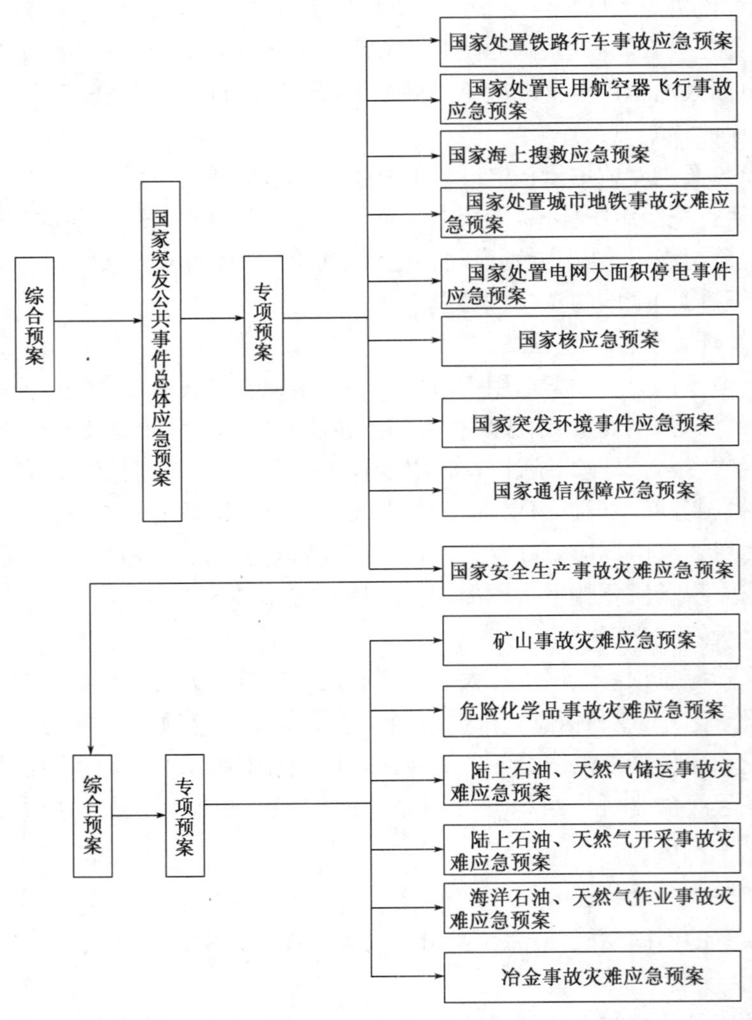

图 5-3 综合预案与专项预案相互关系示例

4.按单位性质划分

按照单位性质，可将事故预案分为政府应急预案、生产经营单位应急预案等。

在实际工作中，上述应急预案的分类往往是综合运用、有机结合的，例如政府应急预案，先进行综合预案的编制，后进行专项预案的编制，在生产经营单位里，先进行综合预案的编制，后进行专项预案的编制，再进行现场处置预案的编制等。

(四)应急响应的标准程序

应急响应程序的具体操作一般按照下列标准程序进行：报警、接警、事态分析、确定相应级别、预警、应急启动、救援行动、扩大应急、应急结束、应急恢复等过程。应急响应标准程序如图5-4所示。

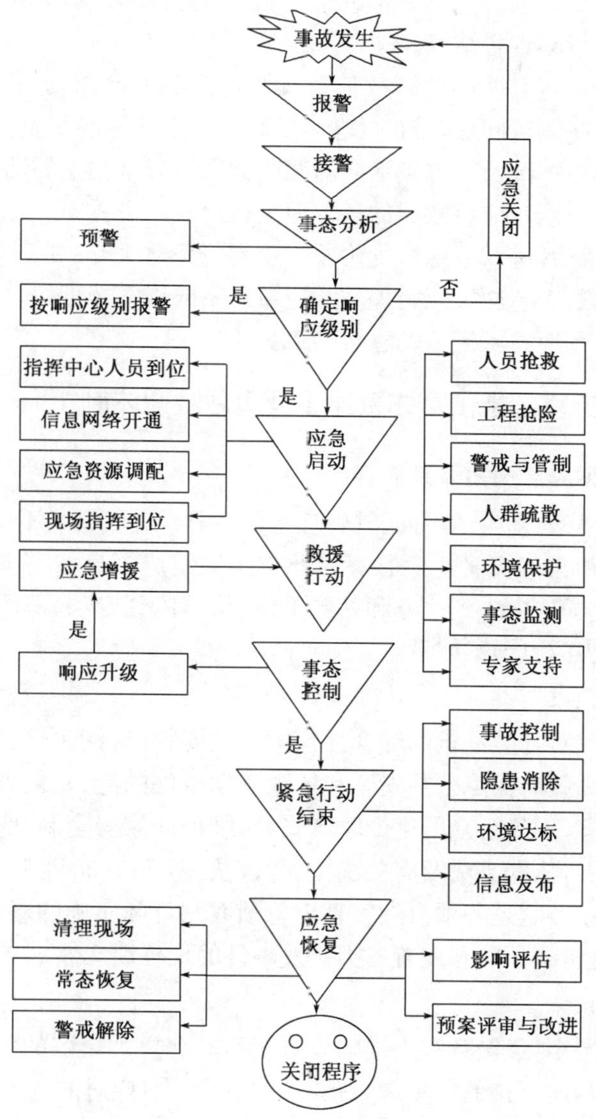

图5-4　应急响应标准程序

事故灾难发生后，现场第一目击者必须立刻按事故信息报告程序，将事故现场的真实情况进行上报，快速传递到上级应急指挥中心。事故信息得到初步确定后，按预定程序进行事故预警。

应急指挥中心接到事故报警后，密切关注现场事态，进行事态评估和响应级别确定，如果达到最低响应级别及其以上条件，则按响应级别启动应急预案。如果响应级别超过本级指挥中心权限，应立即上报交由上级符合应急指挥条件的应急指挥中心进行指挥。

如果没有达到最低响应级别条件，则应急响应关闭。

应急预案启动，则由应急指挥中心和现场指挥人员协调指挥，按照预案程序和要求，开通通信网络，调配应急队伍、物资与装备，现场警戒，疏散群众，寻求专家支持等，对人员、设备、装备进行科学、有序的救援抢险。

现场应急队伍到达现场后，首先进行人员抢救，避免、减少人员伤亡，同时，对事故进行控制。如果救援力量不足，应立即寻求外部力量援助；事故扩大，响应级别提高，应立即报告上级，提高应急响应级别，扩大应急。

当事故得到控制，事故隐患消除，环境达标，经现场指挥确认，并报最高应急指挥中心同意，现场应急紧急处置行动宣告结束。

现场应急行动结束后，有明确的事故信息发布部门和发部原则，将相关信息及时进行通报，解答公众关注的一些焦点问题，维护社会生活秩序。对于容易引发局部地区社会动荡的重大事件，应由事故现场指挥部及时准确地向新闻媒体通报公众关注的动态信息，这样既维护社会稳定，也有利于赢得公众对应急救援的各方面支持。

现场应急行动结束后，进入应急恢复阶段。当现场清理完毕，常态得以恢复，则可解除警戒。同时做好善后赔偿、应急救援能力评估及应急预案的修订等工作。

上述工作完成，整个应急救援活动宣告结束。

六、我国的自然灾害应急预案体系建设及应急管理体制

(一)我国自然灾害应急预案体系内容

依据自然灾害的类型、发生地不同，其管理主体各异，不同层次、不同地域和单位针对不同自然灾害类型制订各种自然灾害应急预案。此类预案组成了自然灾害应急预案体系。在我国，目前已经基本形成了从中央到地方和基层单位、从总体到专项、部门和特定灾害等数十万部预案组成的自然灾害应急预案体系。

1. 国家总体应急预案

由国务院制定的应对各类危机的综合性预案。主要特点：纲领性、准则性、指南性和指导性。我国政府为了提高政府保障公共安全和处置突发事件的能力，最大限度地预防和减少突发事件及其造成的损害，保障公众的生命财产安全，维护国家安全和社会稳定，促进经济社会全面、协调、可持续发展，依据宪法及有关法律、行政法规，于 2005 年制定和颁布了《国家突发公共事件总体应急预案》，它是各项自然灾害应急预案制订和实施的基本依据之一，是全国应急预案体系的总纲，是指导预防和处置各类突发事件的规范性文件。

2. 国家专项应急预案

由政府有关部门制定，经国务院批准的应对某类具有重大影响的突发自然灾害事件或者为发挥某项重要专业功能制订的专项应急预案。主要特点：应对的危机社会影响大；应对突发危机事件造成的生命和财产损失；应对工作涉及面广、动用的资源多，需要几个职能部门共同参与处置或需要政府主要领导组织、指挥处置；具有重要的辅助性，主要还是协助事件发生地政府做好应急工作。

当前国家已制订四类突发事件应急预案 25 件，其中自然灾害类 5 件：《国家自然灾害救助应急预案》《国家地震应急预案》《国家处置突发地质灾害应急预案》《国家处置重、特大森林火灾应急预案》和《国家防洪抗旱应急预案》。

3. 部门应急预案

它是由政府相关部门和单位根据部门职能，为应对自然灾害而制订并报本级政府备案的应急预案。主要特点：自然灾害造成的社会影响范围相对较单一；具有明显的辅助性，主要是

协助事件发生地政府做好某一方面的应急工作；动用的社会资源相对较少，一般情况下，基本由制订应急预案的职能部门自行承担，协助地方政府处置任务。

当前我国已经出台的主要针对自然灾害应急管理的部门预案：建设系统破坏性地震应急预案，铁路防洪应急预案，铁路破坏性地震应急预案，铁路地质灾害应急预案，农业重大自然灾害突发事件应急预案、草原火灾应急预案、农业重大有害生物及外来生物入侵突发事件应急预案，农业转基因生物安全突发事件应急预案，重大沙尘暴灾害应急预案，重大外来林业有害生物应急预案，重大气象灾害预警应急预案，风暴潮、海啸、海冰灾害应急预案，赤潮灾害应急预案，中国地震局地震应急预案，三峡葛洲坝梯级枢纽破坏性地震应急预案，中国红十字总会自然灾害应急预案等突发事件应急预案。

4.地方应急预案

地方部门应急预案的编制质量对完善我国应急预案体系起着重要作用，这是因为突发事件多发生在地方，在“分级负责、分类管理”的基本框架下，对某类突发事件负有直接应急责任的地方部门，决定着该类突发事件的初期处理效果。

地方应急预案的主要特点：由地方上多层次的预案组成；由地方上多类型的预案组成；具有地方特色和针对性。

当前我国各省级区域均根据国家自然灾害应急的总体预案、专项预案和部门预案并结合省情制订和出台了相应的地方预案，地市一级和县区一级的自然灾害应急预案也纷纷出台。

5.企事业单位的应急预案

为有效应对突发环境事件，提高企、事业单位应对突发自然灾害事件的能力，将突发灾害事件对人员、财产和环境造成的损失降至最小，最大限度地保障人民群众的生命财产安全及环境安全，维护社会稳定，企事业单位应根据国家、地方相关应急预案要求、原则编制本企业单位的应急预案。按照自然灾害应急管理“纵向到底”的要求，大型或易受自然灾害影响的企事业单位应制订自然灾害应急预案。企事业自然灾害应急预案具有以下特点：应对的自然灾害（包括原生、次生和衍生灾害）与本单位的工作任务相关；应对的自然灾害种类较少。

6.特定事件或活动预案

这里指的是针对特定地点、可能发生特定自然灾害的小范围应急预案。其主要特点是预案内容极为具体。

（二）我国自然灾害应急管理体制及其含义

我国实行的以统一领导、综合协调、分类管理、分级负责、属地管理为主的自然灾害应急管理的基本体制。在我国的灾害管理过程中，中央从统揽全局的角度总体指挥，地方各级党委和政府统一领导，各有关职能部门分工负责，强调地方灾害管理主体责任的落实，注重发挥中国人民解放军指战员、武警官兵、公安干警和民兵预备役部队突击队作用。实行各级党委和政府统一领导的灾害管理体制，是我多年成功的救灾经验，可以充分发挥我国的政治和组织优势，明确各级党政领导的责任，最有效地全面协调辖区内的各种救灾力量和资源，形成救灾的合力。

1.统一领导

统一领导是指由各级党委领导。在中央，国务院是突发事件应急管理工作的最高行政领导机关；在地方，地方各级政府是本地区应急管理工作的行政领导机关，负责本行政区域各类突发事件应急管理工作，是负责此项工作的责任主体。在突发事件应对中，领导权主要表现为以相应责任为前提的指挥权、协调权。目前我国，在国务院统一领导下，中央层面上设立有国家减灾委员会和全国抗灾救灾综合协调办公室等机构，负责自然灾害救助的协调和组织工作。协调机构既为中央灾害管理提供决策服务，也保证中央灾害管理的决策在各部门及时得到落实。

2. 综合协调

综合协调包含两层含义：一是政府对所属各有关部门，上级政府对下级各有关政府，政府与社会各有关组织、团体的协调；二是各级政府对自然灾害应急管理工作的办事机构进行的日常协调。综合协调的本质和取向是在分工负责的基础上，强化统一指挥、协同联动，以减少运行环节、降低行政成本，提高快速反应能力。具体职责包括及时与救灾相关部门联系，沟通灾害信息；视情况以全国抗灾救灾综合协调办公室名义向灾区派工作组，指导地方开展救灾工作；根据国务院指示或经受灾省请求，通过召开抗灾救灾综合协调会或发函形式，商定有关部门落实对灾区的抗灾救灾支持事宜；及时协调有关部门解决支援灾区的抗灾救灾工作事宜。

3. 分类管理

所谓分类管理，是指按照自然灾害、事故灾难、公共卫生事件和社会安全事件四类突发事件的不同特性实施分类应急管理，具体包括：根据不同类型的自然灾害，确定管理规则、分级标准，开展预防和应急准备、监测与预警、应急处置与救援、灾后恢复与重建等应对工作。此外，由于一类灾害由一个或几个相关部门牵头负责，因此分类管理实际上是分类负责，以充分发挥诸如防汛抗旱、核应急、防震减灾、反恐等指挥机构及其办公室在相关领域应对突发事件中的作用。

4. 分级负责

分级负责主要是根据自然灾害事件的影响范围和强度、灾度级别，确定突发事件应对工作由不同层级的政府负责。我国一般可将其分为四级：Ⅰ级（特别重大）、Ⅱ级（重大）、Ⅲ级（较大）和Ⅳ级（一般），国务院《特别重大、重大突发公共事件分级标准》，作为各级政府、各地区、各部门报送特别重大、重大突发事件信息的标准和按照应急预案规定进行分级处置的依据。一般而言，一般和较大自然灾害的应急处置工作分别由发生地县级和设区的市级人民政府统一领导；重大和特别重大的自然灾害，由省级人民政府统一领导，其中影响全国、跨省级行政区域或者超出省级人民政府处置能力的特别重大的突发事件应对工作，由国务院统一领导。

5. 属地管理为主

条块关系是处理突发事件过程中遇到的一个重要问题，实行“属地管理”是一条重要的原则。突发事件一般都具有明显的区域化特征，实行属地管理，有利于及时、全面地掌握信息，有效统筹、协调各方面的资源和力量。属地管理为主主要包含两个含义：一是自然灾害应急处置工作原则上由地方负责，即由灾害发生地的县级以上地方人民政府负责；二是法律、行政法规规定由国务院有关部门负责的，应当以国务院有关部门管理为主。

（三）我国自然灾害管理组织体系的设置

我国自然灾害管理组织体系，既有应对各种灾害的综合协调管理机构，也有按灾害类型细分的专业管理机构；既有中央层面的管理组织机构，又有地方和基层的管理组织机构。目前，我国按照权责分明、组织健全、运行灵活、统一高效的原则，基本构建了由中央、省、市、县四级政府应急管理机构构成的应急管理组织体系。

1. 中央层面的自然灾害应急管理组织机构与职责

国务院是我国包括自然灾害在内的各种突发事件应急管理工作的最高行政领导机构。在国务院总理领导下，通过国务院常务会议和国家相关突发自然灾害事件应急指挥机构，负责特大与重大自然灾害事件的应急管理工作；必要时，派出国务院工作组指导有关工作。自然灾害应急指挥机构分常设指挥机构和临时指挥机构。常设机构如国家防汛抗旱总指挥部、国家森林防火指挥部，临时机构主要是针对特定的突发自然灾害事件而设立的应急指挥机构。在自然灾害应急工作的综合协调管理方面，目前我国在国务院统一领导下，中央层面上设立国务院应急管理办公室、国家减灾委员会和全国抗灾救灾综合协调办公室等综合协调管理机构，负责自然灾害应急管理和救助的协调和组织工作。这些协调机构既为中央灾害管理提供决策服务，也保证了中央灾害管理的决策能够在各个部门得到及时落实。

(1)国务院应急管理办公室

2006 年，国务院办公厅设立了国务院应急管理办公室(国务院总值班室)，承担国务院应急管理的日常工作和国务院总值班工作，履行值守应急、信息汇总和综合协调职能，发挥运转枢纽作用。国务院应急管理办公室(国务院总值班室)的主要职责是：

承担国务院总值班工作，及时掌握和报告国内外相关重大情况和动态，办理向国务院报送的紧急重要事项，保证国务院与各省(区、市)人民政府、国务院各部门联络畅通，指导全国政府系统值班工作；督促落实国务院领导批示、指示，承办国务院应急管理的专题会议、活动和文电等工作；负责协调和督促检查各省(区、市)人民政府、国务院各部门应急管理工作，协调、组织有关方面研究提出国家应急管理的政策、法规和规划建议；负责组织编制国家突发事件总体应急预案和审核专项应急预案，协调指导应急预案体系和应急体制、机制、法制建设，指导各省(区、市)人民政府、国务院有关部门应急体系、应急信息平台建设等工作；协助国务院领导处置特别重大突发事件，协调指导特别重大和重大突发事件的预防预警、应急演练、应急处置、调查评估、信息发布、应急保障和国际救援等工作；组织开展信息调研和宣传培训工作，协调应急管理方面的国际交流与合作等。

(2)国家减灾委员会

国家减灾委员会(简称“国家减灾委”)其前身是 1989 年应联合国“国际减灾十年”计划要求成立的中国国际减灾委员会。历届主任由国务院副总理或国务委员担任，民政部部长、国务院副秘书长及外交部、发改委、科技部、商务部领导为副主任，民政部副部长为副主任兼秘书长。国家减灾委成员单位来自各灾害所属专业对口的管理或服务部门，按各自职责分工承担相应任务，共有约 30 个部、委、局和原总参作战部、武警部队的领导为国家减灾委的委员。国家减灾委办公室设在民政部，国家减灾委作为国家自然灾害救助应急综合协调机构，负责研究制定国家减灾工作的方针、政策和规划，协调开展重大减灾活动，指导地方开展减灾工作，推进减灾国际交流与合作，组织、协调全国抗灾救灾工作。

(3)全国抗灾救灾综合协调办公室

全国抗灾救灾综合协调办公室设在民政部，民政部副部长担任主任，主要职责是根据国务院的指示承担全国抗灾救灾综合协调工作；负责综合协调国务院有关部门听取受灾省份的灾情和抗灾救灾工作汇报；收集、汇总、评估、报告灾害信息、灾区需求和抗灾救灾工作意见；协调有关部门落实对灾区的支持措施；召开会商会议，分析评估灾区形势，为国务院提供抗灾救灾对策和意见；协调有关部门组成赴灾区联合工作组，协助、指导地方开展抗灾救灾工作。

(4)国家减灾中心

国家减灾中心是中国政府对各类自然灾害进行信息服务和辅助决策的专业机构，借助卫星遥感等先进技术手段，进行灾害分析与科学研究，通过灾害信息的收集与分析、灾害现场的紧急救援和灾情的快速评估，为灾害管理部门提供决策参考，为我国综合减灾事业提供技术支持。主要职责：参与制定国家综合减灾政策法规、发展战略和宏观规划，提供咨询服务；承担国家综合灾情管理信息系统、国家减灾综合数据库的建设与管理；研究制定减灾技术标准和管理规范，开展灾情监测与评估；承担环境与灾害监测预报，星座地面应用系统的建设与管理；承担全国性减灾宣传工作；开展全国灾害管理人员的培训工作；开展国内外的减灾交流与合作。

(5)各专业应急管理部门

根据分类管理体制，针对各类自然灾害，国家赋予相关政府专业部门和机构履行相应应急管理的职责。这些专业部门主要包括气象局、水利部、地震局、国土资源部、农业部、林业局、海洋局以及负责灾民救助等工作的民政部等，这些机构的对口管理情况见表 5-1。

我国自然灾害管理部门分工 表 5-1

主 要 灾 害	专业管理部门	综合协调与灾害救助管理部门
雨、雪、风、雹、温度等气象灾害	中国气象局	国务院应急管理办公室、国家减灾委、民政部等
旱、洪、涝等水旱灾害	水利部(国家防汛抗旱指挥部)	
农业病、虫、鼠、火等农业灾害	农业部	
林业病，虫、鼠、火等农业灾害	林业部(国家森林防火指挥部)	
风暴潮、海啸、海浪、海冰、赤潮等海洋灾害	国家海洋局	
滑坡、泥石流、崩塌地质灾害	国土资源部	
地震、火山等深层地质灾害	国家地震局(国务院抗震救灾指挥部)	

2.地方层面自然灾害应急管理组织机构与职责

按照统一领导、综合协调、分类管理、分级负责、属地管理的原则，地方各级政府部门都应建立应急组织管理体系。在我国，目前县级以上政府部门都建了相对完善的管理组织体系。

图 5-5 是按照属地为主的原则，以省级灾害应急管理为例构建的应急管理组织体系示意图。

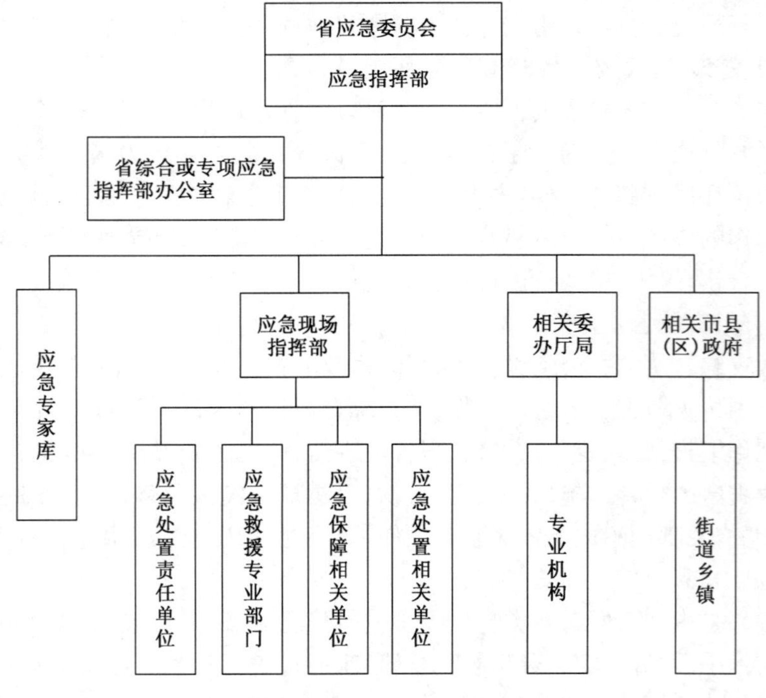

图 5-5 地方应急管理组织体系示意图

第二节　应急救援群众工作

一、应急救援群众工作的职能与特点

应急救援任务，多是急、难、险、重任务，具有复杂、紧张、艰苦、多变等特点，这对做好群众工作提出了很高的要求。群众工作必须明确基本职能，把握特点要求，有针对性地开展好。

（一）应急救援群众工作的基本职能

应急救援群众工作，既有领导职能，又有保证和服务职能，是“领导”与“服务”的统一。

1. 群众工作的领导职能

应急救援任务具有政治性、全局性、敏感性强的特点，这就要求必须把应急救援任务作为重大政治任务严肃对待、坚决完成。一要时刻用党中央和上级指示精神统一救援人员思想行动，保证上级决策坚决落实；强化救援人员对任务性质、特点规律的认识和把握。二要把思想引导贯穿任务全过程。教育救援人员牢固树立“一盘棋”的思想，一切服从大局、一切为了大局，坚决做到服从命令、听从指挥、不讲价钱、不讲条件，不折不扣地完成任务。三要把法纪指导贯穿任务全过程。应急救援任务涉及许多法律法规，确保救援人员自觉遵守和维护党的政治纪律，无条件服从组织安排，自觉接受组织管理。

2. 群众工作的保证职能

应急救援任务一个突出的特点是接受任务突然、形式变化迅速、任务转换频繁、部署调整快、突击性强，许多困难和问题难以预料。这就要求群众工作必须能够迅速抓住时机开展工作，保证任务圆满完成。一是确保政令畅通。对上级的命令指示，要迅速准确地进行传达，确保“一声令下，立即出动”。要充分发挥主观能动性，根据可能担负的不同任务，对可能出现的各种情况进行合理的预想，制订各种群众工作预案，做到一项任务多套方案，一种情况多种处置措施。二是确保处置有效。在执行应急救援任务中，各种意想不到的困难和事情随时可能发生，这就要求群众工作必须提高快速反应能力，做到不等不靠，积极果断进行处置。要尽量减少工作环节，简化工作程序，加快工作节奏，提高工作效率，以适应应急反应的需要。三是确保士气昂扬。在执行应急救援的过程中，救援人员易受任务特点、进程速度、工作条件和社会环境等因素的影响而造成思想情绪波动。群众工作要善于捕捉思想苗头，见缝插针，利用作业间隙，不失时机地做好工作。要善于运用救援人员喜闻乐见的形式，把群众工作搞得生动活泼，丰富多彩，富有成效，使救援人员在各种情况下都能保持昂扬的士气和顽强的斗志。

3. 群众工作的服务职能

执行急、难、险、重的应急救援任务时，往往工作和生活条件十分艰苦，如物资供应困难，环境气候恶劣，文化生活枯燥。有时超负荷、超强度地夜以继日连续奋战；有时甚至面对重大险情，流血牺牲也在所难免。任务本身也往往非常艰巨复杂，有的工期紧、规模大、标准高，有的难度大、技术性强。要使广大救援人员不畏艰险，勇往直前，顽强拼搏，战胜苦难，圆满完成任务，群众工作必须发扬细致入微的作风，深入现场，连续工作，通过多种形式帮助救援人员正确认识和处理好苦与乐、得与失的关系，激发救援人员发挥吃苦耐劳的工作作风，以昂扬的斗志和饱满的热情投身到执行任务中去，为完成任务提供强大的精神动力。做到哪里有困难，哪里

就有群众工作，任务越是艰苦危险，越要发挥群众工作的重要作用。

(二)应急救援群众工作的主要特点

应急救援行动是一项特殊的实践活动，与平时群众工作相比，有着自身的一些特点。正确认识和把握应急救援群众工作的特点，对增强任务中群众工作的针对性，提高任务中群众工作的质量效益，具有重要实践意义。

1. 快捷性

各种灾害或者灾难往往具有突然发生的特点，救援人员出动准备的时间较为紧迫，不动则已，动则至急，所以行动准备必须在极短的时间内完成。这就要求应急救援群众工作必须紧贴实际，能视灾情为命令，做到快速出动、快速救援和迅速反应。群众工作要把箭在弦上的意识、严格的时间效率观念和严格的组织纪律观念贯彻行动始终，为快速反应奠定坚实的思想基础；要注意以“快”统筹群众工作与遂行任务各项要素的关系，而且要注意在“第一时间”内以“快”统筹群众工作与救援任务要素的关系。把硬性的时间和指标要求、严厉的监督制约体现在群众工作全过程，确保群众工作快速反应。如在救援行动展开时，要根据救援行动快速展开的要求，坚持边集结边教育、边部署边动员；在开进途中采取边开进边宣讲的方法进行动员；在执行任务中充分利用行动间隙采取“短平快”的方式组织开展现场宣传和思想教育工作。

2. 应变性

应急救援任务突发性强、场地转换快、情况变化快。有效开展任务中群众工作，要把握任务中群众工作不变中之变、万变中之不变，在形势任务变与基本规律不变的辩证统一中加以应对。为此，应急救援群众工作一方面要坚持以变应变，主要体现为群众工作的思维方式、工作方式方法以及内容、手段等随形势任务和工作对象而变。群众工作必须树立抢时间、争速度、重效益的工作理念，在思想上要有超前性，判断上要有敏锐性，计划上要有预见性，确保开展工作快捷灵活而不简单随意，优化工作内容，优化工作方式，优化工作程序，优化工作手段，加快工作节奏，提高工作效率，要建立健全快捷高效的工作运行机制，包括指挥机制、决策机制、反馈机制和信息共享机制等，提高快速反应能力，切实做到传达部署快、组织指挥快、解决问题快、信息反馈快。另一方面，以不变应变，主要体现为任务中群众工作的地位作用、方针原则、优良传统、工作作风和基本规律不能变。

3. 灵活性

应急救援任务点多线长、人员分散，需要依靠群众工作保证救援队伍独立自主地完成上级交给的任务。要充分发挥一线指挥员的作用，主动结合各自的任务特点，积极开展群众工作，实行思想互助、体力互助、生活互助，使群众工作真正渗透到任务的各个方面，落实到任务的每个部位、每个人，确保群众工作为完成任务提供及时有力的可靠保证。在整个救援过程中，群众工作很难有时间集中开展，必须善于在“动”中捕捉时机，见缝插针，通过分头实施、化整为零的工作取得整体上的效果。队伍集结后，要以小组为单位，抓住重点开展教育工作；开进途中，要以车为单位，组织救援人员开展讨论，谈认识、表决心；任务受阻时，鼓励大家克服困难，坚定敢打必胜的信心；任务胜利时，教育大家克服麻痹思想，保持高度警惕；救援中，要针对不同时机、不同对象，把思想群众工作贯穿于处置的全过程。

4. 主动性

应急救援行动社会关注度高，信息传播速度快，执行应急救援的空间广、各方信息复杂，要求群众工作必须强化阵地意识，构建灵活高效的工作平台，组织好对内对外的舆论宣传，掌握群众工作的主动权。群众工作要强化舆论观念，及时客观全面地报道各种灾情，为夺取应急救援斗争的胜利提供精神动力和舆论支持。党员领导干部要充分发挥自身模范带头作用，并及时发现、总结和推广各种先进典型。救援任务既艰巨又艰难，容易使救援人员放松安全意识，诱发安全事故。而安全事故一旦发生，又会影响救援任务的完成。因此，安全工作必须步步为营，多层面推进：注重抓教育，提高救援人员的安全意识；注重抓政策，正确处理内部矛盾；注重抓管理，堵塞发生问题的漏洞；注重抓骨干，建立安全工作网络；注重抓苗头，及时做好个别人员的思想转化工作。

二、应急救援群众工作的内容与方法

应急救援群众工作与其他任务中群众工作有着许多相似之处，但又具有鲜明的自身特点和特殊要求，我们必须在遵循群众工作一般规律的基础上，从不同种类灾害救援的实际出发，不断总结探讨新方法，规范应急救援群众工作的基本程序，认真组织好不同任务阶段的群众工作，充分发挥群众工作的优势和效能。

（一）准备阶段群众工作内容方法

准备阶段群众工作，通常指接到预先号令后至开进前的群众工作。

1. 传达上级指示，明确任务责任

在接到上级要求参与应急救援的预先号令后，应及时召开会议，传达上级命令指示，研究行动方案，部署区分任务。迅速召回在外休假探亲人员，及时进行思想动员，讲清救援任务的性质、危害、当前形势及执行任务的意义，阐明当前完成任务面临的有利条件、不利因素、克服困难的方法和服从命令、遵守纪律、顾全大局对完成任务的重要性，明确行动中应当遵守的法律、法规和政策等，把救援人员的思想统一到上级命令指示上来。紧密结合参与救援人员的思想实际，做好一人一事的思想工作，切实摸清他们的思想状况，教育他们提高思想政治觉悟和组织指挥能力，坚定必胜信心。

2. 搞好宣传工作，鼓舞救援人员士气

根据担负任务，制订完善的群众工作方案及配套计划，拟制下发动员令、群众工作指示、宣传教育提纲。指导救援队伍分析掌握参与人员思想情况，搞好动员教育，学习有关政策法规，进行心理适应性训练。建立一支以干部和党（团）员为主的思想群众工作骨干队伍；成立宣传小组。

（二）实施阶段政治工作内容与方法

实施阶段群众工作，通常指从处置行动开始至撤离处置现场期间的群众工作。

1. 组织工作牵引

根据救援进程，适时召开支部会议，分析形势，修订方案，调整部署。根据事态发展，下发群众工作补充指示。开展立功创模、火线入党入团活动，成立各种类型的突击队和抢险队，激励救援人员保持英勇顽强的战斗作风。

2. 宣传工作励志

开展现场宣传鼓动，提出简短有力的宣传口号，宣扬英雄模范事迹，鼓舞士气，激励斗志。加强各参与处置力量的团结协作，发挥整体威力。开展宣传鼓动，应注意抓住救援队采取重大行动的时机进行。形式方法要因地制宜、灵活多样，可以结合下达任务、下达命令进行。要充分发挥党员的模范带头作用，大力宣扬先进，激励救援队的斗志。

3. 思想教育工作强基

经常性的思想教育工作，是救援任务中思想教育中最大量、最经常的工作，要贯穿行动的全过程。任务艰巨，形势紧张时，要对救援人员进行坚定信心、沉着应战的思想教育；救援行动持续时间长，救援人员出现松懈情绪时，要对参与人员进行提高警惕和连续作战的思想教育；救援人员遇到困难时，要进行发扬艰苦奋斗、不怕牺牲的精神教育，等。

4. 舆论引导定向

信息时代媒体和资讯高度发达，救援队参加应急救援行动，容易成为“舆论焦点”。群众工作要努力做到“四个强化”：一是强化开放态度。要有开放的胸襟和气度，敢于主动向公众展示。二是强化透明理念。善于在媒体镜头和公众目光下展示救援行动。三是强化舆论意识。重视舆论在公众和参与救援人员中的影响，善用舆论工具开展群众工作，把舆论工具的掌控和运用体现到遂行特殊任务的全过程。四是强化媒体视角。掌握媒体传播的特点规律，善于在媒体的特殊视角下筹划和展开救援行动，使媒体能够成为为我所用、展示形象，扬长避短、争取人心的有力武器。

（三）结束阶段的群众工作内容方法

结束阶段的群众工作，通常指从救援队开始撤离处置现场至处置任务总结完毕期间的群众工作。这一阶段的群众工作，应着手制订处置任务结束阶段群众工作计划，部署和实施结束阶段群众工作。

1. 做好撤离相关工作

教育救援人员认真遵守撤离中的有关纪律和规定，做好安抚慰问受灾群众工作，确保顺利撤出任务区域。要组织指派专人走访驻地和执行任务地区的地方政府、友邻单位、周边群众，处理遗留问题，该归还的一定要物归原主，该赔偿的一定要照价赔偿，该补偿的一定要合理补偿。对本级自身难以及时处理或不能妥善处理的问题，要积极与当地政府协商并及时向上级报告。

2. 搞好总结表彰工作

要及时对应急救援工作的基本情况、主要成绩、经验体会、存在问题等进行实事求是地总结，并认真制定有针对性、操作性的改进措施。同时，还要开展评功庆功活动，自下而上地发扬民主，进行评比。通过表彰完成任务突出的单位和个人，使救援人员做到胜利之后不松劲、荣誉面前不止步，继续奋发努力，为人民再立新功。

三、做好伤员和烈士优抚工作

做好伤员的思想工作，不仅有利于伤员的思想稳定，而且对于增强队伍的凝聚力有着重要的意义。要及时组织慰问看望伤员，关心他们的伤痛，尽力解决他们的实际困难，解决各种思想问题；要重点做好伤残人员的思想工作，消除他们担心以后生活出路问题而产生的悲观情绪；要及时公正地做好伤员的评功评奖和评残工作。同时，还要积极协助上级有关部门，做好烈士家属的优抚工作，尽最大努力帮助他们解决实际困难，消除他们的后顾之忧。

第三节　应急救援宣传

自然灾害等突发事件本身具有轰动效应，媒体参与越来越成为必然趋势，媒体的作用发挥和利用好了，能对救援工作起到强大的推动作用，也是一种强大的积极力量。在组织救灾过程中，要善于与媒体建立良好的合作关系，使其向公众传达准确、权威、积极的信息；同时防止媒体误报、误导和不当炒作，有效地控制舆论。

一、强化面对媒体的开放意识

要强化舆论引导力，坚持把搞好舆论宣传作为工作的重要职责来对待，把有效引导媒体作为一种能力素质来提高，主动举行新闻发布会向外界发布信息，切实增强主动性，努力有所作为。必须始终牢记应急救援与媒体发布两条线作战的思想，注重平时和救援两个时段。平时在研究和决定应急救援方案时，必须包括新闻发布工作的内容，要把加强领导干部应对媒体能力训练作为重要突破口，纳入干部培训计划、纳入各类集训，采取模拟训练、互动训练、实地训练等方式，通过开展新闻发布会、随机采访、新闻访谈等形式，学习掌握新闻传媒基本常识、舆论传播特点规律、新兴媒体语言习惯等知识，使各级领导干部面对媒体能够正确把握自己的身份，能够准确表达新闻宣传的主题，能够熟练运用回答问题的技巧，能够从容应对记者提出的各种问题。受领应急救援任务后，应按上级的有关规定，建立统一的新闻发布中心，定期组织新闻发布，避免工作被动。在强化开放意识的同时，还要强调纪律观念与保密意识，要明确舆论引导和媒体应对由特定主体实施，主体外的集体和个人，未经上级有关部门批准，不得私自接受新闻媒体的采访，更不得在互联网等媒体上私自发布和传播有关信息。

二、积极主动抢占舆论先机

应急救援媒体应贵在一个“快”字，重在一个“准”字。快而不准，损害的是公信力；准而不快，影响的是竞争力。为保证媒体应对的“快”，必须做好舆情跟踪与通报：安排专人密切关注舆情，通过各种手段和渠道广泛收集关于灾情的各种舆情；针对各种消极的舆情，研究提出信息发布对策；通过新闻发布会、电视访谈直播等形式积极主动应对，消除公众疑虑；及时受理中外记者的采访申请，采取符合国际惯例的、科学有效的管理方式，提供服务；采访中应注重发挥新闻发言人团队成员的协同作用；凡是涉及灾情趋势的内容，必须与国家权威部门保持一致，并由专人发布，不允许有任何渲染灾情的报道。为保证媒体应对的“准”，必须建立舆情分析研判机制，把舆情研判作为搞好舆论引导的重要环节；定期收集分析各类舆情动态，及时发现预警信号，正确判断问题性质，有针对性地采取应对措施；主动加强与地方公安、安全、情报、网监等部门的沟通协作，多渠道、多方式了解掌握社会舆情动态，有效整合情报资源；注重发挥各级综合信息网的作用，加强对互联网的监控，从网上社区、博客、QQ、微博、微信等平台及时发现倾向性舆情动态，适时提供网上舆情反映。

三、坚持整体联动，合力制胜

应急救援行动往往参与队伍多，媒体应对既要维护本单位利益，又要坚决防止为了本单位的利益、为了个人的形象，各自为战，甚至搞恶性竞争，绝对不能发生抬高自己、贬低别人的事。任何一次救援行动舆论引导，展示的都是党的形象、国家的形象，这就要求参与救援的各单位和各种媒体在舆论引导中必须自觉强化大局观念、全局观念和整体意识，团结一致做工作，努力形成舆论引导的强大合力。

第四节　应急救援心理工作

一、应急救援心理工作的主要特点

心理工作者在开展应急救援心理工作时，必须准确认知应急救援心理工作的主要特点，以便有针对性地对救援人员开展心理工作，为顺利完成救援任务奠定坚实的基础。

(一)心理工作者的专业性

心理工作者的专业化水平，是其工作是否有效的关键。心理工作者一般由专业人员和经过专业培训的人员担任，其他人员做此项工作必须经过心理学专业培训，获得国家有关部门颁发的资格证书。心理工作是应用谈话的形式进行的，但是这种谈话不同于一般的客套话，它要求心理工作者运用心理学的有关知识和技术分析人的心理问题，提供心理学的帮助。心理工作是一系列心理学的活动过程，这里包含了心理工作者对救援人员的同情与关注，包含着心理工作者对救援人员心理问题的分析与评估，更包含着心理工作者运用各种心理学的理论和技术，如心理分析、合理情绪、行为矫正、内容反应、情感反应、内容表达、情感表达、解释等。因受专业特殊性的限制，加之应急救援工作的特殊性，也决定了并非任何人都可以从事应急救援心理工作。因此，在实际工作中，不应采用命令的形式要求某人从事专职或兼职心理工作，要考虑工作者的性格特点、适应能力、交往能力、知识结构、道德品质，特别是专业素质。

(二)心理工作对象的明确性

应急救援心理工作的对象主要是参与救援的人员，心理工作者除了对应急救援人员在平时的工作、学习、训练和生活中遇到困难与挫折而产生的心理困扰进行帮助以外，更强调对应急救援人员在执行任务过程中，由于任务的特殊性所形成的压力并由此而产生的心理困扰加以疏解。如果救援人员已经出现了较为严重的精神障碍，就不再属于我们的工作范围。

(三)心理工作关系的平等性

建立良好的人际关系、取得救援人员的信任，是应急救援心理工作的首要条件。在开展心理工作过程中，心理工作者主要通过商议、帮助、指导等和救援人员建立朋友式的平等关系，扮演的角色既是参谋也是顾问。同时，心理工作不以教育的方式进行，而是以“倾听”为主。心理工作者处于辅助地位，如倾听救援人员的“宣泄”，注意观察其面部表情、身体姿态、声音特征、衣着步履、精神状态等，力求贴近他们的内心世界，在理解和关怀下，提出解决问题的合适途径。心理工作者与救援人员关系的建立和发展是以救援人员迫切需要得到帮助为前提的。从某种意义上讲，心理工作者与救援人员的关系是一种在特定地点和时间内建立的具有隐藏性和保密性的特殊关系，是一种具有时限性的人际关系。

(四)心理工作效果的双向性

心理工作与心理教育不同，心理教育是教育者对被教育者的指导和传授，具有单向性的特点。而应急救援心理工作则是由工作双方构成，且有主动寻求帮助和被动接受辅导的双向性。应急救援心理工作是一种特殊的工作，它对救援人员的帮助是独特的。在整个工作过程中，心理工作者负责诊断他们的心理问题类型及其严重程度，探讨影响其情绪和行为的原因，帮助他们面对现实，启发他们提出解决问题的方法，最终积极主动地采取恰当的方法解决自身问题。心理工作者对救援人员进行的帮助包括确立目标、提出解决问题的方案和措施、协助他们进行认知和行为的改变，等等。同时，还应增强救援人员个人的独立性、自主性，努力使救援人员不仅能够自如地应对当下任务的挑战，还要学会在以后的生活、任务中独立面对和处理各种问题。

（五）心理工作内容的广泛性

应急救援心理工作是对救援人员在遂行任务过程中引起的各种心理困惑问题的疏导，主要包括任务的适应、心理应激、团队协作等。同时，很多问题的引发与救援人员平时的心理现状是紧密相关的，所以，应急救援心理工作的内容具有极强的广泛性。

（六）心理工作形式的多元性

单就人员来进行划分，应急救援心理工作主要有个体方式和团体方式两种。个体方式，通常是针对救援人员个人的心理问题单独进行的，这类问题大多涉及个人的心理困惑、心理矛盾、心理障碍甚至隐私问题。个别交谈的方式可以使谈话更具有针对性，也更深入，同时还可以避免被其他人知晓，具有一定的私密性。对群体中存在的共性问题，诸如团队的凝聚力、对任务的适应性、挫折耐受性以及人际沟通等带有普遍性的问题，可以选用团体方式进行。团体方式通常是把若干有着同种心理问题或类似问题的人集合在一起，通过团体内人际交互作用，促使个体在交往中观察、学习、体验，实现认识自我、探讨自我、接纳自我、调整和改善与他人的关系，并就共同关心的相似的心理问题进行探讨，相互交流，彼此启发，支持鼓励。

由于受到救援任务及环境特殊性的影响，加之时代的变迁和发展，应急救援心理工作呈现越来越丰富、多元的方式。

二、应急救援心理工作的基本要求

应急救援心理工作是一项科学性、实践性都很强的工作，有其自身的特点和规律。结合应急救援心理工作实际，必须做到以下几点。

（一）注重及时有效

应急救援任务中救援人员心理问题的出现具有一定的突发性，如果不能及时发现并予以关注引导，很容易发展成为心理疾患乃至精神障碍。所以，对心理工作时机的把握是决定工作是否取得成效的关键。工作时机的选择以救援人员的需要为重，适应他们心理问题的发展，把握火候，找准介入解决的最佳时机，力争达到最佳效果。心理工作者即便是认为很重要的内容，如果时机不合适就不能沟通，必须等到救援人员认为时机合适才能够沟通，这样就可以达到事半功倍的效果，有利于救援人员心理问题的解决。

（二）方法灵活多样

搞好应急救援心理工作，必须紧贴救援人员心理行为特点，着眼解决实际问题，灵活有效地开展工作。结合救援队伍工作实际，统筹安排心理知识普及教育和心理训练，善于利用训练间隙、业余时间，见缝插针随时做，形式要不拘一格。从实际、实效出发，可安排单独进行，也可与其他工作相结合；可集中组织，也可个别进行；可面对面交流，也可通过电话、网络进行线对线、键对键沟通，努力使心理工作喜闻乐见，广受欢迎。心理工作方法因人而异：救援人员心理情况千差万别，形成原因多种多样，表现形式各异。坚持“一把钥匙开一把锁”，根据不同心理问题和每个人个性特点，具体分析、区别对待，有的要和风细雨、润物无声，有的要循循善诱、启发自觉，有的要旁敲侧击、积极暗示，有的要单刀直入、一针见血，哪种办法管用就用哪种办法，不断增强应急救援心理工作的针对性、有效性。

(三)态度平和友善

心理工作者对应急救援人员开展心理工作,其态度往往决定工作的质量效果。在工作中,要平等对待,尊重他人的人格,尊重救援人员的感受,与救援人员交朋友,彼此建立良好的信任关系,不居高临下、强加于人,要理解接纳,认真倾听救援人员诉说的心理困惑,正确看待他们出现的心理问题,不轻慢、不嫌弃,设身处地为他们着想。要耐心帮助,深入分析问题成因,细致做好工作,一抓到底,不嫌琐碎,不怕反复,用爱心和诚意帮助救援人员解决问题。

(四)注意保守秘密

心理问题涉及个人隐私,必须严格保密,控制知情范围。心理工作者必须认真学习和严格遵守心理咨询师职业道德规范。具体工作中,那种没能保护好个人隐私,导致咨询关系破裂,甚至造成极端事件的不乏其例。测量评定要保密:协助专业人员开展心理测评工作要严密组织,严格把握测评范围,无关人员不得进入测评现场,防止结果外泄。谈心疏导要保密:谈话的对象、内容不得随意公开,涉及个人隐私的生理缺陷、身体疾病、心理问题等信息不得随意扩散,增强救援人员的信任感和安全感。同时,保密要适度、适当,发现暴力、自杀等个人极端行为倾向,必须及时向组织报告。

三、应急救援心理工作的原则与方法

(一)应急救援心理工作的基本原则

应急救援心理工作与一般心理工作、心理咨询和心理干预等有相同之处,也有不同之处。根据应急救援心理工作的特点,结合心理工作的传统规范,应急救援心理工作主要应遵循以下原则:

1. 坚持以人为本

心理工作是做人的工作的,坚持以人为本,体现了心理工作的本质规律。心理学研究认为,人具有自然属性、社会属性和意识属性,人的本质是这三种属性的统一。人的自然属性表明人和自然的关系。人的自然属性对心理工作来说是有实际意义的,这意味着要承认和满足人的基本自然需要。从日常生活实践来看,人的心理症结大多是伴随着各种各样的社会需求而产生的。所以对人的需要的变化特点和发展规律应认真加以分析,研究解决。人的社会属性表明了人与社会的关系。人是社会的一员,人的生存和生活离不开社会所提供的各种必要物品。人的心理发展也终生有赖于社会。因此,我们在心理工作中对人的认识,只有放在一定的社会中进行分析,才能真正明白一个人的世界观、人生观、心理态度和各种个性心理特点形成的根源。人的意识属性说明了人不同于动物。人的思维能力、思想、意识、高度发展的心理、智能等,是人之所以成为人的本质特征。坚持以人为本的理念,是进一步把应急救援心理工作做得扎实有力、富有成效的根本保证。

在应急救援心理工作中,贯彻和体现以人为本的要求,就要看采取什么样的态度对待救援人员。也就是说,最主要、最关键的是尊重他们的主体地位,发挥他们的主体作用。要把理解人、尊重人、关心人、培养人、提高人作为心理工作的根本出发点和落脚点,提高他们的心理素质,对有心理问题和障碍的人员要用真心感化、用真情呵护,不歧视、不孤立、不嫌弃、不推托,积极帮助他们矫治心理障碍。要重视解决他们生活中遇到的困难问题,积极为救援人员排忧解难,尽可能帮助他们减少由此引发的心理压力,努力消除产生心理问题的诱因。

2. 讲求科学方法

心理学是一门内容广泛的科学，涉及自然科学和社会科学，与医学、教育学、伦理学、管理学等密切相关。做心理工作，如果不讲求科学精神，运用科学方法和专业技能，是很难奏效的，甚至还会起到相反的作用。在应急救援心理工作中，要注意遵循心理科学原则，加强研究和探索，客观分析救援人员心理状况，把社会、家庭、工作环境给他们思想、心理和行为方式带来的影响搞清楚，把他们心理需求和诱发心理问题的各种因素搞清楚，特别要加强对重点岗位、重要时机、重大任务中救援人员心理活动和变化的研究分析，从中找出规律性的东西，保证工作的科学性、有效性。要善于运用科学的方法和手段，解决他们的心理问题和心理疾患。正确区分和鉴别思想问题与心理问题，一般心理问题与严重心理障碍，心理疾患与精神疾病、身体疾病，根据问题的不同类别或不同程度，按照相关规范程序组织实施，及时进行心理咨询、疏导与治疗。

3. 搞好结合渗透

贴近工作生活实际，注重搞好结合渗透，是心理工作的落脚点。应急救援心理工作只有与救援人员日常生活和其他工作搞好结合渗透，才能得到有效落实，路子才会越走越宽，越来越有生命力。如果就心理工作抓心理工作，搞单打独斗，与其他工作割裂开来，甚至对立起来，必然违背开展心理工作的初衷。所以说，应急救援心理工作必须面向全体救援人员，坚持把心理工作科学的理念方法融入救援人员的学习、工作、训练和生活中，更好地发挥教育人、培养人、提高人的作用。此外，还要很好地把心理工作贯穿救援队遂行任务始终，特别是执行急难险重任务时，更要组织力量跟进搞好心理服务保障工作。作为心理工作者，也应紧贴实际，深入研究各种任务、各个岗位对救援人员心理的特殊要求，细化标准、规范程序、提高技能、总结经验，切实保持心理工作的科学化、有效化、经常化和深入化。

(二)应急救援心理工作的主要方法

由于受到任务及环境特殊性的影响，加之时代的变迁和发展，应急救援心理工作呈现出越来越丰富多元的方式。除了面对面的方式外，原有的书信答疑的方式仍在沿用，通过电话、手机短信、QQ、微信等方式已成为心理工作者的有效工具。利用网络、板报、报纸、杂志等形式也可以解答救援人员提出的具有共性的心理问题。当然，无论哪一种形式，大多采取以下几种工作方法。

1. 说服教育法

说服教育法是思想政治教育中最常见、最基本的方法，也是心理工作的重要方法。它是指基层指挥员通过摆事实、讲道理，使救援人员心悦诚服地接受某种正确的思想、观念和健康的情感，从而解决其因思想问题而引发的心理问题的方法。

(1)一面说理与两面说理。一面说理即只讲正面观点和论据，对反面观点和论据则闭口不谈。两面说理即在讲优点时不回避缺点，有利因素和不利因素都会涉及。

(2)“登门槛”与“下台阶”。“登门槛”是指当救援人员的心理状态与任务要求差距较大时，可由低到高依次逐步提出要求；“下台阶”则是指先提出一个较高的要求之后，降低这一要求就很容易被接受。“登门槛”讲的是循序渐进，“下台阶”指的是退而求其次。

(3)理性引导与情绪感染。理性引导是通过摆事实、讲道理，使对方转变认识和态度。情绪感染是在说服中用情感的力量打动人。由于情绪具有情境性和感染性，所以成效立竿见影。一般地讲，对于文化程度高、社会经验丰富或比较自信的人员，理性引导更有效，反之则用情绪感染的方式。在实际工作中,二者常常结合起来使用。

(4)认同策略与威信效应。认同策略是在说服中充分利用双方的相似性,缩小心理距离,使救援人员感到心理工作者是"自己人",乐于接受说服。威信效应就是利用自身在救援人员心目中的影响力进行说服,基层指挥员的威信越高,说服效果越好。

2.心理暗示法

心理暗示是指在非对抗条件下,以含蓄、间接的方式对人的心理和行为施加影响。心理暗示是心理工作中常用的方法,指挥员或心理工作者是暗示信息的发出者,救援人员即是暗示信息的接收者。由于暗示具有含蓄、间接的特点,因而能使人在不知不觉中接受意见、采取行动。暗示效果与暗示者本人、受暗示者的心理特点及暗示强度有关。

(1)直接暗示:就是把某一事物的意义直接提供给救援人员,使之迅速而无意识地加以接受的暗示,也称提示,一般采用直陈式的说明。

(2)间接暗示:就是不直接表达动机,而是把事物的意义间接地提供给救援人员,从而对人的心理和行为施加影响。

(3)行为暗示。人们的行为也可以作为暗示的"符号"。如一个手势、一种表情,都可能有不同的含义,是高兴,也可能是不满;是鼓励,也可能是制止。良好的行为会产生积极的暗示效果,不良的行为也会带来消极的影响。

(4)反暗示。暗示者发出信息后,却引起了受暗示者性质相反的反应。如"此地无银三百两""欲擒故纵""声东击西""激将法"等,都属于反暗示。在执行应急救援任务时的救援人员心理大多处于紧张状态,运用反暗示往往会很快地起作用。反暗示一般对自尊心比较强、性格外向的人员能够产生效果,而对敏感多疑、性格内向的人员,则不合适。

此外,也可以教会救援人员在执行应急救援任务过程中进行积极的自我心理暗示,即让他们自己对自己进行暗示。积极的自我暗示可以坚定意志、振奋精神,有利健康。如在执行应急救援任务中不断鼓励自己"稳住,镇定,慢慢来""挺住,坚持,我能行"等,情绪放松了自信心自然也就增强了。尽量避免负性词汇的消极自我暗示。通常消极的自我暗示会产生不良的后果,严重时还可能导致身体功能失调,甚至崩溃。

3.榜样激励法

榜样的力量是无穷的,榜样能引起人们的模仿,也能激发人的积极性。榜样激励法就是通过树立榜样和典型,激起救援人员学习、仿效的动机,从而产生类似于榜样的先进思想、行为和健康向上的心理的方法。

(1)先进典型激励。一个好的典型就是一面旗帜,看得见、摸得着,具有具体性、鲜明性,易引起共鸣,因而具有感召力。既要充分发挥先进模范人物的示范作用,也要善于发现救援人员身边的先进人物,以使人学有方向,赶有目标,给人以信心。

(2)指挥员自身良好言行激励。所谓"其身正,不令而行;其身不正,虽令不从",喊破嗓子不如做出样子。指挥员要将自己作为工具,用自身的全部言行和整个人格影响救援人员,使救援人员无论在意识层面还是在无意识层面都能受到熏陶、感染,进而模仿、效法,从而建构恰当的认知结构和行为模式。

(3)反面教育激励。以生活中的反面人物和事件作素材进行示范,也不失为一种心理教育的好方法。通过反面教育,对前因后果进行分析,并提出措施和方法加强行为指导,可以使人从中吸取教训,警钟长鸣,引起心理震动,以免重蹈他人覆辙。

4. 自我教育法

自我教育简单地说就是自己教育自己。自我教育是发挥应急救援人员的主体作用，调动其接受教育能动性的心理教育形式，是其他方法得以实现的基础和前提。

(1)自我反省：是指救援人员进行自我检查，找出自己的长处和不足。这是一个认识自我的过程，不但有利于思想改造，也有利于心理改造。指挥员可以指导救援人员在阶段任务完成后或在任务总结阶段进行，获得启发，有助于未来各项任务的完成。

(2)自我调整：是救援人员在自我反省的基础上，扬长避短或以长补短，对自我发展方向所做的调整和取舍。自我调整的目标难度要适中，太高易受挫，易增加自卑心理；太低则价值不大，对自我提高没有意义。自我调整可以贯穿在执行任务的全过程。

(3)自我磨炼：是救援人员按照自己制订的计划目标一步步去实践，在实践中经受锻炼，形成良好心理品质的过程。这一过程中，救援人员要经得起考验和磨炼，才能最终战胜自我。指挥员要让他们意识到，每参加一次遂行任务都是对自我的很好磨炼。

(三)应急救援心理危机干预的策略

应急救援心理危机干预主要是针对应急救援人员心理危机发生的不同情况或阶段，采用相应的心理危机干预模式、技术和方法，有针对性地开展心理危机干预。无论采用什么策略，心理危机干预都要调动各种可利用的内外资源，采取各种可能的或可行的措施，将危机事件给应急救援人员造成的心理问题消除或减缓，最大限度解决应急救援人员的心理失衡问题。

1. 应急救援心理危机干预模式

常用的心理危机干预模式主要有三种，分别是平衡模式、认知模式和心理社会转变模式。

(1)平衡模式

危机中的人通常处于一种心理或情绪的失衡状态。在这种状态下，当事人已经失去了对自己的控制，分不清解决问题的方向，也找不到解决问题的方法，而且原有的应对机制也不能满足他们的需要。平衡模式适用于心理危机的早期干预。这一阶段，心理危机干预者的工作重心是努力稳定被干预者救援人员的心理和情绪，使其重新回到危机前的平衡状态。在求助者重新达到某种程度的稳定以前，不能采取也不应该采取其他措施。例如，对一名想自杀的当事人，除非其已同意继续活下去，而且这种想法至少持续一周，否则挖掘其产生自杀意念的原因就没有多大意义。

(2)认知模式

心理危机干预的认知模式基于这样一种认识：危机植根于对事件和围绕事件的境遇的错误思维，而不是事件本身或与事件和境遇有关的事实。

认知模式的目的是通过改变危机状态下的个体错误的思维方式，使其意识到自己认知中的非理性、非合理和自我否定成分，从而重新获得对事件的理性认定及自我肯定，并自觉控制目前存在的危机状态。认知模式适用于危机已经稳定下来并接近于危机前平衡状态的干预阶段。

(3)心理社会转变模式

心理社会转变模式认为，人是遗传天赋和从特殊的社会环境中学习的产物。由于人总在不断地变化、发展和成长，他们的社会环境和社会影响也在不断地发生变化，因此，危机可能与内部和外部的困难有关。心理社会转变模式正是基于这样一种认识：人是生理、心理和社会三方面共同作用的产物，人总是受到多方面的影响。因此对危机的干预不仅要考虑个体内部因素，也要考虑外部因素，以及两者的相互作用。对于某些类型的危机，除非影响个体的社会系统发生变化，或个体与系统适应，或个体懂得这些系统的发展变化规律以及它们如何影响个体对危机的适应，否则难以获得持续性的解决。与认知模式相类似，心理社会转变模式最适合情绪已经稳定下来的求助者。

心理危机干预是一种情绪急救的短期过程，进行危机干预可参照平衡模式、认知模式和心理社会转变模式合理选择。

2.应急救援心理危机干预的技术

(1)心理危机干预支持技术

心理危机干预支持技术也可以看作是心理干预的准备技术，一般是通过疏导、暗示等方法，减轻帮助对象的焦虑情绪，尽可能地解决其初期的心理危机，使其改善认知体系，心理和情绪得以稳定。干预者要通过多种方法，取得被干预者的信赖，为下一步的干预工作做好准备。各级领导要正确看待救援人员在抗震救灾一线可能出现的负面心理，认识到这是一种正常的心理反应，并以积极正面的态度加以引导。让救援人员适当休息放松，保证体力充沛是保证行动中心理健康的基础。让救援人员抓紧点滴时间休息，哪怕是几分钟时间，也可以打个盹。这样做有利于恢复体力，增强心理免疫能力。一线救援人员要正视负性心理情绪的存在，不要因为心理出现问题而过度担心；同时也要意识到负面心理情绪的危害和影响，有意识地通过各种方法加以克服，这样不仅可以全面提高救灾能力，而且对塑造成熟健康的心理也大有裨益。

(2)认知调整和行为改变技术

一般先运用认知调整技术，通过倾听、启发、引导、鼓励等方式，帮助认识和理解危机发展的过程、与诱因的关系，改变错误的认知方式，纠正不合理信念。在此基础上运用行为改变技术，学习问题的解决技巧和应对方式，获得新的信息和知识，并避开应激性环境等。在干预过程中，应针对干预对象的具体情况，综合运用各种心理干预方法，以达到理想的干预效果。

(3)眼动脱敏再加工技术

眼动脱敏再加工技术是一种整合的心理干预和治疗方法。它借鉴了控制论、精神分析学、行为学、认知学、生理学等多种学派的精华，建构了加速信息处理的模式，帮助求助者迅速降低焦虑，并且诱导积极情感、唤起求助者对内心的洞察、观念的转变、行为的改变，使其能够达到理想的行为和人际关系的改变。眼动脱敏再加工技术对治疗创伤后应激障碍具有良好效果，对急性应激反应也有不错的疗效。

在眼动脱敏再加工治疗过程中，通常要求救援人员在脑中回想自己所遭遇到的创伤情境，如灾民残缺不全的肢体，楼房倒塌在自己身边形成的强烈冲击等，以及不适的身心反应，如紧张、恐惧、发颤、出汗、恶心、呕吐等，然后根据心理干预工作人员的指示，让救援人员的眼球及目光随着工作人员的手指，平行来回移动约15～20s。完成之后，说明当下脑中的影像及身心感觉。同样的程序再重复，直到痛苦的回忆及不适的生理反应，例如心跳过速、肌肉紧绷、呼吸急促等，被成功地“脱敏”为止。若要建立正面健康的认知结构，在治疗过程中，应由心理干预工作人员引导，以正面的想法和愉快的心像画面植入救援人员心中，替代以前的不合理信念、情绪及认知。

(4)图片—负性情绪打包处理技术

图片—负性情绪打包处理技术是近年来发展起来的一种新的心理危机干预方法，能在较短的时间内使心理遭受创伤的人员恢复心理平衡。这种技术适用于那些因经历灾难事件有明显心理痛苦，表现出显著急性应激反应的个体。如救援人员在抢险救灾行动中由于受到强烈刺激，一些负性情景的画面在头脑中强迫性的闪回，反复体验灾难情景，使睡眠、饮食都受到影响。这时可由专业的心理危机干预者进行负性情绪处理，经过"图片—负性情绪联结""功能分析—图片分离""图片—负性情绪打包""快速眼动技术""温暖画面与正性理念植入"等技术操作，将被干预者心理中的负性情绪排除，代之以积极的正性理念，达到恢复正常心理状态的目的。

3. 应急救援心理危机干预的方法

应急救援心理危机干预的方法要针对干预对象的心理危机程度有针对性地进行选择。

(1)紧急事件应激晤谈法

紧急事件应激晤谈法(Critical Incident Stress Debriefing，CISD)作为一种早期心理危机干预技术至今已有 50 余年的历史。它首先由米切尔于 20 世纪 70 年代末提出。它产生的最初目的是为了维护应激事件救护工作者的身心健康，后被多次修改完善并推广使用。CISD 模式对于减轻各类事故引起的心灵创伤，保持内环境稳定，促进个体躯体疾病恢复具有重要意义。现已经开始用来干预遭受各种创伤的个人。CISD 以危机干预理论和教育干预理论为基础，包含了心理和教育的若干要素，是关键时间应激管理类别的延伸，是综合的、多要素的危机反应技术。CISD 的目的：防止或降低创伤性事件症状的激烈度和持久度，迅速使个体恢复常态。

一般来说，CISD 分为正式援助和非正式援助两种类型。正式援助由受过训练的专业人员在现场进行急性应激干预，整个过程大概需要 1h。正式援助型的干预分为七个阶段进行，通常在危机事件发生的 24h 内进行，一般需要 2～3h。一次晤谈包括七期：第一期导入期，组织者对参加者讲述晤谈程序，回答可能的相关问题，强调晤谈不是心理治疗，而是一种减少创伤事件所致的正常应激反应的方法。第二期事实期，组织者请每位参加者依次描述事件发生时的所见所闻，目的是帮助每个人从自身的角度来描述事件，每个人都有机会增加事件的细节，使整个事件得以重现。组织者要打消参加者的顾虑，参加者如果觉得在小组内讲话不舒服，可以保持沉默。选择沉默也适用于其他步骤。第三期感受期，每个参加者依次描述其对事件的认知反应。这一期的目的是进一步接近情感的表达。第四期反应期，参加者依次描述其对事件的感受，进行宣泄，从而对事件的情感进行加工。组织者可以询问此时每个参加者的感受如何，以及在交谈时的感受怎样。第五期症状期，组织者询问参加者是否有躯体或心理症状，如果有，识别是否为创伤事件导致，目的是识别参加者希望分享的应激反应，开始将情感领域转向认知领域。第六期干预期，组织者尽量说明成员经历的应激反应是正常的，本质上不是医疗问题。同时提供应激管理的技巧，并努力让参加者确信他们的反应并不意味着有精神病理学意义。第七期再进入期(资源动员期)，目标是关闭创伤事件，组织者总结晤谈中涵盖的内容，回答问题，评估哪些人需要随访或转介到其他服务结构。

(2)关键事件应激管理法

关键事件应激管理法(简称 CISM)强调在危机中将家庭看作全面干预的重要成分之一，重视对幸存者家庭的服务，并概括了许多幸存者所面临的应激阶段与时间线、不同阶段的不同情感状态，针对每一阶段提出不同的干预策略。使用 CISM 研究了科威特士兵在伊拉克入侵后对他们造成的应激。结果发现认知解释在减少人类创伤性事件中的应激反应具有重要作用，积极的认知解释倾向于对应激事件的更加健康和有效的反应，而消极的认知解释则与更无助、无效的反应联系在一起。这一方法适用于解决抢险救灾行动中出现的抑郁悲伤心理。抑郁悲伤心理通常是人们面对灾难，特别是重大人员伤亡时出现的悲伤、忧虑和无助的情感体验，心理学上称其为"非正常时期的正常反应"。主要表现为：情绪低落，内心忧伤；言语减少，行为被动；联想增多，尤其是悲痛场景的联想增加，大部分伴有睡眠紊乱和精力体力减退。一般情况下，这种情感反应可以通过自我修复或适应系统而逐步减弱，直至恢复常态水平。但是如果强度过大或持续时间过长，继而影响救援人员履行职业功能时，则需要及时进行心理干预，以便帮助救援人员度过心理抑郁悲伤反应期，促进救援人员的心理健康。

(3)合理情绪疗法

合理情绪疗法是20世纪50年代由艾利斯在美国创立，它是认知疗法的一种，因此采用了行为治疗的一些方法，故又被称之为认知行为疗法。合理情绪疗法的基本理论主要是ABC理论，其基本观点是人的情绪不是由某一诱发性事件的本身所引起，而是由经历了这一事件的人对这一事件的解释和评价所引起的。A是指诱发性事件；B是指个体在遇到诱发事件之后而产生的信念，即个体对这一事件的看法、解释和评价；C是指特定情景下，个体的情绪及行为的结果。通常人们会认为，人的情绪的行为反应是直接由诱发性事件A引起的，即A引起了C。ABC理论则指出，诱发性事件A只是引起情绪及行为反应的间接原因，而人们对诱发性事件所持的信念、看法、解释B才是引起人的情绪及行为反应的更直接的原因。不合理的信念往往会导致不适当的情绪和行为反应，当人们坚持某些不合理的信念，长期处于不良的情绪状态之中时，最终将导致情绪障碍的产生。

不合理信念一般具有以下几个特征：

一是绝对化要求。是指人们以自己的意愿为出发点，对某一事物怀有认为其必定会发生或不会发生的信念，它通常与“必须”“应该”这类字眼连在一起。比如：“我必须获得成功”“别人必须很好地对待我”等。怀有这样信念的人极易陷入情绪困扰中，因为客观事物的发生、发展都有其规律，是不以人的意志为转移的。合理情绪疗法就是要帮助他们改变这种极端的思维方式，认识其绝对化要求的不合理、不现实之处，帮助他们学会以合理的方法去看待自己和周围的人与事物，以减少他们陷入情绪障碍的可能性。

二是过分概括化。这是一种以偏概全、以一概十的不合理思维方式的表现。过分概括化的一个方面是人们对其自身的不合理的评价。如当面对失败或是极坏的结果时，往往会认为自己“一无是处”“一钱不值”、是“废物”等。以自己做的某一件事或某几件事的结果来评价自己整个人、评价自己作为人的价值，其结果常常会导致自责自罪、自卑自弃的心理及产生焦虑和抑郁情绪。过分概括化的另一个方面是对他人的不合理评价，即别人稍有差错就认为他很坏、一无是处等，这会导致一味地责备他人，以致产生敌意和愤怒等情绪。合理情绪疗法主张不要去评价整体的人，而应代之以评价人的行为、行动和表现。因为在这个世界上，没有一个人可以达到完美无缺的境地，所以每个人都应接受自己和他人有可能犯的错误。

三是糟糕至极。这是一种认为如果一件不好的事发生了，将是非常可怕、非常糟糕，甚至是一场灾难的想法。这将导致个体陷入极端不良的情绪体验，如耻辱、自责自罪、焦虑、悲观、抑郁的恶性循环之中，而难以自拔。合理情绪疗法认为非常不好的事情确实有可能发生，尽管有很多原因使我们希望不要发生这种事情，但没有任何理由说这些事情绝对不该发生。我们必须努力去接受现实，尽可能地去改变这种状况；在不可能时，则要学会在这种状况下生活下去。

合理情绪疗法认为，人们的情绪障碍是由人们的不合理信念造成的，因此在治疗过程中重点是找到干预对象的不合理信念，以理性治疗非理性，帮助求治者以合理的思维方式代替不合理的思维方式，以合理的信念代替不合理的信念，从而最大限度地减少不合理的信念给情绪带来的不良影响，通过以改变认知为主的治疗方式，来帮助求治者减少或消除其已有的情绪障碍。

(4)音乐疗法

音乐疗法就是用音乐作为心理治疗的手段。音乐对于人的生理、心理活动具有不可忽视的影响。研究表明,音乐是通过声波有规律的频率变化,作用于大脑皮层,并对丘脑下部、边缘系统产生效应,调节激素分泌、血液循环、胃肠蠕动、新陈代谢等,从而改变人的身体机能状态和情绪体验。据有关研究表明,不同节奏、旋律、音调和音色的乐曲,对人具有兴奋、抑制、镇痛等不同作用。有人认为E调安定,D调热烈,C调和蔼,B调哀怨,A调高扬,G调浮躁,F调激荡。总之,音乐可使人的情感得以宣泄,陶冶性情,调整心境。在对抢险救灾人员进行心理干预时,可以选择适合情景的音乐,可以在小范围内组织集体收听音乐,或个别被干预对象戴上耳机进行放松,再配合做一些放松训练,可以较快地达到放松心情、稳定情绪的作用。

(5)催眠疗法

催眠疗法是指通过在催眠状态下的暗示对求治者进行心理治疗的方法。催眠现象是人类一种特殊的意识状态,处于这种状态中的人受暗示性明显提高,会"失魂落魄"地顺从催眠者的指令,做出各种动作和行为。这就是催眠术中的所谓"感通"作用。催眠者通过这种作用给求治者施加有目的的暗示,使之在大脑皮层建立新的兴奋点,借助负诱导作用来抑制其原先的病态心理或行为,恢复过去健康条件的联系,达到治愈目的。当病人被引入催眠状态后,治疗者(催眠者)将事先准备的暗示性语句,以坚定有力的语气告诉求治者,通过暗示,诱导求治者暴露被压抑的欲望和情感冲突,然后予以疏导。在对救援人员进行心理干预过程中,对心理问题较严重的救援人员,用一般的疏导难以解决,适合用催眠疗法治疗的,可以请有经验的专家结合其他心理疗法进行综合心理干预,往往会达到好的效果。

(6)系统脱敏法

系统脱敏法由美国心理学家沃尔帕首创,运用条件反射使已经形成的不良条件反向逐渐消退。系统脱敏法的理论依据是,某些心理障碍是在有引起焦虑的情境中把中性刺激与焦虑反应相结合而形成的。如果在有引起焦虑刺激的情况下产生一种与焦虑不相容的反应,比如放松、自信等,那么刺激与焦虑反应之间的联系必将减弱。这个相互抑制的过程遵循以下原则:一个人不能同时既紧张又放松,处于完全放松状态时,本来可引起焦虑的刺激也会失去此作用,即对此脱敏。在抢险救灾行动中,由于救援人员面临多种刺激,心理压力非常大,容易引起焦虑情绪。这时,可以运用眼动脱敏再加工等系统脱敏技术帮助救援人员解决一些情绪问题。如让救援人员在头脑中回忆紧张的动作情境,自我诱发紧张情绪,当紧张情绪达到一定强度时,再回忆较轻松愉快的场面,达到用积极情绪取代消极情绪的目的。

第五节　应急救援装备管理

应急救援装备,就是应急救援人员的武器。没有好武器,想打出漂亮仗是很难的。因此,必须对应急救援装备充分了解,正确选择,充分储备,方能在险情到来之时,做到"兵来将挡,水来土掩"。

一、救援装备保障的主要特点

(一)准备仓促

灾害发生往往比较突然,甚至呈现骤发性特征,使得救援装备保障的准备工作受到了种种制约。为了与灾害抢时间、争速度,救援单位往往是一获悉消息或一接到指令就迅速出动,往往做出反应、进行装备准备的时间极为有限;在灾害发生的初始阶段,由于灾害信息比较散乱且模糊不清,救援行动的决心难以完整、系统地确定和下达,救援也要根据逐步探明的灾情逐批投入抢救力量,这也使装备保障因缺少必要的依据而难以筹划组织实施。

(二)任务繁重

应急救援的装备保障任务比较繁重。从内容上看,应急救援行动的装备保障必须要做好物资、器材、技术、运输、卫勤等保障工作。从对象上看,不仅要保障队伍自身行动的需要,有时还要负责加强支援的抢险力量的生活、卫生保障。从方式上看,由于抢救行动往往在多点、多方向同时展开,且任务变换比较频繁,装备保障工作也必须多方向、快节奏地组织实施。这些都无形中增大了装备保障的工作量和工作难度。

(三)手段多样

应急救援的装备保障具有许多不确定的因素。一是遂行任务的力量规模不确定。既有成建制集团作业,也有非建制或多建制的小规模独立行动。二是作业地域不确定。在应急救援过程中,救援行动往往点多、线长、流动性大,很难有固定的作业场所。三是保障的资源筹措及组织渠道不确定。除了救援单位自身组织的保障外,在一些方面还需要依靠地方的保障力量来解决。四是保障的数额不确定。不仅各个方向的作业量不同而导致保障数额不相同,而且地方在保障资源供应上也存在数额不确定的问题,使装备保障难以确定明确的保障标准。基于上述因素,装备保障工作需要灵活地组织实施,要综合运用各种保障手段,才能形成较强的整体保障能力和良好的保障效益。

(四)环境复杂

应急救援装备保障的环境条件非常复杂。一方面,灾区的交通、电力、通信、供水系统往往受到严重破坏,使装备保障工作失去可供利用的基本依托。另一方面,装备保障系统与直接参与抢救行动的救援单位一样,时常受到灾害险情的威胁。如果是在重灾区组织装备保障工作,环境更为恶劣,无论是物资器材的筹措,还是保障手段的施展,都会遇到难以想象的困难。

二、应急物资的种类、选择与维护

应急物资,指用于应急工作的各种物质资料。

(一)应急物资的种类

应急物资有很多种类。根据当前的实际情况,主要可分为以下几类:

1. 工程抢险物资

具体包括电线、电缆、水泥、燃料油、防雨布、木材、钢材、绳索、铁丝、卷尺、标杆等。

2. 消防灭火抢险物资

具体包括各类灭火剂、消防沙、照明材料、燃料油、蓄电池、干电池、消防水带等。

3. 危险化学品处置物资

具体包括化学中和剂、洗消剂等,根据不同的危险化学品,进行相应的配备。

4. 通信与信息物资

具体包括光缆、通信电缆、线杆、防水胶带、移动通信工具充电器等通信物资,及网线、网卡、移动硬盘、移动闪盘、笔记本电池等计算机网络器材。

5. 照明物资

具体包括干电池、充电器、灯泡、高架杆、发电机等。

6. 防洪抢险物资

具体包括编织带、砂石料、绳索等防洪物资。

7. 生活物资

具体包括各类帐篷、雨具、蚊帐、被褥、食品、饮用水等基本生活物资。这些生活物资,因地因时而异。

8. 医疗卫生物资

具体包括医疗急救药品,卫生消毒杀菌药品等。

(二)应急物资的选择与储备

应急物资的选择与储备,应做到以下五点:

1. 种类要全

要充分考虑事故发生的各种情形,可能用到的各种物资都要事先储备,不能"临时抱佛脚"。

2. 数量要足

要对用量认真进行核算,以满足实际需要为度,进行足量储备,宁可略有富余,不可明显不足。

3. 资源共享,优化配置

一些应急物资,具有很强的通用性,不必每个救援组织都按自己所需足量配备,因为这类物资从总体上会出现因长期不用而过期损坏的情况。对此,可以签署互助协议,采用共同出资、有偿使用等方式,进行资源共享,优化储备,达到少钱省地省管理的目的。

特别注意一点:因受限存量不足的,不论通过何种方式,都要保证补给迅速到位。

4. 严把质量关

要从源头上把好物资质量关,以保证物资使用效果。

5. 加强检查与维护

做好应急物资的过程检查与维护,保证随时可用,对于变质、失效、不足的应急物资,及时更换、补充。

(三)应急物资的用途

应急物资,主要有两个用途:一是预备演练之用,二是预备救援之用。应急物资,是应急演练与救援必不可少的。切不能认为,应急物资只是用来救援之用的,在日常应急培训与演练中,也都要适当地选择使用,以加深理解,正确使用,提高实战能力。

三、应急装备的种类

应急装备,指用于应急管理与应急救援的工具、器材、服装、技术力量等。

(一)按照适用性分类

应急装备的种类很多,有的适用性很广,有的则具有很强的专业性。一般可将应急装备分为一般通用性应急装备、特殊专业性应急装备。

一般通用性应急装备主要包括:个体防护装备,如呼吸器、护目镜、安全带等;消防装备,如灭火器、消防锹等;通信装备,如固定电话、移动电话、对讲机等;报警装备,如手摇式报警器、电铃式报警器等。

特殊专业性应急装备，因专业不同而各不相同，可分别称作消火装备、危险品泄漏控制装备、专用通信装备、医疗装备、电力抢险装备等。具体可细分为多种，如：

(1)危险化学品抢险用的防化服，易燃易爆、有毒有害气体监测仪等；

(2)消防人员用的高温避火服、举高车、救生垫等；

(3)医疗抢险用的铲式担架、氧气瓶、救护车等；

(4)水上救生用的救生艇、救生圈、信号枪等；

(5)电工用的绝缘棒、电压表等；

(6)煤矿用的抽风机、抽水机等；

(7)环境监测装备，如水质分析仪、大气分析仪等；

(8)气象监测仪，如风向标、风力计等；

(9)专用通信装备，如卫星电话、车载电话等；

(10)专用信息传送装备，如传真机、无线上网笔记本电脑等。

(二)按照具体功能分类

(1)预测预警装备。具体可分为：监测装备、报警装备、联动控制装备。

(2)个体保护装备。具体可分为：头面部保护装备、眼睛防护装备、听力防护装备、呼吸防护装备、躯体防护装备、手部防护装备、脚部防护装备、坠落防护装备。

(3)通信与信息装备。具体可分为：防爆通信装备、卫星通信装备、信息传输处理装备。

(4)灭火抢险装备。具体可分为：灭火器，消防车，消防炮，消防栓，破拆工具，登高工具，消防照明，救生工具，常压、带压堵漏器材。

(5)医疗救护装备。具体可分为：多功能急救箱、伤员转运装备、现场急救装备。

(6)交通运输装备。如运输车辆、装卸设备等。

(7)工程救援装备。如地下金属管线探测设备、起重设备、推土机、挖掘机等。

(8)应急技术装备。如全球卫星定位系统技术(Global Positioning System，缩写为 GPS)、地理信息系统技术(Geographic Information System，缩写为 GIS)、无火花堵漏技术装备等。

根据遂行应急救援任务的特点，交通部队应急救援装备可选取上述应急装备中的多种，以满足应急救援和抢险所需。

四、应急装备的选择、配备与维护

(一)应急救援装备选购

应急救援装备种类很多，价格差距往往也很大，在选购时，首先要明确需求，从功能上正确选购；其次，要考虑到运用的便捷性，从实用性上进行选购；再次，要保证性能稳定，质量可靠，从耐用性、安全性上选购；最后，是要从价格和维护成本上货比三家，在满足需要的前提下，尽可能少花钱，即从经济性上选购。

(二)应急装备的配备

应急装备的配备，应坚持以下三个原则：

一是依法配备。对法律法规明文要求必备的，必须配备。二是合理配备。对法律法规没做明文要求的，按照预案要求和救援任务实际，合理配备。三是双套配备。应急装备，在使用过程中突然出现故障，这种事情无论从理论上，还是在实际工作中，都会发生。因此，对于一些特殊的应急装备，必须进行双套配置，譬如移动通信话机突然坏了，不能正常进行指挥，怎么办，只有靠备用移动通信工具；譬如空气呼吸器，如果突然出现严重故障，不能正常使用，也不能冒险进入毒气区进行操作。对于应急装备的双套配置，要根据实际全面考虑，既不要怕花钱，也不能一概双套配置，造成过度投入，浪费资金。一个准则:必须保证救援行动不出现严重的中断，不受到严重的影响。

（三）应急装备检查维护

对应急装备，必须经常进行检查，正确维护，保持随时可用的状态，否则，就可能造成装备因维护不当而损坏，同时，会因为装备不能正常使用，而延误事故处置。应急装备的检查维护，必须制度化、规范化。应急装备的维护，主要包括以下两种形式：

1.定期维护

根据说明书的要求，对有明确的维护周期的装备，按照规定的维护周期和项目进行定期维护。如可燃气体监测仪的定期标定、泡沫灭火剂的定期更换、灭火器的定期水压试验等。

2.日常随机维护

对于没有明确维护周期的装备，要按照产品说明书的要求，进行经常性的检查，严格按照规定进行管理。发现异常，及时处理，随时保证装备完好可用。

五、装备保障的任务、方法

（一）物资器材保障

应急救援中的物资器材保障，是后勤、装备保障的一项中心工作，其主要内容可分为三大类。一是人员消耗物资，包括各种给养、被装、医药等。此类物资保障，关系参加应急救援行动的各类人员，在艰苦的抢救作业环境中能否保持充沛体力及旺盛精力，是物资器材保障的重点。二是作业器材，包括小型作业工具、大型施工机械及必要的防护器材，是提高应急救援行动效率的物质保证。三是装备消耗物资，包括油料、车材、机械备件附件等，是救援单位保持持久作业能力的必要条件。组织应急救援中的物资器材保障，关键是要按照救援行动所需物资器材的时间、地点和数量，及时、准确地保障到参与救援作业的单位。

其组织实施的主要方法有：

1.逐级补给

逐级补给，是指按照建制自上而下逐级进行的物资器材补给。这种方法通常是在组织中、大规模灾害的救援行动时采用。由于参与救援行动的救援单位建制较齐全，作业区域相对较固定，各级装备保障体系较完整，地方保障力量较雄厚，使物资器材的保障能够正常地组织实施。在这种情况下，采用逐级补给的保障方法，能够充分发挥各级后勤及地方保障力量的作用，提高物资器材保障的效益。

2.越级补给

越级补给，是指超越中间补给环节而实施的物资器材补给。在应急救援行动中，出现个别救援队远离本部单独执行特殊任务、不同隶属关系的单位在一个作业区执行同一任务等情况，这些情况往往造成中间保障环节受损、保障行动受阻或补给渠道的混乱，常常会出现无法组织正常保障的现象。为了提高保障速度，使保障对象能够及时得到所需的补给而不影响救援作业速度，越级补给是一种行之有效的保障方法。采用这一方法时，要注意搞好协调，防止保障工作出现混乱。

3. 定点补给

定点补给，是指在抢救现场划分若干个保障区域，设立固定场所组织物资器材保障。在一些持续时间较长的救援行动中，后勤部门可以根据救援单位的任务性质及对物资器材保障的要求，设立若干个固定保障点，以作业区为单位组织定点保障。

4. 调剂补给

调剂补给，是指救援单位相互调剂物资器材补给。当物资器材补给一时中断或供不应求时，供给部门可依托上级根据各救援单位物资器材储备数量的情况，在救援单位之间组织调剂补给，以达到相互补充、平衡需求的目的。调剂补给是一种应急性的保障方法，调剂的范围和数量要严格控制，通常在紧急情况下对重要方向和执行特殊任务的救援队伍提供保障时才采用。物资器材保障的组织工作，对于应急救援行动的组织实施至关重要，各级领导应给予高度重视。在物资器材筹措上，应以可能的需要量及消耗数为标准，按照略有余额的要求组织。筹措方法以自备为前提基础，以就地或就近筹措为主要方式，商请地方政府有关部门共同实施。在补给顺序上，应坚持先主要方向后次要方向，先急需的物资器材后一般的物资器材，先一线救援单位后二线救援单位和保障分队。在补给手段上，通常以计划请领为主，紧急情况下组织直达供应，以保证抢救行动不间断。

(二)技术保障

应急救援的技术保障，是指为保证参与救援作业的各类技术装备处于良好的技术状态，并按技术要求而采取的相关措施。技术保障的内容相当广泛，大致可分为检查、使用、保养、维修、管理等内容，但就应急救援的任务需要而言，其实质就是对受损的技术装备组织及时维修。

1. 现地维修

即对受损的技术装备就地组织修理。这种方法对救援单位抢救行动能力的保持具有重要意义，它可以节省拖运修理所需要的时间，使受损的技术装备在短时间得到及时修复。但容易受维修场所、设备等条件的限制，对一些损坏程度较严重的技术装备，难以达到理想的维修效果。

2. 定点维修

定点维修，是指在适当的地点开设修理机构，专门对技术装备进行修理。组织定点维修，可以综合使用修理力量和修理设备，便于组织对大型技术装备和损坏程度比较严重的技术装备的维修工作。维修点的选择可根据救援的任务性质、作业区范围、技术装备的分布及地形、交通情况灵活确定，尽可能地实现就近维修。

3. 巡回维修

巡回维修，是指对参与抢救行动的技术装备所进行的流动性修理。通常由修理分队组成若干个修理小组，到技术装备较为集中的作业区、集结地进行检查、修理。组织巡回维修，应注意把握好时机，以不影响正常的救援作业为宜，通常在作业间隙或驻扎期间组织实施。

应急救援的技术保障，必须周密筹划，统一组织，才能适应快节奏的应急救援行动的需要。一是要充分进行技术保障准备。在某种意义上讲，良好的技术保障决定着救援行动的效果。因此，在遂行应急救援任务时，首先必须在思想上重视技术保障问题，无论行动规模大小，都应把技术保障摆在重要位置，并指定专门机构负责。同时，对参与救援行动的各类技术装备，只要时间和条件许可，应尽可能组织检查、保养、检修、零配件筹措补充等技术准备工作，保证各类装备以良好的技术状态投入抢救行动。二是要灵活运用保障方法和手段。通常情况下，应以现地维修为主，辅之以定点维修和巡回维修。维修时，应尽可能地进行原件修理和换件修理，紧急情况下也可进行拆拼修理，但必须严格控制，慎重实施。三是要加强技术保障的协调工作。装备部门，对所属的技术保障力量应做到统一管理，科学使用，有计划、有组织地开展技术保障工作；要指导所属保障机构相互支持、相互协作，共同完成好技术保障任务；要积极争取地方政府保障力量的支持与配合，提高技术保障能力，保证救援行动的顺利实施。

（三）运输保障

运输保障是后勤保障的重要组成部分。在装备保障活动中，运输保障与物资器材保障、技术保障、卫勤保障等有着密切的联系。其主要内容有：保障救援开进展开及在灾区内的机动需要；运送救灾物资、装备、器材；转移、疏散灾区群众，抢运受灾物资；运送伤病人员等。

应根据灾情性质、部队任务及运输需求、部队及地方运输力量状况和交通情况等，周密地组织实施应急救援的运输保障工作。组织运输保障的基本方法是直达运输和接力运输。

1. 直达运输

直达运输，是将物资或人员直接运输到目的地的运输保障方法，通常在运输距离较短、交通状况良好的情况下采用。如自身具有一定的运输力量，在组织运输保障时，应尽可能地采用直达运输的方法，减少中转环节，提高运输时效。

2. 接力运输

接力运输，是在不便组织直达运输的情况下，进行的分段转运。这种方法既可以运用一种运输方式，也可以运用多种运输方式。在救援行动中，经常出现运输道路受灾害破坏、运输方式受自然条件限制，而救援单位又要作长距离机动的情况，在此情况下，直达运输方式往往无法实施，而接力运输则能较好地实现保障目的。在组织接力运输时，应加强指挥，周密计划，充分发挥整体运输效能，保证各段的运力能适时衔接，防止脱节。必要时，应请求地方运输力量支援，以增强运输能力，加快运输进程，保障抢救行动的顺利实施。

运输保障对救援行动的组织实施有着直接的联系，后勤指挥员必须科学组织，确保顺畅。一是要综合使用运输力量。应急救援行动，运输任务繁重，运输组织复杂，仅靠救援单位建制内的运输力量是难以满足行动需要的，必须以建制和加强的运输力量为基础，积极争取地方运输力量的协同，这样才能使各级运输力量相互配合，各种运输工具相互衔接，依靠整体力量完成运输任务。二是要突出保障重点。通常应把握两个重点，即开进展开阶段，以运送救援人员及作业器材为重点；救援行动实施中，以急需物资的前送和伤病人员的后运为重点。三是要统筹使用运输工具。通常以直达运输为主，必要时组织接力运输。运输组织要统筹计划，充分利用好空中运输工具，提高运输效率。四是要协同有关单位搞好交通保障，重点是搞好交通设施的防护、抢修及交通调整的组织实施。

六、装备保障的基本要求

（一）纳入抢救行动，建立统一指挥

应急救援是包括装备保障在内的整体行动。虽然有的应急救援行动并非要求所有的人员和分队参加，但装备保障工作是不可缺少的。因此，组织任何一次应急救援行动，必须对装备保障实施强有力的指挥，以保证组织好不间断的装备保障工作。救援行动的指挥员和指挥机构，在进行筹划决策和定下行动决心的过程中，必须充分考虑各项保障因素，把装备保障有关工作纳入筹划决策之中，使行动决心建立在相对可靠的装备保障之上，以增强行动的科学性和有效性。同时，各部门之间必须增强应急救援的统一行动意识，密切关注救援行动的进展情

况，以指挥员的决心为导引，适时组织各项装备保障工作。只有这样，应急救援行动的装备保障工作才能真正在统一的指挥下，有计划、有步骤地组织实施。

（二）立足自我保障，争取各方援助

充分发挥后勤部门的组织作用，立足搞好自我保障，是应急救援装备保障工作的根本出发点。因此，后勤部门在平时要加强对应急救援装备保障工作的研究和相关战备物资的储备，确保遇有紧急行动，能够有效组织，从容应对，即要立足按方向预置、按需求储备、按编制保障的要求，配齐应急物资，配强急需装备。根据救援需要和携（运）行标准，带足装备物资，切实做到能够独立保障，能够通过本级调剂解决的不随意向上级申请，把自我保障的潜力用好用足。但是，应急救援行动复杂多变，对装备保障的需求比较庞杂，靠自身的保障力量难以全面解决，这就要求在组织装备保障的过程中，必须积极主动地争取各方援助，以弥补自身保障力量的不足，即要充分发挥体制优势，加强与地方政府、驻军保障机构的协调沟通，建立军警地一体化保障机制，搭建联保平台。在疏通供应渠道、筹措通用物资、提供宿营设施、保障水电气暖和检修装备器材等方面，争取必要的支持，为快速完成应急救援任务提供支撑。

（三）针对行动特点，灵活组织保障

能否在复杂多变的情况下完成保障任务，很大程度上取决于保障方式、方法的可行性。应急救援的装备保障，没有固定的模式和方法，只有与救援行动紧密结合，因地制宜灵活地组织实施，才能取得良好的保障效果。一是要适应救援行动迅速的特点，尽可能实现随伴保障，力争使装备保障与救援行动同步到位，同时展开。二是要适应救援行动点多、线长、面广的特点，综合使用现地保障、定点保障、逐级保障、越级保障及专向保障等多种保障手段，提高整体保障效果。

（四）加强预测分析，提前做好准备

应急救援行动节奏快、变化多，装备保障工作只有加强预测分析，才能高效运转，取得主动权。首先，负责装备保障工作的领导要积极参与应急救援行动的决策与研究当中，及时准确地理解上级意图及对装备保障的要求，使装备保障工作能够站在全局的高度上计划和运作。其次，装备保障工作的领导要准确把握好救援行动各环节的装备保障重点，坚持做到先急后缓，先主后次。如在救援开进展开时，应重点组织运输保障和途中的装备维修保障，确保救援单位顺利到位，快速展开；救援人员投入救援行动后，应重点组织好技术保障和作业器材保障；救援行动持续一段时间后，则应迅速组织给养保障、卫勤保障、装备保养。再次，负责装备保障工作的领导要不间断地预测下一步救援的可能行动，分析研究行动重心转移后对装备保障工作提出的新要求，超前做好各项准备工作，尽最大努力实现主动保障。

第六节　应急急救常识

一、现场急救目标和行动方案

（一）现场急救的定义

普通人从事的现场急救是指意外或急症发生时，在医护人员或救护车未到达前，以一般公认的医学原则为基础，利用现场的人力、物力，对伤病者施行的初步援助及护理。

（二）现场急救的目标

现场急救的目的主要包括：保存生命，防止伤势或病情恶化，促进复原。

(三)现场急救的基本步骤

现场急救的基本程序是:环境安全,基本检查,要求支援,详细检查,安排送医院。

1. 环境安全

急救员为了保障自己、伤病者和旁观者的安全,首先要评估现场的危险性。急救员须迅速了解意外发生的过程,细心聆听旁观者,仔细查看伤者提供的资料。小心留意现场环境,在怀疑有煤气泄漏的现场,切勿按电门铃、使用电话或任何电器及会发出火花的装置。进入现场之前,必须关掉手机。在交通意外中,急救员须确保道路交通已受控制,并关掉汽车发动机,方可进行急救,避免险境。在某些事故现场还要消除危险因素,如用安全方法将伤者与电源隔离,或截断电源后,方可接近触电受伤的伤者。另外,倘若现场仍有危险因素,例如有倒塌或下陷的危险,急救员可在需要的情况下,先将伤者搬离现场,再进行急救。

2. 施行急救时的注意事项

(1)必须保持冷静,以增强伤者信心。

(2)估计伤者人数,决定处理的优先次序。

(3)从伤者的前面接近伤者。

(4)向伤者表明自己是急救员。

(5)在照料年纪小的伤者时,急救员必须先向儿童及其家长或亲人解释,以增加他们对急救员的信心。

(6)如伤者没有呼吸脉搏,而现场只有一名急救员,应先召唤救护车,再返回现场替伤者进行心肺复苏。但如伤者是婴儿,急救员可抱着伤者前往求救。

(7)如非必要,不应给予伤者任何饮食或药物。

3. 判断伤势

急救员应先替伤者进行一次基本检查,判断是否有足以致命的伤势:

(1)检查伤者的清醒程度

可轻轻摇动伤者肩部或呼唤伤者,或向伤者发问"你怎么了?""发生什么事了?"清醒程度可用 AVPU 四个字母作代号来记录:①Awake:全清醒,眼睛开闭自如,能正常地回答问题,各种反正常;②Verbal response:伤病者对声音有反应,能按指令活动;③Painful response:伤病者对声音无反应,对痛楚有反应;④Unresponsive:伤病者对任何刺激都没有反应,眼睛合上(图 5-6)。

(2)判断伤者是否有呼吸

检查伤者呼吸,对无呼吸的伤者进行人工呼吸(图 5-7)。

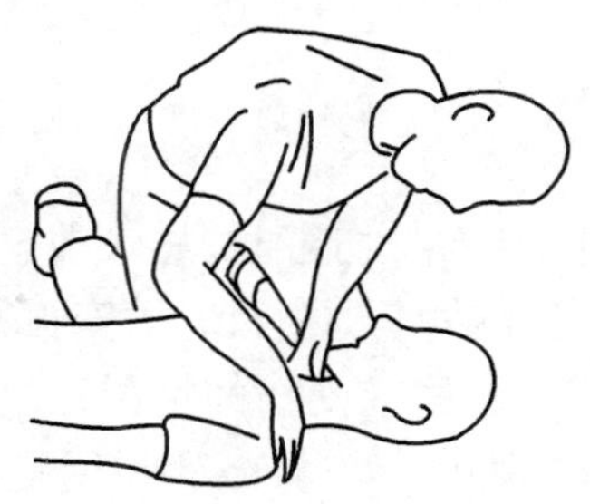

图 5-6 测试伤者的反应

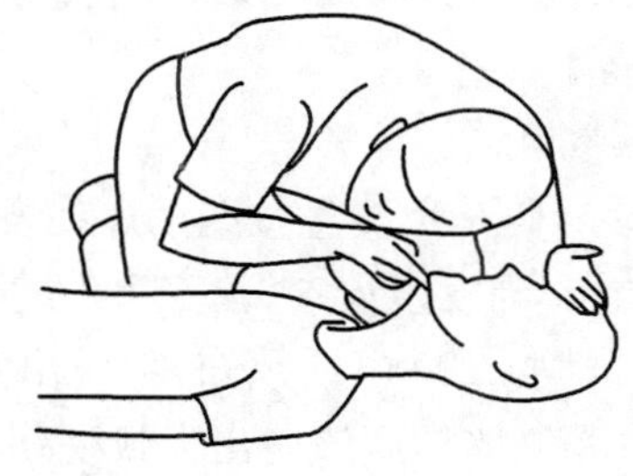

图 5-7 检查呼吸

(3)检查伤者气道是否畅通

留意伤者呼吸是否有杂音,需要时清除伤者口腔内的异物,如呕吐物、痰、血块等。使伤者气道畅通的方法有:①如伤者意识不清,但没有颈椎骨折的可能,可用仰头抬颌的方法畅通气道(图 5-8);②如伤者意识不清,并且怀疑颈椎骨折,急救员应指导旁人协助固定伤者头部及颈椎,并用创伤推颌法畅通气道。

(4)判断伤者是否有脉搏

检查伤者脉搏及观察循环征象(图 5-9)。如无脉搏及循环征象进行心肺复苏法。检查伤者出血情况,进行止血。如伤者意识不清,但有呼吸或脉搏,应立即处理可能危及生命的伤势,然后再将伤者放置成复原卧位,确保气道畅通。

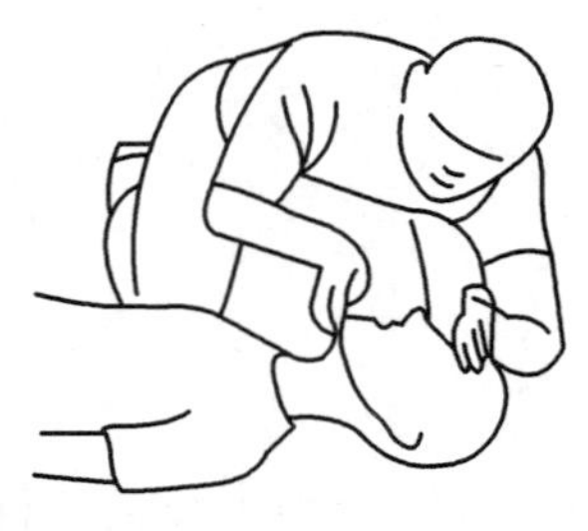

图 5-8　仰头抬颌畅通气道

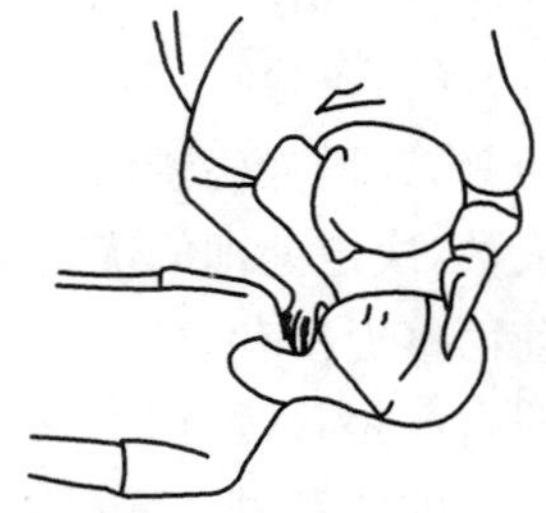

图 5-9　检查颈动脉

以上步骤完成后,检查或处理出血及其他严重伤势。总之,在给伤者做基本检查时,救护人员须凭着视觉、听觉、触觉以及嗅觉去寻找和了解伤者的现病史、症状及体征,以判断伤势的轻重。也可由清醒的伤者或旁人叙述。弄清楚伤者过去或现在患有什么疾病,以便准确处理伤势。急救员应观察现场环境,如交通意外现场,寻找线索。从意识不清的伤者身上寻找有关病历资料,例如药物、医疗卡、病历等。从伤病者的描述中了解伤者的感觉,例如疼痛、口渴、发热、发冷、恶心和麻木等。也可根据伤者描述的症状去检查,例如因伤者述说足踝疼痛而发现足踝肿胀。

4.要求可靠支援

(1)善用旁观者

在进行急救期间,急救员应尽量利用旁观者协助以下工作:

①使现场环境安全,例如帮助指挥交通,维持秩序。

②帮忙疏散其他旁观者,确保伤者的隐私受到尊重,并让伤者有足够的清新空气。

③协助处理伤势,如运用加压包扎法制止伤口出血,固定骨折。

④其他工作,如打求助电话、传递急救用品、安排搬运伤员、引导救护车、安慰伤病者、记录伤病者资料等。

(2)打急救电话

120 电话号码是免费急救电话。在发生意外事件,有人身伤害时,尽快拨打 120 电话,向急救中心呼救。当发生火灾、治安事件、交通事故时,还需拨打火警 119、治安报警 110、交通事故报警 122。拨打 120 电话须知:①说出意外事件类型,发病或受伤的情况;②伤病者所处的明确的地点;③群体伤应该说出大致受伤人数、伤势、性别及年龄分布;④说明发生人身伤亡的特殊情况;⑤告之求助者的联系电话号码;⑥急救员吩咐旁观者打求助电话,并要求旁观者向其汇报。

5. 详细检查和处理规范

(1)详细检查

当优先处理的伤势已经处理妥当,伤者情况稳定下来而救护车仍未抵达时,救护者应为伤者进行一次详细的全身检查,继续找出其他需要治疗的伤势。检查时,从头到脚,从上到下,两侧对比。注意有无出血、疼痛、肿胀或其他异常情况。

为了方便检查,救助者有时需要为伤者脱去衣物、鞋袜,但须尊重伤者的隐私权及减少对伤者不必要的移动。当脱除衣物有困难时,可用剪刀小心剪开。

(2)处理规范

①现场急救避免交叉感染

一般情况下,人的皮肤是一道天然屏障,保护机体不受病毒或细菌入侵。在急救过程中,急救人员可能接触到伤者的体液或血液,如果急救人员的皮肤有伤口,乙型肝炎或艾滋病毒,便可能由皮肤的伤口进入体内。因此在急救时,应遵循以下原则来防止急救员及伤者之间的交叉感染:

a. 洗手。在进行急救前后,急救员应用肥皂来擦洗双手。

b. 遮盖伤口。如果急救员手上皮肤有伤口,必须用防水胶布,如创可贴等来保护。

c. 戴上手套。在接触伤口前,急救员最好戴上橡胶手套,有条件时还可穿上橡胶围裙及戴上护目镜,防止接触伤者的血液或体液,并避免体液溅入眼睛。

d. 减少口对口接触。当急救员施行人工呼吸时,可考虑用各类保护面罩降低跟伤者作口对口接触的概率。

e. 注意避免尖锐物品。当接触到利器和尖锐物品如玻璃碎片时,急救员应特别留意,避免手指受伤。

②脱除衣物

为了方便判断伤势及施行急救,急救员有时需要为伤者脱除衣物,但必须尊重伤者的隐私权及减少对伤者不必要的移动。

脱鞋或靴。提起小腿,轻轻脱去鞋或靴,有时须剪开除去(图 5-10)。

脱袜。小心脱去袜子,必要时剪除(图 5-11)。

脱长裤。拉起裤管,查看到小腿部分。拉下裤腰,可看到腰及大腿部分。必要时将裤管剪开,暴露伤势(图 5-12)。

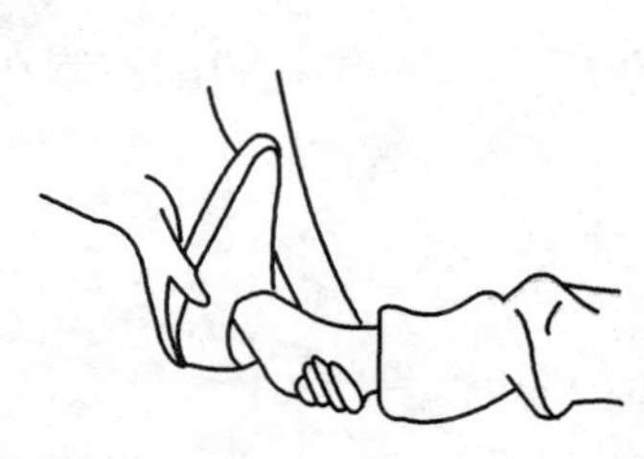

图 5-10 脱鞋

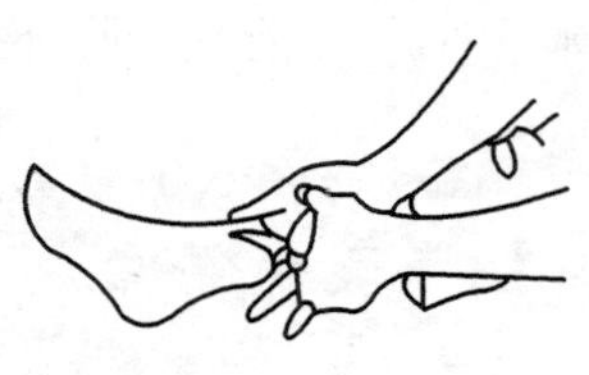

图 5-11 脱袜

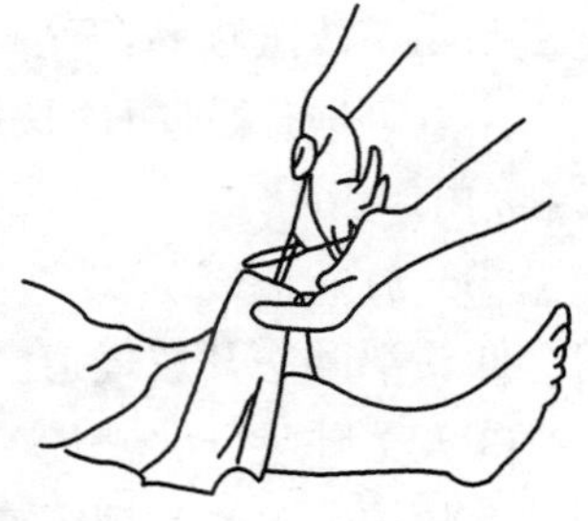

图 5-12 脱长裤

脱外衣或 T 恤衫。扶伤者坐起,把外衣退到肩部,弯曲未受伤的上肢,先除去这一侧的衣袖,再将受伤的手臂上的衣袖脱除(图 5-13)。

卸除头盔。如非必要，不要除下头盔。除非头盔影响呼吸，头部受伤、伤者发生呕吐或因头盔阻碍急救人员进行人工呼吸，应避免卸除头盔。卸除头盔时，必须两人合作(图 5-14、图 5-15)。先由一人从两侧扶稳头盔，另一人松开或剪断扣带；负责剪扣带的急救员把双手放在头盔底部，应注意轻轻把手伸入头盔底部边缘，张开手指，牢牢地托着伤者的后枕及下颚，将伤者的头颈稳定，并保持此姿势直至完全卸除头盔为止；另一人将夹着头部的盔边用力向外掰开，把头盔向上移。如果是面罩式的头盔，要小心地把头盔向后翻起，以免卡住鼻子。最后把头盔向前翻起绕过后枕，小心地除去。

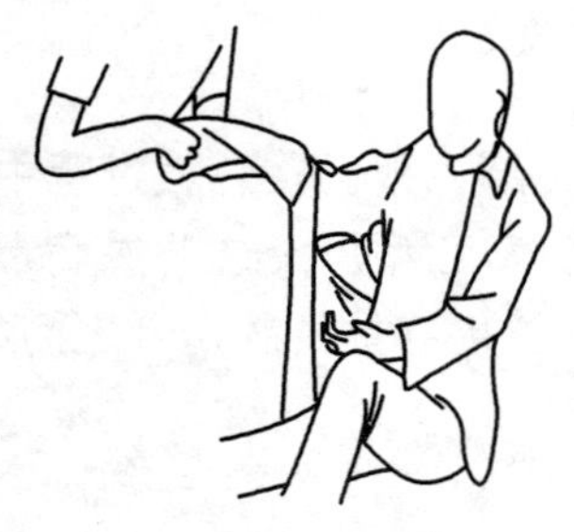

图 5-13 脱外套

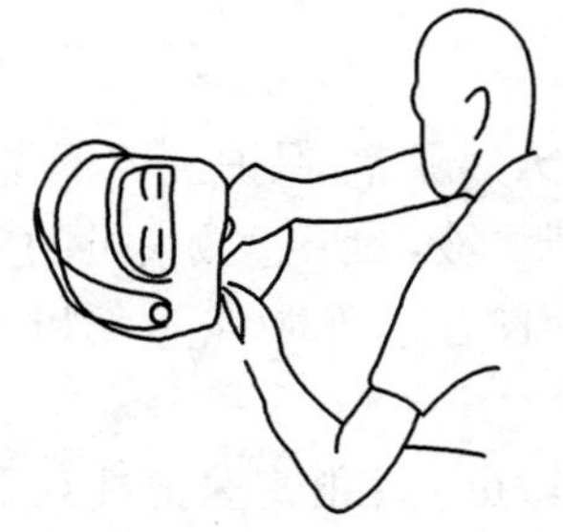

图 5-14 卸除头盔

图 5-15 稳定头颈

二、心肺复苏术

心肺复苏步骤如下：

(1)观察现场环境，口述：现场险情已排除，我已做好自我防护。

(2)检查伤病者反应：先在伤病者耳边呼唤，再轻拍其肩，以试其反应。

(3)检查呼吸：如呼吸或仅有喘息。

(4)心肺复苏 C-A-B。

①胸外按压(C)

按压位置：救护员跪于伤病者一侧，用靠近伤病者下肢的手的中指沿伤病者的一侧肋弓下缘向上滑行，直至中指到达肋骨与胸骨交汇点。将食指靠近中指，即在肋骨与胸骨交点处对胸骨做定位。另一只手的掌根平贴放在伤病者胸骨定位的食指旁。将先前用于定位的手的掌根紧贴放到另一只手的手背上，十指相扣。

按压深度：成人至少 5cm，婴儿和儿童按压深度至少达到胸廓前后径的 1/3，或婴儿 4cm，儿童 5cm。按压频率：至少 100 次/min。

注意事项：保证每次按压后胸廓回弹，尽可能减少胸外按压的中断，尽可能将中断控制在10s 以内。

②开放气道(A)

仰头举颌法开放气道。

③人工呼吸(B)

在救护者未受过训练或经过培训且不熟练的情况下，只单纯进行胸外按压。如果患者极有可能是由于窒息引起心脏骤停，如婴儿、儿童或溺水者，应给以通气，每分钟 8～10 次。按压与吹气比例 30∶2，吹气时暂停胸外按压。

成人、儿童和婴儿心肺复苏步骤总结见表 5-2。

成人、儿童和婴儿心肺复苏步骤总结　　表 5-2

<table>
<tr><td rowspan="2">内容</td><td colspan="3">建议</td></tr>
<tr><td>成人</td><td>儿童</td><td>婴儿</td></tr>
<tr><td rowspan="2">识别</td><td colspan="3">无反应</td></tr>
<tr><td colspan="2">没有呼吸或不能正常呼吸(即仅仅是喘息)</td><td>不呼吸或仅仅是喘息</td></tr>
<tr><td>心肺复苏程序</td><td colspan="3">C-A-B</td></tr>
<tr><td>按压频率</td><td colspan="3">每分钟至少 100 次</td></tr>
<tr><td>按压幅度</td><td>至少 5cm</td><td>至少 1/3 前后径大约 5cm</td><td>至少 1/3 前后径大约 4cm</td></tr>
<tr><td>胸廓回弹</td><td colspan="3">保证每次按压后胸廓回弹,多人施救时每 2min 换人</td></tr>
<tr><td>按压中断</td><td colspan="3">尽可能减少胸外按压的中断,尽可能将中断控制在 10s 以内</td></tr>
<tr><td>气道</td><td colspan="3">仰头提颌法</td></tr>
<tr><td>按压通气比率</td><td>30∶2</td><td colspan="2">单人施救 30∶2;2 名医护人员施救者 15∶2</td></tr>
<tr><td>通气</td><td colspan="3">8～10 次/min,在施救者未经培训或经过培训但不熟练的情况下,可只单纯进行胸外按压</td></tr>
</table>

三、外伤处理与包扎

(一)急救材料的种类和使用原则

急救箱应有适当的物料,应按工作的类别需要配备不同的物料,数量应按人数多少而决定。下面主要描述敷料和止血带的种类和使用原则。

1.敷料的种类

敷料是盖在受伤部位的覆盖物。敷料用以覆盖及保护伤口,防止细菌感染,吸收伤口渗出的液体,并帮助血液凝结,加速止血。理想的敷料必须经过消毒处理,而且质地要柔软和吸水力强等。

(1)临时敷料

临时敷料可以就地取材,清洁的布块、床单及手帕可临时应急。临时敷料需具备 5 个条件:柔软、透气、无黏性、清洁及吸水。一般而言,棉花或厕纸不宜直接作敷料使用,因其纤维易于散落,容易粘在伤口上。

(2)消毒纱布敷料

消毒纱布敷料有不同尺码,适用于大小不同的伤口,应用包装纸密封,确保无菌。如果发现化装纸有任何损坏或渗湿,便不宜使用。它是用几层纱布叠成,柔软且容易折叠出大小不同的方块。

(3)黏性敷料

黏性敷料俗称药水胶布,有不同尺码及形状,适合不同部位或大小的伤口,但多用于处理小伤口。通常黏性敷料已经消毒,并个别独立包装,有些特别的黏性敷料是透明及防水的。使用前应询问伤者是否对胶布敏感。

2.使用敷料的基本原则

(1)尽可能先彻底清洁双手,才在伤口处铺上敷料。

(2)若急救员手部有伤口,应先用防水黏性敷料遮盖好,尽量戴上手套,以防交互感染。(若无手套可用,可指导伤者自己于伤口处铺上敷料,或先用清洁塑料袋代替手套,包裹急救员双手,然后才用敷料处理受伤部位。)

(3)切勿对着伤口及敷料说话,打喷嚏或咳嗽。

(4)若只剩下一块消毒敷料,应先用来遮盖伤口,再用其他清洁的临时敷料加在上面。

(5)避免用手接触伤口或敷料内侧(敷料接触伤口的一面)。

(6)敷料面积应大于伤口,以减少伤口受感染的机会。

(7)敷料应直接放在伤口上,切勿在皮肤上拉扯,以致污染。如敷料滑离伤口,应立即更换。

(8)若敷料渗满血液,亦不应除去,应在上面加另一块敷料。

3.止血带的种类

(1)橡胶止血带:标准的橡胶止血带为1m长的橡胶管。

(2)卡式止血带:由弹性带体两端通过插入式锁卡相连。扣住后拉紧即可。

(3)三角巾止血带:将三角巾折成窄带,然后和搅棒一起即可形成止血带。

(二)绷带卷的使用方法

绷带是用来包扎伤口的布条、布块或带子,一般用纱布、麻布或具弹性的布料制成。急救上常用的有三角绷带(又称三角巾)和绷带卷。在紧急的情况下,可使用布块或衣物作为临时绷带。

1.绷带卷的规格

长带形的,有不同的宽度可供选择。一般上肢选用5cm,下肢选用7.5cm,躯干选用15cm。

2.固定绷带卷的方法

固定绷带卷有多种方法:

(1)将绷带末端塞入前一圈的绷带内。

(2)可以用绷带扣固定绷带末端。

(3)用黏性胶布固定绷带末端。

(4)可用安全别针固定任何绷带卷,使用时要注意不要刺到伤者。

(5)将绷带末端从正中剪开,将剪开的两条绷带网绕伤肢一圈,再打上平结固定,收好带尾。

3.使用绷带卷的一般原则

(1)根据受伤部位可采用适当宽度的绷带卷。

(2)紧握绷带头端,带卷向上,使绷带外面贴于患部敷料上,每次将绷带展开数厘米,小心不要掉下绷带。

(3)开始包扎时带头应在伤肢外侧。

(4)包扎的方向应由内而外,由下而上(关节部位除外),由始至终应保持平稳压力。

(5)将绷带平稳地绕一至二周,使其牢固,然后一周绷带应尽量遮盖上一周的2/3,使绷带边缘保持整齐,最后平绕一周。

(6)包扎完毕后,按照固定绷带卷的方法,在伤肢的外侧,将绷带固定。

4. 绷带包扎的注意事项

(1)包扎前

①应向伤者解释将要做的程序,使伤者放心;②应让伤者近地坐下或躺下;③承托伤肢,如果可以,让伤者自己托着伤处;④尽能面对伤者,从受伤一侧开始扎上绷带。

(2)包扎时

①松紧程度以制止出血及固定敷料为原则,切记不可过紧,以免阻碍血液循环,但也不能过松,影响止血效果。②确保打的结都是平结,减少压力。切勿在骨骼突起地方打结,以免令伤者感到痛楚,最后必须把绷带末端收好,如需要,在结下加上软垫。③固定下肢伤势时,平结或带扣应放在未受伤一侧的前方。若伤者身体两侧都受伤,则结应放在身体中央。④如果四肢,尽量露出手指及脚趾,以便检查血液循环。

(3)包扎后

每隔 10min 检查一次已扎上绷带的肢体的血液循环,确保血液循环正常。

5. 血液循环检查

包扎时如果绷带拉得太紧,会影响血液循环。此外,包扎后的肢体继续肿胀,也会使绷带变得过紧。所以包扎后应即时检查血液循环,以后每隔 10min 检查一次。包扎后如血液循环受阻,应立即松开过紧的绷带,重新包扎。血液循环受影响的症状:①伤者手部或脚部皮肤苍白,若情况持续,皮肤稍后转为灰白或蓝色,可以用没有受伤一侧的肢体做比较。②伤者手部或脚部皮肤变得冰冷。③伤者可能感到刺痛或麻痹。④伤者可能无法活动伤肢。⑤毛细血管再充血时间会延长。检查毛细血管再充血时间时,先压住扎了绷带的手或脚的皮肤或指甲,直至变白,再放松压力。皮肤或指甲应于 2s 内迅速恢复正常颜色。若指甲或皮肤依然呈现白色,即表示绷带扎得太紧(图 5-16)。⑥远端脉搏微弱或消失。

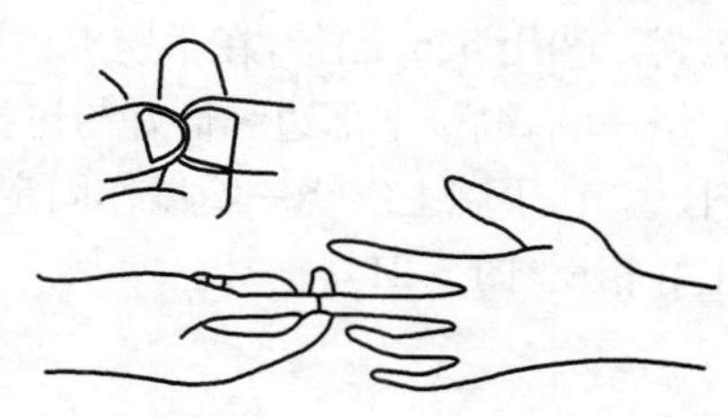

图 5-16　检查毛细血管再充血时间

6. 绷带卷的包扎方法

绷带卷可用于固定敷料,施加压力以制止出血,并可支持扭伤或扯伤的部位。常用方法包括环形包扎、简单螺旋包扎、人字形包扎及 8 字形包扎。

(1)环形包扎法

一般用于肢体粗细相等的部位,如手腕等部位。步骤如下:①在伤口上盖上敷料。②选择适当宽度的绷带(上肢用 5cm,下肢用 7.5cm)。③由内至外缠绕数圈然后固定(图 5-17)。

(2)简单螺旋包扎法

一般用于肢体粗细相差不多的部位,如四肢,躯干等都可采用此方法。步骤如下:①在伤口处盖上敷料。②选择适当宽度的绷带。③在敷料的下方,由内至外缠绕一圈以作固定。④继续斜向往上缠绕,每一圈须遮盖前圈的 2/3。⑤当绷带超过敷料 2cm 处,即可固定(图 5-18)。

(3)人字形包扎法

主要用于肘部和膝部的出血包扎。步骤如下:①在伤口处放上敷料。②选择适当宽度的绷带。③将肘关节或膝关节作 90°弯曲。④绷带放在关节中央,由内至外缠绕一圈以固定敷料。⑤往上绕一圈,遮盖第一圈的上 1/3。再往下绕一圈,遮盖第一圈的下 1/3。⑥再往上缠绕,遮盖第二圈的上 2/3。再往下缠绕,遮盖第三圈的下 2/3。⑦依此法重复 6 回,最后在上臂、大腿或小腿缠绕一圈作固定(图 5-19)。

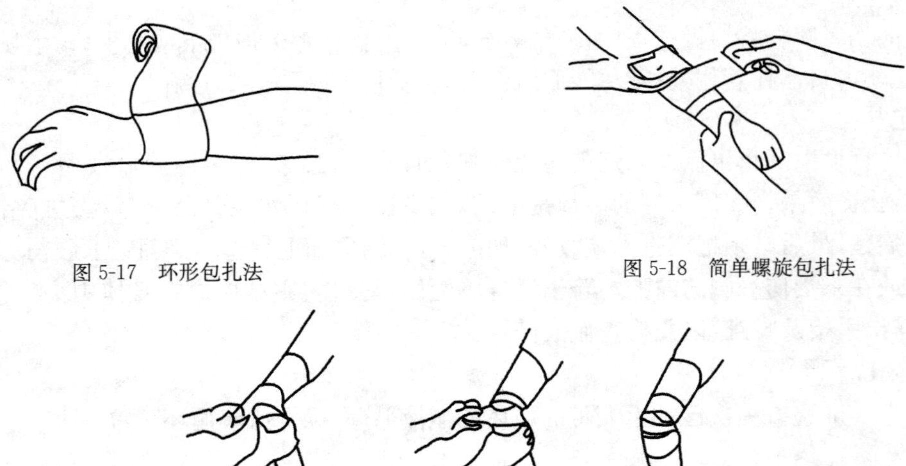

图 5-17　环形包扎法

图 5-18　简单螺旋包扎法

图 5-19　人字形包扎法

(4)8 字形包扎法

主要适用于手部、足踝出血或扭伤的包扎。以手部出血包扎为例,步骤如下:①在伤处放上敷料。②用 5cm 绷带,在手腕上由内至外缠绕一圈以作固定。③往下绕到尾指侧,在四指上缠绕一圈,绷带下部边缘恰好与尾指指甲根部相贴。④再往上用 8 字形包扎,直至完全遮盖敷料。⑤在手腕上缠绕一圈以作固定(图 5-20)。⑥手掌出血包扎法与手背相同,但 8 字形方向正好相反(图 5-21)。

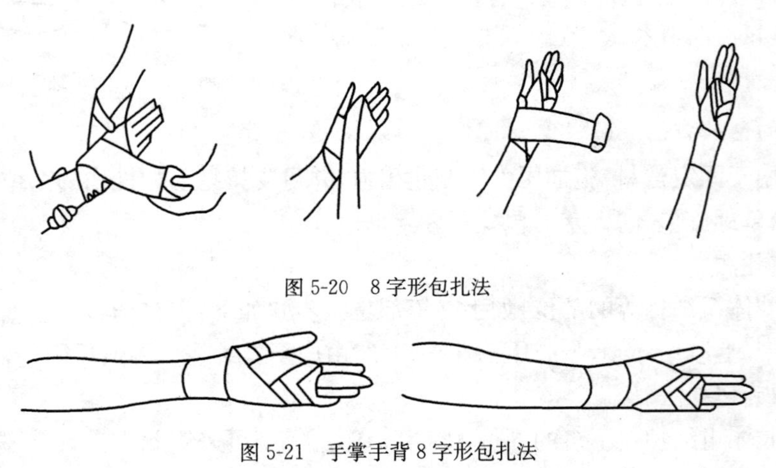

图 5-20　8 字形包扎法

图 5-21　手掌手背 8 字形包扎法

(三)三角巾的使用方法

1. 三角巾的用途

三角巾通常用麻布或棉布制成。将一块面积约一平方米的正方形布块对角剪开,即成为两块三角巾。三角巾的用途包括:①临时敷料。②制成环形垫,用来处理有断骨或有异物的伤口。③做悬带,承托上肢。④可折叠成宽带或窄带,用于承托及固定伤肢,处理手掌掌心出血。将三角巾对折两次即为宽带,对折三次即为窄带。

2.三角巾的包扎方法

(1)头部帽式包扎

主要用于头皮出血。步骤如下:①除去眼镜及头饰。②将三角巾放在伤者头上,盖着敷料,带底向前,置于前额。③将带底向内折起约数厘米,置于眉前方,留意不要遮盖眼眉。④将绷带两端经耳朵向方往后收,在颈后交叉,再绕回前额中央打一平结,将结尾折入带边内。⑤将带尖轻轻拉近后固定或折入带内(图 5-22)。

(2)眼部包扎

眼部包扎用于眼部出血,有异物等的包扎。单眼受伤时最好也将两只眼睛同时都包扎上。步骤如下:①将三角巾折成窄带。②将窄带中央放于枕后。③将三角巾往前盖住眼睛,同侧三角巾盖住同侧眼睛,然后交叉往枕后打结(图 5-23)。

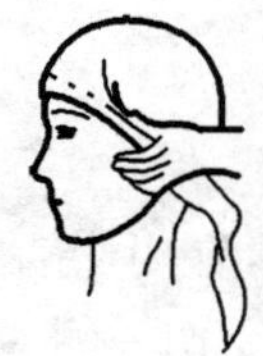
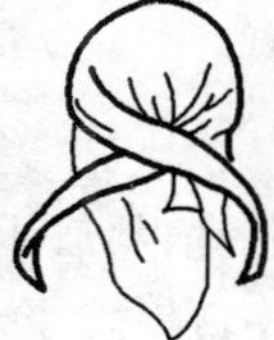
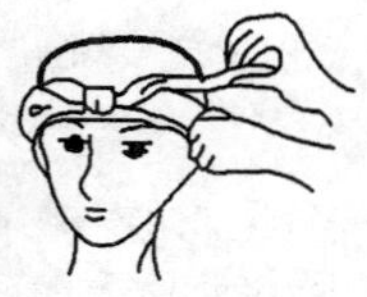
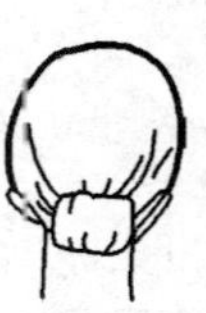

图 5-22 头部帽式包扎

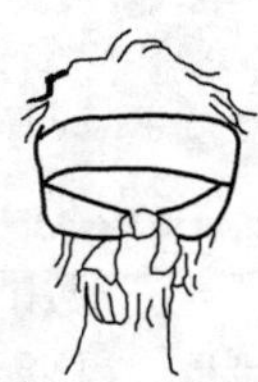

图 5-23 双眼包扎

(3)肩部包扎

用于肩部外伤,出血包扎。步骤如下:①将三角巾折叠成燕尾式,夹角约 90°。②大片压小片,大片放背后,小片在胸前,放于肩上。燕尾夹角对准颈部。③在两侧腋下打结结扎(图 5-24)。④如果是双肩包扎,燕尾夹角约 120°,然后将夹角对准颈后正中,最后在两侧腋下打结(图 5-25)。

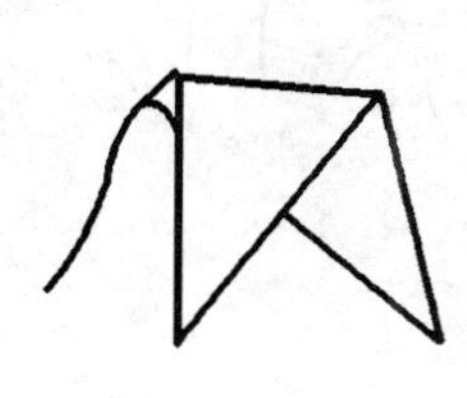

图 5-24 单肩包扎

图 5-25 双肩包扎

(4)胸部包扎

用于胸部外伤或出血包扎。步骤:一侧胸部包扎时,将三角巾底边朝下,顶角置于受伤一侧肩上。两底角在背后打结,然后将顶角与该结打结固定(图 5-26)。

(5)掌心出血包扎

步骤:①以较厚的敷料置于伤者手心,让伤者紧握。②以窄带中央部分横放在伤者手指的第一节上。③将两端绕着手腕内侧,交叉后经手背两侧再返回手指的第一节上,各紧压三指,即两带同时会把中指重复压着。④再将两端向手心方向交叉向下拉,将拳头扎紧。⑤再绕过腕部,在手背一侧打平结(图 5-27)。

(6)大手挂

主要用于前臂和上臂的外伤止血、包扎和固定。步骤:①支持受伤一侧的前臂,手及手腕高于肘部(80°～85°),将三角绷带全幅张开置于臂与胸部之间,带尖伸展至肘部。②将上面的带尾从未受伤的肩部绕过颈后,到受伤一边的肩前。前臂保持原来位置,将下面的带尾向上覆盖手和前臂,然后在锁骨上的凹陷处打结。将带尖向前折,然后扣紧,或将带尖扭紧。③扎好后,须露出尾指指甲,以便观察血液循环是否有阻碍(图5-28)。

图5-26　单胸包扎

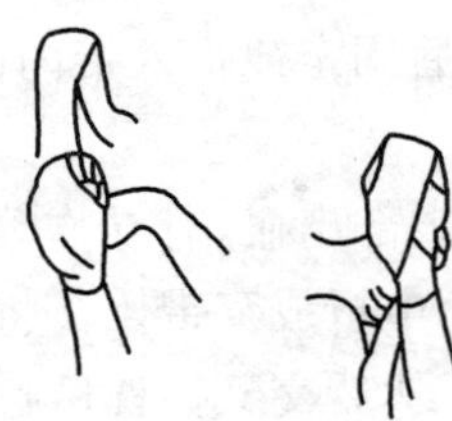
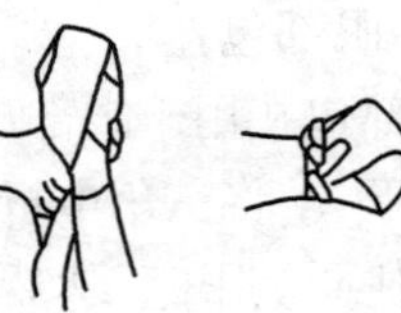

图5-27　掌心出血包扎

(7)小手挂

一般用于手部、肩关节、锁骨的包扎固定。步骤:①将受伤一侧的前斜放于胸前,手指贴着锁骨。②将绷带全幅张开,盖着前臂及手背,带尖则伸向肘后。③将带尾置于未受伤一侧的肩上,前臂仍需保持原有位置。同时,将带尖及底折入前臂内,并将绷带的下端绕过背后,到未受伤一侧的肩膀前面。④小心将悬带整理于适的高度,然后将绷带上下两端在未受伤一侧的锁骨上的凹陷处打结,继将松散的带折入前臂与绷带之间,在上臂下部向后折妥,然后扣紧。⑤检查腕动脉的搏动,以确保血液循环(图5-29)。

图5-28　大手挂

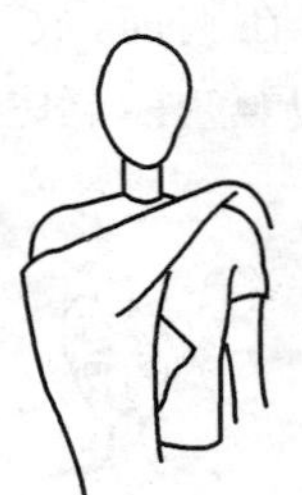
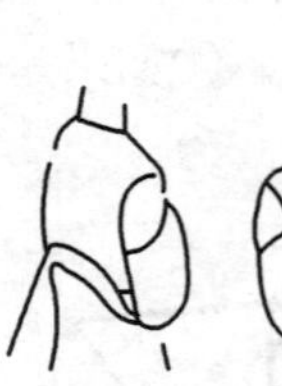
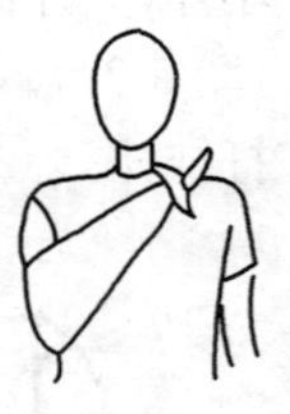

图5-29　小手挂

(四)止血带的使用方法

止血带止血法一般用在控制四肢动脉出血,另外在直接压迫止血法止血无效的情况下也可以使用,但损伤大,可能出现急性肾功能不全等严重并发症。止血带压迫静脉血管,有时会使得出血增多,肢体肿胀,不能常规使用,只用于控制四肢大出血。

扎止血带的部位:选择部位要非常宽,一般在出血部位的近端,尽量靠近伤口,以减少缺血范围。但上臂的中下1/3处,扎止血带,以免损伤桡神经。前臂,小腿不宜上止血带,因有两根长骨,可能使血液阻断不全。

1. 橡胶止血带的使用

步骤:①先用毛巾在伤肢上加以衬垫。②用左手的拇指、食指和中指拿着止血带的一端(短头)置于止血部位。③将另一端(长头)绕伤肢两圈后,再用左手的食指和中指夹住止血带拉出,形成一个又字形的活结(图5-30)。当出血停止,远端摸不到桡动脉搏动时,即达到了止血目的。④再将一个时间标签贴在伤者的身体明显处,写上止血带的时间和放松的时间。

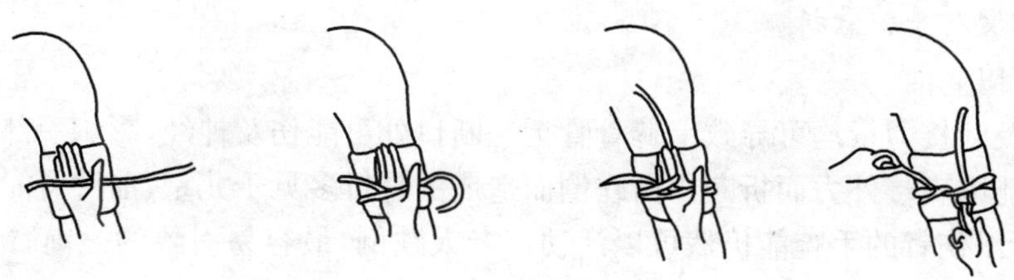

图 5-30　上止血带步骤

2. 三角巾止血带的使用

步骤:①将三角巾折成窄带。②将窄带中央置于止血处,向下绕一圈后在手臂上方打一松结,然后再打一活结。③将一搅棒置于松结下,然后顺时针绕紧,将搅棒的一端插入活结中,拉紧活结。④将结带绕手臂打结整理好。⑤再将一个时间标签贴在伤者的身体明显处,标明上止血带的时间和放松的时间。

3. 扎止血带注意事项

扎止血带需要注意以下事项:①选择有弹性的胶管和布条,不可使用非弹性的绳索和电线。②避免直接勒扎皮肤,应该加以衬垫。③松紧适合,以出血停止、远端摸不到脉搏搏动为准。④上止血带之前将患肢抬高 2～3min。⑤连续使用 60min,放松一次,每次放松 30s～1min。放松时以指压动脉止血法代替。⑥在伤员身体明显处标明扎止血带的时间和放松时间,并向接诊医生交代。⑦需要断肢再植者不宜扎止血带,如果伤者有动脉硬化、糖尿病、慢性肾病等,应慎用止血带。

四、骨折固定和伤员搬运

骨折的急救目标都是固定伤处,安排送院。

(一)常见部位骨折处理

1. 锁骨骨折

锁骨连接胸骨及肩胛,是唯一将上肢连接于躯干的骨骼。当跌倒时,肩部先着地或手掌伸出撑地,外力的间接传导能导致锁骨骨折。锁骨骨折时会出现骨折的一般症状,伤处痛楚,活动时更甚,手臂无力,伤处肿胀,有触痛和变形。伤者常本能地用未受伤一边的手托住肘部,头倾向受伤的一边,使肌肉放松,以减轻痛楚,如图 5-31 所示。

锁骨骨折的处理方法:①使伤者坐下,将受伤一侧的手臂轻轻斜放于胸前。②放软垫于受伤一侧的腋下,用小手挂承托手臂。③用宽带将受伤一侧的手臂连同悬带固定于胸前,可在带结及身体之间放软垫,如图 5-32 所示。④检查受伤一侧手指的感觉、活动和血液循环。⑤送院,注意送院时应让伤者坐着。

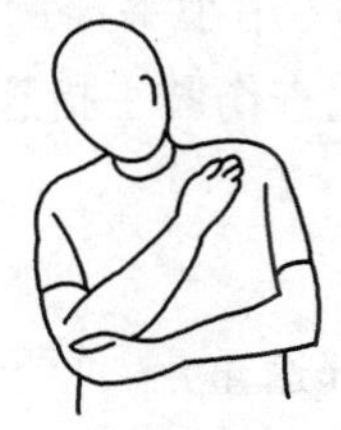

图 5-31　锁骨骨折表现

图 5-32　锁骨骨折固定

2. 上臂、前臂及手腕骨折

(1)肘部可以屈曲

直接撞击及间接力量均可导致上臂骨骨折。断口处可能伤及神经,影响手部感觉及活动。

前臂骨可能因直接外力而折断。由跌倒而造成的骨折多见于儿童,前臂可能变形,但骨折处没有移动,所以伤者的手腕能仍然可以活动。老人跌倒,最容易引致的是前臂近腕部骨折。因为手腕骨折与脱位很难分辨,所以当手腕受伤时应作骨折处理。

骨折时有骨折的一般症状,另外,骨折处十分痛楚,活动时更甚,手臂无力,伤处肿胀,有触痛,渐渐出现瘀伤,伤处变形。处理方法:①让伤者坐下,如伤肢手指麻痹、无力或腕部脉搏消失,轻轻伸直肘部,直至脉搏回复,然后才固定受伤的手臂。②轻轻将前臂横放在胸前,用未受伤的手托住受伤的手臂。③放软垫于受伤部位与身体之间,用大手挂承托受伤的手臂。④将受伤的手臂及悬带用宽带固定于胸前,宽带须避开骨折部位(图 5-33)。⑤检查伤肢手部感觉,活动能力及血液循环,每隔 10min 重复一次。⑥送院时让伤者坐着。

(2)肘部不能屈曲

跌倒时手部先着地,可导致肘部脱位或上臂附近肘部骨折,因为两者很难分辨,所以应当作骨折处理。骨折末端通常会移动,是不稳定的骨折。断骨亦可能伤及附近的血管及神经,形成复杂骨折。伤者会出现骨折的一般症状,肘部僵硬,不能伸直或屈曲,有剧痛,肘部肿胀,伤肢的手指可能出现麻痹,不能活动。腕部脉搏可能消失,肘部变形。

处理方法:①不可强行屈曲或拉直他的手肘。②让伤者仰卧,把受伤的手臂放于躯干旁。③放适量软垫于受伤部位与身体之间,小心承托伤肢及包扎。④用三条宽带把伤肢固定于躯干。第一条置于手腕与髋部,另外两条分别置于骨折部位的上方及下方,避免压住肘部骨折处(图 5-34)。⑤每隔 10min 检查伤肢感觉,活动能力及血液循环。⑥致电 120 召唤救护车。

图 5-33　上肢骨折固定

图 5-34　肘部不能弯曲时的固定方法

3. 手掌及手指骨折

手掌骨折通常因压伤引致,皮肤可能破损。手部骨折的特点是:骨折常常会因为肌肉收缩而移位,手背亦可能因水肿及内出血而严重肿起。手指关节脱位通常因机器扭伤,或手指被撞击所致(例如打篮球或排球),与骨折很难分辨。骨折后手部肿胀,活动困难,有瘀伤,另外还有骨折的一般症状。

处理方法:①让伤者坐下,利用软垫保护受伤的手。②用小手挂承托伤肢,再用宽带将伤肢和悬带固定在胸前,可在带结与身体之间放软垫。③检查伤肢手指感觉,活动能力和血液循环。④送院时应让伤者坐着。

4. 肋骨骨折

肋骨骨折通常是由直接暴力所致(例如在车祸中胸部遭重击,或下跌时胸部着地)。间接暴力如压伤,亦可能引致肋骨骨折。若骨折造成贯穿胸部的创伤,伤者的呼吸可能受到严重影响。如果骨折伤及肺部,伤者会咳出鲜红和带泡沫的血,并可能因内出血而休克,这些情况都属于复杂性肋骨骨折。多处肋骨骨折而造成胸部陷伤,可使局部胸壁失去支撑,导致受伤胸壁于吸气时陷入,呼气时推出,与正常的呼吸动作完全相反。这种对抗性呼吸会使伤者呼吸困难。如果伤者并未出现上述复杂性肋骨骨折或胸部陷伤症状,则可作非复杂性肋骨骨折处理。肋骨骨折时,伤处痛楚,呼吸可能因为痛楚而变得浅速,深呼吸时痛楚更甚,骨折处可能有明显的伤口,亦可能听到空气吸进胸腔的声音,另外还可能咳出鲜红色和有泡沫的血,可能有内出血甚至休克。

处理方法:如果仅是单纯的肋骨骨折,可用大手挂承托伤侧手臂后,将伤者送院;如果是复杂性骨折,则应按下列步骤处理:①如果是有创骨折,立即利用敷料覆盖伤口,用不透气的塑料袋或锡纸等物料盖在敷料上,密封三面,见胸部创伤处理。②把软垫放在胸部与伤侧的手臂之间,用小手挂承托手臂。③让伤者半坐卧,用适当的物料支持背部,使身体略倾向伤侧。④致电 120 召唤救护车。

注意:如果伤者人事不省或呼吸困难,应将伤者置于复原卧位,伤侧向下。

5. 下肢骨折

(1)大腿骨骨折

大腿骨近髋关节处骨折是老年人常见的骨折。通常是骨质疏松引起的病理性骨折。这类骨折通常很少移位,伤者可行走一段时间,才被发现有骨折。大腿骨骨干骨折以年轻人为主,这类骨折需要遭受大力撞击(如交通意外,或由高处坠下)才会导致。大腿骨骨折时除了有骨折的一般症状外,伤肢缩短,脚掌向外翻,可能会导致严重内出血及休克。

处理方法:①让伤者躺下,请旁人协助稳定及支持伤肢,把未受伤的下肢放在受伤的腿旁。②抓着伤肢足踝,将伤者小腿沿着肢体骨骼轴心,轻轻用力拉直,继续支持足踝稳定。③利用人体自然空间(例如膝及足踝下)滑入三条宽带及一条窄带,窄带放在足踝,宽带在膝、大腿骨折的上方及下方。④放软垫于大腿、膝和足踝间。⑤以 8 字形包扎法,先绑紧足踝窄带。继而绑紧膝部和骨折上下的宽带,在未受伤的一边打平结,可在带结处放软垫(图 5-35)。⑥检查足部感觉,脚趾活动能力及足部血液循环。⑦处理休克,给伤者保暖。⑧致电 120 召唤救护车。

(2)小腿及足踝骨折

直接而强大的撞击(如被行驶中汽车撞击)可令小腿骨骨折。由于小腿骨只被皮肤及软组织包着,所以通常是有创骨折。小腿骨有两条,当足踝关节被剧烈扭转时,会造成外侧较弱的一条断裂,常被误认为严重扭伤。伤者可能仍然能够走动,甚至完全不知道自己已骨折。骨折后小腿有伤口,可能露出断骨,小腿或踝部肿胀和变形。

处理方法:①让伤者躺下,用手稳定及支持伤肢。如有需要,可割开裤管,露出伤口以便处理。②把未受伤的下肢放在受伤的腿旁。抓着伤肢足踝,沿着肢体轴心将伤腿轻轻用力拉直,继续支持足踝稳定。③利用人体自然空间,滑入三条宽带及一条窄带,窄带放于足踝,宽带放于膝、小腿骨折的上方及下方,若骨折接近关节,应避免在骨折处绑绷带。④放软垫于膝、小腿及足踝间。⑤先以 8 字形包扎法绑紧足踝,继而绑紧膝及骨折上下的宽带,可在打结处放软垫(图 5-36)。⑥检查足部感觉、活动能力和血液循环。⑦致电 120 召唤救护车。

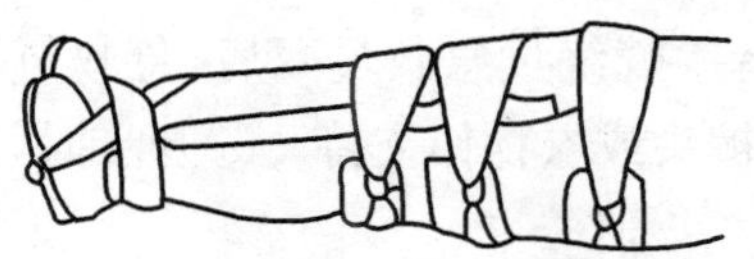

图 5-35　大腿骨骨折固定

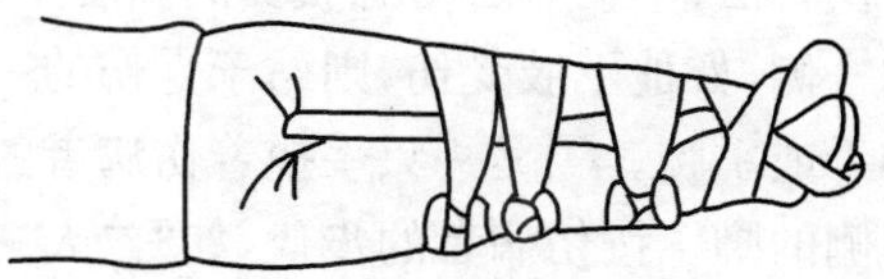

图 5-36　小腿骨折固定

(二)伤员搬运

1.搬运模式及注意事项

所有伤病者必须尽量在现场施救,如现场有危险,则须移送至安全、有遮蔽的地点或医院就医。在运送伤病者前,应先检查他的伤势及施行适当的救治,因为搬运不当会使他的伤病情况加剧或恶化。

(1)搬运的模式

施行紧急搬运的原因有:①现场环境有危险;②伤病者需要更换卧姿,以方便紧急施救。例如将他搬至适宜施行心肺复苏法的平硬地面上;③为免于阻碍对其他伤病者的施救。

搬运伤病者的模式有很多,一般可分为紧急和非紧急的搬运。采用何种方法,要视现场环境,伤病者的伤势及状况决定。亦可考虑现场可供使用的人手和物质,运送的距离及沿途情况等。如意外现场有潜在危险(例如火灾),或环境不适合即时施救,急救人员须尽快将伤者移送至安全地方施救,称之为“紧急搬运”。至于经急救后的搬运,例如将伤者搬至救护车与急救站等,则称之为“非紧急搬运”。

(2)搬运时的注意事项

正确的搬运技巧不但可避免急救人员腰背及关节受伤,更可保持平衡,减少意外跌倒的机会。搬运时须注意以下事项:①先评估伤病者的伤势、体重、所要运送的路程、急救人员的体力及可能遇到的困难,再决定使用哪一种搬运方法。②切勿假设伤病者能自己坐起或站立。③如果没有把握,切勿尝试。④要注意保持平衡,站稳脚步,切忌操之过急。⑤必须保持腰部挺直,使用大腿肌肉力量,避免弯腰。⑥切忌屏住呼吸。⑦尽量动员人手,确定所有人员明白搬运的步骤。

搬运方法分为徒手搬运和使用器材搬运两大类。

2.徒手搬运

徒手搬运使用于紧急抢救或短距离运送。但不适用于怀疑有脊椎受伤的伤者。徒手搬运又分为单人搬运或双人搬运。

(1)单人搬运

单人搬运包括扶行法、背负法、手抱法和拖运法(表5-3)。

单 人 搬 运 表5-3

方　法	适 用 情 形
扶行法	清醒而能够步行的伤者
背负法	清醒及可站立,但不能行走,体重轻的伤者
手抱法	体重较轻的伤者
拖运法	急救人员无足够能力将伤者搬抬时

扶行法:①伤病者与急救员的高度不可相差太远。②如伤病者上肢受伤,应站于他没有受伤的一侧,如他下肢受伤,则站于受伤的一边。③让伤病者手臂绕过急救员双肩,急救员紧握他的手或手腕。④另一只手揽着伤病者的腰部,抓紧他的裤头或衣物作支持。⑤开步时,先移动内侧的脚。按伤病者的步伐,如“二人三足”般前进。

背负法:①背向伤病者蹲下。②双手绕过伤病者的大腿,并抓举自己的裤头,然后慢慢站起来，保持背部挺直。

手抱法：①贴近伤痛者身旁蹲下。一只手臂从伤的腋下绕过他的肩背，环抱躯体。②另一手臂抱紧伤病者双脚，然后抬起。

拖运法：①让伤病者把双臂交叉放于胸前，然后蹲在他的背后。②双手绕过伤者腋下，抓着他的手腕及前臂，用力向后拖行。

(2)双人搬运

双人搬运包括双人扶行法、前后扶持法、双手座和四手座(表5-4)。

双人搬运　表5-4

方　法	适　用　于
双人扶行法	清醒、上肢没有受伤的伤病者
前后扶持法	没有骨折的伤病者，无论清醒程度
双手座	清醒但软弱无力的伤病者
四手座	清醒及能合作的伤病者

双人扶行法：①两名急救员站于伤病者两旁；②技巧与单人扶行法相似。

前后扶持法：如手臂或肩部受伤，不可使用此方法。步骤：①扶伤病者坐起，将他的双臂交叉胸前。②一名急救员在伤者背后蹲下，将双臂从伤者腋下穿过，抓紧他的手腕及前臂。急救员须保持背部挺直。③另一位急救员在伤者腿旁蹲下，将双臂穿过他的两腿近足踝部位，用力抓紧。④两名急救员一同慢慢站起前进。

双手座：①两名急救员分别蹲在伤病者两旁，各伸出一手在伤病者背后交叉，然后抓着伤病者裤头。②其余两手在伤病者的大腿下，互扣手腕。③尽量将身体贴近伤者，保持背部挺直，慢慢站起，然后一齐起步，外脚先行。

四手座：①两名急救员分别蹲在伤病者两旁，在伤病者的背后各自以右手紧握自己的左腕，然后用左手紧握对方的右腕。②让伤病者两手环绕两名急救员的肩膀，然后坐在手座上。③尽量将身体贴近伤者，保持背部挺直，慢慢站起，然后一齐起步，外脚先行。

3. 器械搬运

使用器材搬运伤病者，不但可使伤病者较舒适，而且保护性亦较强，对于可能有脊椎受伤或肢体骨折的伤病者尤其重要。使用器材搬运伤者至救护车时，有以下五个步骤：①选择合适的搬运器材及路线。②预备担架。③搬运伤病者上担架。④安全运送伤病者。⑤固定担架于救护车上。

常用的搬运器材有很多，分别适用于不同的伤者：①救护车抬床适用于所有伤者。特点为：有轮、可调高度、可调为坐卧式、有床栏及安全带、较笨重。②救护车轮椅适用于清醒及能合作的伤病者，且没有脊椎及下肢骨折。特点：可折叠携带、有轮，可于电梯或楼梯上使用。③折叠担架多为救护车的后备抬床，适用于没有脊椎创伤者。特点：有轮或无轮；可折叠收藏；较轻便；软底，不可施行心肺复苏术。④伸缩担架适用于骨盆骨折或大腿骨折等。特点：可折叠携带；搬运时，能有效减少不必要的移动；只适宜把伤者由地上抬至床上，不适宜用作抬床搬运。⑤长脊板适用于创伤伤者，脊椎受伤和紧急搬运。特点：硬底；由木板制造；配有安全带或安全扣，头部固定器。

选择搬运器材时分为两种情形来考虑：一种是无脊椎受伤，选择器材时最主要是考虑运送路途的长短及路面情况：如果路途平坦，可选用有轮运输工具，如救护车抬床或救护车轮椅；如果路途狭窄或弯曲，或需从狭窄空间里抬出伤者，可选用长脊板、伸缩担架或救护车轮椅；如果运送时需上楼梯或使用扶手电梯，应使用救护车轮椅；如果运送时需用直升机拯救或在野外运送伤者，应使用篮床。另一种是怀疑伤者有脊椎受伤或已经脊椎受伤。选择器材时，不仅要考虑运送器材能够提供平直的颈背支持，而且须考虑伤者所处的位置及姿势。如果伤者卧在地上，可使用长脊板或伸缩担架搬运。长脊板可直接将伤者搬至救护车，但若使用伸缩担架，要将伤者搬运至抬床上，方可作较长程运送。如果伤者被发现时处于坐卧姿势，须先使用解救套将伤者稳固，始可搬运，并移至长脊板或抬床上。如果需要用直升机拯救，须将伤病者固定于长脊板上，并置于篮床内，方可搬运。下面简单介绍两种较常用的搬运器材的使用方法及搬运步骤：

(1)救护车轮椅

救护车轮椅是一种可推动或抬起伤病者的手提式折叠椅，适用于狭窄环境如楼梯间、电梯等不能使用抬床的地方。救护车轮椅只用作接载病人往返救护车。到达救护车后，须根据受伤或疾病的性质，将伤病者转移到抬床或座位上。注意：有些伤病者应该使用抬床运送，不应使用轮椅，如下肢骨折、人事不省或心脏病突发的伤者。

救护车轮椅的使用方法：①把轮椅打开，用力按压座位，以测试轮椅是否稳固。②将毛毯铺在轮椅上。③急救员站在轮椅的后面，协助伤病者坐下，将伤病者双臂交叉，双脚放于脚踏上，盖好毛毯，再用安全带将他绑紧。④将轮椅后倾，然后向前推动。若需绕过弯角或越过障碍物，应把轮椅向后拉，椅背先行。⑤如需上台阶，应将轮椅尽量向后倾，请协助者提着轮椅脚踏旁的把手，将轮椅抬起。靠近椅背的急救员应在上方。使用救护车轮椅时，必须确保任何时候均紧握轮椅，移动轮椅前先通知伤者，使用正确的提举方法。切勿让伤病者独自留在椅上，无人照顾；切勿在不平坦、松软或崎岖的地面推动轮椅，可将整张轮椅抬起。

(2)担架

担架的使用原则：①定期检查担架是否破损。②测试担架是否稳固及足以承托伤病者。③应先向清醒的伤病者解释每一个步骤。④使用安全带固定伤病者。

标准担架：一般为两折或四折的软底床，配有安全带。张开折叠式担架步骤：①将担架侧放，解开安全带，用力将担架拉开。②将两横杆拉直卡紧。用脚踩担架向外突出的横杆，令其张开。

折叠担架步骤：①将担架侧放，用脚踢松两条横杆。②将抬杆并在一起，从横杆中间拉出帆布，整齐地折向抬杆。

把伤病者抬上担架需按下列操作进行：标准的搬运方法需要有四名急救员，注意重力提举的原则。如没有毛毯，或不足四人搬运，可使用前后扶持法。若怀疑伤病者有脊椎骨折，切勿将伤者抬起。①将病人抬上抬下担架，至少需要3～4人。②一人用手托住病人的头部、肩部，两人用手托住：腰部、臀部、膝部、腿部，三人同时将病人抬起，轻轻放在担架上或从担架上移到病床上。③抬担架的人脚步要协调，行动要一致，平稳前进。④上下楼梯或台阶，担架始终应保持平稳。注意把下肢严重受伤的伤者抬下楼梯或斜坡时，应该头部先行。搬运时，切勿让中风或脑受压的伤病者头部低于脚部。上救护车或进入急症室时，应头部先行。

另外，为了抢救脊椎骨折伤者的生命，须将其从俯卧位变成仰卧位时，例如腹部大出血威胁生命时，需使用徒手滚动将伤者改变成仰卧位，步骤如下：①最理想是有6名急救员一起进行。②应保持头部、躯干及下肢呈一条直线。③一人继续支持伤者头部并负责发出指令，其他人轻轻拉直伤者肢体。④如滚圆木般将伤者翻转(图 5-37)。⑤可使用同样技巧将伤者翻至担架上。

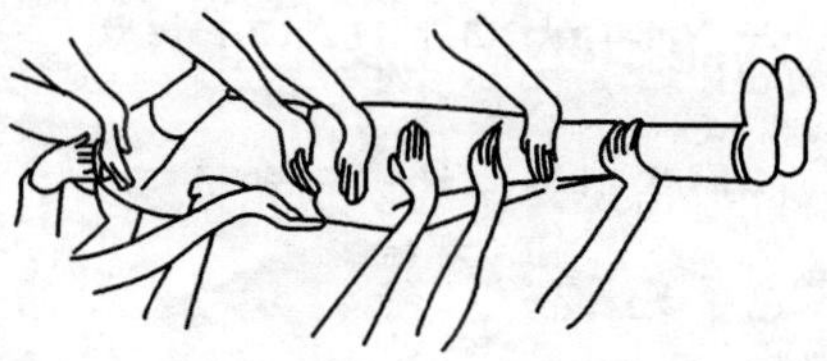

图 5-37　徒手圆木滚动法

五、灾害现场急救要点

(一)地震现场救人要点

(1)时间要快、目标准确。无论被埋压者是你的亲人、朋友还是邻居,要先近后远,不要舍近求远。

(2)先易后难,先救青壮年和医务人员,这样可以迅速壮大互救队伍。

(3)先救“生”,后救“人”,即先维持人体的生命,再想办法将人完全救出来。

(4)急救方法要恰当。

①通过听、呼、问及根据建筑物结构特点,判断被埋人员的位置,特别是头部方位,在开挖施救中,最好用手拨,不可用利器刨挖。

②对伤势严重,不能自行出来者,不得强拉硬拖,应设法暴露全身,查明伤情,施行包扎固定或急救。

③挖掘时应保护支撑物,清除埋压物,保护被压埋者赖以生存的空间不遭覆压。

④清除压埋物及钻凿、分割时,有条件的要泼水,以防伤员呛闷而死。

⑤对暂时无力救出的伤员,要使废墟下面的空间保护通风,递送食品,静等时机再进行营救。

(二)火灾现场急救

(1)急救人员做好防护后进入现场。

(2)若人身上着火,应迅速扑灭身上的火焰。

(3)注意观察伤员的呼吸、脉搏,必要时进行人工呼吸。

(4)搬运伤员要动作轻柔、平稳,尽量不要拖拉、滚动,以免加重皮肤损伤。

(三)洪水现场救护

(1)注意自身安全,若无救护知识,应留在岸上,试用救生圈、竹竿、绳等在岸上救援。

(2)对已无呼吸的溺水者,救护者可站在水中,将溺水者口鼻露出水面,进行口对口人工呼吸。

(3)救上岸后,若溺水者清醒,给予保暖和热饮;若不清醒,但有呼吸,将其置于复原卧位,若无呼吸,则需进行心肺复苏。

(4)呼叫 120,送医院治疗。

(5)洪水引起房屋倒塌造成创伤的救护,参见创伤的识别及处理。

(四)泥石流的现场救护

(1)泥石流发生后,若有人被埋,应在泥石流停止后迅速挖掘、抢救。

(2)创伤和心脏骤停的处理详见有关内容。

(3)若有道路被滑坡堵塞,应迅速报告养路部门,并在距出事地点 500m 左右处树立警告牌,以免引发新的滑坡,造成人员伤亡。

六、创伤的识别及处理

(一)常见外伤的识别和处理

1. 常见外伤

(1)割伤

割伤伤口多半较为整齐。出血情形较多。严重割伤会深入肌肉、肌腱、神经等。可能伴随严重出血,应止血和预防休克。浅的伤口用温开水或生理盐水冲洗拭干后,以碘酒或酒精消毒、止血,外用创可贴包扎即可,一般都能较快痊愈。对较深的伤口,应立即压迫止血,速到医院进行清创术,视伤情进行缝合修补等。刀伤伤口不可涂抹软膏之类的药物,否则伤口难愈合。

(2)穿刺伤

穿刺伤应依穿刺物的大小决定伤口的大小。流血少但伤口可能较深,可能伤及内部器官。伤口表面有异物,可用自来水冲走。穿刺物不可随便拔除,否则细菌会被带往伤口深处而引起感染。

一般应将异物取出,但嵌入太深时,切勿试图清除。可在异物两旁加上敷料施压,并抬高患肢,用绷带卷或环形垫围起,垫料高过异物,在四周用绷带包扎后送医院。

对于小的刺伤,宜先将伤口消毒干净,用经灭菌过的针及镊子,将异物取出,再消毒后包扎伤口。对伤口小、出血少者,宜在伤口挤压出一些血液比较好。指甲的刺伤不易处理,一般可先将指甲剪成V形口,将刺拔出,或到医院处理。若被针、金属片等刺伤而留于体内,应到医院在X光下取出。深的伤口可能存深部重要组织损伤,需到医院详细检查后,再做处理。穿刺伤常并发感染,可予抗炎药物治疗。不洁物的刺伤,如锈钉等要预防破伤风的发生,需肌肉注射破伤风抗毒素。

(3)裂伤

裂伤因机器挤压或动物撕抓造成,伤口为不规则形状,皮肤组织受损程度较大,伤口容易受细菌感染。施救时必须要清洗伤口。断裂伤因组织离开身体常伴有大量出血,应止血和预防休克及感染。断肢应妥当处理,伤者于6~8h内送达医院。

(4)擦伤

擦伤是因皮肤被摩擦而引起的伤口,会有灼烫感觉。施救时可用水冲洗。

(5)挤压伤

挤压伤常见于手、脚被钝性物体如砖头、石块、门窗、机器或车辆等暴力挤压所致。爆炸冲击所致的挤压伤常常伤及内脏,造成出血、肺及肝脾破裂等。更严重的挤压伤是土方、石块的压埋伤,这种伤常引起身体一系列的病理改变,甚至引起肾功能衰竭,称为“挤压综合征”。根据挤压伤的部位不同和程度轻重,处理的方法亦不同。

2. 外伤的急救目标和一般处理原则

外伤的急救目标包括:制止出血、防止伤口受感染和帮助伤口愈合。外伤的处理方法和注意事项:①戴上胶手套,避免直接接触伤口及血液。②在光线充足和干净的环境下进行。③对大量出血的患者,宜首先采取止血方法;对切割伤、四肢小的刺伤等小伤口,若能挤出少量血液反而能排出细菌和尘垢;对伤口宜用清洁的水洗净,对无法彻底清洁的伤口,须用清洁的布覆盖其表面,不可直接用棉花、卫生纸覆盖。④安排医疗援助,接受破伤风疫苗注射。

3. 出血的急救处理

(1)一般外伤出血处理

外伤出血的临床表现有两种:动脉出血是由于动脉血管内压力较高,所以出血时呈泉涌、搏动性,尤其是大的动脉血管破裂,血液呈喷射状,颜色鲜红,常在短时内造成大量失血,易引起生命危险;静脉出血是出血时缓缓不断地外流,呈紫红色。如大静脉出血,往往受呼吸运动的影响,吸气时流出较缓,呼气时流出较快;毛细血管出血时,血液成水珠样流出,多能自动凝固止血。需特别注意的是,在外伤出血急救时,为防止大出血,不要将刺伤物随意拔出。

①具体急救办法

指压止血法:在伤口的上方,即近心端,找到跳动的血管,用手指紧紧压住,这是紧急的临时止血法,与此同时,应准备材料换用其他止血方法。采用此法,救护人必须熟悉各部位血管出血的压迫点。

面部出血:用拇指压迫下颌角与颌结节之间的面动脉。

前头部出血:压迫耳前下颌关节上方的颞动脉。

后头部出血:压住耳后突起下面稍外侧的耳后动脉。

腋窝和肩部出血:在锁骨上凹,胸锁乳突肌外缘向下内后方,对准第一肋骨,压住锁骨下动脉。

前臂出血:在上臂肱二头肌内侧沟处,施以压力,将肱动脉压于肱骨上。

手掌和手背出血:在腕关节内,即通常测脉搏的位置,压住跳动的桡动脉。

手指出血:用健侧的手指,使劲捏住伤手的手指根部,即可止血。

大腿出血:屈起其大腿,使肌肉放松,用大拇指压住股动脉的压点(在大腿根部的腹股沟中点),用力向后压,为增强压力,另一手的拇指可重叠压力。

足部出血:在踝关节下侧,足背跳动的地方.用手指紧紧压住。

加压包扎止血法:用消毒的纱布、棉布做成软垫放在伤口上,再用力加以包扎,以增大压力达到止血的目的。此法应用普遍,效果也佳。

②常用止血法

加压包扎法:较小伤口,出血易于凝结,在伤口部盖上消毒敷料,然后用三角巾或绷带加压包扎。

指压止血法:多用于动脉止血。即用手指将出血动脉的近心脏端,用力压向其相对的骨面,以阻断血液来源而达到临时止血的目的。

止血带止血法:常用于肢体较大部位的血管出血,可用止血带(橡皮带或其他代用品),缚扎于出血部位的近心脏端。应用止血带,首先在止血带部位用三角巾、毛巾等软物作为衬垫包绕,然后将伤肢抬高,扎紧止血带,其松紧度以能压住动脉血流为原则,缚后需要定时松解,以免造成肢体缺血和神经麻痹等并发症。上肢应每隔 20～30min,下肢应每隔 45～60min 放松一次,使用止血带的过程必须记录止血带的部位和止血时间。

③常用包扎法

包扎有保护伤口、减少感染机会、压迫止血、固定骨折和减少伤痛的作用,是损伤急救的主要技术之一。包扎常用的材料有绷带、三角巾等,亦可用毛巾、衣物等代替。

环形包扎法:常用于肢体较小部位的包扎,或用于其他包扎法的开始和终结。包扎时打开绷带卷，把绷带斜放在伤肢上，用手压住，将绷带绕肢体包扎一周后，再将带头和一个小角反折过来，然后继续绕圈包扎，第二圈盖住第一圈，包扎 3～4 圈即可。

螺旋包扎法：绷带卷斜行缠绕，每卷压着前面的 1/2 或 1/3。此法多用于肢体粗细差别不大的部位。

反折螺旋包扎法：做螺旋包扎时，用拇指压住绷带上方，将其反折向下，压住前一圈的 1/2 或 1/3，多用于肢体粗细相差较大的部位。

“8”字包扎法：多用于关节部位的包扎。在关节上方开始做环形包扎数圈，然后将绷带斜行缠绕，一圈在关节下缠绕，两圈在关节凹面交叉，反复进行，每圈压过前一圈 1/2 或 1/3。

(2)特殊部位的出血处理

①耳出血

耳出血常见原因有：异物插入耳内；压力的伤害，如爆炸、跳水、潜水致耳膜破裂；头部受伤致颅骨骨折。

耳出血可伴有耳痛和短暂失聪。若伴有颅骨破裂时，血中常混有脑脊髓液，血水状，不能凝结。

耳出血的处理方法和注意事项：不要塞着耳孔，并让血水流出；保持半坐姿势，头倾向出血的一边；用敷料垫着伤侧的耳朵；留意伤者的清醒程度；安排紧急送院。

②鼻出血

鼻出血的原因多：鼻孔内血管破裂，血压过高或受过撞击，头部受伤。

鼻出血的处理方法和注意事项：使伤者坐下，头前倾，解松衣领；用口呼吸，捏紧鼻骨下柔软部位约 10min，放松后未止血，再捏 10min；止血后不可用手挖鼻或捏鼻；20min 不能止血或有头部受伤病征，应寻求医援。

③头皮出血

头皮出血具有出血量大的特点，出血严重可出现休克，可能伴有颅骨骨折或颅内出血。

急救的目标包括：减少出血(按一般出血处理)；密切观察伤者清醒程度；迅速安排送院。

(3)挤压伤的处理

挤压伤的急救目标：安全情况下移去重物、处理创伤和寻求医疗援助。

挤压伤的处理原则：协助将重物移开(如无把握切勿尝试。注意：若伤者受压超过 10min，获得医疗援助前，不可把重物移开)；注意提举重物原则；处理出血及骨折；尽快寻求医疗援助。

人体肌肉组织承受缺血限度：1.5h 内，可完全恢复；4h，肌肉结构及功能损害且无法恢复；7h 后，肌肉坏死，只能被迫截肢；对于被压伤或动弹不得 4h 以上的伤员，要有高度的警觉，早期发现并积极治疗。

抢救被掩埋在废墟下生还者的有效办法是：

救出之前，让被救援者大量喝水或者输液(葡萄糖酸钙等)以补充体液；如果肢体长时间被压迫已经麻痹，在送往医院前最好将肢体结扎，但如果长时间(超过 1.5h)不能送到医院，就不要采取这种办法；如果肌肉坏死引起肢体压力增高，可以将肢体肌肉组织切开后再送走；尽快送到能够进行血液透析的医院，对于重症患者这是治疗的唯一办法。

(4)其他常见部位外伤

①胸部外伤

胸部外伤常可导致胸腔出血或肺部积血；胸膜刺穿，致使空气进入胸腔，形成气胸；胸部外伤严重者短时间内可导致死亡。肺膜刺穿患者伤口处会有带气泡的鲜血流出，并伴有呼吸困难和呼吸浅速，伤者嘴唇、指甲和皮肤可因缺氧呈紫蓝色，伤口可出现肿胀，按下有枯叶碎裂声，伴有肋骨骨折者，可见到胸部变形。

急救目标包括：防止空气从伤口进入胸腔，迅速安排送院。

现场处理方法包括：迅速用手掌按压封闭伤口；用干净敷料覆盖伤口；盖上不透气物料，并用胶布封住物料的三边（留空向下不封）；让伤者呈半卧位（侧向受伤一边）。

②腹部外伤

刺穿性腹部外伤可见有明显伤口，并可能伴有腹内器官穿孔或裂伤，严重者甚至发生肠管外露，易导致细菌感染。伤及大血管者则会引起大量出血，甚至死亡。压伤性腹部外伤，腹部可见有瘀痕，并常出现腹胀、腹痛等症状。腹腔器官破裂出血者，可出现脉搏急速、面色苍白，甚至昏迷。

急救目标包括：迅速包扎伤口，减少受感染机会；迅速安排送院。

现场处理方法包括：仰卧伤者，屈起双膝；用干净敷料覆盖伤口（如内脏露出，不可触摸或推回内脏，用保鲜膜或湿的敷料覆盖）。

③眼部外伤

眼外伤在致盲原因中占有重要地位。眼组织遭到破坏后不易修复或重建，视功能的破坏往往难以避免，严重时会引起失明。眼部外伤常出现：眼睛剧痛、伴有充血，流出血液或清澈液体，眼球周围可见有瘀血，甚至残留异物。急救目标包括：防止伤势恶化；尽快送院治疗。

现场处理方法包括：让伤者仰卧，保持头部稳定；切勿移去嵌在眼内异物；用敷料覆盖受伤的眼睛，减少眼球活动；送院治疗。

眼部烧灼伤是常见的眼外伤，可由强酸、强碱，高热的蒸汽或液体等冲溅眼部而发生。后果严重，应及时处理。处理方法如下：

当眼遭到酸碱等化学物质灼伤后，在现场的人员应立即用大量清水（井水、河水、自来水）将患眼冲洗，越快越好，越彻底越好。如结膜囊内有固体化学物质，用镊子或棉签将其取出后再冲洗。局部涂用抗生素眼膏，每日 4～6 次。伤势较重者用 1%阿托品药水或眼膏扩瞳，每日 2～3 次。严重病例，特别是有球结膜苍白和坏死现象时，应做结膜下冲洗。对角膜、结膜有大面积坏死且伴有严重刺激症状者，应予以口服激素类药物。

④断肢

创伤可使肢体如手指、脚趾或四肢部分全部切断。现代医疗科技和显微外科手术使断肢可以再植，而时间和断肢伤口的情况对再植成功与否非常重要。

断肢的急救目标是减少伤者失血，保断肢，尽快寻求医疗援助。

处理方法：用敷料遮盖伤口；施行直接加压法和抬高伤肢；寻找断肢；不可清洗断肢；先将断肢用保鲜袋或清洁袋包裹，再放入一个放满碎冰的容器，低温有助保存断肢；不要让断肢直接接触冰块或水；将断肢与伤者一起尽快送院。

⑤开放性创伤的常用药物

a. 70%～75%酒精溶液。常用于皮肤消毒，不宜直接涂于伤口。

b. 医用碘伏。常见的浓度是 1%，用于皮肤的消毒治疗，可直接涂擦；稀释两倍可用于口腔炎漱口；0.3%～0.5%的碘伏用于外科手术中手和其他部位皮肤的消毒。

c. 0.9%氯化钠溶液（生理盐水）。有抑制细菌的作用，对组织没有刺激，可用于清洗伤口。

(二)常见闭合性损伤的识别和处理

1. 常见闭合性损伤

(1)挫伤

挫伤一般由钝物打击造成，通常为闭合创伤，并伴有微血管爆裂，严重的可引致骨折及内脏爆裂，造成大量出血。受伤部位的皮肤无裂口，伤部青紫，皮下瘀血肿胀、压痛。轻者可用伤湿止痛膏外贴受伤口。对胸腹部挫伤及头部挫伤，应考虑有无深部血肿或内脏损伤出血，宜到医院观察诊断。

(2)扭伤

扭伤常发生在踝部、腰部、颈部及手腕等处。扭伤的一般处理则是让患者安定情绪，固定受伤部位，在伤后 24h 内应用冷敷，24～48h 后可考虑按摩、热敷或擦敷活血药物等治疗及进行患肢功能锻炼。手足扭伤者可抬高患部。颈部、腰部扭伤者在搬运时不可移动患部。扭伤常伴有关节脱位或骨折，宜立即到医院诊疗。另外，扭伤后无论轻重，不可即刻洗澡、胡乱按摩，须送医院治疗。扭伤常用的治疗方法有局部封闭(用 0.25%～0.5%普鲁卡因)、药物外敷内服、理疗等。

(3)韧带扭伤

运动中遭受暴力使关节周韧带过度牵拉，超出生理动范围会造成韧带拉伤、部分断裂或完全断裂，即关节韧带扭伤。多发于腰、踝、膝、肩、腕、肘、髋关节，最容易发生关节韧带扭伤的部位在膝关节、手指关节和踝关节。

关节韧带扭伤后常出现疼痛、肿胀、皮下瘀血及关节活动受限，检查可见伤处有局限性压痛点。早期正确处理关节韧带扭伤非常重要，因为韧带组织不易再恢复，如处理不当或误诊，则转成慢性疾病，可能遗留功能障碍，且以后易再次扭伤。

肌肉瘀伤、扯伤、韧带扭伤等软组织的初步急救护理包括：休息、冰敷或冷敷、加压、抬高。急性损伤发生后，应立即停止活动及冷敷，以减少出血及肿胀程度。韧带部分损伤或松弛者可覆盖绷带加压包扎，固定于伤侧韧带松弛位 2～3 周。若韧带完全断裂或怀疑并发骨折，应到医院进一步检查和治疗。基本愈合后，应逐渐增加关节周围肌肉力量练习，提高关节相对稳定性。

(4)脚踝扭伤

行走时踝关节内翻或外翻拔力时，使踝部韧带过度牵拉，导致韧带部分损伤或完全断裂。若其损伤修复不好，容易引发复发性损伤，导致踝关节慢性不稳定。

脚踝扭伤的处理要点：①立即冷敷，减少出血及肿胀。②48h 后进行局部理疗等活血治疗，促进血液循环和组织愈合。韧带部分损伤或松弛者，应使用石膏或宽胶布固定踝关节背屈 90°，极度内翻位(内侧力带损伤)或极度外翻位(外侧副韧带损伤)要持续固定 2～3 周。

(5)肌肉损伤

肌肉、肌腱等软组织损伤是常见病。急性损伤有明显损伤史，较易诊断。慢性损伤常因为病史和体征不明显，容易被误诊或被认为原因不明，长期得不到正确治疗。肌肉、肌腱断裂常见于突发强大收缩暴力，若局部已有病变，较轻的突发暴力亦可使之断裂。

肌肉拉伤后伤处常出现疼痛、肿胀、压痛或痉挛，触之发硬。活动时疼痛加重。

处理要点：肌肉微细损伤或少量肌体纤维断裂时应立即冷敷加压包扎，并提高患肢 24h 后可外敷中药，进行痛点药物注射理疗或按摩等；肌纤维大部分断裂或肌肉完全断裂时，经加压包扎等急救处理后应立即送至医院以便及早做手术缝合。

预防措施:在剧烈运动前要充分做好准备活动;锻炼过程中要注意肌肉的反应,若出现肌肉僵硬或疲劳时,可进行按摩或减少运动强度;正确掌握运动技术要领;注意锻炼环境情况,锻炼时要注意循序渐进。

(6)跟腱断裂

跟腱损伤较常见,暴力作用是跟腱损伤的主要原因。直接暴力打击跟腱,造成跟腱挫伤、部分或完全断裂。间接暴力源于肌肉剧烈收缩,导致跟腱撕裂性损伤。

跟腱损伤表现:损伤时可听到跟腱断裂的响声,并同时出现跟腱部疼痛、肿胀、瘀血、行走无力、不能提跟腱。跟腱断裂部有压痛、凹陷及空虚感。超声波检查可探及跟腱损伤部位及类型。

跟腱损伤的处理方法:闭合性部分跟腱断裂可在踝关节悬垂松弛位用石膏固定4～6周。跟腱完全断裂或开放性跟腱损伤需要手术治疗。

(7)背痛

背部疼痛常常由于:提举重物、剧烈运动、跌倒;撞车时产生的前后摆动;脊柱侧弯、病变;长时间维持某一姿势(久坐、怀孕等)。

伤者表现症状主要有:颈或背部感觉酸痛或剧痛,活动时加重;伴有疼痛、刺痛或麻痹漫延至四肢;可能失去部分活动能力;出现局部肌肉痉挛,颈或背僵硬或扭曲;患部有触痛。

处理方法:让患者躺在地上或硬垫上休息;如情况持续或加剧,及时送医。

2.抽筋

抽筋即肌肉痉挛,是抽搐的俗称,是大脑功能暂时紊乱的一种表现。人体肌肉的运动是受大脑控制的,当管理肌肉运动的大脑有关细胞暂时过度兴奋时,就会发生不能自控的肌肉运动,可局限于某群肌肉或身体一侧,或波及全身。全身性的抽筋多由高热、癫痫、破伤风、狂犬病、缺钙等原因引起。局部性抽筋多见于腿脚抽筋,如腓肠肌抽筋,多在急剧运动或工作疲劳或胫部剧烈扭拧后睡觉时出现。其原因可能是缺钙、受凉、局部神经血管受压等。

抽筋的预防方法:

(1)经常锻炼身体,防止肌肉过度疲劳。运动前做好充分的预备活动,伸展开腿部、腰部、背部、颈部和两臂的肌肉。增加运动量不可过急,应该遵守每星期增加10%的原则。

(2)局部性抽搐注意平时适量补充钙和维生素A、D,中老年人腿抽搐未必都是缺钙,应排除下肢动脉粥样硬化闭塞症等疾病。注意局部保暖,注意体位的变化,避免神经血管受压,可做局部肌肉的热敷、按摩,加强局部血液循环。

抽筋的处理方法:

(1)按摩抽搐部位,渐进性牵拉抽搐部位的肌肉,使它保持在伸展状态;给予抽搐局部热敷。

①手指、手掌抽搐。将手握成拳头后用力张开,又迅速握拳,如此反复进行,并用力向手背侧摆动手掌。

②上臂抽搐。将手握成拳头并尽量屈肘,然后用力伸开,如此反复进行。

③小腿或脚趾抽搐。用患侧小腿对侧的手握住抽筋腿的脚趾,用力向上拉,同时用同侧的手掌压在抽筋小腿的膝盖上,帮助小腿伸直。

④大腿抽搐。弯曲抽筋大腿与身体呈直角,并弯屈膝关节,然后两手抱着小腿,用力使其贴在大腿上做震荡动作,随即向前伸直,如此反复进行。

(2)若发生全身性抽搐,应给予镇静解痛药物治疗。全身性抽搐一般不会立即危害生命,不必过分惊慌,必要时送往医院治疗。

(三)关节脱位和骨折的常见原因和处理原则

1. 关节脱位

脱位依照病理分类,可分为先天性、外伤性、病理性和习惯性脱位。依照脱位程度分类,可分为半脱位和全脱位。依照脱位后时间分类,可分为新鲜脱位和陈旧性脱位(超过3周以上的脱位)。

脱位后出现受伤关节疼痛、无力或不能活动;关节肿胀,变形或缩短;肢体末端可能出现麻痹、瘫痪或脉搏消失;如髋关节脱位,可能出现休克,如髋骨关节脱位,肢体能出现瘫痪。

现场处理方法:应当按骨折的急救方法处理,不可试图将脱位的关节复位。

(1)桡骨头半脱位

桡骨头半脱位多见于5岁以下儿童,其桡骨头未发育好,桡骨颈部环状韧带薄弱,小儿前臂被提拉时容易半脱位。

伤者症状主要有小儿诉肘部疼痛,检查肘部无明显肿胀和畸形,肘关节稍屈曲,桡骨头部可有压痛;有上肢牵拉史,X片检查无明显异常。

复位方法:复位人用一只手握患肢腕部,另一手托住其肘部,用拇指压住桡骨头部,轻柔的牵引及旋转其前臂,屈肘90°,听到桡骨头轻微弹响声,人小儿可用患手取物,说明复位。

(2)下颌关节脱位

下颌关节脱位是下颌骨的髁状突越过关节结,不能回复原位。其原因是关节结节过低和关节囊与关节韧带过于松弛所致。常由于打呵欠或因人笑过分张口而致脱位,也有因叫喊时或受外力打击而引起。

复位方法:

①不需麻醉,复位人可将家庭中常用的方凳放倒,请下颌脱位者靠墙而坐,头贴着墙,这样下颌就能低于复位人的肘关节,复位时好使劲。

②复位人的双手拇指用手绢裹上,伸进脱位者的嘴里,放在两边后牙的咬合面上,其余的四个手指放在嘴外边的下颌骨的下缘。

③复位之前,先转移下颌脱位者的注意力,然后用力向下压下颌,同时将颌部向上端,这样使下颌骨的髁状突呈弧状转动到结节的下面,只要再轻轻向后推动一下,就能使髁状突滑到原来的关节腔里面。这时,复位人的双手拇指迅速滑到后牙的外边,以避免咬伤。

2. 骨折的处理原则

(1)骨折的表现和体征

一旦发生骨折,在骨折部位可产生疼痛、肿胀和瘀斑。肿胀是由于骨折后出血与软组织的损伤性水肿所形成,如果血液渗到皮下,就会形成瘀斑。患肢部分或全部失去功能。骨折后可因剧烈疼痛,出血过多或并发头、胸、腹部脏器损伤而产生休克。颅骨骨折亦可引起脑震荡、脑挫裂伤;肋骨骨折可刺破肺部产生血胸、气胸和咳血;在下肋部骨折时,可产生肝、脾、肠道的破裂,可出现腹膜刺激症状;骨盆骨折可并发膀胱、尿道和盆腔的损伤,如血尿、排尿困难等。

骨折的特有表现有:

①畸形。骨折断端移位造成患肢外形异常变化。其表现为成角、旋转、肢体缩短等。

②异常活动。骨折部位出现正常情况中不能出现的活动。

③骨摩擦音及骨摩擦感。骨折断端相互摩擦时出现的异常声音和感觉。

具有以上三项之一者即可诊断为骨折。影像学可以提供可靠骨折影像证据。

(2)骨折治疗原则

及时和合理的治疗骨折是十分必要的。若处理不当，将影响日常生活和劳动力，甚至造成残废和伤亡。因此在抢救时既要抢救生命，又要抢救肢体和恢复肢体的功能。骨折的急救目标包括：稳定受伤部位，减少并发症，安排送院。

可疑骨折伤者的伤势评估方法：避免不必要的移动；初步检查；处理出血及休克；找出受伤原因；检查及处理其他严重创伤；检查伤处形状、位置及外观；检查手指和脚趾的活动、感觉及血液循环情况。

可疑骨折伤者的处理方法：稳定及承托伤处；在包扎空隙间放软垫；用绷带固定伤肢；垫高伤肢，减轻肿胀；如伤肢扭曲，用牵引法拉直(需专业人员指导)；检查伤肢末端的感觉、活动能力和血液循环；送院。

处理骨折的注意事项：戴上胶手套；处理方法与无创骨折相同；先要按有异物的方法处理出血；切勿让伤者饮食；请旁人帮助固定肢体。

3.特殊部位骨折的处理方法

头面部骨折的处理方法：

(1)清理及保持气道畅通。

(2)以复原卧位式躺下(无受伤一侧向下)。

(3)给伤者一块厚敷料，吸收口鼻流出的血或唾液。

(4)冷敷伤处。

(5)检查头及颈部。

(6)每10min复检。

(7)送院。

脊柱骨折的处理方法：

(1)检查(可用创伤推颚法畅通气道)。

(2)如伤者清醒，嘱咐伤者不要动。

(3)稳定及支持头颈于身体正中位置。

(4)俯卧伤者，如胸腹严重出血，才可使用徒手滚动方法转动进行抢救。

(5)用软垫支持伤者颈及肩。

(6)可戴上颈托加强稳定性。

(7)及时送院(继续用手支持头颈)。

膝部骨折或脱位的处理方法：

(1)让伤者躺下，在伤膝下置软物作支持。

(2)膝关节的屈曲应以伤者感到舒适为准。

(3)用软垫包裹膝部，再用绷带卷包扎。

(4)检查感觉、活动能力及血液循环。

(5)送院处理。

足部骨折的处理方法：抬高伤肢，冷敷法，送院治疗。

参 考 文 献

[1] 刘伦华,张流趁.地质灾害调查与评估[M].北京:地质出版社,2014.

[2] 简文彬,吴振祥.地质灾害及其防治[M].北京:人民交通出版社股份有限公司,2015.

[3] 李东林,宋彬.地质灾害调查与评价[M].武汉:中国地质大学出版社有限责任公司,2013.

[4] 佘小年,傅鹤林,罗强,等.公路滑坡崩塌地质灾害预测与控制技术[M].北京:人民交通出版社,2010.

[5] 刘传正.重大地质灾害防治理论与实践[M].北京:科学出版社,2009.

[6] 潘懋,李铁锋.灾害地质学(2版)[M].北京:北京大学出版社,2012.

[7] 殷坤龙,张桂荣,陈丽霞,等.滑坡灾害风险分析.北京:科学出版社,2010.

[8] 杜继稳,等.降雨型地质灾害预报预警——以黄土高原和秦巴山区为例[M].北京:科学出版社,2010.

[9] 郑颖人,陈祖煜,王恭先,等.边坡与滑坡工程治理(2版)[M].北京:人民交通出版社,2010.

[10] 李家春,田伟平,马保成,等.公路地质灾害防治指导手册[M].北京:人民交通出版社,2010.

[11] 武警交通应急救援工程技术研究所.道路交通应急抢险抢通技术[M].北京:人民交通出版社,2012.

[12] Maurice Power,Kenneth Fishman,Rowland Richards,et al.公路结构物抗震加固改造手册[M].北京:人民交通出版社,2008.

[13] 黄光成.隧道工程[M].北京:人民交通出版社,2008.

[14] 兰州铁道学院《隧道工程》编写组.隧道工程[M].北京:中国铁道出版社,1977.

[15] 王毅才.隧道工程[M].北京:人民交通出版社,2000.

[16] 祁鹏.长大隧道涌突水发生机理研究[J].北京:人民交通出版社,2011.

[17] 交通运输部工程质量监督局.公路水运工程施工安全标准化指南[M].北京:人民交通出版社,2013.

[18] 交通运输部工程质量监督局.公路水运工程施工企业安全生产管理人员考核培训教材(公路分册)[M].北京:人民交通出版社,2011.

[19] 张乃平,夏东海.自然灾害应急管理[M].北京:中国经济出版社,2009.

[20] 山东黄河河务局.堤防工程抢险[M].郑州:黄河水利出版社,2015.

[21] 李继业,张庆华,郗忠梅,等.河道堤防工程抢险防护实用技术[M].北京:化学工业出版社,2013.

[22] 湖北省防汛抗旱机动抢险总队.水利工程防汛抢险技术[M].北京:中国水利水电出版社,2016.

[23] 钟连德,侯德藻,武珂缦,等.公路施工作业区交通安全保障技术[M].北京:人民交通出版社,2012.

[24] 交通运输部工程质量监督总站.公路水运工程安全生产管理人员继续教育教材[M].北京:人民交通出版社,2009.

[25] 张乃平,夏东海.自然灾害应急管理[M].北京:中国经济出版社,2009.

[26]《应急救援系列丛书》编委会.应急救援案例精选与点评[M].北京:中国石化出版

社,2011.
[27]《应急救援系列丛书》编委会.危险化学品应急救援必读[M].北京:中国石化出版社,2015.
[28]《自然灾害的预防与自救》丛书编委会.滑坡和崩塌[M].贵阳:贵州科技出版社,2015.
[29]《自然灾害的预防与自救》丛书编委会.风灾[M].贵阳:贵州科技出版社,2015.
[30]《自然灾害的预防与自救》丛书编委会.地震[M].贵阳:贵州科技出版社,2015.
[31]《自然灾害的预防与自救》丛书编委会.洪涝[M].贵阳:贵州科技出版社,2015.
[32] 北京地震局,北京市科学技术委员会.防震减灾实用知识手册[M].北京:地震出版社,2010.
[33] 国家减灾委员会办公室.食品安全事件紧急救援手册[M].北京:中国社会出版社,2010.
[34] 国家减灾委员会办公室.地震灾害紧急救援手册[M].北京:中国社会出版社,2010.
[35] 东方文慧,中国安全生产科学研究院.应急避险安顿常识[M].北京:中国劳动社会保障出版社,2013.
[36] 徐惠梁,王家瑜.实用现场急救手册[M].上海:复旦大学出版社,2015.
[37] 交通运输部应急办公室.交通运输应急管理百问手册[M].北京:人民交通出版社股份有限公司,2016.
[38] 倪虹.急救与灾难应变[M].天津:南开大学出版社,2012.
[39] 黄建发,陆鸣,陈虹,等.国际搜索与救援指南和方法[M].北京:地震出版社,2007.
[40] 高玉峰,赵勇.国外应急反应预案制订指南与预案选编[M].北京:地震出版社,2010.
[41] 贾群林.地震应急救援培训的组织与管理[M].北京:地震出版社,2014.
[42] 辽宁省政府应急管理办公室,辽宁省紧急救援求助中心.应急救援实用手册[M].沈阳:辽宁教育出版社,2012.
[43] 李尧远.应急预案管理[M].北京:北京大学出版社,2013.
[44] 杨林,官秀珠.气象灾害防御手册[M].福州:福建科学技术出版社,2010.
[45] 刘晓辉.道路运输安全管理与事故处理[M].济南:山东大学出版社,2014.
[46] 王明林.爆破安全[M].北京:冶金工业出版社,2015.
[47] 梁向前.水下爆破技术[M].北京:化学工业出版社,2013.
[48] 张芳枝.地质预防应急管理及减灾技术[M].北京:中国水利水电出版社,2013.